電気化学
－基礎と応用－

K. B. Oldham・J. C. Myland・A. M. Bond 著

大坂武男・岡島武義・松本 太・北村房男 訳

東京化学同人

ELECTROCHEMICAL SCIENCE AND TECHNOLOGY
Fundamentals and Applications

Keith B. Oldham
Trent University
Jan C. Myland
Trent University
Alan M. Bond
Monash University

© 2012 John Wiley & Sons, Ltd.

All Rights Reserved. Authorised translation from the English language edition published by John Wiley & Sons Limited. Responsibility for the accuracy of the translation rests solely with Tokyo Kagaku Dozin Co., Ltd. and is not the responsibility of John Wiley & Sons Limited. No part of this book may be reproduced in any form without the written permission of the original copyright holder, John Wiley & Sons Limited.
Japanese translation edition © 2015 by Tokyo Kagaku Dozin Co., Ltd.

序

　本書は電気化学の基礎をしっかりと習得し，さまざまな分野におけるその応用について学ぼうとする方々のために書いたものである．大学で電気化学を専攻する大学院生あるいは学部上級生のための教科書として役立つことを願っているが，以下に述べるように本書の目的はこれだけではない．

　本書では，物理化学あるいは分析化学の支流としてではなく，電気化学を科学のれっきとした一つの学問分野として扱っている．本書の読者の多くは化学に携わっていると思われるが，化学以外の分野にバックグランドをもつ科学者や技術者のニーズにも応えられるように配慮している．電気化学は，数学に強く裏付けされた科学であり，それゆえ本書では数学的な表現をなるべく省略せずに取扱った．

　本書のサイズや価格を手ごろなものにするために，本文とは直接関係はないかもしれないが，さらなる説明を必要とする項目については，Wiley社の本書に関するウェブサイト（www.wiley.com/go/EST）で自由に閲覧できるようにした．それぞれの項目に該当するウェブサイト上の参照箇所が"Web番号"で示してある．このようにすることで，多くの教科書で読者を失望させる「…ということは明らかである」という表現を，かなり避けることができたと思っている．また，本書を通じて多くの自主学習用としての練習問題が脚注で与えられているが，これらの解答についてもWeb上で同様に見られる．さらにもう一つ革新的なこととして，読者がサイクリック（および他の）ボルタモグラムを正確に描くことができるように，Excel®表計算ソフトをWeb上に掲載している（詳しくは，Web#1604およびWeb#1635を参照）．

　1960年にIUPAC（国際純正・応用化学連合）は，SI単位系を公式に採用したが，電気化学者は，センチメートル，グラムおよびリットルといった単位を使用し続けている．しかし本書では，濃度，密度およびモル質量といったなじみのある単位を除いては，ほとんど例外なくSI単位系を採用している．さまざまな記号の表記に関するIUPACの勧告に必ずしも従うつもりはないが，本書の106ページにおいて，われわれの用いた記号の表記が他で用いられている表記とどのように異なるかを説明している．また，ここでは，やっかいな正負の符号の用い方についてもふれた．

　本書では，参考文献としてほとんど原著論文を引用することはなく，単行本や総説を頻繁に取上げている．また，電気化学に関する代表的な教科書，単行本および学術誌のリストについては，"Electroanalytical Methods: guide to experiments and applications"，F. Scholz（Ed.），2nd ed.，Springer（2010）の第4章を参照されたい．

　原稿にもとづいて注意深く校正を行ったつもりであるが，それでもなお，間違いや曖昧な部分が残っているかもしれない．もし，読者諸君がそのような点に気がついたら，電子メール（Alan.Bond@monash.edu宛）によって遠慮なくご連絡いただきたい．また，正誤

表は Wiley 社の本書のウェブサイト（www.wiley.com/go/EST）に掲載されている．

　本書には，まだ多くの至らない点が残っているかもしれないが，どうかご容赦願いたい．最後に，本書を出版するにあたり，ご支援を賜った Tunde Bond，Steve Feldberg，Hubert Girault，Bob de Levie，Florian Mansfeld，David Rand の各氏，モナシュ大学，カナダの自然科学・工学研究会議およびオーストラリア研究会議の電気化学グループのメンバー，そして Wiley 社の Chichester office のスタッフ，これら多くの方々に感謝申し上げる．

　2011 年 7 月

Keith B. Oldham
Jan C. Myland
Alan M. Bond

訳　者　序

　本書は電気化学を大学の学部や大学院などで学ぼうとする方々を対象とした教科書であり，また電気化学にかかわる研究者や技術者にとっても有用な参考書となっている．さらに，専門外ではあるが電気化学の知識を習得したいという方々のニーズに十分に応えられる内容となっており，幅広く利用していただけるように工夫されている．

　本書の特徴の一つは，電気化学の基礎から応用まで，非常にコンパクトにまとめられていることである．最初の二つの章では，電気化学の根幹をなす「電気」と「化学」について復習できるようになっており，はじめて学ぼうとする方々への配慮がなされている．あとに続く章では，電気化学の基礎であり，かつ重要な事項について，具体的な例とともにわかりやすく記述されている．そして，それらの知識をもとにして，電気化学がかかわるさまざまな応用についてふれている．このように，本書は電気化学の基礎と応用について，体系的にそして非常にバランス良くまとめられている．さらに，本書は4色刷りとなっているが，この点もこれまでの電気化学関連の著作には見られない特徴となっている．効果的な色使いによって，図や表，そして数式がとても見やすくなっており，またこれらと本文との対応が明示されて，読者の理解の良い手助けとなっている．以上のことから，本書は電気化学に関する非常に優れた入門書であるといえる．

　さらに，本書では他には見られない，いくつかの特徴がある．それぞれの記述内容を補足するために，非常に多くの脚注が付されていることである．これらの脚注のなかには，その記述内容についてさらに知りたい読者のために，詳しい解説がWiley社のウェブサイト上に公開されている*．また，自主的に取組むための練習問題も随所に散りばめられ，それぞれの解答についても同様に確認することができる．

　電気化学は，電解質溶液論，熱力学的平衡論および反応速度論（特に不均一反応），それらの研究に不可欠である電気化学測定法を主体として構成され，いわゆる境界領域の科学と考えることができる．そのため，さまざまな学問分野に関係しており，その応用はきわめて多岐にわたっている．ⅰ）化学センサやバイオセンサに応用されている各種電気化学分析，ⅱ）高性能二次電池，燃料電池などのエネルギーデバイス，ⅲ）電解による無機・有機物質の合成，ⅳ）電気泳動電着，電気めっきなどの電気化学的な表面処理，ⅴ）金属の腐食機構の解明と防食，ⅵ）磁気記録媒体や半導体材料の微細加工プロセスへの応用，ⅶ）導電性高分子，LB膜，超伝導物質などの機能材料の開発，ⅷ）水の光分解，湿式光電池，光触媒による水や空気の浄化，二酸化炭素の有効利用，ⅸ）生体内での電子移動や電位の発生機構など生命現象の解明と，これを基礎にした新しいバイオデバイスの開発などがあげられる．

　このように，さまざまな応用分野において電気化学の重要性が日ごとに増しているなか，本書をわが国おいても刊行できたことは，長年にわたり電気化学を志してきたわれわ

＊　同様の内容が，東京化学同人のホームページ（http://www.tkd-pbl.com/）からも閲覧できる．

れにとっても誠に喜ばしいことである.

　翻訳にあたっては細心の注意を払ったつもりであるが，まだ誤りや欠点が残っているのではないかと案じている．この点については，読者の方々のご教示を仰ぐことができれば幸いである.

　最後に，幸運にも翻訳に携わることのできた者として，著者らの電気化学教育への熱意と，さまざまな形で盛り込まれた意図が読者に曲解なく伝わり，本書が電気化学をはじめて学ぶ方々，さらに知識を深めたい人たちにとって役立つことを願っております．また，本書の翻訳にあたり，終始ご尽力いただいた（株）東京化学同人編集部の山田豊氏に深く感謝申し上げる．

2014年12月

訳者一同

目　　次

1章　電　　気 ··· 1
- 1・1　電荷：電気のみなもと ································ 1
- 1・2　静電荷：電場と電位 ··································· 2
- 1・3　キャパシタンスとコンダクタンス：
  　　　電場が物質に及ぼす影響 ······· 4
- 1・4　移動度：電場中での荷電粒子の移動 ············· 9
- 1・5　電気回路：電気化学挙動のモデル ············· 11
- 1・6　交流：正弦波と矩形波 ······························ 12
- まとめ ·· 14

2章　化　　学 ··· 15
- 2・1　化学反応：酸化状態の変化 ·························· 15
- 2・2　ギブズエネルギー：
  　　　化学反応を進行させる性質 ··········· 15
- 2・3　活量：化学種の活動度 ································ 17
- 2・4　電解質溶液：溶解したイオンの挙動 ············· 20
- 2・5　イオンの活量係数：
  　　　デバイ-ヒュッケルのモデル ······ 22
- 2・6　化学反応速度論：反応の速度とその機構 ······ 24
- まとめ ·· 28

3章　電気化学セル ·· 29
- 3・1　平衡セル：二つの電気化学平衡によって
  　　　つくり出される電極間電圧 ······· 29
- 3・2　平衡状態にないセル：化学エネルギーと
  　　　電気エネルギーの変換 ······· 31
- 3・3　接合部をもつ電池：二つの液体の混合が
  　　　阻止された系 ······ 33
- まとめ ·· 36

4章　電解合成 ··· 38
- 4・1　金属の電解製造：多くの金属が電解により
  　　　製造・精製される ······ 39
- 4・2　食塩電解工業：食塩水の恵み ······················ 39
- 4・3　有機電解合成：天然ガスから
  　　　ナイロンを生み出す ······· 40
- 4・4　水の電気分解：水素経済社会実現への鍵？ ·········· 41
- 4・5　選択透過性イオン交換膜：小さな規模の
  　　　無機電解合成における静かな革命 ····· 42
- まとめ ·· 45

5章　電　　池 ··· 46
- 5・1　電気化学的な動力源のタイプ：
  　　　一次電池，二次電池，燃料電池 ······ 46
- 5・2　電池特性：電池性能の定量化 ······················ 46
- 5・3　一次電池：ルクランシェ電池とその後継電池 ····· 48
- 5・4　二次電池：充電，放電，充電，放電，充電，······ 51
- 5・5　燃料電池：現実には課題が山積する
  　　　原理的には無限の電気エネルギー装置 ······ 54
- まとめ ·· 57

6章　電　　極 ··· 58
- 6・1　電極電位：参照電極が鍵となる ··················· 58
- 6・2　標準電極電位：標準ギブズエネルギーに
  　　　かかわる量 ······· 60
- 6・3　ネルンスト式：活量はどのように
  　　　電極電位に影響を及ぼすか ······· 61
- 6・4　電気化学系列：プールベイ図への展開 ········· 62
- 6・5　作用電極：さまざまな形状やサイズ，
  　　　そして材質 ······ 64
- まとめ ·· 67

7章　電極反応 ... 68

- 7・1 ファラデーの法則：電極反応のための必要条件 ... 68
- 7・2 単純な電子移動反応の速度論：バトラー–ボルマー式 ... 71
- 7・3 多段階電極反応：反応機構を解明するための速度論的な研究 ... 74
- まとめ ... 78

8章　輸送 ... 79

- 8・1 流束密度：溶質の移動は保存則に従う ... 79
- 8・2 三つの輸送形態：泳動，拡散，対流 ... 80
- 8・3 泳動：電場に応じて移動するイオン ... 81
- 8・4 拡散：フィックの二大法則 ... 84
- 8・5 拡散と泳動：共同あるいは相反するもの ... 86
- 8・6 対流：流体力学によって支配された輸送 ... 87
- 8・7 電極表面およびバルク溶液における流束：輸送係数 ... 89
- まとめ ... 91

9章　グリーンエレクトロケミストリー ... 92

- 9・1 環境分析センサ：汚染物質の量を監視する ... 92
- 9・2 ストリッピング法による電気化学分析：ppm または ppb レベルで水中の汚染物質を特定する ... 95
- 9・3 電気化学法による水の浄化：汚染物質の除去 ... 98
- 9・4 細胞の電気化学：神経インパルス ... 101
- まとめ ... 104

10章　電極の分極 ... 105

- 10・1 電極の分極をひき起こす三つの要因：符号の約束とグラフ ... 105
- 10・2 抵抗分極：支持電解質の添加により減少する ... 106
- 10・3 反応分極：電流は電極反応速度によって制限される ... 108
- 10・4 輸送分極：限界電流 ... 109
- 10・5 複数の分極がある場合：概要 ... 111
- 10・6 2電極および3電極セルでの分極：ポテンショスタット ... 112
- まとめ ... 114

11章　腐食 ... 115

- 11・1 もろい金属：腐食性の環境 ... 115
- 11・2 腐食電池：同じ界面にある二つの電極 ... 116
- 11・3 電気化学的な研究：腐食電位と腐食電流 ... 117
- 11・4 集中した腐食：孔とすき間 ... 119
- 11・5 腐食との戦い：防食と不動態化 ... 120
- 11・6 極端な腐食：応力割れ，脆化，疲労 ... 123
- まとめ ... 124

12章　定常状態ボルタンメトリー ... 125

- 12・1 ボルタンメトリーとは：その目的と分類 ... 125
- 12・2 ミクロな電極とマクロな電極：サイズによる特徴 ... 127
- 12・3 電位ステップ法で得られる定常状態ボルタモグラム：電極反応の可能性 ... 128
- 12・4 微小ディスク電極：実験では扱いやすく，モデルとしては扱いにくい ... 132
- 12・5 回転電極を用いるボルタンメトリー：回転ディスク電極と回転リング・ディスク電極 ... 133
- 12・6 可逆系で得られるボルタモグラムの形状：可逆系の定常波，ピークおよびそれらの中間状態 ... 135
- まとめ ... 138

13章　電極│溶液界面の構造 ·· 140
13・1　電気二重層：容量の三つのモデル ········ 141
13・2　吸着：界面への影響 ······························ 144
13・3　ボルタンメトリーに対する界面の影響：
　　　　非ファラデー電流とフルムキン効果 ····· 146
13・4　核生成と核成長：気泡と結晶 ················ 151
まとめ ·· 154

14章　さまざまな界面 ··· 155
14・1　半導体電極：光化学反応で電磁波の
　　　　エネルギーを捉える ······· 155
14・2　液液界面における現象：
　　　　"ITIES" を横切る移動 ······· 157
14・3　界面動電現象：ゼータ電位 ···················· 160
まとめ ·· 162

15章　周期的な信号を用いる電気化学 ···································· 163
15・1　交流における非ファラデー効果：
　　　　コンダクタンスとキャパシタンスの測定 ··· 163
15・2　交流のファラデー効果：インピーダンス，
　　　　高調波，整流 ········ 164
15・3　等価回路：インピーダンスの解読 ·········· 168
15・4　交流ボルタンメトリー：充電電流の区別 ········· 171
15・5　フーリエ変換ボルタンメトリー：
　　　　交流信号に対する高調波応答 ······ 173
まとめ ·· 175

16章　過渡応答ボルタンメトリー ··· 176
16・1　過渡応答ボルタンメトリーのモデル化：
　　　　数学，アルゴリズム，シミュレーション ······ 176
16・2　電位ステップクロノアンペロメトリー：
　　　　1 段階，2 段階，多段階 ······ 178
16・3　パルスボルタンメトリー：
　　　　ノーマル，微分，矩形波 ······ 181
16・4　傾斜電位：線形走査ボルタンメトリーと
　　　　サイクリックボルタンメトリー ······ 184
16・5　多段階電子移動：EE スキーム ·············· 188
16・6　電気化学反応と組合わさった化学反応：
　　　　さまざまな機構の可能性 ······ 190
16・7　電位ではなく電流を制御する：
　　　　クロノポテンショメトリー ······ 192
まとめ ·· 193

付　録 ··· 195
用語集：記号，省略形，定数，定義，単位 ······ 195
絶対誘電率と比誘電率：いくつかの双極子
　　　　　　　　モーメントとともに ······ 202
液体の水の性質：標準温度および
　　　　標準圧力における値（SI 単位） ······ 202
導電率と抵抗率：さまざまな電荷担体 ············ 203
電気化学において重要な元素：その性質 ········ 204
輸送特性：水中のイオンを主として ················ 205
標準ギブズエネルギー：
　　　　$\Delta E°$ および $E°$ を算出するための鍵 ······ 206
標準電極電位：いくつかの例 ·························· 207

索　引 ··· 209

1　電　気

電気化学の根幹は，「化学変化」と「電気の流れ」の結び付きにある．電気は物理学で扱われるサイエンスの一分野であるが，電気化学を学ぶにあたって，より化学的な視点から，電気の本質についてまず振返ってみることにしよう．

1・1　電荷：電気のみなもと

電荷（charge）は物質のもつ性質の一つである．これには，いわゆる**正電荷**（positive charge）と**負電荷**（negative charge）の 2 種類がある．電荷の最も大きな特徴は，互いに異符号の電荷同士は引き合い，同符号の電荷同士は反発することである（図 1・1）．

図 1・1　互いに符号の異なる電荷同士は引き合い，同符号の電荷同士は反発する．

電荷は**クーロン**（coulomb, C）を単位として測られるが，それは**電気素量**（elementary charge）の整数倍になっている．

$$Q_0 = 1.6022 \times 10^{-19}\,\text{C} \qquad \text{電気素量} \qquad (1\cdot1)$$

電荷はそれ自体が単独で存在するものではなく，必ず実体（物質）を伴う．プロトン H^+ や電子 e^- のような素粒子は 1 価の電荷，すなわち $\pm Q_0$ をもつ．Na^+，Cl^-，H_3O^+ など他の多くの**イオン**[101]（ion）も同様である．このほか，Mg^{2+} のようなカチオンや，PO_4^{3-} のようなアニオンは多価の電荷をもつ．正味の電荷がゼロである，電気的に中性の分子であっても，正負等量の電荷がその表面に誘起される場合がある．たとえば図 1・2 に示したように，水分子には負電荷を帯びた部分と正電荷を帯びた部分がある．このような構造を**双極子**[102]（dipole）とよび，あたかも，微小な距離をあけて置かれた微小な正負の電荷（通常それは Q_0 よりも小さい）のようにふるまう．

図 1・2　水分子の**双極子**構造．赤および青で表した部分は，それぞれ正および負の電荷を帯びた部位を示す．

分子と同じように，イオンや電子も，電気化学反応や電気化学現象に関与する．しばしばこれらの荷電粒子は反応場を同じにし，相互に作用（影響）し合うが，この章ではこれらについては個別に取上げることにする．二つの電荷 Q_1，Q_2 の間に作用する**静電気力**（electrostatic force）f は，その電荷の担い手である物質が何であるかによらない．電荷間の距離を r_{12} とすると，この力[103]は**クーロン**[104]**の法則**（Coulomb's law）に従う．

$$f = \frac{Q_1 Q_2}{4\pi\varepsilon r_{12}^2} \qquad \text{クーロンの法則} \qquad (1\cdot2)$$

力の SI 単位は**ニュートン**[105]（newton, N）である．ここで ε は物質の**誘電率**（permittivity）であり，7 ページでさらに詳しく取扱う．真空の誘電率[106]は，

$$\varepsilon_0 = 8.8542 \times 10^{-12}\,\text{C}^2\,\text{N}^{-1}\,\text{m}^{-2} \qquad \text{真空の誘電率} \qquad (1\cdot3)$$

である．二つの電荷が同符号であれば反発力となり，異符号であれば引力となる．この力がどれだけ強いものかを実感するために，以下のような実験を想像してみよう．たとえば 100 g の食塩に含まれる Na^+ イオンだけを月に送ったとする．このとき，地表に残された Cl^- イオンとの間に

---

101) イオンとは，帯電した原子や原子団のことである．正に帯電したものを**カチオン**，負に帯電したものを**アニオン**とよぶ．
102) 水分子の双極子と**双極子モーメント**については，Web#102 を参照．
103) 水素分子の核間距離である，74.14 pm 離れた位置にある 2 個のプロトン間に働く斥力を計算せよ（単位：N）．解答は Web#103 を参照．
104) シャルル・オーギュスタン・ド・クーロン（1736–1806, 仏）が初めてこの法則を実験的に証明した．
105) サー・アイザック・ニュートン（1643–1727）はイギリスの著名な科学者．
106) 真空の誘電率 ε_0 は**電気的定数**としても知られる．

は，おそらく，読者の体重よりも大きい引力が働くであろう[107]．2個，あるいはそれ以上の同符号の粒子間に働く反発力のために，粒子は互いにできるだけ離れて存在しようとする．このため，相[108]の内部には正味の電荷は通常存在しない．過剰な電荷は常に相の表面，あるいはその近傍に存在している．これは，**電気的中性の原理**（principle of electroneutrality）の一つの表現である．

1・2 静電荷：電場と電位[109]

クーロンの法則は，ある電荷が，その存在する場所から離れたところでも，その存在を感じさせられることを教えてくれる．それぞれの電荷のまわりには**電場**（electric field）ができるが，この電場はベクトル量であり，方向と強度をもつ．図1・3は孤立した正電荷のまわりの電場が，電荷の中心からあらゆる方向に向かって生じていることを示している．

しかし本書では，電気化学的に重要な二つの幾何学的配置だけを扱うので，ベクトル演算を用いる必要はない．その二つの配置を図1・4および図1・5に示す．第一の配置は**球対称**（spherical symmetry）であり，球の中心$r=0$の点から外に向かって拡がる各球面上では，どのパラメータの値も均一である．ゆえに，ただ一つの空間座標のみを考慮すればよい．つまり，どのようなパラメータも距離r（$0 \leq r < \infty$）にのみ依存する．第二の配置は電気化学で最も重要な**平板対称**（planar symmetry）であり，ある一つの平行平板内ではどのパラメータも均一である．われわれが興味の対象とする空間は，距離Lだけ離して平行に置かれた2枚の平板に挟まれた部分である（平板の大きさはLよりもずっと大きい）．この場合もただ一つの座標を考えればよく，これをxとする（$0 \leq x \leq L$）．これら二つの配置では，いずれも距離という，ただ一つの座標を取扱うので単純である．よって，電場の話をするときには，rやx

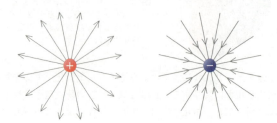

図1・3 正電荷によってつくり出される電場は電荷の中心から三次元的に拡がるが，負電荷の場合は方向が逆になる．

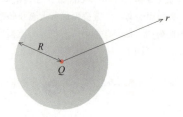

図1・4 球対称場では，中心からの距離が等しい球面上（たとえば$r=R$）では，すべてのパラメータがそれぞれ均一な値をもつ．図では，電荷Qが原点（$r=0$）に置いてある．

原理からすると，ある場所における電場強度は，微小な正の"試験電荷"Q_testをその点に置くことによって調べることができる．十分に微小な試験電荷を用いれば，もとからある電場が乱される心配はない．このとき，試験電荷は弱い**クーロン力**（coulombic force）を感じるだろう．**電場強度**[110]（electric field strength），もっと簡単に**電場**Xは，クーロン力を試験電荷で割った量として定義される．

$$X = \frac{f}{Q_\text{test}} \quad \text{電場の定義} \quad (1 \cdot 4)$$

よって，電場はN C^{-1}の単位をもつ[111]．このようにして，どのような静電荷の分布に対しても，クーロンの法則を使って電場を計算することができる[112]．

クーロン力，それゆえ電場もまた，ベクトル量である．

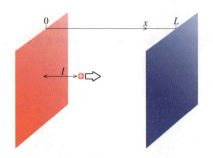

図1・5 試験電荷は正に帯電した極からの距離lによらず大きさ$Q_\text{test}q/2\varepsilon$の斥力を受け，負に帯電した極からは同じ大きさの引力を受ける．

---

107) このことを証明せよ．答えはWeb#107を参照．
108) **相**とは，均一な化学的組成をもち，均一な物理的性質を示す領域をいう．
109) 英語では「電気」を表す形容詞として，"electric"と"electrical"があるが，日本では学術用語としては前者のほうを使う場合が多いようである．
110) 物理学者はEを電場強度の意味で用いるが，電気化学者は伝統的に，古めかしい"起電力"という語の代わりとして，電位の意味で用いる．
111) もっと一般的にはボルト毎メートル（V m^{-1}）を単位として用いる．その理由については(1・9)式を参照．
112) 水素分子の核間距離に相当する74.14 pm離れた位置にある2個のプロトンを考える．これらをつなぐ線分上の25 %，50 %，75 %の位置における電場の強度と方向を求めよ．さらに，線分以外の任意の点における電場についても挑戦してみよ．答えはWeb#112を参照．

が増加する方向について電場強度を議論することになる.

クーロンの法則は,距離の二乗に反比例して電場強度が減衰することを教えている(**逆二乗則**(inverse-square law)).たとえば,点電荷からの距離が2倍になると,電場は4分の1になる.したがって,点電荷 Q から距離 R だけ離れた位置では,

$$X(R) = \frac{f}{Q_{test}} = \frac{Q}{4\pi\varepsilon R^2} \qquad \text{逆二乗則} \qquad (1\cdot5)$$

が成り立つ.図1・4に示した球面上の各点における電場は均一で,$1/R^2$ だけ減衰している.しかしこの逆二乗則は,平板対称の電場には適用できない.この場合,電気化学者たちの興味は,電極のような帯電した2枚の平板に挟まれた部分の電場にある.図1・5の左側の平板は,その**電荷密度**(charge density)が q($C\,m^{-2}$)に均一に帯電している.この平板から距離 l だけ離れた位置の電場強度は $X(l) = q/[2\varepsilon]$ という単純な形で与えられる[113].逆符号に帯電した右側の平板をも考慮すると,全電場は,

$$X(l) = \frac{q}{\varepsilon} \qquad \text{平板対称} \qquad (1\cdot6)$$

となる.帯電した平板が十分に広く,互いに平行であるとすると,電場強度[114]は距離によらず一定となる.

微小な"試験電荷"を用いる考え方は,とても有用な仮想実験である.これはまた,電位を定義するのにも使える.たとえば,点Aに置いた試験電荷を,図1・6に示すように,微小な距離 δr だけ,もっと大きな電荷のほうへ動かすことを考える.このためには,試験電荷を目的点Bに移動させる**仕事**(work)$w_{A \to B}$ が必要である.仕事(単位は**ジュール**[115](joule, J))は,クーロン力×距離で計算できる.この例の場合は,

$$w_{A \to B} = f \times [-\delta r] = -Q_{test} X \delta r \qquad (1\cdot7)$$

図1・6 試験電荷は電場中心に向かって微小な距離 δr だけ点Aから点Bまで移動する.このとき,試験電荷は r の増加する方向に強度 X の電場を感じる.

となる.ここでマイナスの符号は,仕事が r の負の方向にされることによる.**電位**(electric potential)はAおよびBの各点に存在するが,「試験電荷を運ぶのに必要な仕事」を「試験電荷の大きさ」で割ったものを電位差として定義する.したがって,

$$\phi_B - \phi_A = \frac{w_{A \to B}}{Q_{test}} = -X \delta r \qquad (1\cdot8)$$

ただし,これは2電位間の**差**を定義しているにすぎず,電位 ϕ そのものの定義ではないことに注意しなければならない[116],[117].微分表記では,つぎのようになる[118].

$$\frac{d\phi}{dr} = -X \qquad \text{電位の定義} \qquad (1\cdot9)$$

電位の単位は**ボルト**[119](volt, V)である.(1・8)式の最初の等号は,1 V が 1 J C^{-1} に相当することを示している.

図1・6に示す状況では,試験電荷の移動距離が十分に小さいため電場は一定とみなせるのでわかりやすい.もっと長い距離を移動させる場合は,(1・5)式より,

$$\begin{aligned}\phi_B - \phi_A &= -\int_A^B X(r) dr \\ &= \frac{-Q}{4\pi\varepsilon} \int_{r_A}^{r_B} \frac{dr}{r^2} = \frac{Q}{4\pi\varepsilon}\left(\frac{1}{r_B} - \frac{1}{r_A}\right)\end{aligned}$$

$$\text{球対称} \qquad (1\cdot10)$$

となる.図1・6に示した移動は動径方向への移動のみであり,きわめて単純である.一般の場合は図1・7のようなものである.試験電荷に働く力は移動に伴って変化するが,これは電場強度が変化するからだけではなく,常に角度 θ が変化するためでもある.この配置における点Aおよび点Bの電位差は,つぎの一連の式から計算される.

$$\begin{aligned}\phi_B - \phi_A &= \frac{w_{A \to B}}{Q_{test}} = \frac{-1}{Q_{test}}\int_A^B f\cos|\theta| dl \\ &= -\int_A^B X\cos|\theta| dl \qquad (1\cdot11)\end{aligned}$$

式中の X や θ は試験電荷が距離 l を動くにつれて変化する.大切なことは,積分の結果は試験電荷がAからBへ移動する経路によらないということである.仕事すなわち電位変化は,AからBへの直接的な経路でも,図1・7に示した円弧上のCを通る経路であっても同じである[120].この性質のおかげで,電位差の計算は非常に簡便に行え

---

113) クーロンの法則を用いた導出法についてはWeb#113を参照.これには極座標での積分を用いている.
114) 面積 6.25 cm² の2枚の四角い板が 1.09 cm 離れて置かれている.これらは 2.67 nC の互いに反対符号の電荷をもつものとする.これらを,誘電率 $3.32 \times 10^{-10}\,C^2\,N^{-1}\,m^{-2}$ をもつ液体であるアセトニトリルに浸す.このとき,負に帯電した表面から 500 μm の位置における電場の強度と方向を計算せよ.解答はWeb#114を参照.
115) ジェームズ・プレスコット・ジュール(1818–1889)は,イギリスの科学者・醸造家.
116) 脚注112の問題で,75%および50%の各点の間の電位差を計算せよ.また,どちらがより正であるか,答えよ.解答はWeb#116を参照.
117) 脚注114の問題に出てくる各点,および電極表面近傍での電位差を求めよ.解答はWeb#117を参照.
118) クーロンの法則より,孤立したプロトンから距離 r だけ離れた点と無限遠における電位の差を表す式を導け.解答はWeb#118を参照.
119) アレッサンドロ・ジュゼッペ・アントニオ・アナスタージオ・ボルタ(1745–1827)はイタリアの科学者.
120) 図1・7の経路A→Bに沿って移動するときの電位変化の導出については,Web#120を参照.

る．よって，(1·10)式が実際に成立する．

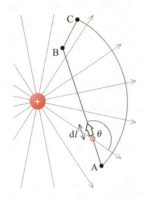

図 1·7 試験電荷が経路 A → B を直接移動する場合には，試験電荷に作用する電場の強度と方向は絶えず変化する．一方，A → C → B のような経路で移動しても仕事量は同じである．円弧に沿って移動する経路 A → C では，仕事を伴わない．

(1·9)式より，電場強度は電位勾配の符号を逆にしたものであることがわかる．電気化学では，電位は電場よりずっと便利な量である．その理由の一つは，これがベクトル量ではないからである．しかし，電位は相対量であり，絶対量ではないという欠点も合わせもっている．このような理由から，単なる ϕ ではなく，$\Delta\phi$ がよく用いられるのである．本書では，本来，**電位差**（electric potential difference）というべきところをしばしば**電位**あるいは**電圧**（voltage）に置き換えていることがある．

われわれは電位の差だけしか定義できない．しかも，同じ（または非常に似通った）組成からなる単一相の内部にある2点間の電位差だけを定義できる．それはなぜかというと，われわれには自由に使えてしかも邪魔にならない"試験電荷"がないからである．われわれが利用できるのは電子やプロトン，そしてイオンである．したがって，そうした荷電粒子をある相から別の相へと動かすときのクーロン仕事を測ろうとすると，その粒子が置かれている化学的な環境が変化することに起因する別の種類のエネルギー変化もそれに加わることになる．このような**化学仕事**（chemical work）は，出発点と到達点が同じ化学組成をもっていれば生じることはない．

電気的中性の原理により，界面領域以外では電荷は集積することができない．多くの電気化学現象は相と相の境界で起こるので，界面領域における電荷の空間分布を調べる必要性も出てくる．記号 ρ は一般に**体積電荷密度**（volumetric charge density, 単位はC m^{-3}）を表す．これを**面電荷密度**（C m^{-2}）と混同してはならない．

まず，図 1·5 の配置において，空間電荷の存在を考えよう．左右の平板上には面電荷密度が存在するが，平板と平板の間にも空間電荷があると想定しよう（その大きさは，左側の平板から測った距離を x とすると，$\rho(x)$ で表される）．ここでは，ある点 $x=l$ における電場を求めよう．空間電荷が面積素片の集まりでできていると考えると，面電荷密度は $\rho(x)\,dx$ で与えられる．そのそれぞれが電場に寄与するわけであるが，$x=l$ より左側にあるものは正の効果を，右側にあるものは負の効果をそれぞれ試験電荷に及ぼすことになる．図 1·5 の議論に従えば，$x=l$ における全電場は次式で表される．

$$X(l) = \frac{q_0}{2\varepsilon} + \int_0^l \frac{\rho(x)}{2\varepsilon} dx - \int_l^L \frac{\rho(x)}{2\varepsilon} dx - \frac{q_L}{2\varepsilon} \quad (1·12)$$

ここで q_0 および q_L は，左右の平板の面電荷密度である．この複雑に見える式は，x で微分することにより，つぎのような簡単な形となる．

$$\frac{d}{dx} X(l) = \frac{\rho(l)}{\varepsilon} \quad (1·13)$$

すなわち，ある場所の電場勾配は，その場所における体積電荷密度を誘電率で割ったものに等しい．電位を用いてこれを表現すれば，つぎのように書けるだろう．

$$\frac{d^2\phi}{dx^2} = \frac{-\rho(x)}{\varepsilon} \quad \text{ポアソン式 平板対称} \quad (1·14)$$

これは平板配置における**ポアソン式**[121]（Poisson's equation）である．この式の適用の仕方は13章で述べる．図 1·4 に示した球対称配置では，ポアソン式はもっと複雑になるが，つぎのような形になることがわかる[122]．

$$\frac{1}{r^2}\frac{d}{dr}\left\{r^2\frac{d\phi}{dr}\right\} = \frac{-\rho(r)}{\varepsilon} \quad \text{ポアソン式 球対称} \quad (1·15)$$

この式は，次章で議論されるデバイ-ヒュッケル理論で用いられる．

1·3 キャパシタンスとコンダクタンス：電場が物質に及ぼす影響

物質は大きく2種類に分けることができる．すなわち，電気を通すことのできる**導体**（conductor）と通さない**不導体**（insulator）である．この分類は，物質の物理的な状態とは無関係であり，いずれにおいても固体，液体，気体状態のものがある．導体にもまた2種類あり，電場に応じて電気を運ぶ**電荷担体**（charge carrier）が電子であるか，あるいはイオンであるかによって分けられる．

---

121) シメオン-ドニ・ポアソン（1781-1840）はフランスの数理科学者．
122) Web#122 に，重要な補助定理に続いて，この式の導出法がのせてある．

物質 ├ 不導体
　　 └ 導体 ├ 電子伝導体
　　　　　　└ イオン伝導体

電子伝導体（electronic conductor）が電気を通すのは，**自由電子**（free electorn）をもつからである．あらゆる**金属**（metal）は導体であるが，ある種の無機酸化物や硫化物（たとえば PbO_2 や Ag_2S）[123] も電子が担体となって電気を通す．これら，およびほとんどの**半導体**[124]（semiconductor）では，共有結合により結晶格子を形成するのに必要な電子の数に比べて過剰（**n型**）あるいは欠乏（**p型**）した電子が導電性を担っている．p型半導体では，欠乏電子は**正孔**（hole，ホール）として知られ，固体物理学では，これら正に帯電した正孔が動くことにより導電性が現れるという言い方をする．もちろん，実際に動いているのは電子であって，現に存在する正孔に電子が移動することによって，それまで電子があった場所に新たな正孔ができる．ほかに，**π電子**[125] が電荷担体となる物質もあり，グラファイトがよく知られた例であるが，最近合成されるようになった**導電性ポリマー**（conductive polymer）もこれに属する．カチオン型のポリピロールがその例で，π電子ホールが図のような分子鎖を移動することによって導電性が現れる．

有機金属（organic metal）として知られているある種の結晶性有機物塩[126] も，π電子による電気伝導性を示す．さらに新規な電子伝導体としては，2-ビニルピリジンのポリマーが過剰のヨウ素と反応してできる，タール状物質のいわゆる"電荷移動化合物"がある（その応用例については 51 ページを参照）．

電気を通す第二の物質グループは**イオン伝導体**（ionic conductor）であり，その伝導性はアニオンまたはカチオンの動きによって発現する．塩や酸，塩基を水や他の溶媒に溶かした電解質溶液は最もなじみ深いイオン伝導体の例であるが，ほかにもいくつかある．**イオン液体**（ionic liquid）は，アニオンやカチオンの動きがその電気伝導性[127] に寄与している点が，電解質溶液に似ている．一例として，1-ブチル-3-メチルイミダゾリウムヘキサフルオロリン酸塩がある．

$CH_3(CH_2)_3-N \frown N^+-CH_3 \quad PF_6^-$ 典型的なイオン液体

イオン液体は，実際には**溶融塩**（molten salt）であるが，無機塩は一般にずっと高い融点をもち，そうした高い温度でのみ電気を通す．一方，**固体イオン伝導体**[128]（solid ionic conductor）は通常，ただ1種類の可動性イオン種（アニオンまたはカチオン）を含む．たとえばジルコニア ZrO_2 では酸化物イオン O^{2-} が高温下で結晶格子中を移動し[129]，銀ルビジウムヨウ化物 $RbAg_4I_5$ では Ag^+ イオンが室温下であっても移動できる．興味深いのは，フッ化ユウロピウム EuF_2 をわずかに"ドープした"フッ化ランタン LaF_3 の場合である．この場合，ドーパント（dopant）のフッ化物イオン数がホストのそれよりも少ないので，"フッ化物イオン空孔"が生じ，これは p 型半導体の電子空孔のようにふるまう．こうした結晶には，66 ページで述べるようにフッ化物イオンセンサとしての用途がある．

また，そう多くはないが，いくつかの物質は電子とイオンの両方が導電性に寄与しているものもある．そのような例として，正に帯電したイオンと自由電子からなる**プラズマ**[130]（plasma）とよばれる熱ガスがあげられる．二つ目の例は，液体アンモニアに溶けた金属ナトリウムである．この液体中には Na^+ イオンと溶媒和電子を含み（21 ページ参照），そのいずれもが可動性をもち，電荷担体としての役割を担っている．混合伝導のもう一つの例は金属パラジウムに溶解した水素である．ここでは電子とともにプロトン（水素イオン）の移動が電気伝導性を担う．まとめると，つぎのようになる．

---

123) これら 2 種類の固体（他のものも含む）は，わずかに"非化学量論的"である．**化学量論物質**は，2 種類あるいはそれ以上の元素が整数倍の原子比で含まれるものである．たとえば水分子では，H 原子の数は O 原子のちょうど 2 倍である．一方**非化学量論固体**では，この整数則からわずかにはずれることが多い．そうした異常性は結晶の格子欠陥など，自然に起こりうるものもあるが，少量のドーパントの混入により人工的にひき起こされるものもある．
124) 半導体の導電率については Web #124 を参照．
125) 鎖や環に単結合と二重結合を交互にもつ有機物質では，特異な電子的性質が現れ，高い電子伝導性を示すようになる．そうした電子は"π電子"と表記される．
126) π電子の豊富な有機物質であるテトラチアフルバレン（TTF）は容易にカチオン TTF^+ となる．一方，他の有機物質であるテトラシアノキノジメタン（TCNQ）は逆に，アニオン $TCNQ^-$ になりやすい．したがって，これらの混合物は平衡状態で塩 $(TTF^+)(TCNQ^-)$ を形成する．これは"有機金属"として知られ，高い電子伝導性を示す．
127) 類似のイオン液体も含めて，さまざまな物質の導電率を巻末の付録表に示す．
128) これは**固体電解質**としても知られているが，紛らわしい名称である．
129) その応用例については 36 および 93 ページを参照．ジルコニアには二つ存在形態があるが，酸化物イオンが動けるのはそのうちの一方だけである．この相を安定化させるために，少量のイットリウムが添加される．
130) 蛍光灯や"ネオンライト"がその例である．

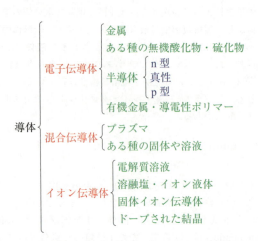

詳細にはふれないが，一定の電位差を発生する装置がある．そのような装置は**電圧源**（voltage source）とよばれ，二つの端子をもつ．一方の端子（しばしば赤色で示される）は，他方よりも正電位になっている．**ボルトメータ**あるいは**電圧計**（voltmeter）とよばれる，電位差を計測するための装置もある．これらはいずれも電子機器であり，他方の端子に対する赤いほうの端子の電子の欠乏を利用して電位差を生じさせる（あるいは計測する）．プロトンやイオンといった，他の荷電粒子の欠乏または過剰を直接発生させたり，計測できたりする装置というのは存在しない．したがって，こうした荷電粒子の研究には電子機器の助けが必要になる．本書にでてくる多くの実験は，電子機器を用いてイオンのふるまいを調べるものである．

図1・8は，電圧源が導線とスイッチによりボルトメータ[131]につながり，さらに**極板**（plate）とよばれる，一対の平行に置かれた金属板につなげられている様子を示す．スイッチを閉じると瞬間的に電子が流れ，両極で変化が起こりはじめる．電気的中性の原理により，電子は右側の金属板の内側の面にたどり着く．これと相補的に，左側の金属板表面からは電子が除かれ，この面には正電荷が残る．

先に（1・6）式において，こうした平行に並んだ電荷の分布により，強度$X=q/\varepsilon$の均一な電場が両極間の空間に生じることを学んだ．ここでεは両極間にある媒体の誘電率で，これが空気の場合，ε_0とほとんど等しい．電場の方向は負極に向かう方向（図1・8では右向き）である．負に帯電した極板の近傍の点から正に帯電した極板の近傍まで，試験電荷を距離Lだけ運ぶには，$w=XQ_{test}L=qQ_{test}L/\varepsilon$なる仕事が必要で，その結果，電位差

$$\Delta\phi = \phi_{正の極板近傍} - \phi_{負の極板近傍} = \frac{w}{Q_{test}} = \frac{qL}{\varepsilon}$$
(1・16)

が出発点と到達点の間に生じる．このことは，正の電極近傍の媒体が，負の電極近傍よりも正電位であることを如実に示している．もちろん，電場は均一であるので，両極の間で電位は図1・9に示すように線形に変化する．

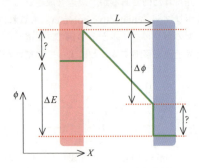

図1・9 誘電体内部，および金属板間に存在する電位差は測定できるが，相をまたぐ電位差の測定はできない．

（1・16）式中の$\Delta\phi$は，媒質中の2点間の電位差である．一方，図1・8に示したボルトメータは，2枚の金属板間に生じる電位差ΔEを計測している．ここで，$\Delta E=\Delta\phi$と考えよう．4ページでもふれたように，われわれは化学的に組成の異なる媒質間の電位差，たとえば金属と空気間の電位差を直接測るすべをもたない（にもかかわらず，しばしば定義には使用するのだが）．だから，図1・9中の"?"で示した二つの電位差に関しては，何の情報ももっていない．にもかかわらず，われわれはこの二つが相等しいものと信じている．というのも，これら二つの界面を荷電粒子が横切るのに必要な"化学仕事"は等しいと思われるからである．以後，慣習にならって，相の内部にその存在が想定されるが，測定不可能な電位を記号ϕで表し，電位差計で測定可能な電位差を記号ΔEで表すものとする．

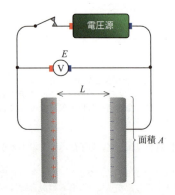

図1・8 平行平板は電荷を蓄積し，スイッチを開くとその電荷を保持する．

---

131) 理想的なボルトメータとは，電流を全く通さないで端子電圧を測定できるものである．最近のボルトメータはこの理想状態にかなり近づいてきている．

再び，図1・8に戻る．スイッチを開くと，それぞれの金属板に電荷が残る．すなわち，電荷が蓄積される．このように，電荷を溜めることのできる平行平板を**キャパシタ**[132] (capacitor) とよぶ．蓄えられる電荷は次式で与えられる．

$$Q = \frac{-A\varepsilon}{L}\Delta E \quad (1\cdot 17)$$

キャパシタに蓄えられた電荷を両極間の電位差で割った量は**キャパシタンス** (capacitance) あるいは**電気容量**，**静電容量**とよばれ，記号 C で表される．

$$\frac{-Q}{\Delta E} = C = \frac{A\varepsilon}{L} \quad \text{キャパシタンスの定義} \quad \text{平板対称} \quad (1\cdot 18)$$

キャパシタンス[133]の単位は**ファラド** (farad, F) である．1ファラドは1クーロン毎ボルトに相当する．これら二つの式中のマイナスの符号（他の教科書ではしばしば省略されているが）は，正電荷がキャパシタの一方の極に流れ込むと，他方の極が負に帯電することから付けてある．

つぎに，キャパシタの極板に不導体が挿入されると何が起こるか考えてみよう．この場合にも (1・17) 式や (1・18) 式は成り立つ．ただし，ε には不導体の誘電率[134]を使用する．巻末の付録表に示すように，誘電率はさまざまな値をもつ[135]．表に記載されている誘電率はいずれも ε_0 より大きいので，キャパシタはある電圧に対してより大きなキャパシタンスをもち，したがって，より多くの電荷を溜めることができる[136]．なぜそうなるかを理解するには，不導体がアセトニトリル CH_3CN のような極性分子からできていると考えればよい．図1・2に示した水分子のように，この分子は正および負に分極しているため，電場の中では図1・10に示すように整列する．これにより，外部電場とは逆向きの局所電場が不導体内部に生じるため，外部電場を打ち消すように作用する．このため，印加電位 ΔE に到達するには，より多くの外部電荷が必要となる．

このようなふるまいをする不導体[137]を**誘電体** (dielectric) とよぶ．

図1・10 双極子は電場の中に置かれると配向しようとする．この配向双極子により生じる電場は，極板のつくり出す外部電場を弱めるように作用する．

キャパシタ中に導体を挿入するのは，これと全く異なる話である．この場合，電子は負に帯電した極から導体を自由に通過でき，正側の極に移動する（図1・11参照）．電子は負電荷をもっているので，これが右から左に流れると，電気は左から右に流れることになる．つまり，**電流** (electric current) I が導体中を流れる．電流は電荷が導体中を通過する速度を表す．

$$I = \frac{dQ}{dt} \quad \text{電流の定義} \quad (1\cdot 19)$$

電流の単位は**アンペア**[138] (ampere) であり，1アンペアは1秒間に1クーロンの電荷が通過する量に相当する[139]（$A = C\,s^{-1}$）．導体中の電気の流れは連続的であり，瞬間的にしか流れない不導体の場合とは異なる．

導体中を流れる電気はもちろん，**回路** (circuit, 電荷の流れる経路) を構成する導線や金属板も通過する．このため，**電流計**[140] (ammeter, 電流を測るための装置) を図1・11のように導体から離して設置しても，導体中を流れる電流を測ることができるのである．電流値を断面積で割ると**電流密度** (current density) i とよばれる重要な量となる．

$$i = \frac{I}{A} \quad \text{電流密度の定義} \quad (1\cdot 20)$$

---

132) キャパシタには，ここで述べたような平行平板タイプだけでなく，さまざまな形状のものがある．他の重要なキャパシタ，たとえば孤立導体球キャパシタについてはWeb#132を参照．
133) 2枚の銅板（面積はどちらも $15.0\,cm^2$）が，厚さ $1.00\,mm$ の空気の層を挟んでいるとき，そのキャパシタンスを計算せよ．解答はWeb#133を参照．また，これに $1000\,V$ の電圧を印加したときの銅板上の電荷密度とキャパシタ内部の電場を求めよ．
134) 紛らわしいが，ε はときどき**比誘電率**（**誘電定数**，**誘電係数**ともいう）を表すこともある．比誘電率は，真空の誘電率に対する物質の誘電率の比を表す．
135) これらは誘電率の単位としてよく用いられるファラド毎メートルで表示してある．これが，(1・3) 式に与えられている単位と同じものであることを示せ．答えはWeb#135にある．
136) そしてまた，より多くのエネルギーを蓄積する．キャパシタに溜められるエネルギーは $Q\Delta E/2$ と表される．ここで，どうして2で割る必要があるかを説明せよ．わからなければWeb#136を見よ．
137) 物質が永久双極子をもたなくても，電場の印加により誘起双極子が生じる．そうした**分極**のために，四塩化炭素 CCl_4 のような物質が大きな誘電率をもつ．
138) アンドレ・マリ・アンペール (1775-1836) はフランスの物理学者．
139) あるペースメーカー用電源は $2.2\,V$，$29\,\mu A$ で8年間稼働させなければならない．この電源が寿命を迎えるまでに放出される全電気量，全電子数，全エネルギー，平均電力はいくらか．答えはWeb#139を参照．
140) 理想の電流計は，内部で電圧降下を全く起こさずに電流を計測できるものである．近年の電流計はこの理想に近づきつつある．

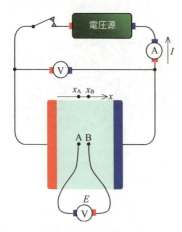

図 1・11 電子伝導体の導電率を測定するための装置．この方式では，導体に四つの端子が接続されているので**四端子法**とよばれることがある．導体の長さは L で断面積は A である．

電流密度の単位はアンペア毎平方メートル（$A\,m^{-2}$）である．電流そのものとは異なり，電流密度は回路の部位によってその値が異なる．

導体中の電流密度を，それを流すもととなる電場強度で割った比は，その物質の**導電率**[141]（conductivity）κ とよばれる．または**電気伝導率**ともいう．

$$\kappa = \frac{i}{X} = \frac{I/A}{-\Delta\phi/L} \qquad \text{導電率の定義} \atop \text{平板対称} \qquad (1\cdot 21)$$

導電率の単位は（$A\,m^{-2}$）/（$V\,m^{-1}$）＝$A\,V^{-1}\,m^{-1}$＝$S\,m^{-1}$ である．ここで，S は単位ジーメンス[142]（siemens）を表す．

電気伝導性物質の導電率を測る一つの方法[143]を図 1・11 に示す．ボルトメータは導体中の点 A および点 B 間の電位差 ΔE を計測する．この 2 点間の断面積 A は等しく，既知の大きさの電流が流れるものとする．このとき（1・9）式により，

$$\kappa = \frac{i}{X} = \frac{I/A}{-d\phi/dx} = \frac{I(x_B - x_A)}{-A\Delta E} \qquad (1\cdot 22)$$

が得られる．この $i = \kappa X$ という関係は，**オームの法則**[144]（Ohm's law）の一つの表現である．他の表現として $-\Delta E/I = R$ があり，この式で**抵抗**（resistance）R が定義される．抵抗の単位は**オーム**（ohm，Ω），すなわち S^{-1} である．

次式の 2 番目の等号は，単純な直方[145],[146]あるいは円筒断面にのみ適用できる．

$$R = \frac{-\Delta E}{I} = \frac{L}{\kappa A} \qquad \text{抵抗の定義} \atop \text{平板対称} \qquad (1\cdot 23)$$

他の形状の場合も含めた導体の抵抗は 10 章で取扱う．

これら三つの式に現れるマイナスの符号は，用いている座標の方向に電流が流れることに由来する．しかし，オームの法則は方向性を明確に定義せずに適用されることも多く，そのため本書でも $\Delta E = IR$ のように，マイナスの符号なしの形で使っている箇所もある．この符号の問題は，電流 I がベクトル量であるのに対し，ΔE や R がスカラ量であることに起因している．これと同じ曖昧さが（1・17）式や（1・18）式でも生じる．抵抗やキャパシタを電流が通過する際には，電圧が低下すると覚えておけばよい．

これまでは，導体や不導体に電場をかけると何が起こるかについて考えてきた．では，イオン伝導体に電場をかけるとどうなるだろう？　たとえば，イオン伝導体を挟む 2 枚の金属板に電圧をかけると何が起こるだろう？　たいていの場合，化学反応が起こり，われわれは電気化学の世界へ足を踏み入れることになる．しかし，かけた電圧 ΔE が小さすぎて，化学反応が起こり得ない場合もある[147]．そのような場合，図 1・12 に示したスイッチを閉じると，電流は，導体の場合と異なり，次第に減衰していき，最後には計測不可能なレベルにまで低下する．このとき流れる電気量 $Q(t)$ は，図 1・13 に示すように時間とともに増加

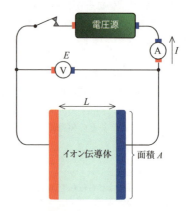

図 1・12 化学反応がなければ，イオン伝導体に電場をかけても電流は過渡的にしか流れない．

---

[141] 導電率の逆数 $1/\kappa$ は**抵抗率**として知られている．導電率や抵抗率は物質固有の性質であるのに対し，コンダクタンスや抵抗は，ある特定の状況における特性である．
[142] エルンスト・ウェルナー・フォン・ジーメンス（1816–1892）はドイツの技術者．
[143] このほか，163，164 ページで述べるように交流を使う方法がある．
[144] ゲオルグ・ジーモン・オーム（1789–1854）はドイツの物理学者．
[145] 四角い導電性フィルムの対角点で測定された抵抗値は，四角形のサイズにはよらないことを示せ．この特徴のため，薄膜の抵抗値はしばしば"オーム毎□"を単位として表記される．銅の薄膜の抵抗が $0.6\,\Omega/\square$ であるとき，巻末の付録表にある数値を用いて薄膜の厚みを計算せよ．答えは Web#145 を参照．
[146] 一辺が 1.00 cm の立方体状の純水について，対面間の抵抗を求めよ．答えは Web#146 を参照．
[147] このような状況を電気化学者は"電気化学セルが**完全分極**した状態"と表現する．10 章を参照．

する．不導体の場合と同様に，通過した全電気量 $Q(\infty)$ は極板の面積 A に比例し，また，印加電圧 ΔE に（少なくとも近似的に）比例するが，距離 L には依存しない．このことから，イオン伝導体の場合には，他の二つの場合にはなかった，新たな因子が働いていることがわかる．この因子については容易に説明できる．

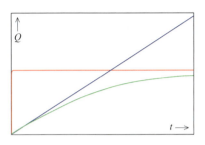

図 1・13 電場をかけたとき，通過する電荷が時間とともに変化する様子を 3 種類の物質それぞれについて示した模式図．不導体では，電荷 $A\varepsilon\Delta E/L$ がほとんど瞬間的に流れる．電子伝導体では，$Akt\Delta E/L$ のように通過する電荷は時間とともに増加する．イオン伝導体では，電荷は次第に減速しながら蓄積されていく．

もしイオン伝導体が二つのタイプの可動性イオン，すなわちカチオンとアニオンを含んでいれば，電場はこれらを動かす効果をもつ．そして，アニオンは図 1・14 の左側へ，カチオンは右側に動く．不透過性の極板にイオンが近づくと，そこで止まって溜まる．これら 2 枚の極板のまわりに溜まった電荷は，極板自身がつくり出す電場とは逆向きの電場を形成するので，可動性イオンが感じる電場を弱め，その動きを遅くする．そして最終的にはこれら二つの電場が互いに打ち消し合って伝導体内部の電場がゼロになり，イオンの動きは止まる．

このとき，帯電したシートが 4 枚あると考えよう．そ

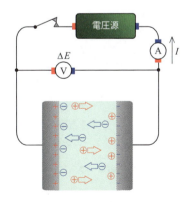

図 1・14 イオン伝導体に電場をかけると，化学反応がなければイオンが移動して界面に蓄積するだけである．

のうちの 2 枚は電子によるもの，あとの 2 枚はイオンによるものである．それぞれのシートの表面では，大きさが同じであるが互いに符号の異なる電荷をもった，イオンの層と電子の層が向き合っている．これを**電気二重層**（13 章を参照）とよぶ．ちょうど図 1・8 の 2 枚の電荷層がキャパシタを形成するように，この場合もそれぞれの極板に存在する電荷層がキャパシタを形成する．こうしてできた**電気二重層容量**（electric double layer capacitance）は，電荷が互いに近接して存在しているために，非常に大きなものとなる[148]．電気二重層とその容量については，13 章でさらに詳しく取扱う．市販のキャパシタのほとんどは，金属｜不導体｜金属よりなるサンドイッチ構造をしているが，いわゆる**スーパーキャパシタ**（supercapacitor）（47 ページ参照）とよばれるものは，この電気二重層の容量特性を利用したものである．

残念ながら，図 1・11 に示した実験を，イオン伝導体に対して実施することはできない．その理由は二つある．第一に，電子は極板｜電子伝導体の境界の両側に存在し，相間を移動できるのに対し，イオン伝導体では異なったふるまいをすること．第二に，イオン伝導体内部の電位差を直接測定できるボルトメータというものは存在しないからである．にもかかわらず，全く同じ原理をあてはめて考える．つまり，イオン伝導体の内部にも電場は存在し，電流も流れる．しかも，電子伝導体の場合と同じように，イオン伝導体にも導電率というものを考える．巻末の付録表には，さまざまな物質の導電率をあげてあるが，それらの電荷担体についても示してある．

物質を導体と不導体に分けることは，概念的には便利であるが，実際のところ明確な区別があるわけではない．ほとんどの"導体"は誘電体のような性質を示すし，多くの"不導体"もわずかながら電気を通す．水はそれら両方の性質を示す良い例である．わずかに含まれているオキソニウムイオン H_3O^+ や水酸化物イオン OH^- が水に導電性を与えるとともに，H_2O 分子自身がもっている大きな双極子モーメントにより，図 1・10 に示すように電場に沿って分子が整列する．

1・4 移動度：電場中での荷電粒子の移動

今度は電荷担体の視点から電気伝導について考えてみよう．最初に，p 型半導体の正孔や $RbAg_4I_5$ 中の銀イオンのように，1 価の正の電荷担体（その電荷を Q_0 とする）のみからなる物質について見てみる．図 1・15 には，そのような物質の円筒の中で，電流 I が流れている様子を示す．ちょっと考えれば，この電流は四つの因子の積で表されることがわかる．

---

[148] それぞれの極にこのようなキャパシタを考え，それらの容量を C とするとき，全容量が $C/2$ となることを示せ．答えは Web #148 を参照．

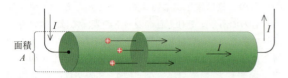

図 1・15 電場に応答して正の電荷担体が移動し、電流 I が流れる．

$$\text{電流} = \text{ある断面を電荷が通過する速度}$$

$$= \begin{pmatrix}\text{単位体積}\\\text{あたりの}\\\text{担体の数}\end{pmatrix}(\text{断面積})\begin{pmatrix}\text{担体の}\\\text{電荷}\end{pmatrix}\begin{pmatrix}\text{担体の}\\\text{平均速度}\end{pmatrix}$$

(1・24)

最初の項は電荷担体の数密度であり、化学的にいえば、これは担体の濃度 c と**アボガドロ定数**[149] (Avogadro's constant) ($N_A = 6.0221 \times 10^{23}$ mol^{-1}) との積である．第2項および第3項はそれぞれ、A および Q_0 である．第4項は担体が x 方向に動くときの平均速度 $\bar{v}$ である．したがって，

$$I = N_A c A Q_0 \bar{v} = F A c \bar{v} \quad (1・25)$$

と表される[150]．アボガドロ定数と電気素量の積は、電気化学で頻出する量である．これを記号 F で表し、**ファラデー定数**[151] (Faraday's constant) とよぶ．

$$F = N_A Q_0 = (6.0221 \times 10^{23}\text{ mol}^{-1})(1.6022 \times 10^{-19}\text{ C})$$
$$= 96485 \text{ C mol}^{-1} \quad (1・26)$$

ファラデー定数は、化学と電気の定量的な橋渡しの役目をする．1モルの塩化ナトリウムでは、Na$^+$イオンの全電気量は96485クーロンであり、Cl$^-$のそれは当然 $-$96485クーロンである．

(1・25)式より、電荷担体の速度は電流に比例し、したがって電場の強度や導電率にも比例する．

$$\bar{v} = \frac{I}{FAc} = \frac{i}{Fc} = \frac{\kappa X}{Fc} \quad \text{平均速度}$$

(1・27)

電荷担体の速度と、電荷を動かしている電場強度との比は、担体の**移動度**[152] (mobility) u として知られている．

したがって図 1・15 に示す物質の導電率は、担体の移動度を用いて、

$$\kappa = \frac{Fc\bar{v}}{X} = Fuc \quad \text{1価の電荷担体} \quad (1・28)$$

のような単純な関係で表される．もちろん、このままでは単純すぎるので、電荷担体が複数のときや、担体が $+Q_0$ 以外の電荷をもつときなどには変形が必要である．電荷 Q_i をもつ担体iの**電荷数** (charge number) は次式で与えられる．

$$z_i = \frac{Q_i}{Q_0} \quad \text{電荷数の定義} \quad (1・29)$$

たとえば、電子 e$^-$ やカルシウムイオン Ca^{2+} の電荷数は、それぞれ -1 および $+2$ である．(1・28)式を一般の場合にも成り立つように書き直すと、次式となる．

$$\kappa = F \sum_i z_i u_i c_i \quad \text{移動度と導電率の関係} \quad (1・30)$$

ここで、担体はその符号によらず、導電率[153]の向上に寄与していることに注意しなければならない．というのも、z_i が負であるときは、図 1・16 に示すように u_i も負であるからである．

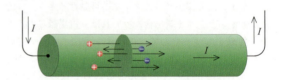

図 1・16 電場に応じてカチオンは右へ動き、アニオンは左に動く．両方とも電流に寄与している．

移動度は温度や媒体の種類によってももちろん影響を受けるものであるが、いくつかの再現性のあるデータを巻末の付録表にあげた．イオンについては、電気化学で最も広く研究が行われている水溶液中の値[154]をのせてある．驚くほど小さい移動度をもつものが多いことに気づく．電気回路はほとんど"瞬時に"応答するため、電子は銅線中を素早く伝わる印象をもっているだろう．その影響は確かに速く伝わるが、粒子自身の応答は遅い[155]．固体や液体などの凝縮相中のイオンのゆっくりした動きは、移動経路中

---

149) アマデオ・カルロ・アボガドロ (1776-1856) はイタリアの法律家、自然哲学者．
150) (1・25)式の単位を確かめよ．答えは Web # 150 を参照．
151) マイケル・ファラデー (1791-1867, イギリス) は"電気化学の父"とよばれる．**ファラデーの法則** (3章) は、電解反応における電気量と化学反応の量との比例関係を明らかにした．
152) 本書では、アニオンの移動度は負としているが、その絶対値が報告されている場合もある．さらに、移動度を $\bar{v}_i/(z_i X)$ と定義する場合もある．
153) 関連する量として**モル導電率**、**イオン伝導率**、**輸率**がある．Web # 153 を参照．
154) 水の純度を表すのにしばしば導電率が用いられる (コンダクトメトリーではイオン性不純物しか測れないが)．塩化ナトリウム (溶液中の Na$^+$ と Cl$^-$ イオン) が不純物である場合、導電率 22 μS m^{-1} の水の純度を求めよ (単位 mol l^{-1} およびパーセントで)．解答は Web # 154 を参照．海水の**塩度**は導電率測定から求められる．
155) 最も導電性の高い金属である銀は、銀原子1個につき1個の自由電子があると仮定すると、1 V m^{-1} の電場をかけたとき電子は 6 mm s^{-1} の速度で動く．この高い導電性は電子の可動性が大きいというよりも、電子密度が高いためである．一方、シリコン中の電子は 20 倍も速く動ける．

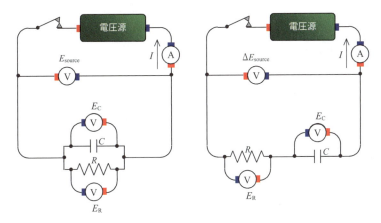

図 1・17 抵抗とキャパシタからなる並列回路（左）および直列回路（右）に電圧ステップを印加した場合に流れる電流を測るための回路．並列回路では ΔE_C と ΔE_R とは同じである．直列回路の場合は，R にも C にも同じ大きさの電流が流れる．

に存在する原子や分子，イオンなどの"障害物"によるためである．推察の通り，気相中ではイオンはずっと速く移動できる．自然界の**大気イオン**[156]（air ion）の移動度は $1.5 \times 10^{-4}\, m^2\, V^{-1}\, s^{-1}$ くらいである．しかし真空中の均一電場下では，電荷担体は一定の速度で移動せず，加速するので移動度の概念が適用できない．

これまで，電場によりひき起こされる荷電粒子の移動について考えてきた．そのような移動形態は**泳動**（migration）とよばれる．一方，他の要因，とりわけ**拡散**（diffusion）や**対流**（convection）によっても移動はひき起こされうる．これらはすべて，電気化学では重要な物質輸送形態であり，それら相互間の協同作用については 8 章で取扱う．

1・5　電気回路：電気化学挙動のモデル

抵抗[157]は，安定した抵抗値を示すようにつくられた素子であり，回路図上では ‑\/\/\/‑ で表される．同じく，⊣⊢ は**キャパシタ**を表す．抵抗もキャパシタも，**電気回路素子**（circuit element）の仲間である．素子はほかにもあるが，抵抗とキャパシタは，電気化学者にとって最もなじみ深い素子である．2 個またはそれ以上の回路素子に，同一の電圧値がかかるよう接続されている状態を**並列**（parallel）という．逆に，それらに同一の電流が流れるよう接続されているとき，これを**直列**（series）という[158]．図 1・17 の左側の図は抵抗とキャパシタが並列に接続されており，これは誘電特性と抵抗成分を併せもつ物質のモデルとなる．図に示すように，1 個以上の回路素子が接続されて回路を構成しているとき，これらの素子を**負荷**（load）とよぶこともある．スイッチを閉じたとき，回路はその負荷に応じてどのような応答を示すだろうか？ 抵抗には一定の電位差 ΔE がかかるので，電流は一定値（$\Delta E/R$）をとる．キャパシタはすぐさま充電され，$C\Delta E$ の電荷量をもつようになる．電圧源から供給されたエネルギーは最終的にキャパシタに蓄積される．一方，抵抗のほうは，電気エネルギーを熱に変えて放出してしまう．これが電気ヒータの原理である．抵抗で消費される**電力**（power）（単位はジュール毎秒，または**ワット**[159]（watt, W））は，電圧 ΔE と導体中を流れる電流 I の積で与えられる[160]．

さらに興味深く，電気化学に関係深いものは，図 1・17 の右の図であり，そこでは抵抗とキャパシタが直列になっている．$t=0$ でスイッチを閉じるまでキャパシタは帯電していない．このあと電流はどうなるだろうか？ 図には三つの電圧計が描かれているが，それらの読み取り値の合計はゼロとなることは明らかである[161]．

---

156) または**クラスターイオン**，たとえば H^+, NH_4^+, OH^-, NO_3^- などに水分子が配位したものでは平均質量が約 $160\, g\, mol^{-1}$ となる．
157) 長さ 2.40 cm，直径 0.450 cm のグラファイト円柱の抵抗が 0.0347 Ω であるとき，このグラファイト試料の導電率を計算せよ．答えは Web#157 を参照．
158) いくつかの抵抗を直列につないだ場合，全抵抗値はそれらの和となること，また，キャパシタを直列につないだ場合，全容量の逆数は個々のキャパシタの容量の逆数の和となることを示せ．並列接続の場合にはどうなるか？ 答えは Web#158 を参照．
159) ジェームズ・ワット（1736–1819），スコットランドの技術者．単位ワット（W）は彼の名にちなんで命名された．
160) 図 1・17 の左図にある抵抗の値が 425 Ω であり，これに 1.15 V の電圧が印加されている場合，この抵抗を流れる電流および消費電力を求めよ．答えは Web#160 を参照．また逆に，電流が 13 mA，消費電力が 150 μW となるときの電圧と抵抗値を計算せよ．
161) なぜなら，回路を巡って順に 3 回の読み取り作業を終えると，再び最初の点に戻ってくるから．

$$\Delta E_{\text{source}} + \Delta E_{\text{R}} + \Delta E_{\text{C}} = 0 \tag{1·31}$$

抵抗やキャパシタにかかっている電圧は，それぞれオームの法則や（1·18）式から計算される．よって，

$$\Delta E_{\text{source}} = -\Delta E_{\text{R}} - \Delta E_{\text{C}} = RI + \frac{Q}{C} = R\frac{dQ}{dt} + \frac{Q}{C} \tag{1·32}$$

最後の段階では，(1·19)式の定義を使っている．(1·32)式は一次微分方程式で，その解[162]は次式となる．

$$Q = C\left[1 - \exp\left\{\frac{-t}{RC}\right\}\right]\Delta E_{\text{source}} \tag{1·33}$$

これを時間で微分すると[163]，

$$I = \frac{1}{R}\exp\left\{\frac{-t}{RC}\right\}\Delta E_{\text{source}} \tag{1·34}$$

となることから，電流が図 1·18 に示すように時間の経過とともに指数関数的[164]に減衰していくことがわかる．ここで，積 RC は時間に相当し[165]，**時定数**（time constant）または**減衰時間**（decay time）とよばれる．後に 13 章で見るように，電気化学セルは時定数をもつ．

いくつかの回路素子をつないだものは，電気化学で有用である．電気化学セルのモデルとしてしばしば用いられるのは，1 個の抵抗 R_s が，キャパシタ C と第二の抵抗 R_p が並列になったものと直列接続されているものである．電圧ステップを印加すると，次式で示される電流が流れる[166]．

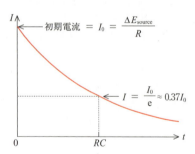

図 1·18 抵抗とキャパシタの直列回路に一定電圧を印加した場合に観測される電流応答

$$I = \frac{\Delta E_{\text{source}}}{R_s + R_p}\left[1 + \frac{R_s}{R_p}\exp\left\{\frac{-(R_s + R_p)}{R_s R_p C}t\right\}\right] \tag{1·35}$$

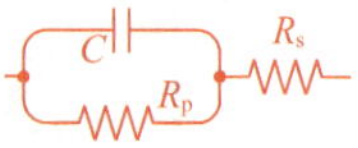

1·6 交流：正弦波と矩形波

ここまでは，符号の変化しない電流について考えてきた．これは**直流**（direct current; d.c.）とよばれる．一方で交番電流，すなわち**交流**（alternating current; a.c.）も重要である．"交番"とは，電子やイオンなどの電荷担体が，その移動方向を変えるということを表し，前進・後退を繰返す．

電力会社からわれわれの家庭や実験室に送られてくる電気は，住む国によって"交流 120 V，60 Hz"だったり"交流 240 V，50 Hz"だったりする．"電圧側"ケーブルの電位は，グラウンド（アース）に対して半周期ごとに正または負になる．ここで 120 V あるいは 240 V と表記しているのは，交流電圧の**二乗平均平方根**（root-mean-square）であり[167]，60 や 50 は，1 秒（s）あたりの正弦波電圧の繰返し回数，すなわち**周波数**（frequency）である．周波数の単位は**ヘルツ**[168]（hertz, Hz）であり，1 ヘルツは毎秒 1 回の周期に相当する．したがって，50 Hz は 20 ms の**周期**（period）P に相当する．以上のことから，商用電圧は次式で表される．

$$E(t) = \sqrt{2}E_{\text{rms}}\sin\left\{\frac{2\pi t}{P}\right\}$$

$$= (170\text{ V})\sin\left\{\frac{2\pi t}{\frac{1}{60}\text{ s}}\right\} \text{ または } (340\text{ V})\sin\left\{\frac{2\pi t}{\frac{1}{50}\text{ s}}\right\} \tag{1·36}$$

図 1·19 には，これら二つの交流電圧を示した．

E_{rms} や P は，科学を目的とする場合には使いにくい．その代わりに，$E(t)$ によって達成される最大電圧である**交流電圧振幅**（voltage amplitude）$|E|$，および**角周波数**（angular frequency）ω（$=2\pi/P$）を用いる．これらを用いて（1·36）式の最初の等式部分を書き改めると，つぎのようになる．

---

[162] （1·33）式が（1·32）式になるのは容易にわかる．しかし，（1·32）式から（1·33）式を導くのは難しい．（1·32）式のような微分方程式を解くのに有用な**ラプラス変換**（ピエール・シモン・ド・ラプラス（1747-1827），フランスの数学者）については，Web#162 を参照．

[163] 直列接続では，十分に短い時間では抵抗のようにふるまい，長い時間ではまるで抵抗がないような挙動を示すことを示せ．答えは Web#163 を参照．

[164] 指数関数の表記法には $e^{-t/RC}$ や $\exp\{-t/RC\}$ があるが，本書では後者を用いている．

[165] 単位ファラドとオームを乗ずると時間の単位（秒）となることを示せ．答えは Web#165 を参照．

[166] （1·35）式を導出せよ．答えは Web#166 を参照．

[167] 交流電圧に実効値を用いる理由は，それと同じ大きさの直流電圧（をたとえば抵抗に印加した場合）と電力が同じになるためである．

[168] ハインリヒ・ルドルフ・ヘルツ（1857-1894）はドイツの物理学者．

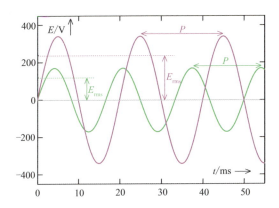

図 1・19 家庭用電源電圧の波形：緑は 120 V, 60 Hz, 紫は 240 V, 50 Hz を表す.

$$E(t) = |E|\sin\{\omega t\} \tag{1.37}$$

アメリカ合衆国のほとんどの電力会社から供給される交流電力は，$|E|=170$ V，$\omega=376.99$ rad s^{-1} である．(1.37) 式を確証するためには，図 1・19 に示すように時刻 $t=0$ での電圧値がゼロで，しかも，そこから増加しはじめるように選ぶ必要がある．電圧がそれ以外の値をとる場合は，つぎの一般式が適用される．

$$E(t) = |E|\sin\{\omega t + \varphi_E\} \quad \text{交流電圧} \tag{1.38}$$

ここで φ_E は交流電圧の**位相角**（phase angle）である．したがって，任意の交流電圧を記述するには三つのパラメータ，すなわち振幅 $|E|$，角周波数 ω，位相角 φ_E が必要である．

交流電圧を印加すると，しばしば交番電流が流れる．これは**交流電流**ともよばれ[169]，一般に印加電圧と同じ周波数をもつ．

$$I(t) = |I|\sin\{\omega t + \varphi_I\} \quad \text{交流電流} \tag{1.39}$$

この式より，交流電流にも交流電圧と同じ三つのパラメータ，つまり振幅，周波数および位相が存在することがわかる．$I(t)$ と $E(t)$ の関係は，負荷の特性を反映する．具体的には以下に示す 2 点，すなわち $|E|$ の $|I|$ に対する依存性，および位相角 φ_E と φ_I の関係を反映する．比率 $|E|/|I|$ は負荷の**インピーダンス**（impedance）Z とよばれ[170]，単位はオームである．差分 $\varphi_I - \varphi_E$ は**位相差**（phase shift）

とよばれ，単位はラジアンまたは度である．

図 1・20 中の記号 ⏚ はグラウンド（アース）への接続を意味する．この図は負荷のインピーダンス Z を得るため，$|E|$ や $|I|$ を計測するための交流電圧計および交流電流計を組込んだ，単純な回路[171] である．この図には示し

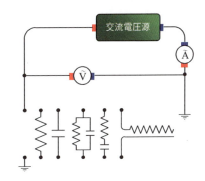

図 1・20 5 種類の負荷について，各インピーダンスを測定するための交流回路

ていないが，別の装置を使うと位相差も測れる．負荷に (1.38) 式で表される電圧を印加する．負荷が 1 個の抵抗の場合，流れる電流 $|I|\sin\{\omega t+\varphi_I\}$ は，オームの法則より求めることができる．

$$I(t) = \frac{E(t)}{R} = \frac{|E|}{R}\sin\{\omega t + \varphi_E\}$$

$$\text{よって,} \quad |I| = \frac{|E|}{R},\ \varphi_I = \varphi_E \tag{1.40}$$

インピーダンスは抵抗値に等しく，位相差は生じない．しかし，負荷がキャパシタの場合は，

$$I(t) = \frac{d}{dt}Q(t) = C\frac{d}{dt}E(t) = C|E|\omega\cos\{\omega t + \varphi_E\}$$

$$= C|E|\omega\sin\left\{\omega t + \varphi_E + \frac{\pi}{2}\right\} \tag{1.41}$$

となり，インピーダンスと位相差は，次ページの表のようになる．この表には電気化学的に興味のある他の負荷についてものせてある[172),173)].

電気化学系や，ある種の回路素子に角周波数 ω の交流電圧を印加すると，"基本周波数" をもつ交流電流だけでなく，2ω や 3ω などの周波数の交流電流が生じる．これらは，**高調波**[174]（harmonics）とよばれる．同時に，直流

---

169) "交流電流" という言い方は文字通り冗長である（交流の「流」は電流を意味する）．にもかかわらず，この表現はよく用いられる．
170) 逆に，$|I|/|E|$ は負荷の**アドミタンス** Y（単位：ジーメンス）である．インピーダンスについては 15・1〜15・4 節も参照．
171) たとえば**ロックインアンプ**や**位相敏感検波器**，およびそれらのデジタル化された機器類である．
172) **並列負荷**および**直列負荷**について，インピーダンスおよび位相差を導け．答えは Web #172 を参照．
173) ワールブルグ成分については Web #173 および 15 章を参照．
174) 周波数 2ω の高調波のことを音楽家たちは第 1 倍音とよび，われわれは第 2 高調波とよぶ．われわれの方式によれば，第 1 高調波は基本波 ω に相当する．

負荷	インピーダンス Z	位相差 $\varphi_I - \varphi_E$
抵抗 R	R	0
キャパシタ C	$1/\omega C$	$\pi/2$
RC 並列	$R/\sqrt{1+\omega^2 R^2 C^2}$	$\arctan\{\omega RC\}$
RC 直列	$\sqrt{1+\omega^2 R^2 C^2}/\omega C$	$\mathrm{arccot}\{\omega RC\}$
ワールブルグ成分	$\sqrt{R/\omega C} = W/\sqrt{\omega}$	$\pi/4$

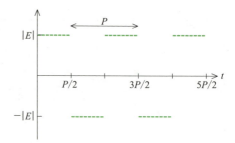

図 1・22 振幅 $|E|$, 周期 P, 周波数 $2\pi/P$ をもつ矩形波

電流が発生することもある．高調波を含む信号を解析すれば各成分の振幅や位相角が求まり，これらは**調波分析** (harmonic analysis) や**フーリエ変換**[175] (Fourier transformation) などの手法において重要である．それらの結果は，しばしば図 1・21 に示す**フーリエスペクトル**[176] (Fourier spectrum) として図示される．

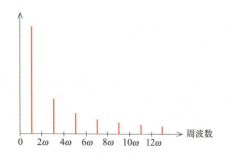

図 1・21 典型的なフーリエスペクトル．この例では，周波数 ω の基本波に加え，高調波が 3ω, 5ω, 7ω, … に現れている．ここで $\omega=2\pi/P$ である．

交流電流および交流電圧には正弦波以外のものもある．その一つとして，電気化学で用いられるものに図 1・22 に示す矩形波がある．これは，数学的には次式で表される[177]．

$$E(t) = (-)^{\mathrm{Int}|2t/P|}|E| \quad \text{矩形波} \quad (1\cdot 42)$$

他の多くの波形と同様，矩形波も一連の正弦波の重ね合わせで表現できる．最初の数項を示すと，

$$(-)^{\mathrm{Int}|2t/P|}|E| = \frac{4|E|}{\pi}\sin\left\{\frac{2\pi t}{P}\right\} + \frac{4|E|}{3\pi}\sin\left\{\frac{6\pi t}{P}\right\}$$
$$+ \frac{4|E|}{5\pi}\sin\left\{\frac{10\pi t}{P}\right\} + \cdots \quad \text{矩形波} \quad (1\cdot 43)$$

のようである．実際，図 1・21 に示すフーリエスペクトルは (1・43) 式を図示したものである．最近の電気化学装置は連続的な波形よりむしろ，図 1・22 のような離散的で一定間隔のセグメントからなる波形を印加することができ

るようになっている．電流応答のサンプリングも同様に一定間隔で行われる．

電気化学では，多くの測定法において正弦波あるいは矩形波の交流電流を利用している．こうした手法については 15 章で述べる．インピーダンス測定もこのなかに含まれており，電極で生じる物理過程あるいは化学過程に関する知見を与える．

まとめ

電荷が存在すると電場が生じ，電位の勾配が生まれる．

$$\left.\begin{array}{l}\text{球対称}: Q/(4\pi\varepsilon r^2)\\\text{平板対称}: q/\varepsilon\end{array}\right\} = X = \begin{cases}-\mathrm{d}\phi/\mathrm{d}r\\-\mathrm{d}\phi/\mathrm{d}x\end{cases} \quad (1\cdot 44)$$

絶縁体に電場を印加すると，その内部にある電荷が再配列するとき，瞬間的に電荷の流れが生じる．

$$-Q = C\Delta E = \frac{\varepsilon A}{L}\Delta E \quad (1\cdot 45)$$

導体では，電子やイオンなどの可動性電荷が電位差に従って移動し，定常電流を生じる．

$$-I = \frac{\Delta E}{R} = \frac{\kappa A}{L}\Delta E \quad (1\cdot 46)$$

導体の導電率は，電子伝導体でもイオン伝導体でも，全電荷担体の電荷数や移動度，濃度により決まる．

$$\frac{i}{X} = \kappa = F\sum_i z_i u_i c_i \quad (1\cdot 47)$$

抵抗やキャパシタの組合わせで電気化学セルを表現でき，それによって直流または交流の摂動が印加された場合のセルの挙動をモデル化することができる．

この章では，目をまわすほど多くの用語を導入してきた．それらは巻末付録の用語集に記号と単位とともにまとめている．

---

175) ジャン・バティスト・ジョゼフ・フーリエ (1768-1830) は有名なフランスの数学者．
176) または，174 ページに出てくる**パワースペクトル**として図示される．
177) Int$\{\ \}$ は整数化関数である．Int$\{y\}$ は y を超えない最大の整数値を意味する．よって Int$\{8.76\}=8$ であり，Int$\{-8.76\}=-9$ である．

2 化学

1章では，電気化学に関連した"電気"について，その基礎を復習した．この章では，電気化学の多くの事項の基礎となっている「化学（物理化学）」について復習することにしよう．

2・1 化学反応：酸化状態の変化

本書においては，**原子価**（valency）——化合物を形成するときに原子同士が互いにどのように結合するのか——という概念について深く掘り下げるつもりはない．とはいうものの，**酸化状態**（oxidation state）（あるいは**酸化数**[201]（oxidation number））という用語は，化学と電気化学の両方に関係している．金属元素の場合，酸化数は，配位子をもたない裸の金属イオンの正電荷の数，塩化物を構成するそれぞれの元素に結合した塩素原子の数，あるいは酸化物を構成するそれぞれの元素に結合した酸素原子の数の2倍となる．アルミニウムの場合は，塩化アルミニウム $AlCl_3$ および酸化アルミニウム Al_2O_3 において，Al^{3+}，すなわち+3 の酸化状態で存在する．AlF_4^- や $AlOOH$ における Al の酸化状態もやはり+3 であるといわれているが，明確ではない．実際，アルミニウムは酸化状態がゼロである元素の状態のときを除き，+3 以外の酸化状態をとるのはまれである．しかしながら，他の金属はさまざまな酸化数をとる．たとえば，鉄においては，ゼロ，+2，+3 および+4 の酸化数が知られている[202]．また，"硫酸銅(II)"では，この塩の銅の酸化数は+2 である．

化学および電気化学において主に注目するのは，**反応**（reaction）についてである．反応においては，ある物質，すなわち**反応物**（reactant）あるいは**基質**（substrate）が，別の物質，すなわち**生成物**（product）へ変換される．**化学量論式**[203]（stoichiometric equation），すなわち**化学方程式**（chemical equation）によって，(2・1)式[204]に示すように化学反応を簡単に表記することができる[205]．

$$Hg_2Cl_2(s) + 2H_2O(l) + H_2(g) \rightarrow$$
$$2Hg(l) + 2H_3O^+(aq) + 2Cl^-(aq) \quad (2 \cdot 1)$$

化学量論式は，"つり合って"いなければならない．すなわち，→の左辺と右辺ではすべての原子の数が等しくなる．さらに，電荷についても同様である．

酸化状態の変化のない反応が多く存在する一方で，酸化状態が変化する反応も数多く存在する．化学反応が進行する間に，ある元素の酸化状態に変化が起こるときは，別の元素でも，その酸化状態が変化している．たとえば，(2・1)式の反応において，水銀 Hg と水素 H の両元素とも酸化状態が変化している．あとに本書で電気化学反応を扱うとき，反応に伴い必然的に酸化数が変化すること，そして酸化数が変化するのは通常一つの元素だけであることがわかるだろう．

2・2 ギブズエネルギー：化学反応を進行させる性質

エネルギーは，さまざまな形で存在する．熱以外のすべてのエネルギー形態は，容易に等量の熱に変換される．ある反応が，熱を発生するならば，

$$反応物 \rightarrow 生成物 + 熱 \quad (2 \cdot 2)$$

と書け，反応物は明らかに生成物よりも多くのエネルギーをもっている．化学物質に関係したエネルギーは，**エンタルピー**（enthalpy）H とよばれる．(2・2)式の反応におけるエンタルピー変化[206]，$\Delta H = H_{生成物} - H_{反応物}$ は負である．すべてではないが，ほとんどの場合，自発的に起こる化学反応において ΔH は負の値をもち，熱を放出する．

ほとんどの化学反応で発熱を伴うのは，自然の一般法則の顕われといえる．すなわち，非熱的（熱ではない）エネ

---

201) 物質の酸化数に関する表を巻末の付録に記載した．さらに詳しく酸化数について知りたい場合は Web#301 を参照せよ．
202) マグネタイト Fe_3O_4 における鉄の酸化状態（酸化数）は 8/3 である．あるいは，この酸化物は 3 分の 1 の Fe(II) と 3 分の 2 の Fe(III) からなるともいえる．
203) **化学量論**とは，化学反応において消費される反応物とつくり出される生成物の相対量に関する研究である．この話題については 24 ページで詳しく述べる．
204) 反応(2・1)におけるそれぞれの化合物の各元素について酸化状態を調べよ．答えは Web#204 を参照せよ．
205) (s)，(aq)，(g) などは，物質の状態（それぞれ固体，水和または水溶液中，気体など）を示す．これらの表示は常に添えられるわけではなく，化学量論式に対して付加的な役割をもつ．同様に，(l)，(ads)，(fus) などは，それぞれ液体，吸着状態，溶融（融解）状態であることなどを意味している．
206) 反応は定温および定圧で行われるか，あるいはその状態に補正されなくてはならない．この節でも一定の温度と大気圧を仮定しており，本書を通じてほとんどそのようにしている．

ルギーが低くなるような過程が有利に起こる．また別の法則として，乱雑さが増加するような過程が有利に起こる．反応における乱雑さの変化を反映する化学的性質は，**エントロピー**（entropy）変化 ΔS とよばれる．温度 T に依存し，H もしくは S に関する変化は，反応に対して大きな影響を与える．**ギブズ**[207]**エネルギー**（Gibbs energy）G には，(2・3)式の定義に示すように H と S の両方が寄与している．

$$\Delta G = \Delta H - T\Delta S \quad (2 \cdot 3)$$

丸い石は下り坂を転がり下りることはできるが，上り坂を転がり上がることができないのと同じで，G が減少すれば化学変化が起こるが，G が増加すれば化学変化は起こらない．G は"化学エネルギー"であり，化学反応の起こりやすさを支配している．物理化学者は，大変多くの化学物質の**標準ギブズエネルギー**（standard Gibbs energy）を正確に測定してきている．それらの値を表にまとめ，巻末の付録に掲載した．(2・1)式の反応における六つの物質の標準ギブズエネルギー G° は，以下の表にまとめてある．

物質	状 態	$G^\circ/\text{kJ mol}^{-1}$
Hg	液体状態の純粋な水銀	0
H_3O^+	オキソニウムイオン，活量 1 で水溶液中に存在	−237.1
Cl^-	塩化物イオン，活量 1 で水溶液中に存在	−131.2
Hg_2Cl_2	固体状態の純粋な塩化水銀(I)	−210.7
H_2O	液体状態の純粋な水	−237.1
H_2	標準状態の圧力における水素ガス	0

これら G° の値は標準状態におけるそれぞれの物質に対する 25.00 ℃ でのモル生成ギブズエネルギー $(\Delta G_f^\ominus)_{298.15}$ を示している．ここで下付きの "f" は，標準状態における元素からの生成を意味している．また，同時に Hg や H_2 に対する G° がゼロであることを意味している．個々のイオンのギブズエネルギーを測定することはできないので，あるイオン，たとえば H_3O^+ の G° は標準状態として，水と同じであるとみなされる[208]．表にまとめた G° 値から，どのような反応のギブズエネルギー変化も計算することができる[206),209)]．(2・1)式の反応における標準ギブズエネル

ギー変化は，(2・4)式のように求まる．

$$\Delta G^\circ = 2G^\circ_{Hg} + 2G^\circ_{H_3O^+} + 2G^\circ_{Cl^-} - G^\circ_{Hg_2Cl_2} - 2G^\circ_{H_2O} - G^\circ_{H_2}$$
$$= -51.7 \text{ kJ mol}^{-1} \quad (2 \cdot 4)$$

ΔG° が正である反応は，標準状態では化学的に起こりえない．反応(2・1)のように ΔG° が負である反応を**熱力学的に可能**（feasible）[210]であるといい，たぶん自然に起こりうるはずである．

熱力学者は，"標準状態"という言葉を使う．この言葉は，物質が実験室で普通に存在する物理状態[211]，たとえば H_2O は氷ではなく液体の水として存在することを示すとともに，物質がある規定された状況，つまり**単位活量**（unit activity）で存在することを意味する．"活量"が何を意味しているかは，以下の節で詳しく扱うことにする．

ΔG° が正である反応は"標準状態では"化学的に起こりえないということは，より具体的には「すべての反応物や生成物が，それらの標準状態にあるとき」についての話である．このような状況において $\Delta G^\circ > 0$ ならば，逆反応が必然的に進行しやすくなるだろう．$\Delta G^\circ = 0$ という非現実的な場合を除くと，正反応または逆反応のどちらかが可能となるだろう．もちろん，熱力学的に可能であるからといって，反応が実際に進むとは限らない．もっといえば，可能な反応が起こったとしても，完結にまで至らない場合も多い．つまり，反応物がすべて消費される前に，反応が停止してしまうのである．

ΔG° に関連するものとして，反応の**平衡定数**（equilibrium constant）K がある．ΔG° が負であることは，平衡定数が 1 より大きいことを意味する．実際，ΔG° と K の定量的関係は (2・5)式で与えられる[212),213)]．

$$K = \exp\left\{\frac{-\Delta G^\circ}{RT}\right\} \quad \text{または} \quad \Delta G^\circ = -RT \ln\{K\}$$
$$(2 \cdot 5)$$

ここで，R は**気体定数**（gas constant）を示す．

$$R = 8.3145 \text{ J K}^{-1} \text{ mol}^{-1} \quad (2 \cdot 6)$$

標準温度 $T^\circ = 298.15$ K のとき，$RT^\circ = 2.4790$ kJ mol^{-1} となることに注意せよ．

上で述べた「$\Delta G^\circ < 0$ でなければ反応は起こらない」ということは，反応物と生成物がともに標準状態にある場合に成り立つ．標準状態でない場合，反応が起こる条件は $\Delta G < 0$ であるが，ΔG° と ΔG の違いは，次節で述べる反

---

207) ジョサイア・ウィラード・ギブズ（1839-1903），アメリカ合衆国の物理化学者．G は**自由エネルギー**としても知られる．
208) オキソニウムイオンを H^+(aq) と書く場合も見受けられる．また，水素イオン H^+ の標準ギブズエネルギーはゼロと定義される．
209) $Hg_2Cl_2(s) \rightarrow 2Hg(l) + Cl_2(g)$ の反応に伴う標準ギブズエネルギー変化はいくらか？ 解答は Web #209 を参照せよ．
210) **自発的な**あるいは**エネルギー発生性の**，という意味．
211) 標準的な実験条件は，温度 298.15 K，大気圧 100.00 kPa である．これらの条件は，特に断りのない限り，本書を通して仮定されている．
212) (2・1)式の反応の平衡定数を計算せよ．答えを Web #212 で確認せよ．
213) 反応 $2Ag_2O(s) \rightleftarrows 4Ag(s) + O_2(g)$ の平衡定数は，25 ℃ のとき 1.19×10^{-4} である．酸化銀に対する G° を計算せよ．答えを Web #213 にある値と，あるいは巻末の付録表の値と比較せよ．

応物と生成物の活量を用いて表現される．ギブズエネルギーの変化がゼロとなり，平衡に達すると，化学反応は停止する．

$$\Delta G = 0 \quad 平衡 \quad (2 \cdot 7)$$

過程が純粋に化学的であることに注意しなくてはならない．他の種類の仕事が，反応を促進するために作用するならば，その必要条件は，

$$\Delta G - W < 0 \quad 起こりうる \quad (2 \cdot 8)$$

である．一方，(2・9)式が成り立つとき，平衡となる．

$$\Delta G = W \quad 平衡 \quad (2 \cdot 9)$$

ここで，W は反応物→生成物の反応が起こるとき，系外部からなされる仕事を示す[214]．外部仕事を与えることで，丸い石に上り坂を転がり上らせることが可能となる．電気的な仕事を化学反応に変換することは容易であるので，電気化学は強力な合成手段となり，通常では実現できない反応も起こせる可能性が出てくる．**電解合成**（electrosynthesis）はその例であり，電気化学的な手法によって化学物質を生成するので，そのようによばれる．これについては，4章で取扱う．化学過程と連携した外部仕事の他の例としては，代謝的に駆動される生理学的 "ポンプ"（9章参照），光合成などがある．

2・3　活量：化学種の活動度

活量の概念は，化学，特に電気化学において重要である．活量の定義を知る前に，活量が何を意味するのかということを定性的に知ることは大切である．日ごろの生活において，"落ち着きがない" あるいは "じっとしていない" といった言葉は，いまの状況から離れたいと願って不満を抱いている人を表すときに使われる．同様に分子やイオンにあてはめるならば，このような性質の物質は高い活量をもっているということができる．"活量" が高い状態は，さまざまに表現される．

高い活量を
もった物質
{
- より容易に反応する傾向にある
  （高いギブズエネルギーをもつ）
- より速く反応する傾向にある
  （反応の速度がより速い）
- 別の相へ転移する
  （蒸発あるいは溶解などにより）
- より希薄な領域へ拡散する
}

同様に例えるなら，高い活量をもつ物質は満足せず不安定な状態にあり，活量の低い物質は満足して安定な状態にあるといえる．

定量的には，**活量**（activity）a_i は，ある状態での物質 i のもつ活動度を標準状態の場合と比べて表したものである．このように，活量は比として表されるため，活量は単位をもたない正の数となる．活量は温度の影響を受け，またその程度は低いが大気圧の影響も受ける．しかしながら，このことは電気化学においてあまり重要ではないので，ここでは説明を省略する．

気体（ガス）状の化学種 i の活量 a_i は，その分圧に依存する．図2・1に示したように，気体の活量はかなり高い圧力に至るまで，その分圧 p_i に対して直線的に変化する．

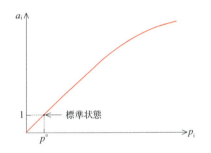

図2・1 圧力と活量の関係．かなり高い圧力に至るまで気体の活量はその分圧に比例する．

気体の圧力が標準圧力，つまり1バールであるとき，気体は標準状態にある．

$$a_i = \frac{p_i}{p^\circ} \quad ここで p^\circ = 1.000 \times 10^5 \text{ Pa}$$
物質 i は**気体** $\quad (2 \cdot 10)$

圧力のSI単位は**パスカル**（Pa）である．極端な圧力を除いて，すべての条件において，気体の活量は p_i/p° によって正確に置き換えることができる．

溶質についても同様である．図2・2に示すグラフは，溶質の活量がその濃度にどのように依存するかを示している．**非イオン性の溶質**では，グラフの線形性はほとんど標準状態に至るまで保たれる．ここでは溶質の標準状態は1モル/リットルとしている．したがって，特に高濃度の場合を除いて，

$$a_i \approx \frac{c_i}{c^\circ} \quad ここで c^\circ = 1.0000 \times 10^3 \text{ mol m}^{-3}$$
物質 i は**非イオン性の溶質** $\quad (2 \cdot 11)$

がほとんどの用途で満足のいく近似として成り立つ．しかしながら，**イオン性の溶質**であるときには，図2・2が示すように，標準状態のかなり手前で直線から大きくはずれる．すなわち，(2・11)式のような関係は，実際の挙動を大ざっぱに表しているにすぎない．そこで，(2・11)式の代わりに，**活量係数**（activity coefficient）γ とよばれる経

---

[214] 1章でよく見かけた w とは異なり，W は1モルあたりのジュール熱，J mol^{-1} の単位をもつ**モル**仕事量である．

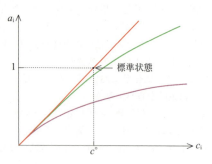

図 2・2 濃度と活量の関係. 理想的にふるまう溶質の活量は,すべての濃度において $c_i/c°$ に等しい. 理想状態からのずれは,非イオン性の溶質よりもイオン性の溶質で容易に起こる.

験的な因子を導入する. それは,定数ではなく濃度に依存する変数である[215].

$$a_i = \frac{\gamma_i c_i}{c°} \quad \text{ここで } c° = 1.0000 \times 10^3 \text{ mol m}^{-3}$$

物質 i はイオン性の溶質 (2・12)

溶存イオンが溶存分子と異なった挙動を示すわけは,ご想像のとおり,それらが電荷をもつためである. 2・5 節においてイオン性物質の活量係数に関してより詳しく学ぶことにする.

分圧や濃度が気体や溶質の活量へ大きな影響を与えるのに比べ,液体および固体の活量は変化することはない. これらの凝縮相は不変的な活量をもち,便宜的にその値は 1 であるとする.

$$a_i = 1 \quad \text{物質 i は純粋な液体または固体} \quad (2・13)$$

もちろん,物質の純度がひどく低下しているならば,その活量は影響を受けるだろう. たとえば,真ちゅうや青銅といった合金中の銅は,1 より小さな活量をもつ. 互いに似た性質をもつ二つ,あるいはそれ以上の物質が固体や溶液を形成しているとき,各成分の活量はそれらのモル分率[216] x_i に等しいと考える.

$$a_i \approx x_i \quad \text{物質 i は固体あるいは液体の溶液中の成分} \quad (2・14)$$

予想されるように,水を溶媒として使うとき,その活量は一般に 1 よりいくぶん低くなる[217]. (2・14)式と同様の関係は,単分子膜においても見られる. その膜中にある特定の成分が占める割合(面積比)を θ_i とすると,(2・15)式のようになる.

$$a_i \approx \theta_i \quad \text{物質 i は単分子膜中の成分} \quad (2・15)$$

電子の活量については,どうだろうか? このことを取扱うには,いわゆる熱力学の世界から離れなければならない. 電位(静電ポテンシャル)が ϕ である,ある場所での電子に対して,

$$a_{e^-} = \exp\left\{\frac{-F(\phi - \phi°)}{RT}\right\} \quad \text{1 個の電子に対して}$$

(2・16)

(2・16)式のように,その活量を幸いにして決定することが可能である. われわれは 1 章において,電位の差のみが測定され,しかもそれは同じ,あるいはよく似た成分からなる二つの相間のみであることを学んだ. I と II を二つのそのような相であるとしよう. これらの相内には,電子が存在するとする. このとき,二つの相内の電子の活量の比は,(2・17)式のように表される.

$$\frac{a_{e^-}^{II}}{a_{e^-}^{I}} = \exp\left\{\frac{-F\Delta E}{RT}\right\} \quad \Delta E = \phi^{II} - \phi^{I} \quad (2・17)$$

ここで,ΔE は相 II と I の間の測定可能な電位差を示す.

すでに 17 ページで学んだように,活量は化学や物理学のさまざまな分野における化学種の挙動に影響を及ぼす. そのギブズエネルギーに対する効果は,(2・18)式の関係式からわかる.

$$G_i = G_i° + RT \ln\{a_i\} \quad (2・18)$$

物質 i のギブズエネルギー[218]が活量に対して対数関数的に増加する様子を図 2・3 に示した. (2・18)式の右辺第 1 項は,たいてい常温での物質のギブズエネルギーに相当する[219].

$\Delta G°$ は,すべての反応物と生成物が標準状態にあるとき,その反応に伴って起こるギブズエネルギー変化である

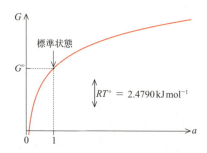

図 2・3 ギブズエネルギーと活量の関係. 物質のギブズエネルギーは,その活量に対して対数関数的に変化する. 活量=1 のとき,ギブズエネルギーは,その標準状態の値($G°$)に等しい.

---

215) それ自身の濃度のみならず,存在するすべてのイオンの濃度に依存する. 22 ページのイオン強度について学習せよ.
216) 溶液中のある成分のモル分率 x_i は,溶液中のすべての成分の総モル数に対するある成分のモル数の比を表す.
217) ときには,大きなこともある. たとえば,2.0 mol L^{-1} の KCl 水溶液においては a_{H_2O}=1.004 である.
218) 酸素ガス $O_2(g)$ の分圧が空気中におけるように 20.9 kPa のとき,あるいはガスシリンダー内におけるように 300 bar であるとき,25 ℃ における酸素ガスのギブズエネルギーはどれくらいか? web#218 参照.
219) もちろん,元素は例外である. 元素に対しては,右辺第 1 項は慣例によりゼロである.

ことを思いだそう．そのほかの状況において，活量がすべて 1 に等しくないときは，ある反応のギブズエネルギー変化を記述するために上付き記号のない ΔG を使う．反応物と生成物の活量がギブズエネルギー変化に影響することを示す例として，反応式(2・1)へ戻ってみよう．すると，(2・19)式の関係を見いだすことができる．

$$\Delta G = \Delta G^\circ + 2RT \ln \{a_{Hg}\} + 2RT \ln \{a_{H_3O^+}\} + 2RT \ln \{a_{Cl^-}\}$$
$$\quad - RT \ln \{a_{Hg_2Cl_2}\} - 2RT \ln \{a_{H_2O}\} - RT \ln \{a_{H_2}\}$$
$$= \Delta G^\circ + RT \ln \left\{ \frac{a_{Hg}^2 a_{H_3O^+}^2 a_{Cl^-}^2}{a_{Hg_2Cl_2} a_{H_2O}^2 a_{H_2}} \right\} \quad (2 \cdot 19)$$

ここで反応式における化学量論係数は対数項中の指数として，生成物は分子に，反応物は分母に表されることに注意しよう．凝縮系（固体および液体）の活量は 1 であるので無視することができ，他の三つの活量については (2・10)式および (2・12)式よって置き換えられる．その結果，(2・20)式のようになる[220]．

$$\Delta G = \Delta G^\circ + RT \ln \left\{ \frac{a_{H_3O^+}^2 a_{Cl^-}^2}{a_{H_2}} \right\}$$
$$= \Delta G^\circ + RT \ln \left\{ \frac{p^\circ \gamma_{H_3O^+}^2 \gamma_{Cl^-}^2 c_{H_3O^+}^2 c_{Cl^-}^2}{p_{H_2} (c^\circ)^4} \right\} \quad (2 \cdot 20)$$

反応が進行するにつれて，オキソニウムイオン H_3O^+ および塩化物イオン Cl^- の濃度は徐々に増加し，水素 H_2 の分圧は減少するだろう[221]．これらの化学種の活量の変化は，$RT \ln \{\ \}$ 項を徐々に大きく増加させ，その結果，ΔG を徐々に小さな負の値にさせる（すなわち，正の値の方向へ変化させる）．ついには，反応が進行しなくなる．その理由は，ΔG がゼロに近づくか，あるいは塩化水銀(II) Hg_2Cl_2 が消費されるためであると考えられる．この例では後者というよりもむしろ前者の理由で，反応は**平衡** (equilibrium) に達したといえる．

平衡では，$\Delta G = 0$ であるので，(2・21)式が成り立つ．

$$\Delta G^\circ = -RT \ln \left\{ \left(\frac{a_{H_3O^+}^2 a_{Cl^-}^2}{a_{H_2}} \right)_{equil} \right\} \text{ または}$$
$$\left(\frac{a_{H_3O^+}^2 a_{Cl^-}^2}{a_{H_2}} \right)_{equil} = \exp \left\{ \frac{-\Delta G^\circ}{RT} \right\} \quad (2 \cdot 21)$$

(2・21)式の下付き文字 "equil" は，カッコ内の活量の値が平衡にあることを示す．(2・21)式と (2・5)式の比較から，(2・22)式の関係を導くことができる．

$$\left(\frac{a_{H_2}}{a_{H_3O^+}^2 a_{Cl^-}^2} \right)_{equil} = K \quad \text{化学平衡の法則} \quad (2 \cdot 22)$$

この関係は，**化学平衡の法則** (law of chemical equilibrium)

の一般的な形である．

活量は反応におけるギブズエネルギー変化に影響することに加え，図 2・4 に示すように，一つの相から別の相への物質の移動に伴うギブズエネルギー変化 ΔG を支配する．ほんの少量の非イオン性物質が相 L から相 R へ移動することを考えよう．このとき，どちらの相においても組成はほぼ変わらないものとする．このとき，ギブズエネルギー変化は (2・23)式のようになる．

$$\Delta G = RT \ln \left\{ \frac{a_i^R}{a_i^L} \right\} \quad \text{中性の物質 i に対して} \quad (2 \cdot 23)$$

しかしながら，もし移動する物質がイオン性物質であるならば，図 2・4 において I と表示された中間相を介して，2 段階で起こる移動について考えることになるだろう．中間

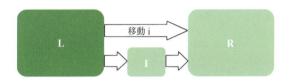

図 2・4 相 L と R の間の非イオン性物質 i の移動．非イオン性物質 i は直接移動できるが，イオン性物質に対しては，中間相 I を通って移動するほうが都合が良い．

相 I は，相 L と同じ電位をもち，相 R と同じ組成である．こうして，最初の半分の行程 L→I では電気的な不連続性は見られず，ギブズエネルギーにおける変化は (2・23)式のようになる．残りの半分の行程 I→R では化学的な不連続性は関与せず，そして相 I と相 R の電位に変化がないと仮定する．行程の第 2 段階では，(1・8)式からわかるように個々のイオンに対して $Q_i(\phi^R - \phi^I)$ の，またモル濃度基準で $z_i F(\phi^R - \phi^I)$ の大きさの電気的仕事が要求される．したがって，全ギブズエネルギー変化は (2・24)式のようになる．

$$\Delta G = \Delta G^{L \to I} + \Delta G^{I \to R} = RT \ln \left\{ \frac{a_i^I}{a_i^L} \right\} + z_i F(\phi^R - \phi^I)$$
$$= RT \ln \left\{ \frac{a_i^R}{a_i^L} \right\} + z_i F(\phi^R - \phi^L) \quad (2 \cdot 24)$$

この式は物質 i の 1 モルの移動に相当するが，もちろん，組成および特に電位の変化がない条件を満たすためにはもっと少ない物質量の移動が好ましい．

相 R と L が化学種 i に関して平衡にあるならば，移動に伴うギブズエネルギー変化がなく，そして (2・24)式は

---

[220] 圧力および濃度がそれぞれ bar および mol per liter の単位で測定されたそれぞれの性質をもつ単位のない値であることを理解したうえで，この種の式 ((2・20)式) から p° および c° 項はしばしば削除される．こうした濃度の値は，ときどき [Cl^-] のように角カッコ内に溶質の化学式を書き入れて示される．

[221] ほとんどの場合，反応は Hg_2Cl_2 の懸濁水溶液を通じて水素ガスをバブリングすることによって行われる．その場合，水素の活量はすぐに一定値に保たれるだろう．

(2·23)式を代入することで，(2·25)式に変形される．

$$a_i^R \exp\left\{\frac{z_i F}{RT}\phi^R\right\} = a_i^L \exp\left\{\frac{z_i F}{RT}\phi^L\right\} \quad (2·25)$$

この式は，電荷をもった（あるいは，電荷をもたない）化学種に対する**移動平衡**（transfer equilibrium）の条件を決定する．さらに，概念は多相系あるいは連続体に拡張される．もし電位勾配（電場）が平衡な液体中に存在するならば，イオン i は溶液内にある分布をもって存在し，その結果，**電気化学的活量**（electrochemical activity）として知られる $a_i \exp|z_i F\phi/RT|$ は，すべての場所で同じになる．(2·25)式は，グイ-チャップマンの理論（142 ページ）やデバイ-ヒュッケルの理論（2·5 節）の中で適用されている．この平衡は，**ボルツマンの分布則**[222]（Boltzmann's distribution law）に従う一つの例を示す．より一般的な形では，この法則は，(2·26)式に示すように平衡における物質 i の二つの場所での濃度比を表す[223]．

$$\frac{c_i^R}{c_i^L} = \exp\left\{\frac{-N_A}{RT}w_i^{L\to R}\right\} \quad \text{ボルツマンの法則} \quad (2·26)$$

ここで，$w_i^{L\to R}$ は粒子 i を相 L から R へ移動させるのに要する仕事である．

2·4 電解質溶液：溶解したイオンの挙動

イオンの挙動に関するわれわれの知識のほとんどは，無機化合物の水溶液に関する研究から得られたものである．電気化学者は，いまでこそ多くのさまざまな溶媒を用いているが，水は依然として最も重要な溶媒であることに変わりはない[224]．電解質水溶液は，一般的で最も理解されたイオン伝導体の例である．したがって，この節での議論のほとんどは水溶液に関するものである．

濃度（concentration）に関していえば，濃度の SI 単位は mol m^{-3} であるが，化学者はモル/リットル（mol L^{-1}）を好んで使用する[225]．話し言葉ではこれを **molar**（モラー）とよび，記号 M で表す．すでに述べたように，熱力学的な標準濃度 $c°$ は 1 モラーである．互換性のために，本書ではミリモラー（mM）濃度をしばしば採用する．これは，SI 単位で表したのと同じ数値となる．

平衡とは，正方向と逆方向の反応が等しい速度で進行している状態である（と理解すればよい）．このことは，化学者が平衡の存在を示すのに用いる互いに逆向きの矢印（⇄）によってわかる．たとえば，水中で水分子とイオンの間に存在する平衡は，(2·27)式の化学量論式によって記述される[226]．

$$2H_2O(l) \rightleftarrows H_3O^+(aq) + OH^-(aq) \quad (2·27)$$

平衡において，反応物と生成物の概念は意味をもたないこと，そして同等の式を逆向きにも書けることに注意する[227]．平衡式(2·27)は，化学平衡の法則によって(2·28)式の形で表される．

$$K = \left(\frac{a_{H_3O^+} a_{OH^-}}{a_{H_2O}^2}\right)_{equil} \quad \text{平衡定数} \quad (2·28)$$

K の値は，反応 $2H_2O(l) \to H_3O^+(aq) + OH^-(aq)$ に関する $G°$ 値のデータから計算できる[228]．そして K は，(2·29)式のようになる．

$$1.005 \times 10^{-14} = K_w = a_{H_3O^+} a_{OH^-} = \frac{\gamma_{H_3O^+} \gamma_{OH^-} c_{H_3O^+} c_{OH^-}}{(c°)^2}$$

イオン積 (2·29)

この反応の平衡定数はとても重要であり，特別に K_w という記号で表され，**水のイオン積**[229]（ionic product for water）とよばれている．(2·29)式の取扱いでは，下付きの "equil"[230] を省略し，水の活量を 1 としている．このことは，希薄水溶液においては理にかなっている．また水に他のイオンが含まれていない場合には，電気的中性の原理から，$c_{H_3O^+} = c_{OH^-}$ となる．さらに，含まれる電解質の濃度が低ければ，活量係数は 1 として取扱うことができる．こ

---

222) ルートヴィッヒ・エードゥアルト・ボルツマン（1844–1906），オーストリアの物理学者．彼の法則は，標高による大気圧の効果についても説明できる．海面レベル（分圧 79 kPa）から山の頂上（分圧 57 kPa）まで窒素分子を運ぶとき，25℃においてなされる仕事はどのくらいか？ Web #222 参照．
223) 法則は，通常 R/N_A をボルツマン定数 k_B で置き換えることによって書かれる．
224) 実際，Wazonek, Blaha, Berkey および Runner の仕事の礎となった報告（*J. Electrochem. Soc.*, **102**, 235（1955））がなされるまで，ほとんど例外なく電気化学で使用される溶媒は水であった．
225) 物理化学者によって好まれる別の単位は**質量モル濃度**である．すなわち，溶媒 1 kg あたりの溶質の物質量（mol）である．
226) この平衡はしばしば $H_2O(l) \rightleftarrows H^+(aq) + OH^-(aq)$ のように表される．しかし，水溶液中には裸の（水和していない）プロトンは存在しないので，(2·27)式のように表すことにする．しかしながら，水和したプロトンの化学式は H_3O^+ よりも $H_9O_4^+$ がより適当であるという Eigen[251] の研究結果がある．
227) それゆえ，平衡定数は(2·28)式および(2·29)式で与えられた値の逆数になる．標準ギブズエネルギー変化はつぎの脚注に示されている値の負の値になる．
228) 巻末付録のデータから $\Delta G° = 79.9$ kJ mol^{-1} であることを示せ．つぎに，Web #228 におけるように，(2·29)式で与えられた K の値を計算せよ．
229) ほかにもイオン積をもつ溶媒がある．たとえば，硫酸に対するイオン積は 4.7×10^{-3}，ジメチルスルホキシドに対するイオン積は 5.0×10^{-34} である．それぞれの場合において含まれるイオンは**自己プロトリシス**，すなわち一つの溶媒分子から他の溶媒分子へのプロトンの移動により生じたものである．イオン積がかなり大きいときは，その溶媒は**イオン液体**に分類される（5 ページ参照）．
230) これらの反応はとても速いので，ほとんどいつも平衡であるとみなせる．

うして，(2・29)式の平方根をとると，(2・30)式のようになる．

$$c_{H_3O^+} = c_{OH^-} = c°\sqrt{K_w} = 1.003 \times 10^{-7} \text{mM}$$

純水中 (2・30)

水溶液中において，H_3O^+とOH^-の活量（近似的には濃度）は図2・5に示すように，互いに反比例の関係にある．

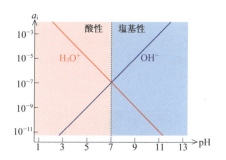

図2・5 活量とpHの関係．水中において，オキソニウムイオンと水酸化物イオンの活量は，$a_{H_3O^+}a_{OH^-}=K_w$によって関係付けられる．pHは，$-\log|a_{H_3O^+}|$として定義される．

水は，最も一般的に使われる溶媒であって，オキソニムイオンの活量は水溶液の性質を決定するのに重要である．**pH**は，この性質を表す一般的な方法であり，(2・31)式によって定義される[231]．

$$\text{pH} = -\log_{10}|a_{H_3O^+}| \quad \text{pHの定義} \quad (2・31)$$

pHが7より小さいとき，H_3O^+イオンの濃度がOH^-イオンの濃度を上回っており，**酸性**（acidic）であるという．pHが7より大きい，すなわち$c_{OH^-}>c_{H_3O^+}$のとき，その溶液は**塩基性**（basic）あるいはアルカリ性であるという．pHがほぼ7に近いときのみ，溶液は**中性**（neutral）を示す．この分野におけるアレニウス[232]の先駆的な概念によれば，水中でのH_3O^+イオンの量を増加させ，その結果pHを減少させる溶質が酸である．そのような例として二酸化炭素があげられる．二酸化炭素が水に溶けて，平衡に達すると(2・32)式のようになる[233]．

$$CO_2(g) + 2H_2O(l) \rightleftarrows H_3O^+(aq) + HCO_3^-(aq)$$
(2・32)

この過程に対する平衡定数は[234]，二酸化炭素の**酸解離定数（酸性度定数**（acidity constant））として知られている[235]．逆に，水のpHを増加させる酸化ナトリウムのような化学種は塩基である．(2・33)式のように水との反応が完結すると[236]，

$$Na_2O(s) + H_2O(l) \rightarrow 2Na^+(aq) + 2OH^-(aq)$$
(2・33)

ここでは1分子の酸化ナトリウムから二つのOH^-イオンを生じる．

電解質（electrolyte）[237]は，溶解して（通常水に溶解して）イオンを生じる化合物である．電解質で用いられる**弱い**（weak）あるいは**強い**（strong）という言葉は，電解質がほんのわずかしか溶解しない（平衡状態にある），あるいはほとんど溶解する（平衡状態にない）ことを表す．たとえば，二酸化炭素は弱い酸であり，酸化ナトリウムは強い塩基である．多くの例外が存在するが，一般に，無機電解質は強く，有機電解質は弱い．電解質が，ほんのわずかしか溶けないときには，たとえば水中の硫酸鉛のように(2・34)式に示すような平衡が，固体とそれから生じたイオンとの間に成り立つ．

$$PbSO_4(s) \rightleftarrows Pb^{2+}(aq) + SO_4^{2-}(aq) \quad (2・34)$$

この平衡を表す平衡定数は，

$$K = \frac{a_{Pb^{2+}}a_{SO_4^{2-}}}{a_{PbSO_4}} = \frac{\gamma_{Pb^{2+}}\gamma_{SO_4^{2-}}c_{Pb^{2+}}c_{SO_4^{2-}}}{(c°)^2} \quad \text{溶解度積}$$
(2・35)

となり，**溶解度積**[238]（solubility product）という特別な名前でよばれる．

溶媒の性質は，溶質の存在，特にイオン性の溶質の存在によって強く影響される．水のような（1ページ参照）双極子モーメントをもった溶媒分子は，溶解したイオンのまわりにクラスターを形成しており，イオンの電荷と反対の電荷部分が最接近するように配向している．この現象は，**溶媒和**（solvation）として知られている．溶媒が水である場合，特に**水和**（hydration）とよばれる．たとえば，四つの水分子が溶解した銅(II)イオンのまわりにクラスターを形成する．このとき，水は非常に強く結合するので，お

---

231) $-\log_{10}|c_{H_3O^+}|$ あるいは$-\log_{10}|c_{H^+}|$ のような問題のあるpHの定義を見かけることがある．

232) スヴァンテ・アウグスト・アレニウス（1859-1926），スウェーデンの化学者．1903年にノーベル賞を受賞した．今日のイオンの概念や**アレニウス式**は彼によるもの．アレニウス式は$\exp\{-\Delta G^\ddagger/RT\}$因子を通して，反応速度定数がどのように温度に依存するかを示している．ここで，$\Delta G^\ddagger$は**活性化ギブズエネルギー**を示す．

233) (2・32)式は実際，何が起こるかを単純化して表している．全体としては，化学種$CO_2(aq)$，$H_2CO_3(aq)$および$CO_3^{2-}(aq)$も含まれる．

234) 平衡定数の値は4.7×10^{-7}である．"ソーダ水"（分圧1barのCO_2と平衡にある水）のおよそのpHを計算せよ．Web#234参照．

235) 弱塩基も同様に**塩基性度定数**をもつ．たとえば，アンモニアNH_3は$a_{NH_4^+}a_{OH^-}/a_{H_2O}a_{NH_3}$によって定義される塩基性度定数をもつ．この塩基性度定数に関連したアンモニウムイオンNH_4^+の酸性度定数はいくらか？ Web#235参照．

236) 1Lの水に1gの酸化ナトリウムNa_2Oを溶かすとpHはどれくらいになるか？ Web#236参照．

237) 電気化学セル（3章）の概念では，"electrolyte"は別の意味をもつ．

238) さらに，ときには特別な記号K_{sp}で表される．溶解度積の値が表にまとめられており，通常単位をもたないが，それらの値は活量ではなく，濃度に基づいていることが多い．

おそらく $[Cu(H_2O)_4]^{2+}$ (aq) は Cu^{2+} (aq) よりも溶解したイオンを表すのに適した化学式であるといえる．

2・5　イオンの活量係数：デバイ-ヒュッケルのモデル

$a \approx c/c°$ という近似は，通常，非イオン性の溶質に対しては成り立つが，イオンに対しては，きわめて低い濃度のときのみに成り立つ．イオンと非イオンの挙動における相違は，つぎのように容易に理解できる．すなわち，非イオン性の溶質は互いに，偶然の衝突が起こるときのみに相互作用する．一方，イオンは，たとえ隣のイオンが遠く離れて存在していたとしてもクーロン力が作用している．いずれのイオンも存在するすべてのイオンからクーロン力を受けている．特に，多価に荷電したイオンからのクーロン力はとても強い．このことは**イオン強度** (ionic strength) によって[239]，(2・36)式のように定義される．

$$\mu = \frac{1}{2}\sum_i z_i^2 c_i \quad \text{イオン強度の定義} \quad (2 \cdot 36)$$

イオン強度は個々のイオンの活量に影響を与える．たとえば，水に 0.174 g の K_2SO_4（濃度にして 1 mM）を溶かして 1 L の溶液をつくったとする．この溶液において，イオンの濃度はそれぞれ，$c_{K^+} = 2.00$ mM および $c_{SO_4^{2-}} = 1.00$ mM となる[240]．これらの濃度からイオン強度 μ は容易に計算され，$\mu = [(+1)^2 c_{K^+} + (-2)^2 c_{SO_4^{2-}}]/2 = 3.00$ mM となる．イオン強度は，電解質溶液の理論において繰返し現れる重要なパラメータの一つとなっている．たとえば，**デバイの長さ**[241] (Debye length) にはイオン強度が関係しており，(2・37)式によって定義される[242]．

$$\beta = \sqrt{\frac{RT\varepsilon}{2F^2\mu}} \qquad \beta^{aq} = \frac{9.622 \text{ nm}}{\sqrt{\mu/\text{mM}}} (25℃)$$
$$\text{デバイの長さ} \quad (2 \cdot 37)$$

いま議論している硫酸カリウム水溶液において，デバイの長さは 5.56 nm と小さな距離である．しかし，この数値はほとんどのイオンの大きさよりもかなり大きなものとなっている．

二人のヨーロッパ人共同研究者によって 1923 年に考案されたこの有名なモデルは，イオン間の電気的な相互作用によってどのようにして 1 より小さな活量係数が導かれるのかを説明するために考え出されたものである．デバイとヒュッケル[243]は，彼らのモデルの取扱いにおいて，さまざまな種類のイオンを多量に含む溶液をたった一つのイオン，すなわち図 2・6 に示すような**中心イオン** (central ion) に注目して考察した．一方，他のすべてのイオンは個々としてではなく，中心イオンのまわりに存在する雲のような**イオン雰囲気** (ionic atmosphere) として扱われる．もし中心イオンがカチオンであるならば，そのまわりはクーロン力によってアニオンが球対称の雲のように高密度に集まった状態になる．この負に荷電した雲の存在は中心イオンをより安定化させるので，それが存在しない場合に比べて，中心イオンはより不活性になる．

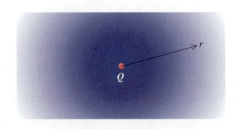

図 2・6　イオン雰囲気．イオン雰囲気は，中心イオンの電荷の符号と反対の符号をもつ電気の雲として表現される．

デバイ-ヒュッケルの理論は数学的に厳密なものであるが，詳細はここではふれない[244]．その代わり，理論の取扱いにおける特徴的なところを概観し，結果のみを詳しく議論する．溶液は平衡状態にあり，それゆえボルツマンの分布則（20 ページ参照）が個々のイオンに対して成り立つと仮定する．

$$a_i(r)\exp\left\{\frac{-z_iF}{RT}\phi(r)\right\} = \text{それぞれの化学種 i に対して } r \text{ に依存しない定数}$$
$$(2 \cdot 38)$$

ここで，$\phi(r)$ は局所電位を示す．信頼できるもっともらしい近似を行い，そしてイオンの中心から r の距離における電荷密度 ρ がカチオンとアニオンの不均衡から生じるとすると，(2・39)式を得る．

$$\rho(r) = F\sum_i z_i c_i(r) \quad \text{局所電荷密度} \quad (2 \cdot 39)$$

デバイとヒュッケルは，(2・39)式から (2・40)式に示す結果を得た．

---

239) 海水中の主なイオンの濃度は，Cl^- 554.1 mM，Na^+ 469.7 mM，Mg^{2+} 47.0 mM，SO_4^{2-} 15.3 mM，K^+ 9.9 mM，Ca^{2+} 9.5 mM，そして**イオン対** $NaSO_4^-$ 6.1 mM である．水のイオン強度を計算せよ．Web#239 参照．この Web#239 ではまたイオンの会合について一般的な考察をする．
240) ほとんどの塩と同様に，硫酸カリウムは強電解質であり，固体状態においても，溶液中においても完全にイオン化される．
241) ピーター・ヨセフ・ウィルヘルム・デバイ (1884-1966)，オランダの物理学者．1936 年にノーベル賞を受賞した．
242) β の単位が長さの単位であることを証明せよ．また，(2・37)式で与えられた β^{aq} の値を確かめよ．Web#242 参照せよ．
243) エーリッヒ・アルマント・ヨーゼフ・ヒュッケル (1896-1980)，ドイツの物理学者で，分子軌道に関する研究でも知られる．
244) 完全な取扱いは Web#244 に記述されている．

$$\frac{-\rho(r)}{\varepsilon} = \frac{\phi(r) - \phi(\infty)}{\beta^2} = \frac{\Delta\phi(r)}{\beta^2} \quad (2\cdot40)$$

この電荷密度と電位の間の線形関係を，イオン雰囲気中の全電荷が中心イオンの電荷 Q とつり合うという必要条件と結び付けると，

$$Q + 4\pi\int_0^\infty r^2\rho(r)\,\mathrm{d}r = 0 \quad \text{電荷のつり合い} \quad (2\cdot41)$$

これでポアソン式（(1・15)式）を解くことができ，(2・42)式のように求められる．

$$\Delta\phi(r) = \frac{Q}{4\pi\varepsilon r}\exp\left\{\frac{-r}{\beta}\right\} \quad (2\cdot42)$$

ここでイオン雲が存在しないとすれば，電位は $\Delta\phi_{\text{naked}}(r) = Q/(4\pi\varepsilon r)$ となる．そしてイオン雲による電位 $\phi_{\text{cloud}}(r)$ は差，$\Delta\phi(r) - \Delta\phi_{\text{naked}}(r)$ に等しい．それゆえ，中心イオンの位置において，イオン雲によってひき起こされる電位は（2・43）式のようになることがわかる．

$$\phi_{\text{cloud}}(0) = \lim_{0\to r}\left[\frac{Q}{4\pi\varepsilon r}\left(\exp\left\{\frac{-r}{\beta}\right\} - 1\right)\right] = \frac{-Q}{4\pi\varepsilon\beta} \quad (2\cdot43)$$

つぎに，そのイオン雰囲気のために中心イオンがもつ安定化エネルギーを評価する必要がある．この量の計算は，キャパシタに蓄えられたエネルギーを計算することと似ている．キャパシタでは，蓄えられた電荷と，極板間の電位差の積の半分になるが，イオン雰囲気では，$Q^2/(8\pi\varepsilon\beta)$ となる．これは中心イオンを安定化させるエネルギーで，イオン雰囲気に打ち勝つために必要な外部仕事 W に等しい．17ページに示したように，外部仕事は ΔG から差し引かれるため，活量に影響を与える．結果として，この効果は活量係数に反映される．

$$\gamma_i = \exp\{-z_i^2\sqrt{\mu/\mu_{\text{DH}}}\} \quad \mu_{\text{DH}} = (2\pi N_A)^2(2RT\varepsilon/F^2)^3 \quad (2\cdot44)$$

ここで，μ_{DH} は 25℃の水溶液に対して 727 mM に等しい定数である[245]．たとえば (2・44) 式から，例として取扱った硫酸カリウム水溶液に対して $\gamma_{K^+}=0.938$ および $\gamma_{SO_4^{2-}}=0.773$ を得る．

電気的中性の原理から，アニオンは常にカチオンを伴って存在する．それゆえ，個々のイオンの性質を測定する方法は存在しない．その代わり，一つのアニオン種と一つのカチオン種からなる電解質溶液に対して，(2・45) 式のように**平均イオン活量**（mean ionic activity）を定義する．

$$a_\pm = \left(\frac{a_-^{z_+}}{a_+^{z_-}}\right)^{1/(z_+-z_-)} \quad \text{平均活量} \quad (2\cdot45)$$

ここで，z_+ および z_- はカチオンとアニオンの電荷数を示し，後者は負の値をとる．硫酸カリウム水溶液では，$a_\pm = (a_{K^+})^{2/3}(a_{SO_4^{2-}})^{1/3}$ となる．同様に，**平均イオン活量係数**（mean ionic activity coefficient）も複合的に定義される．一般には，単純なデバイ–ヒュッケルのモデルに従うとして (2・46) 式で表される．

$$\gamma_\pm = \exp\{z_+z_-\sqrt{\mu/\mu_{\text{DH}}}\} \quad \mu_{\text{DH}}^{\text{aq}} = 727\text{ mM } (25℃)$$
$$\text{デバイ–ヒュッケルの極限則} \quad (2\cdot46)$$

1 mM 硫酸カリウムでは，$\gamma_\pm=0.879$ となる．ここで，μ_{DH} は NaCl などのような $z_+z_-=-1$ である強電解質について，(2・46)式から予想される平均活量係数が $1/e$，すなわち 0.368 となる場合のイオン強度であることに注意する．これらの $\gamma_\pm$ の値は電気化学的な方法あるいはその他の方法で測定が可能であり[246]，表にまとめられている[247]．1 mM 硫酸カリウムの場合，0.885 という測定値が得られており，計算で求められた 0.879 の値からそれほど離れていない．しかし，より高いイオン強度においてはその差はもっと大きくなる．フッ化カリウムと塩化カルシウムに対する実験データの例が図 2・7 に，それぞれ緑色の点および紫色の点で示されており，赤色の線で描かれた (2・46) 式による計算値と比較されている．明らかに，理論値は μ が増加するにつれて実測値から大きくはずれる．それでも，十分に低いイオン強度においては成り立ってい

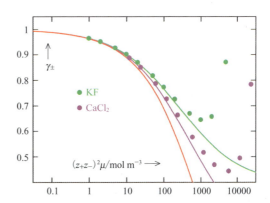

図 2・7 デバイ–ヒュッケルの極限モデル．このモデルは，塩の平均イオン活量係数が図中の赤色の曲線のように $(z_+z_-)^2\mu$ に依存することを示している．図中の緑色と紫色の点は，それぞれフッ化カリウムおよび塩化カルシウムの溶液に対して測定されたデータを示す．$z_+z_-=-1$ の場合の拡張則（後述）による計算結果が緑色の曲線で示されている．また，$z_+z_-=-2$ の場合の拡張則による計算結果が紫色の曲線で示されている．

---

245) 0.00℃におけるアセトニトリル CH_3CN に対して β および μ_{DH} を計算せよ．Web#245 を参照し，それらの値と比べよ．
246) 硫酸鉛 $PbSO_4$ の飽和溶液中におけるそれぞれのイオン濃度は 0.14 mM である．デバイ–ヒュッケルの極限則が適用できると仮定して，平均イオン活量係数を計算せよ．また，硫酸鉛の溶解度積を計算せよ．同時に，反応 $PbSO_4\to Pb^{2+}(aq)+SO_4^{2-}(aq)$ に伴う標準ギブズエネルギー変化を評価せよ．そして，巻末の付録表中の値と比べよ．Web#246 参照．
247) とりわけ Petr Vanýsek による取扱いが，"Handbook of Chemistry and Physics"，CRC Press の各年刊で得られる．

る．それゆえ，(2·46)式（あるいは(2·44)式）は，しばしば**デバイ-ヒュッケルの極限則**あるいは**限界則**（Debye-Hückel limiting law）とよばれる．

デバイ-ヒュッケルのモデルを改良するための，あるいは経験的に極限則を補正するための多くの試みがなされてきた．デバイ-ヒュッケルのモデルにおける明らかな欠点は，イオンがサイズをもたない点電荷として扱われていることである．そこで $r=0$ までイオン雲が拡張されて存在することは不合理であり，図 2·8 に示すようにイオン雲は $r=R_c$ までしか内部に拡張できないと仮定[244]すると，**デバイ-ヒュッケルの拡張則**（Debye-Hückel extended law）が得られる．

$$\gamma_\pm = \exp\left\{\frac{z_+ z_- \sqrt{\mu/\mu_{DH}}}{1+(R_c/\beta)}\right\} \quad \mu_{DH}^{aq} = 727\ \mathrm{mM}$$

$$\beta^{aq} = \frac{9.62\ \mathrm{nm}}{\sqrt{\mu/\mathrm{mM}}} \quad \text{デバイ-ヒュッケルの拡張則}$$

(2·47)

図 2·8 デバイ-ヒュッケルの拡張モデルにおけるイオン雰囲気．イオン雲は，ほぼ半径 R_c の球内には拡張されない．

この拡張則の取扱いで難しいところは，R_c についてある値を決めなくてはならないことである．これに対して，中心イオンの半径とすべきか？ アニオンとカチオンの半径の平均値とすべきか？ 溶媒和の補正が必要であるか，それとも必要ではないか？ さまざまな疑問が投げかけられる．実際には，R_c は調整可能なパラメータとして扱われ，実験データに合うように選ばれる．水分子の直径[248]くらいの 0.39 nm に近い値が単純な電解質の水溶液に対してよく用いられる．この値は，図 2·7 において緑色の線と紫色の線を計算するために使われた値である．図からわかるように，拡張則は極限則よりも良い一致が見られる．それぞれの電解質の平均イオン活量係数は固有の挙動を示し，イオン強度が高くなりある値を超えると，むしろ増加するようになり，1 よりも大きな値をとることがある．

2·6 化学反応速度論：反応の速度とその機構

化学反応の研究は，以下にあげる四つの疑問に対する答えを見つける試みであるといえる．それらの疑問とは，どんな反応が起こるのか？ なぜ起こるのか？ どれくらいの速さで起こるのか？ そして，どのように起こるのか？ である．化学量論は，1 番目の疑問に対する答えを与える．化学熱力学は，2 番目の疑問に対する答えを与える．反応速度の研究，すなわち化学反応速度論は，3 番目および 4 番目の疑問に対する答えを与える．

化学量論式

$$\nu_A A + \nu_B B + \cdots \rightarrow \nu_Z Z + \nu_Y Y + \cdots \quad (2·48)$$

は，化学反応[249]を示している．ここで，A，B，… は反応物を，Z，Y，… は生成物を表している．また，ν はそれぞれの化学種の**化学量論係数**（stoichiometric coefficient）[250]である．→ のそれぞれの側において，すべての原子の数および電荷数が同じになるように化学量論係数を決め，化学反応式を"つり合わせる"ことが必要になる．消費された化学種の量と新たに生成した化学種の量は (2·49) 式によって相互に関係付けられる．

$$\frac{-\Delta n_A}{\nu_A} = \frac{-\Delta n_B}{\nu_B} = \cdots = \frac{\Delta n_Z}{\nu_Z} = \frac{\Delta n_Y}{\nu_Y} = \cdots$$

消費された量と新たに生成した量 (2·49)

ここで，Δn_A，Δn_B，Δn_Z，… はある経過時間内における A，B，Z，… の各化学種の量（モル数）の変化を表す．無限小の時間において，(2·50) 式が得られる．

$$\frac{-1}{\nu_A}\frac{dn_A}{dt} = \frac{-1}{\nu_B}\frac{dn_B}{dt} = \cdots = \frac{1}{\nu_Z}\frac{dn_Z}{dt} = \frac{1}{\nu_Y}\frac{dn_Y}{dt} = \cdots$$

(2·50)

この式は化学量論の原理に基づいて，反応速度の定義を与える．

化学量論の話を終える前に，以下のことに注意すべきである．通常，化学量論係数を正の整数とみなすけれども，化学式の一方の側からもう一方の側へ，化学種のすべてまたは一部分を移動させることで，符号が変化したとしても，依然として (2·49) 式および (2·50) 式は有効である．たとえば，

$$2A + B \rightarrow Z + Y \quad \text{および} \quad 2A + \frac{1}{2}B - Z - Y - \frac{1}{2}B$$

(2·51)

の二つの反応式は，どちらも $-\frac{1}{2}\Delta n_A = -\Delta n_B = \Delta n_Z = \Delta n_Y$ という条件を満足し，化学量論的に等価であるといえる．それゆえ，正確にこれらの式の左辺と右辺がつり合っていることがわかる．この節の後のほうで，化学量論式に上記

---

248) この直径に関する計算過程については Web#248 で得られる．
249) 以下の章で見られる電気化学反応の化学量論式の多くは化学反応式とは異なる．その唯一の違いは，式の左辺または右辺に電子を含むことである．
250) 反応物の化学量論係数を負の数字として定義する者もいるが，本書では採用しない．

のような化学種の移動を適用する例を示す．そのことによって，速度論的な情報をひき出すことができる．

化学反応は，一次元，二次元あるいは三次元空間場で起こると考えられる．一次元での反応は，線上や**3相接合部**（three-phase junction）で起こる．しかし，そういった反応は，研究例も少なく十分理解されているとはいえない．二次元での反応は表面上あるいは相境界で起こる．(2·1)式の反応がその例である．二次元での反応は**不均一反応**（heterogeneous reaction）とよばれている．(2·27)式の反応は三次元空間で起こる化学反応の例であり，**均一反応**（homogeneous reaction）と名付けられている．この均一反応は最も単純な反応であり，歴史的にも化学反応速度論の研究の礎となっている．

(2·48)式の反応が体積 V の空間内において均一に起こっているとする．この場合，(2·50)式のすべての項を体積 V で割ることで，(2·52)式のように，**反応速度**（reaction rate）v を定義できる[251]．

$$\frac{-1}{\nu_A}\frac{dc_A}{dt} = \frac{-1}{\nu_B}\frac{dc_B}{dt} = \cdots = \frac{1}{\nu_Z}\frac{dc_Z}{dt}$$
$$= \frac{1}{\nu_Y}\frac{dc_Y}{dt} = \cdots = v$$

反応速度の定義　(2·52)

よって，均一反応の速度は mol m^{-3} s^{-1} の SI 単位をもつ．

17 ページで述べたように，反応速度は反応物の活量を反映する．例として，(2·53)式の反応とそれに相当する反応速度式（rate law）を以下に示す．

$$2H_2O(l) \rightarrow H_3O^+(aq) + OH^-(aq) \quad \vec{v} = \vec{k}a_{H_2O}^2$$
(2·53)

ここで，比例定数 $\vec{k}$ は活量に基づいた**速度定数**（rate constant）である．この場合，反応物の活量は変わらないので，反応速度は定数となる．逆方向の反応（(2·54)式）の速度は，

$$2H_2O(l) \leftarrow H_3O^+(aq) + OH^-(aq) \quad \overleftarrow{v} = \overleftarrow{k}a_{H_3O^+} \cdot a_{OH^-}$$
(2·54)

反応物のイオンの活量の積に比例する．この場合，$\overleftarrow{k}$ は2次反応速度定数である．活量は単位をもたない数字であるので，均一反応に対する活量に基づいたすべての速度定数は mol m^{-3} s^{-1} の SI 単位をもつ．(2·55)式の反応が平衡にあるとき，正方向と逆方向の反応速度は等しくなる．

$$2H_2O(l) \rightleftarrows H_3O^+(aq) + OH^-(aq) \quad \vec{v} = \overleftarrow{v}$$
(2·55)

それゆえ，反応速度定数の比は"活量の比"に等しくな

る．化学平衡の法則（(2·28)式参照）からこの比は，反応の**平衡定数**（equilibrium constant）を表すことになる．

$$\frac{\vec{k}}{\overleftarrow{k}} = \left(\frac{a_{H_3O^+} \cdot a_{OH^-}}{a_{H_2O}^2}\right)_{equil} = K \quad \text{平衡}\quad (2·56)$$

この場合，平衡定数は水のイオン積を示す．この式は，物理化学の二つの主要な分野である化学熱力学と化学反応速度論を関係付ける重要な式である．

(2·53)式と (2·54)式のプロトン交換反応はとりわけ単純な反応である．というのは，反応全体が1段階で起こるように見えるからである．しかしながら，一般には，反応はいくつかの段階を経て進行する．化学反応の**機構**（mechanism）とは**素過程**（elementary step）の組合わせ（ひとかたまり）のことをいい，一般に，反応は素過程が段階を追って進行すると考えられている[252]．素過程には2種類しかないと考えてよい．(2·54)式の反応は**2分子反応**（bimolecular step）の例である．この反応は二つの粒子[253]の間の相互作用で起こり，(2·57)式に示すモデルと速度式に従う．

$$A + B \xrightarrow{k_1} \text{生成物(s)} \quad v_1 = k_1 a_A a_B$$

素過程(1)　(2·57)

したがって，二つの物質の活量が関係する．**単分子反応**（unimolecular step）は，(2·58)式に示すように，

$$C \xrightarrow{k_2} \text{生成物(s)} \quad v_2 = k_2 a_C$$

素過程(2)　(2·58)

となり，たった一つの粒子（原子，分子またはイオン）による反応である．速度式を構成する活量項の数を**反応次数**（reaction order）とよぶ．(2·57)式の反応は2次であり，(2·58)式の反応は1次である．また，素過程(3) に示すような両方向に同時に進行する反応も考えられる．(2·59)式において，

$$A + B \underset{k_{-3}}{\overset{k_3}{\rightleftarrows}} Z \quad v_3 = \vec{v}_3 - \overleftarrow{v}_3 = k_3 a_A a_B - k_{-3} a_Z$$

素過程(3)　(2·59)

反応の速度式は2分子の正方向成分と1分子の逆方向成分からなる．このような反応機構は，素過程の性質に依存し，実験結果をもとに推測されたものである．しかしながら，化学量論的，速度論的，平衡論的に全反応を正しく予測できるものでなければ，合理的な反応機構として許容されない．

---

251) マンフレッド・アイゲン（ドイツの物理化学者．1967 年，速い反応に関する彼の研究に対してノーベル賞が贈られた）は，反応(2·53) および反応(2·54) のそれぞれに対する反応速度定数の値として，2.5×10^{-5} s^{-1} および 1.1×10^{11} L mol^{-1} s^{-1} を報告した．これらの値は，既知の水のイオン積と一致するか？　Web#251 参照．
252) 反応 $2NO(g) + Cl_2(g) \rightarrow 2NOCl(g)$ は3分子反応過程によって説明できる．3分子が同時に衝突しない別の機構を提唱できるか？　Web#252 参照．
253) 粒子が同じ場合，すなわち $A + A \xrightarrow{k_1} \text{生成物(s)}$ のとき，$v_1 = k_1 a_A^2$ となる．

反応機構が許容されるためには，三つの判断基準を満足することが必要
- (i) 化学量論を満足する
- (ii) 実験的速度式を予測する
- (iii) 平衡の法則と適合する

$$(2 \cdot 60)$$

一般に，多段階反応機構は，**律速段階**（rate-determining step）として知られる一つの重要な素過程を含んでいる．これは反応機構のうち"遅い"素過程[254]であり，その他の素過程は比較的速いものである．両方向の速い反応は十分に平衡状態にある．いま，反応(2·59)が速いとすれば，二つの項 $k_3 a_A a_B$ と $k_{-3} a_Z$ は，それらの違いを無視できるほど大きいと考えることができる．その結果，$k_3 a_A a_B \approx k_{-3} a_Z$ とみなすことができ，素過程(3) の平衡定数 K_3 が $a_Z / a_A a_B \approx k_3 / k_{-3} = K_3$ と書き表せる．

つぎに，1段階で進行するように見える反応が，実はとても複雑な化学量論の多段階素過程からなるという例を示す[255]．

$$2Br^-(aq) + H_2O_2(aq) + 2H_3O^+ \rightleftarrows Br_2(aq) + 4H_2O(l)$$

$$v = \vec{k} a_{Br^-} a_{H_2O_2} a_{H_3O^+} - \overleftarrow{k} \frac{a_{Br_2}}{a_{Br^-} a_{H_3O^+}} \quad (2 \cdot 61)$$

式中の互いに逆向きで長さの異なる二つの矢印は，正方向および逆方向の反応がともに起こるが，反応の速度が異なることを意味している．(2·61)式の反応の実験的な速度式[256]もまた，反応機構の複雑さを物語っている．この反応に対して提唱された4段階からなる反応機構は (2·62) 式のように表される．

$$Br^-(aq) + H_3O^+(aq) \underset{k_{-1}}{\overset{k_1}{\rightleftarrows}} HBr(aq) + H_2O(l)$$

素過程(1), 速い

$$HBr(aq) + H_2O_2(aq) \underset{k_{-2}}{\overset{k_2}{\rightleftarrows}} HOBr(aq) + H_2O(l)$$

素過程(②), 律速段階

$$Br^-(aq) + HOBr(aq) \underset{k_{-3}}{\overset{k_3}{\rightleftarrows}} Br_2(aq) + OH^-(aq)$$

素過程(3), 速い

$$H_3O^+(aq) + OH^-(aq) \underset{k_{-4}}{\overset{k_4}{\rightleftarrows}} 2H_2O(l)$$

素過程(4), 速い

$$(2 \cdot 62)$$

ここで，(②) における"⌢"は反応が律速段階であることを示している．反応機構(2·62)には現れるが，全体の反応式(2·61)には現れない HBr や HOBr のような化学種を**中間体**（intermediate）という．(2·62)式における四つの素反応を加え合わせると，(2·61)式が得られる．(2·60)にあげた三つの判断基準の (i) はこの反応機構で満足される．また，判断基準 (ii) と (iii) を満足する反応機構の一つであることも確かなようである[257]．したがって，(2·62)式は正しい反応機構であると考えられる．

反応機構の速度論的な結果を予測する簡明な方法がある．それは，以下に示す規則に従って，"化学量論的速度式"をつくる方法である．ここでは，(2·62)式の反応機構を例にして説明しよう．

(a) まず，律速段階に先行するすべての素過程を右辺から左辺へ移動させる．移動した化学種にマイナスの符号を付け，反応を平衡であるとして書き表す．(2·62)式の反応機構において，素過程(1) のみが律速段階に先行している．それゆえ，(2·63)式のようになる．

$$Br^- + H_3O^+ - HBr - H_2O \rightleftarrows$$

素過程(1)　(2·63)

(b) 律速段階は変更せずにそのまま書くと，(2·64)式のようになる．

$$HBr + H_2O_2 \rightleftarrows HOBr + H_2O$$

素過程(②)　(2·64)

(c) 律速段階の後に続くすべての素過程に対して，すべての化学種を左辺から右辺へ移動させる．移動した化学種にマイナスの符号を付ける．素過程(3) と (4) はそれぞれ (2·65)式と (2·66)式のようになる．

$$\rightleftarrows Br_2 + OH^- - Br^- - HOBr$$

素過程(3)　(2·65)

$$\rightleftarrows 2H_2O - H_3O^+ - OH^-$$

素過程(4)　(2·66)

(d) 律速段階はそのままにして，必要ならば，その他の式に小さな整数（2以外の数字はまれ）を掛けたりあるいは小さな整数で割ったりする．その結果，すべての中間体は，規則(e) を適用すると互いに相殺される．この場合は，規則(d) を適用する必要はない．

(e) 規則(a) から (d) を適用した式を足し合わせ，化学量論的速度式をつくる．各辺で足し合わせることで項を消去する．このとき，移項することで消去してはいけない．(2·62)式の反応機構を例とした場合について，次ページの表にまとめた．

以上の結果は，(2·67)式のように表される．

---

[254] 大船団の船がそうであるように，ある反応機構におけるさまざまな素過程は通常同じ速度で進行すると考えられるが，他の素過程よりも"遅い"素過程が存在する場合，このような素過程のことを一般に律速段階とよんでいる．

[255] Web#255に別の例を示してある．

[256] 速度式における水の活量の役割は実験的に確立することはできない．なぜなら，水の活量は水溶液中において1にほぼ等しい．

[257] 化学量論的速度論の経路によらず，判断基準(ii) と (iii)を満足する代数学的な証明についてはWeb#257を参照せよ．この証明によって，化学量論的速度論によるアプローチが正しいと確認された．

反応機構を示す式	素過程	変形した式
$Br^- + H_3O^+ \rightleftarrows HBr + H_2O$	(1)	$Br^- + H_3O^+ - HBr - H_2O \rightleftarrows$
$HBr + H_2O_2 \rightleftarrows HOBr + H_2O$	(2)	$HBr + H_2O_2 \rightleftarrows HOBr + H_2O$
$Br^- + HOBr \rightleftarrows Br_2 + OH^-$	(3)	$\rightleftarrows \begin{cases} Br_2 + OH^- \\ -Br^- - HOBr \end{cases}$
$H_3O^+ + OH^- \rightleftarrows 2H_2O$	(4)	$\rightleftarrows \begin{cases} 2H_2O \\ -H_3O^+ - OH^- \end{cases}$
$\left.\begin{array}{l} 2Br^- + H_2O_2 \\ + 2H_3O^+ \end{array}\right\} \rightleftarrows Br_2 + 4H_2O$	合計	$Br^- + H_3O^+ + H_2O_2 - H_2O \rightleftarrows \begin{cases} 3H_2O + Br_2 \\ -Br^- - H_3O^+ \end{cases}$

$$Br^-(aq) + H_3O^+(aq) + H_2O_2(aq) - H_2O(l)$$
$$\rightleftarrows 3H_2O(l) + Br_2(aq) - Br^-(aq) - H_3O^+(aq) \quad (2\cdot67)$$

この式は，反応の化学量論を正確に示すだけでなく全反応の速度式を表すことから，**化学量論速度式**（stoichiokinetic equation）とよばれている．化学量論速度式と反応機構との関係は，化学量論係数と速度式中の活量に対するべき数との関係に相当する．それゆえ（2·62）式の機構に対して，速度式は（2·68）式のようになる．

$$v = \vec{v} - \overleftarrow{v} = \vec{k} a_{Br^-} a_{H_3O^+} a_{H_2O_2} a_{H_2O}^{-1} - \overleftarrow{k} a_{H_2O}^3 a_{Br_2} a_{Br^-}^{-1} a_{H_3O^+}^{-1} \quad (2\cdot68)$$

水の活量に関する項は別として，この反応機構を表す速度式は（2·61）式に示した実験結果と完全に一致する．このように，判断基準(ii) を満足していることがわかる[258]．さらに平衡である条件 $v=0$ を適用すると，以下の結論がただちに導かれる．

$$\frac{\vec{k}}{\overleftarrow{k}} = \left(\frac{a_{Br_2} a_{H_2O}^4}{a_{Br^-}^2 a_{H_2O_2} a_{H_3O^+}^2}\right)_{equil} = K \quad (2\cdot69)$$

よって，判断基準(iii) を満足することがわかる．速度式（2·68）が反応機構の式（2·62）の代数学的計算によって得られることの証明については他に譲る[257]．また，この証明から，全反応の速度定数 $\vec{k}$ と $\overleftarrow{k}$ が反応機構の各素過程の速度定数とどのように関係付けられるかを知ることができる．

活量を用いる議論はあまり好まれず，慣習として化学的な速度式を活量の代わりに濃度によって表し，これを速度論的ふるまいのより正確な表現であると考える人もいる．この場合，（2·59）式は（2·70）式によって置き換えられる．

$$A + B \underset{k_{-3}}{\overset{k_3}{\rightleftarrows}} Z \quad v_3 = \vec{v}_3 - \overleftarrow{v}_3 = k'_3 c_A c_B - k'_{-3} c_Z$$
$$(2\cdot70)$$

ここで，プライム"′"の付いた k は濃度に基づく速度定数であり，活量係数と標準濃度があらかじめ組込まれたものである．こうして，（2·59）式中の k_3 は（2·70）式中の k'_3 で置き換えられ，k'_3 は $k_3 \gamma_A \gamma_B / (c°)^2$ に等しくなる．化学反応速度論を研究している人々は，濃度に基づく速度式を特に好ましく思っている[259]．なぜならば，濃度に基づく速度式から容易に積分型の速度式を導くことが可能となるからである．ただし，濃度に基づく速度定数の単位は活量の場合と異なり，反応次数によって異なることに注意しよう[260]．こうして，k'_{-3} は s^{-1} の単位を，k'_3 は SI 単位 $m^3 mol^{-1} s^{-1}$ をもつことになる．化学反応速度論の文献においては，濃度に基づく速度定数 k にプライムを付けないが，k と k' の区別は電気化学反応速度論においては重要であるから，本書では付けることにする．

これまでは，均一反応を扱ってきた．電気化学反応を含む不均一反応は，均一反応に比べて複雑でいくつか特徴的な点がある．いくつかの特別な場合は除いて，表面で起こる反応は反応物の表面への**輸送**（transport）および生成物の表面からの輸送の両方または一方を必要とする．それゆえ，特に電気化学においては，反応と輸送が密接に結び付いた過程に関心が払われる．2 次の均一反応の速度は $mol\ m^{-3}\ s^{-1}$ の単位となるが，不均一反応においては，その単位が $mol\ m^{-2}\ s^{-1}$ となる．つまり，均一反応と不均一反応では，速度定数は異なる単位をもつ．反応物 A を含む 1 次反応に対して，不均一速度式は（2·71）式のようになる．

$$\vec{v} = \vec{k} a_A^s \quad \text{または} \quad \vec{v} = \vec{k}' c_A^s \quad (2\cdot71)$$

ここで，k' の単位は $m\ s^{-1}$ である．上付きの s は，電極反応に関与する表面での反応物の活量，あるいは濃度であることを示している．表面での濃度[261]が表面から離れたところでの濃度と大きく異なることはよくあることである．

---

258) （2·62）式と同様の反応機構において，素過程(3) を律速段階とした場合にどのような速度式が予測されるか？　実験的にどのようにすれば，この反応機構を無視することができるだろうか？　答えを Web #258 に示されたものと比較せよ．
259) 実際，その思いはあまりにも強く，速度論の教科書では活量について全くといってよいほどふれてない．
260) 都合の良くないことに，K' として定義する濃度に基づく平衡定数は単位をもつ場合もあるし，もたない場合もある．
261) 吸着の程度を定量化するために用いられる $mol\ m^{-2}$ の単位をもつ量，いわゆる"表面濃度"と混同してはいけない．

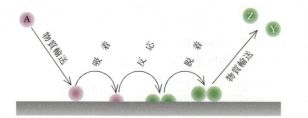

図 2・9 不均一反応にかかわるさまざまな過程

吸着（adsorption）は，均一反応ではなく不均一反応でよく観察される現象である（図 2・9）．不均一反応が起こる表面に到達した化学種は表面と結合をつくり，その結果，一時的な化合物，すなわち**吸着物質**（adsorbate）が生じる．

$$A(g \text{ or soln}) \rightleftarrows A(ads) \quad (2 \cdot 72)$$

吸着物質があまりにも強く結合するならば，すぐに表面を覆い，表面を不活性にするだろう．そうでない場合には，吸着物質は脱着したり，あるいは以下に示すように，分解または他の反応を起こすこともある．

$$A(ads) \rightleftarrows Z(ads) + Y(ads) \quad \text{または}$$
$$A(ads) + A(g \text{ or soln}) \rightleftarrows Z(ads) \quad (2 \cdot 73)$$

連続して起こる反応においても生成物が強く吸着することがある．すなわち，表面が覆われることがよく起こる[262]．そして，やはり最後の段階では物質輸送が起こる．

$$Z(ads) \rightleftarrows Z(g \text{ or soln}) \quad (2 \cdot 74)$$

図 2・9 は不均一反応において可能ないくつかの過程を示している．しばしば金属｜気体界面で起こるこの種の反応は，電気化学のみならず石油化学工業においてもとても重要である．これらの分野においては，この種の反応を**不均一触媒作用**（heterogeneous catalysis）とよんでいる．なぜなら，金属が触媒として作用するからであり[263]，普段は起こりにくい気相均一反応が金属｜気体界面において，いとも簡単に起こる．酵素もまた不均一触媒である．

まとめ

化合物あるいはイオンのモル "化学エネルギー" は，それらを構成する元素を基準にして，ギブズエネルギーによって表される．このギブズエネルギーは (2・75)式に示すように標準ギブズエネルギーと活量を反映する項との和に等しい．

$$G_i = G_i^\circ + RT \ln \{a_i\} = \begin{cases} G_i^\circ \\ G_i^\circ + RT \ln \{p_i/p^\circ\} \\ G_i^\circ + RT \ln \{c_i/c^\circ\} \\ G_i^\circ + RT \ln \{\gamma_i c_i/c^\circ\} \end{cases}$$

純粋な固体，液体または希薄溶液の溶媒
かなり高い圧力下以外での気体
希薄溶液中の非イオン性溶質
イオン性溶質（希薄溶液中でも）

$$(2 \cdot 75)$$

イオンの活量係数の値が 1 から著しくずれる場合がある．このことはデバイ–ヒュッケルの理論の助けを借りて理解することができる．(2・76)式のような化学反応

$$\nu_A A + \nu_B B + \cdots \rightarrow \nu_Z Z + \nu_Y Y + \cdots \quad (2 \cdot 76)$$

の起こりやすさは，平衡におけるギブズエネルギー変化 ΔG の値をゼロとして，ΔG の符号によって決めることができる．標準ギブズエネルギー変化は，活量を用いて平衡定数と関係付けられる．

$$\exp\left\{\frac{-\Delta G^\circ}{RT}\right\} = \frac{a_Z^{\nu_Z} a_Y^{\nu_Y} \cdots}{a_A^{\nu_A} a_B^{\nu_B} \cdots} = K = \frac{\vec{k}}{\overleftarrow{k}} \quad \text{平衡}$$

$$(2 \cdot 77)$$

また，平衡は正方向の反応速度と逆方向の反応速度が等しいときであるともいえる．それらの速度は反応に関与している物質，A，B…，Z，Y…の濃度（より正確には活量）にべき乗した項に依存する．このとき，これらのべき数は化学量論から予測できない場合もあるが，(2・77)式の関係を満足しなければならない．一般に，化学量論式から正方向および逆方向の反応速度をつり合わせた化学量論速度式を導くことができるが，これに基づいて起こりうる反応機構を推定することができる．化学反応は均一反応または不均一反応のいずれかであるが，電気化学反応は不均一反応に分類される．

---

262) その結果，腐食（11 章）が抑制される場合のように，ときに有用となる．
263) あるいは，ほかの固体において，たとえば炭素の表面は，反応 $C_2H_4(g) + H_2(g) \rightarrow C_2H_6(g)$ を触媒する．

3 電気化学セル

1 章において二つのタイプの伝導体，電子伝導体とイオン伝導体を定義した．イオン伝導体と電子伝導体の間の接合部分が**電極**（electrode）とよばれ，電気化学の"化学"がその接合領域で見られる．電極で起こる化学反応を**電気化学反応**（electrochemical reaction）あるいは**電極反応**（electrode reaction）とよぶ．これらの反応は通常の化学反応式とは違った形で書き表される．その違いは反応に関与する化学種とともに，電子が加えられていることであり，下記の（3・2）式，（3・3）式がその例である．**電気化学セル**（electrochemical cell）の最も単純な形は二つの電極を用いたものである．

3・1 平衡セル：二つの電気化学平衡によってつくり出される電極間電圧

電子伝導体がイオン伝導体と接触すると，反応が起こるかも知れない．もしそうならば，これは 2 章で議論した不均一系の化学反応である．たとえば，電子伝導体の鉛 Pb(s) をオキソニウムイオン H_3O^+(aq) と硫酸水素イオン HSO_4^- を含む硫酸水溶液と接触させると，（3・1）式の反応[301]がゆっくり起こる．

$$Pb(s) + H_3O^+(aq) + HSO_4^-(aq)$$
$$\rightarrow PbSO_4(s) + H_2O(l) + H_2(g) \quad (3 \cdot 1)$$

上記の反応は -47.1 kJ mol^{-1} の標準ギブズエネルギー変化 $\Delta G°$ を示す．この反応はつぎの（3・2）式と（3・3）式の二つの反応を一緒にしたものと考えることもできるが，通常，電気化学反応としては取扱われない．

$$2H_3O^+(aq) + 2e^- \rightarrow 2H_2O(l) + H_2(g) \quad \text{還元}$$
$$(3 \cdot 2)$$

$$Pb(s) + HSO_4^-(aq) + H_2O(l)$$
$$\rightarrow 2e^- + PbSO_4(s) + H_3O^+(aq) \quad \text{酸化}$$
$$(3 \cdot 3)$$

これらの反応は金属表面で同時に起こる．（3・3）式のような電子を生じる反応は**酸化**（oxidation）とよばれ，一方，（3・2）式のような電子が消費される反応は**還元**（reduction）とよばれる．

われわれがいま議論している単一の電子伝導体｜イオン伝導体界面では，電流は流れず[302]，電位差を測定するための二つの界面の組合わせが形成されていないので電気的な測定ができない．電気化学測定のために必要な最低限の構成は図 3・1 に示したような**電気化学セル**である．ここでは二つの電子伝導体間の電位差を電圧計で測定している．例として示したのは，最もなじみがある電気化学セルの**鉛蓄電池**[303]（lead-acid cell）である．直列に 6 個の鉛蓄電池をつなぐことによって，一般的な自動車用 12 V 蓄電池になる．鉛蓄電池の一方の電子伝導体は鉛 Pb であり，もう一方は二酸化鉛 PbO_2 である．イオン伝導体は高濃度の硫酸水溶液であり，水を除けば，主要な化学種はオキソニウムイオン H_3O^+(aq) と硫酸水素イオン HSO_4^- である[304]．放電時には硫酸鉛の層がそれぞれの電極上に形成される．この場合，好都合なことに，硫酸鉛層が多孔質

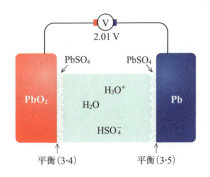

図 3・1 簡単な電気化学セルの例（鉛蓄電池）

---

301) 化学者の中には化学反応あるいは電気化学反応を酸化数の観点から解析する人がいる．このような方法については Web #301 を参照．
302) 必ずしもそうでない場合がある．たとえば，（3・1）式の反応がその例であるが，このような腐食反応では酸化反応と還元反応が金属表面の別な場所で起こる．それに伴って電子がバルク金属内を移動する．
303) 鉛蓄電池については 51 ページでさらに議論する．化学反応 $2PbO_2(s) + 2H_3O^+(aq) + 2HSO_4^- \rightarrow 2PbSO_4(aq) + 4H_2O(l) + O_2(g)$ を，同時に起こっている二つの電気化学反応として記述せよ（つまり，この化学式を正極反応（還元反応），負極反応（酸化反応）に分割して記述する）．それらの式を Web #303 における反応式と比較せよ．
304) 水素イオン，プロトン，H^+ の表示は，オキソニウムイオン，H_3O^+ の代わりにときどき使われる名前と記号である．HSO_4^- は硫酸水素イオンとよぶのが良い．

構造であるため，硫酸水溶液は電極の奥まで浸透することが可能である．

"electrode" という用語の一貫性のない使い方に注意すべきである．なぜなら電気化学者はこの用語を異なった意味で使っていることがあり，このために混乱が生じている．electrode が何を意味するのかは，前後の関係に依存して，さまざまである．つまり，(a) 電子伝導体｜イオン伝導体間の二次元的な界面，(b) それぞれの伝導体に隣接した層と電子伝導体｜イオン伝導体の間の二次元的な界面の二つを合わせたもの，(c) セルの半分，(d) 電子伝導体自身などがある．同様に，"electrolyte" も本書や他のさまざまなところで二つの意味で使われる．21 ページのように，electrolyte はイオンを形成するために溶解される物質（たとえば KCl などの塩を）を意味する．しかし，"電解質溶液"，つまり調製した溶液そのものを示すために electrolyte という用語が使われることもある．ゆえに，electrolyte は"イオン伝導体"を示す言葉としても使われている．

図 3・1 は鉛蓄電池の化学的な構成を示している．もちろん，自動車用電池のように複雑ではない．図のように設置された電圧計は 2.0 V に近い値を示している．これは Pb 電極に対して PbO_2 電極が正の電位をもっていることを示している．正の電圧は Pb 電極上の電子の活量がより大きいことを意味し，電圧の大きさは 1 章と 2 章で導かれた原理を用いて説明できる．

不均一系における電気化学平衡はそれぞれの電極界面において形成される．PbO_2 電極における平衡は (3・4) 式のようになる．

$$PbO_2(s) + HSO_4^-(aq) + 3H_3O^+(aq) + 2e^-(PbO_2)$$
$$\rightleftarrows PbSO_4(s) + 5H_2O(l) \quad (3・4)$$

一方，Pb 電極での平衡は (3・5) 式のようになる[305]．

$$PbSO_4(s) + H_3O^+(aq) + 2e^-(Pb)$$
$$\rightleftarrows Pb(s) + HSO_4^-(aq) + H_2O(l) \quad (3・5)$$

いかなる実際の反応においても電子が電極界面を通る必要があり，回路を形成しない限り，電子は移動することが不可能である[306]．この平衡状態においては，それぞれの電極において，正反応と逆反応が同じ速度で起こっている．実際に反応がどちらかに片寄らなければ，平衡は元のままである．必要な電子がそれぞれの相内に"存在していること"を示すために $e^-(Pb)$ あるいは $e^-(PbO_2)$ と記述する．しかし，この記述法は本書ではこれ以降，使用しない．

(3・4) 式から (3・5) 式を差し引くことにより，(3・6) 式が得られる．

$$PbO_2(s) + Pb(s) + 2HSO_4^-(aq) + 2H_3O^+(aq)$$
$$\rightleftarrows 2PbSO_4(s) + 4H_2O(l) \quad (3・6)$$

これを**セル反応**（cell reaction）あるいは**電池反応**とよぶ．また，(3・7) 式は二つの電極間での電子の交換を示している．

$$2e^-(PbO_2) \rightleftarrows 2e^-(Pb) \quad (3・7)$$

われわれはこれらを平衡として記述しているけれども，(3・6) 式，(3・7) 式の反応は図 3・1 に示したつなぎ方では起こらない．なぜなら，電圧計を通して電子はほとんど流れないからである．(3・6) 式の正反応に伴うギブズエネルギー変化は，2 章において述べた原理に従って (3・8) 式のように計算できる[307]．

$$\Delta G = \Delta G° + RT \ln \left\{ \frac{a_{PbSO_4}^2 a_{H_2O}^4}{a_{Pb} a_{PbO_2} a_{HSO_4^-}^2 a_{H_3O^+}^2} \right\}$$

$$= -371.4 \text{ kJ mol}^{-1} + RT \ln \left\{ \frac{(c°)^4 a_{H_2O}^4}{\gamma_\pm^4 c_{H_3O^+}^2 c_{HSO_4^-}^2} \right\}$$
$$(3・8)$$

鉛蓄電池の典型的な作動条件においては，二つのイオンの濃度がそれぞれ約 3000 mM であり，(3・8) 式の最後の項は -16 kJ mol^{-1} に近い値をもつ．このような計算においては，ΔG が -387 kJ mol^{-1} の値をもち，$\Delta G°$ 項が大きく，ΔG の値を決める大きな因子であり，$RT \ln |$ $|$ 項に比べて有利であることに気づくべきである．ここで "mol^{-1}" の意味は何か？ 何に対する 1 モルあたりの ΔG であるのか？ それは，「(3・6) 式に書かれているような反応 1 モル」に対するものであり，この場合，分解した鉛の 1 モル，あるいは生成した硫酸鉛 2 モルに対するものである．

(3・6) 式の正方向は熱力学的に起こりやすいにもかかわらず，(3・7) 式の逆反応が起こらない限り，つまり，Pb 電極中の電子の活量が PbO_2 電極中のそれより高くなければ，Pb 電極から PbO_2 電極に電子が流れず，(3・6) 式の正方向への反応（つまり放電）は起こらない．この反応が起こらない理由は，ここでは二つの電極の間に電子伝導経路が存在しないためである．これら両方向の過程が可能であると，電子が Pb から PbO_2 に流れることによって仕事をすることができる．どのくらいの仕事の量になるだろうか？ 一つの電子は $-Q_0$ の電荷をもっており，二つの電子が ΔE の電位差をくだることによって $2Q_0\Delta E$ の仕事が行われる．1 章での符号に関するわれわれの選択では，仕事 w は系に対してなされた仕事を正の値として取扱うため，ここでの w は負の値をとり，$-2Q_0\Delta E$ である．よっ

---

305) 平衡における電極反応を示すときには慣習により，電子は式の左側に記入することになっている．**反応 (3・4) と反応 (3・5) を酸化数の観点から考察し，Web#305 と比較せよ．**

306) 電圧計は電子を流さずに電位差を測定していることに注意せよ．このために，voltage follower という回路が使われている．Web#1029 を参照．

307) **(3・8) 式に示されている標準ギブズエネルギー変化 $\Delta G°$ の値を確かめるためには，巻末の付録表のデータを使用せよ．** Web#307 を参照．

て，1 mol あたりの仕事 W は（3・9）式のようになる．

$$W = N_A w = -2N_A Q_0 \Delta E = -2F\Delta E \quad (3\cdot 9)$$

17 ページにおいて議論した平衡の原理に従って，$\Delta G = W$ により，

$$\Delta E = \frac{-\Delta G}{2F} = \frac{-(-387 \text{ kJ mol}^{-1})}{2\times(96485 \text{ C mol}^{-1})} = 2.01 \text{ V} \quad (3\cdot 10)$$

となり，実験結果とよく一致する．ここで ΔE は二つの電極間の電位差である[308]．

平衡にある簡単な電気化学セルの電圧を知るための方法は，以下のようにまとめられる[309]．

(a) 電極Ⅰおよび電極Ⅱにおける平衡反応を書き，電子は各式の左側に置く．

(b) 必要な場合には，電子数を同数にするためにどちらかの式を2倍，あるいは3倍にする．

(c) 上記の操作の後，正しい化学反応式を得るために，式Ⅰから式Ⅱを差し引く．その反応に伴うギブズエネルギー変化を計算する．また，活量は無次元であることを考慮に入れる必要がある．

(d) 二つの電極間での電位差は（3・11）式になる．

$$\Delta E_{\text{I-II}} = \phi_{\text{I}} - \phi_{\text{II}} = -\frac{\Delta G}{nF} \quad \text{セル電圧（電池電圧）} \quad (3\cdot 11)$$

ここで ΔG はこの全反応に伴うギブズエネルギー変化，n は電極反応にかかわる電子数である．

もちろん，セル電圧はセル反応に関与する化学種の活量に依存する．これらの活量が1の場合，内部電極の電位差はいわゆる**標準セル電圧**（standard cell voltage）とよばれ，$\Delta E°$ と定義される．

$$\Delta E° = \frac{-\Delta G°}{nF} \quad \text{標準セル電圧} \quad (3\cdot 12)$$

鉛蓄電池においては，$\Delta E°$ はつぎのようになる．

$$\Delta E° = \frac{-(-371.4 \text{ kJ mol}^{-1})}{2\times(96485 \text{ C mol}^{-1})} = 1.925 \text{ V} \quad (3\cdot 13)$$

この値が，オキソニウムイオンと硫酸水素イオンの濃度が標準状態にある場合，鉛蓄電池に発生する電圧である．セル反応の標準セル電圧，ギブズエネルギー変化，平衡定数は同じ概念から導き出される[310]．これらのそれぞれが反応物と生成物の活量の平衡比を表している．（3・14）式は（2・48）式で表される一般的な反応に適用できる．

$$\exp\left\{\frac{nF}{RT}\Delta E°\right\} = \exp\left\{\frac{-\Delta G°}{nF}\right\} = K$$
$$= \left(\frac{a_Z^{\nu_Z} a_Y^{\nu_Y}\cdots}{a_A^{\nu_A} a_B^{\nu_B}\cdots}\right)_{\text{equil}} \quad \text{平衡} \quad (3\cdot 14)$$

実際に化学反応が起こっていないにもかかわらず，平衡セル電圧は化学データを与える重要な情報源である．非常に正確に測定した平衡セル電圧の値は，化学者が必要とする正確な熱力学データを与える．測定した $\Delta E°$ の値から直接得られる標準ギブズエネルギーだけでなく，エンタルピー，エントロピーも $\Delta E°$ の温度依存性から得られる[311]．さらに活量係数はセル電圧への濃度の効果を調べることによってたいてい測定ができる．これは $E°$ を得る方法でもある[312]．

3・2 平衡状態にないセル：化学エネルギーと電気エネルギーの変換

前節において，電子伝導経路が二つの電子伝導体の間に形成された場合には，鉛蓄電池は仕事をすることが可能であることを見てきた．図3・2は"負荷"を通して形成された電流パスを示しており，流れる電流を測定する電流計が付属している．負荷は有効な仕事を行うための機会を与えるものであり，たとえば車をスタートさせるようなものである．あるいは負荷は抵抗のようなものであり，その場合，エネルギーが熱として放出される．電流計は電子伝導体とイオン伝導体から構成される回路を通じて右回りに流れる電流を測定する[313]．イオン伝導体中ではオキソニウムイオンと硫酸水素イオンの泳動によって電流が流れ，それぞれの電子伝導体｜イオン伝導体界面では電気化学反応によって電流が流れる．

---

308) 1章で電位差を同じような組成の相の間でのみ測ることができると述べたにもかかわらず，ここでは異なる電子伝導体の電位差，たとえば PbO_2 と Pb について測定していることに気づくかもしれない．実際には電位差計による測定では二つの端子，この場合，両方とも銅の電位差を測っていることになる．しかし，われわれの興味は PbO_2 と Pb 中の電子の活量である．Pb と銅の二つの電子伝導体が接触して，平衡状態にあるとき，二つの伝導体内の電子の活量（電位ではなく）は同じであるので，結局はこのような場合，PbO_2 と Pb の電子の活量の差を測定していることになる．
309) 上述の方法に従い，巻末の付録からデータを用いて $Ag_2O(s) + H_2O(l) + 2e^-(Ag) \rightleftarrows 2Ag(s) + 2OH^-(aq)$ と $ZnO(s) + H_2O(l) + 2e^-(Zn) \rightleftarrows Zn(s) + 2OH^-(aq)$ で組立てられる電池の平衡セル電圧を計算せよ．また，どちらの電極が正極かを述べよ．さらに，なぜこの計算のために必要とする唯一のデータは酸化銀と酸化亜鉛の標準ギブズエネルギーであるかを説明せよ．そして，Web#309の答えと比較せよ．
310) （3・13）式に示した標準セル電圧から，（3・6）式の平衡定数を求めよ．三つの固体が水中で相互に接触する状態に置かれた場合，それぞれの平衡イオンの濃度はいくらか？ これは実際に起こるか？ Web#310を見よ．
311) セル反応に伴った標準モルエンタルピー変化は $nFT^2 \text{d}(\Delta E°/T)/\text{d}T$ で表され，対応する標準モルエントロピー変化は $nF\text{d}(\Delta E°)/\text{d}T$ となる．
312) そのような研究の例は，Web#312に述べられている．
313) 負に帯電している電子，アニオンは反時計回りに動き，カチオンは時計回りに動く．電流計は電流の流れを阻止しないように電流の測定を行っており，そのために current follower という回路を用いている．Web#1029を参照．

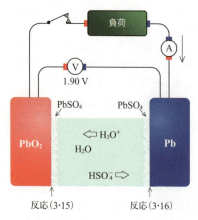

図 3・2 ガルバニックモードにおいて，鉛蓄電池は負荷にエネルギーを供給する．この場合，セル電圧は平衡における値よりも小さい．

電極表面における化学反応がすでに平衡になく，両方向で反応が連続して起こっている場合，正反応と逆反応の反応速度はもはや等しくない．平衡からのずれを示す簡単な方法は，反応式中で長さの違う矢印を用いることである．左側の電極においては，(3・15)式の反応が起こっている．

$$PbO_2(s) + HSO_4^-(aq) + 3H_3O^+(aq) + 2e^-(PbO_2)$$
$$\rightleftarrows PbSO_4(s) + 5H_2O(l) \quad (3・15)$$

ここでは正方向の反応が逆方向の反応に比べてより速く起こっている．つまり，正味の還元反応が起こっている．還元反応が起こっている電極を**カソード**（cathode）とよぶ．一方，右側の電極では (3・16) 式の反応が起こっている．

$$PbSO_4(s) + H_3O^+(aq) + 2e^-(Pb)$$
$$\rightleftarrows Pb(s) + HSO_4^-(aq) + H_2O(l) \quad (3・16)$$

ここでは逆方向の反応が正方向の反応に比べてより速く起こっている．つまり，正味の酸化反応が起こっている．酸化反応が起こっている電極を**アノード**（anode）とよぶ*．カソードにおいて電子が消費され，アノードにおいて電子が生み出される．図 3・2 に示したように，セル電圧は反応の間，平衡における値，つまり平衡電圧よりいくぶん低下する．電流が流れるほど，電極の**分極**（polarization）の結果，より大きく低下する．この分極は 10 章で詳しく述べるように，いくつかの原因によって起こる現象である．

二つの電極反応が進行するに従って，化学エネルギーが仕事あるいは熱に変換されるので，電池に含まれる物質のギブズエネルギーはだんだんと減少していく．電気エネルギーを介した化学エネルギーの仕事への変換は 100％の効率まで近づくことが可能である．ここでは"カルノー限界"（54 ページ参照）はない[314], [541]．

これまで述べたような化学エネルギーが電気エネルギーに変換される電気化学セルを**ガルバニックセル**[315]（galvanic cell）とよぶ．逆に，セルが電気エネルギーを獲得して，それを化学エネルギーに変換するようなセルを**電解セル**（electrolytic cell）とよぶ．図 3・3 は電解モードの鉛蓄電池を示している．電流が直流電圧源からセルに与えられている．ここでは平衡電圧より多少高い電圧になっている．

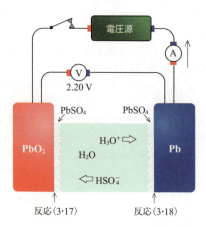

図 3・3 電解モードの場合，鉛蓄電池のギブズエネルギーは外部の電気エネルギーの消費によって増加する．セル電圧はその平衡電圧より高くなる．

電解セルに関する多くの特性は，セルがガルバニックモードで作動している場合と逆の関係になっている．つまり，電流は反時計回りに流れている．ガルバニックセルで作動しているときにカソードである左側の電極は，電解セルではアノードであり，(3・17) 式の反応が起こっている．一方，ガルバニックセルで作動しているときにアノードである右側の電極はカソードとして機能している（(3・18) 式）．

$$PbO_2(s) + HSO_4^-(aq) + 3H_3O^+(aq) + 2e^-(PbO_2)$$
$$\rightleftarrows PbSO_4(s) + 5H_2O(l) \quad (3・17)$$
$$PbSO_4(s) + H_3O^+(aq) + 2e^-(Pb)$$
$$\rightleftarrows Pb(s) + HSO_4^-(aq) + H_2O(l) \quad (3・18)$$

もちろん，直流電圧を注意深く調整して 2.01 V に合わせれば，電流は流れなくなって平衡に戻る．そうしたセル

---

* （訳注）電極のよび名には，アノード，カソード，陽極，陰極，正極，負極などが用いられ，しばしば混乱しやすくわかりにくい．アノード，カソードは英語でそれぞれ酸化反応，還元反応が進む電極を指す言葉である．電解セルおよびガルバニックセルのどちらの場合も，しばしば陽極，陰極が用いられるが，本書ではそれぞれアノード，カソードのよび名を使う．一方，5 章「電池」においては慣習に従い，作動時（放電時）を基準と考え，アノードを負極，カソードを正極と固定してよぶ．ただし燃料電池に対しては，アノード，カソードのよび名をそのまま用いる．

[314] 熱を仕事に変える場合に問題となるこの限界については熱力学の教科書を参照．
[315] ルイージ・ガルバニ（1737-1798）はイタリアの医者であり，物理学者．

が平衡になる特異な電圧が存在する[316]．この電圧よりも低い電圧を加えるときには，セルはガルバニックモードで作動する．以上のように，一つのセルは三つのモード（ガルバニックモード，平衡モード，電解モード）で作動することができる[317]．

$$\text{電気化学セル} \begin{cases} \text{ガルバニックモード} \\ \text{平衡モード} \\ \text{電解モード} \end{cases} \quad (3 \cdot 19)$$

これらすべてのモードが有用である[318]．ガルバニックセルと電解セルの多くの実用的な例は，5章と4章でそれぞれ議論する．さまざまな理由により，すべての電気化学セルがガルバニックモードと電解モードの両方において効率的に作動できるわけではない．これらのモードを利用するとき，セルの電気的な特性を表す有用な方法は**分極曲線**[319] (polarization curve) を用いることである．この曲線は図3・4のようにセルに流れる電流Iとセル電圧ΔEの関係を示したものである．このグラフにおける特徴的な点は，電流がゼロの点であり，平衡セル電圧，**ゼロ電圧** (null voltage) ΔE_nなどとよばれている[320]．$\Delta E°$とΔE_nの違いは，前者が活量1の場合に相当するが，後者は実際の状態での活量の場合に相当する．このような電流-電圧曲線は有用な手段であるが，本書の後のほうで説明するように，さまざまな理由によりしばしば時間とともに変化す

ることに注意する必要がある．

イオン伝導体が水溶液で，電子伝導体の一つが金属であるような接合界面をもつ一般的な電気化学セルを考えてみよう．図3・5(a) のように，一般的な電気化学セルは二つの電子伝導体によって一つのイオン伝導体が挟まれた配置になっている．それでは，図3・5(b) に示すような逆の配置は同じように電気化学セルといえるだろうか．一般的ではないが，そのようなイオン伝導体と電子伝導体の配置は可能である[321]．しかし，さらに何んらかの接合界面が導入されなければ，通常の装置で電気化学測定することはできない．さらに電気化学者の興味をそそる接合界面として，二つの混ざり合わない液体間に形成されるものがある．そのような界面では電極がない状態で電気化学反応が起こる．他のいくつかの界面も含めて14章において議論する．

図3・5 (a) 一般的な電気化学セル，(b) 実用的ではないが考えられるもう一つの伝導体の配置

3・3 接合部をもつ電池：二つの液体の混合が阻止された系

昔の科学者は，電気の供給源として**ダニエル電池**[322] (Daniell cell) を利用した．図3・6に模式的に表されたガルバニックセルにおいては，銅と亜鉛の電極がそれぞれの硫酸塩水溶液に浸っている．また，多孔質隔膜[323]によって両方のイオン伝導体を隔てている．この隔膜はCu^{2+}とZnおよびZn^{2+}とCuの酸化還元反応（反応(3・20)）が起こるのを妨いでいる．カソード反応(3・21)とアノード反応(3・22)を通して実際のセル反応が起こり，全セル反応

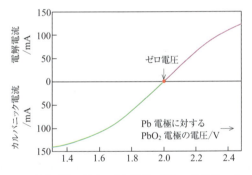

図3・4 鉛蓄電池に対する分極曲線．緑色の線がガルバニックモード（放電）であり，紫色の線が電解モード（充電）に相当する．

---

316) セルは平衡にはないが，それぞれの電極は平衡状態にあるといえる．
317) 二つの電極がそれぞれ$Na^+(aq)$と$Br^-(aq)$を含んだ溶液に浸っているセルがある．それぞれの溶液の濃度は100 mMである．一つの電極は水銀からできており，その表面が臭化水銀Hg_2Br_2で覆われている．もう一つの電極は臭化銀によって覆われた銀電極である．ガルバニックモード，平衡モード，電解モードのうち，どの状態でセルは作動するか？ Web#317を参照．
318) 鉛蓄電池，あるいは他の二次電池においては，**充電**は電解モード，**放電**はガルバニックモードとして表されている（5章）．
319) このような曲線をときどきボルタモグラムとよぶ．12章においてボルタンメトリーによって得られた電流-電位曲線の名前として用いられている．
320) そのほか，**自然電位**，**開回路電位**，**可逆電位**などとよばれている．
321) そのような配置の電子伝導体は**バイポーラ電極**として知られており，例として図3・8を参照のこと．
322) ジョン・フレデリック・ダニエル (1790-1845)，イギリスの化学者，48 ページも参照．
323) 半溶融ガラス，毛細管，ろ紙，多孔性磁器，ゲル，膜などいろいろなものが隔膜として使われている．その目的はイオンの透過を可能にする一方で，二つの溶液の混合を阻止することである．

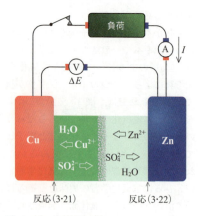

図 3・6 多孔質隔膜をもつダニエル電池

は (3・20) 式のようになる.

$$Cu^{2+}(aq) + Zn(s) \rightleftarrows Zn^{2+}(aq) + Cu(s) \tag{3・20}$$

$$Cu^{2+}(aq) + 2e^-(Cu) \rightleftarrows Cu(s) \quad \text{正極（カソード）} \tag{3・21}$$

$$Zn^{2+}(aq) + 2e^-(Zn) \rightleftarrows Zn(s) \quad \text{負極（アノード）} \tag{3・22}$$

この反応のゼロ電圧は (3・23) 式によって計算できる.

$$\Delta E_n = \frac{-\Delta G}{nF} = \frac{-1}{2F}\left[G^\circ_{Zn^{2+}} - G^\circ_{Cu^{2+}} + RT\ln\left\{\frac{a_{Zn^{2+}}}{a_{Cu^{2+}}}\right\}\right] \tag{3・23}$$

両方のカチオンの活量が等しいとすると, その値は約 1.102 V となる[324]. この値はダニエル電池の電圧に近い. しかし, (3・23) 式はすべてを説明しているわけではない. つまり, 多孔質隔膜に関連した **液間電位差**（liquid junction potential difference）[325] が存在する. この液間電位差の起源を理解するために, セルに電流が流れるには多孔質隔膜を通して右側から左側への電気の移動が必要であり, そして Zn^{2+} イオンの右側から左側への移動と SO_4^{2-} イオンの左側から右側への移動という二つの過程が寄与していることを知らなければならない. このため, ダニエル電池の電圧の正しい測定には, 液間電位差を考慮する必要がある.

液間電位差が生じる現象は電流が流れていない状況においても存在する. 二つの臭化リチウムの溶液が透過膜で隔てられた下図に示した非電気化学的な溶液の接合を考えて

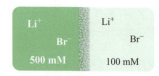

みよう. 濃度は左室のほうが右室より高いので, イオンは左室から右室へ移動する. しかし, 臭化物イオン Br^- はリチウムイオン Li^+ より約2倍速く移動し[326], より速く右室に到達する傾向を有する. Br^- が Li^+ より先に進み液絡部分に電荷の分離が起こり, 低濃度側がより負になる電位差を生じる. 電気的中性の原理のため, 速い Br^- は遅い Li^+ の影響から逃れることはできない. そのため, 速い Br^- は減速される. しかし, この Br^- と Li^+ の移動速度の違いによる液絡部分での電荷の分離の程度が小さくても, 液間電位差は生じる. この液間電位差[327]の大きさは, 隔膜の孔の大きさや二つの溶液の撹拌の度合いにある程度依存するが, 単一の塩からなる二つの異なる濃度 (c^L, c^R) の溶液が単純に接触した場合, (3・24) 式の**ヘンダーソン式**[328]（Henderson equation）によって与えられる.

$$\Delta\phi = \phi^L - \phi^R = \frac{RT}{F(u_+ - u_-)}\left(\frac{u_+}{z_+} - \frac{u_-}{z_-}\right)\ln\left\{\frac{c^R}{c^L}\right\}$$

ヘンダーソン式 (3・24)

図に示した5倍の濃度差の臭化リチウムの場合, ヘンダーソン式から液間電位差は 14 mV[329] となる.

ヘンダーソン式は, $u_+/u_- = z_+/z_-$ の関係にある溶液の間には液間電位差が生じないことを予測する. 塩化カリウムの場合, この基準によく一致する[329]. このため KCl は**塩橋**（salt bridge）で最もよく使われる電解質である[330]. 塩橋は二つのイオン伝導体の接触を防ぐためによく用いられ, いろいろな形のものが使われている. 塩橋は半電池の間に置かれた高濃度の塩の溶液によって構成され, 二つの半電池の間に置かれる. また, 多孔質隔膜によって半電池溶液と仕切られている.

図 3・7 は塩化銅の濃度だけが異なる二つの半電池をつ

---

324) 巻末の付録表のデータを用いて電位の計算を確認せよ. ダニエル電池が半分だけ放電したときのゼロ電位の値を見積もるために (3・23) 式を用いよ. ここでは溶液の体積は等しいとし, 亜鉛イオンの活量は放電前に比べて 50% 増加し, 銅イオンの活量は半分になっているとする. Web#324 を参照.
325) 通常, 単に junction potential とよばれている.
326) 巻末付録の移動度の表を参照せよ. 小さいリチウムイオンが大きな臭化物イオンよりゆっくり動くことに驚くだろう. これは, リチウムイオンが強く水和し (21 ページ), 4分子程度の水と一緒に移動するからである. 81 ページも参照.
327) イオンの移動の駆動力は濃度勾配であるので, この電位差は**拡散電位差**とよばれている.
328) ローレンス・ジョセフ・ヘンダーソン (1878-1942) はアメリカ合衆国の化学者, 彼の名前は滴定法に関するヘンダーソン-ハッセルバルヒ式にもつけられている. (3・24) 式の誘導に関しては Web#328 を参照.
329) この値を確認せよ. KCl 溶液に関する $\Delta\phi$ を再計算せよ. あなたの答えの符号はどのような意味をもつか, Web#329 を参照.
330) 硝酸アンモニウム NH_4NO_3 は水によく溶けるので, KCl の代わりとなる.

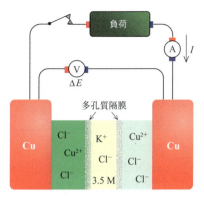

図 3・7 この**濃淡電池**は半電池間での Cu^{2+} の移動を防ぐために KCl 塩橋を使っている．左側の半電池での塩化銅の濃度は右側の半電池での塩化銅の濃度より高い．

なぐ塩橋を示している．二つの隔膜があるにもかかわらず，カリウムイオンと塩化物イオンの移動度がほとんど同じであり，そして高濃度のこれらのイオンが隔膜を横切る電流のほとんどを運ぶので，液間電位差はほとんどゼロである．このセルがガルバニックモードで作動したとき，左側の半電池のイオンの活量が大きいために，回路を時計回りに電流が流れる．さまざまな電流の"運び手 (carriers)"による電流の流れは，以下の通りになる．

(a) 酸化反応 $Cu(s) \rightleftarrows 2e^- + Cu^{2+}(aq, c^R)$ によって右側の電極において電流が流れる．

(b) $Cu^{2+}(aq)$ の泳動と $Cl^-(aq)$ の逆方向への泳動によって右側の半電池を通り抜けて電流が左側へ流れる．

(c) 主に Cl^- の塩橋からの泳動によって右側の隔膜を電流が通過する[331]．

(d) K^+ の泳動と Cl^- の逆方向への泳動によって塩橋中を電流が通過する．

(e) 主に K^+ の塩橋からの泳動によって左側の隔膜を電流が通過する[331]．

(f) $Cu^{2+}(aq)$ の泳動と $Cl^-(aq)$ の逆方向への泳動によって左側の半電池を通り抜けて電流が左側へ流れる．

(g) 還元反応 $Cu^{2+}(aq, c^L) + 2e^- \rightleftarrows Cu(s)$ によって左側の電極において電流が流れる．

(h) 回路の残りの部分を通って電子が反時計回りに流れ，電流が流れる．

このような電池は，二つの半電池の濃度のみが異なり，二つの半電池間で電極活物質の移動がないので電極活物質の**移動を伴わない濃淡電池**とよばれている．(a) に示した反応から (g) に示した反応を差し引くと，電池反応が (3・25) 式で与えられる．

$$Cu^{2+}(aq, c^L) \rightleftarrows Cu^{2+}(aq, c^R) \quad (3・25)$$

しかし，これがすべてではない．相補的に塩化物イオンも左の槽で現れ，右の槽で消失する．その結果，全体の化学量論は (3・26) 式によって与えられる[332]．

$$Cu^{2+}(aq, c^L) + 2Cl^-(aq, 2c^L)$$
$$\rightleftarrows Cu^{2+}(aq, c^R) + 2Cl^-(aq, 2c^R) \quad (3・26)$$

ゆえに塩化物イオンもギブズエネルギー変化に寄与する．図 3・7 に示したスイッチが切られた後に見られるセルのゼロ電圧は，$\Delta G°$ に関する項がなく（$\Delta G°=0$），活量の差だけが反映されている．

$$\Delta E_n = \frac{-\Delta G}{2F} = \frac{-1}{2F}\left[\Delta G° + RT\ln\left\{\frac{a_{Cu^{2+}}^R (a_{Cl^-}^R)^2}{a_{Cu^{2+}}^L (a_{Cl^-}^L)^2}\right\}\right]$$
$$= \frac{-RT}{2F}\ln\left\{\frac{(c^R \gamma_\pm^R)^3}{(c^L \gamma_\pm^L)^3}\right\}$$
$$(3・27)$$

これは右側の電極に対する左側の電極の平衡電圧であり，c^L が c^R より大きいと正の値をもつ．

図 3・8 は隔膜を除いて，二つの半電池の間にもう一つの電子伝導体を挿入することによって，イオンの移動を妨ぐ別の方法を示している．ここで二つの銀-塩化銀電極（塩化銀で被覆した銀電極）は，以下の二つの反応によって二つの半電池間での塩化物イオンの移動を可能にする．

$$AgCl(s) + e^-(Ag) \rightleftarrows Ag(s) + Cl^-(aq)$$
右側の界面 (3・28)

$$AgCl(s) + e^-(Ag) \rightleftarrows Ag(s) + Cl^-(aq)$$
左側の界面 (3・29)

この方法で作動する電極は**バイポーラ電極** (bipolar electrode)

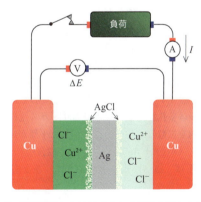

図 3・8 濃淡電池におけるイオンの移動を阻止する方法として，塩橋の代わりにバイポーラ電極を用いた場合の電池

---

331) 濃度勾配による塩橋からの KCl の拡散もあるが，電流には寄与しない．
332) 実際には，Cu^{2+} は $CuCl_4^{2-}$ として水溶液中にかなりの量で存在していることから，さらに複雑な式になる．また，$CuCl_4^{2-}(aq) + Cu(s) \rightleftarrows 2CuCl_2^-(aq) + 2Cl^-(aq) \rightleftarrows 2Cu^+(aq) + 4Cl^-(aq)$ によって，かなりの濃度の Cu(I) の塩化物も存在する．

とよばれる[333].

図 3・7 の実験で，塩橋を単一の多孔性隔膜で置き換えると，ゼロ電圧は全く違ってくる．この場合，この電池はイオンが多孔質隔膜を通過して一つの半電池から他方の半電池へと**移動を伴う**濃淡電池である．ゼロ電圧は (3・27) 式によって与えられるよりも小さく，その値にはイオンの移動度の項が含まれることによって，ゼロ電圧は変化する[334].

半透過性膜（semipermeable membrane）はある化学種は透過できるが，それ以外のものは透過できない膜である．特に，電気化学的に興味深いものはアニオン，あるいはカチオンのみを透過できる膜である[335]．これは，荷電した壁をもつ小さな孔によって可能となる．下図に示すよ

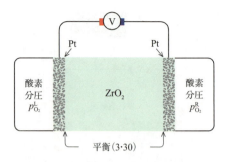

図 3・9 二つの電極における酸素の分圧の比に応答するジルコニア形酸素濃淡電池

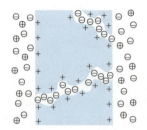

うに孔の中には反対の電荷をもったイオンのみが入ることができる．移動を伴う濃淡電池における半透過性膜の使用は，半電池を隔てる膜としての役割以上に有利な点をもつ．たとえば，ダニエル電池の多孔質膜をアニオン選択膜で置換えると，電池が充電できるようになる．多孔質膜を用いた場合は，Cu^{2+} イオンが亜鉛の半電池側に入り，(3・20)式に示した酸化還元反応を起こすのでダニエル電池は充電できない．一方，いかなる膜を用いても，電池の抵抗が増加するという問題が生じる．

もちろん，イオン伝導体が固体の場合，半電池の構成物の混合を防ぐために膜を用いる必要はない．これが固体電池におけるいくつかの利点のうちの一つである．この例が高温で作動するジルコニア形酸素濃淡電池である[336]．この場合，電解質はイオン伝導性固体 ZrO_2 であり，その固体中を O^{2-} イオンが泳動する．図 3・9 に示すようにそれぞれの電極は多孔性白金でできており，ガス流にのって酸素が電極内を拡散し，(3・30)式に示した平衡が成り立つ．

$$O_2(g) + 4e^-(Pt) \rightleftharpoons 2O^{2-}(ZrO_2) \quad (3・30)$$

電池の電圧は，(3・31)式に示すように，左と右の電極における酸素の分圧の違いによって決まる[337].

$$\Delta E_n = \frac{RT}{4F} \ln \left\{ \frac{p_{O_2}^L}{p_{O_2}^R} \right\} \quad (3・31)$$

同様なものとして，水素イオンが泳動するリン酸水素ウラニル四水和物 $HUO_2PO_4 \cdot 4H_2O$（通常 "HUP" として知られている，ろう状固体）を用いる電池がある．HUP が二つのパラジウム電極に挟まれた電池の電圧は，パラジウム表面の水素分圧の差に対応している．

まとめ

最も簡単な電気化学セルは二つの電子伝導体に挟まれたイオン伝導体を有するものである．それぞれの接合部分は電気化学反応が起こる電極として機能する．これらの二つの電極反応の総和が電池反応であり，この反応のギブズエネルギー変化はゼロ電圧（開回路状態でのセル電圧）と (3・32) 式によって関係付けられている．

$$\Delta E_n = \frac{-\Delta G}{nF} = \frac{-\Delta G°}{nF} + \frac{RT}{nF} \ln \{活量項\}$$

$$= \Delta E° + \frac{RT}{nF} \ln \{活量項\}$$

$$(3・32)$$

電流が外部電源から供給される電解モードで作動しているとき，セル電圧の大きさは，このゼロ電圧より大きい．しかし，電池が負荷に電流を供給し，ガルバニックモードで作動しているとき，ゼロ電圧より小さくなる．イオン伝導性液体との不要な反応をさけるため，二つの半電池を分離する隔膜を挿入することが必要である．これは液間電位差を生じさせるが，この場合，塩橋によってその液間電位差

---

333) なぜ (3・27) 式がこの電池に適用されるのか？ Web#333 を参照．
334) 詳細は Web#334 を参照．
335) 電気透析やそのほかの応用については 43, 44 ページを参照．
336) 脚注 129) を参照．センサの応用については 93 ページを参照．
337) 左側の酸素分圧が 1000 Pa で右側が大気（酸素が 21 %）のとき，425 ℃ での濃淡電池の電圧を計算せよ．

を減らすか,あるいはバイポーラ電極を用いてその電位差を除くことができる.濃淡電池は二つの半電池において電極活物質イオンiの濃度のみが異なる電池であり,セル電圧は二つのイオンの活量の比の対数に関係付けられている.そのような電池には,電極活物質の移動を伴うものと伴わないものがある.後者においては,ゼロ電圧は(3·33)式のように表される.

$$\Delta E_\mathrm{n} = \frac{RT}{nF}\ln\left\{\frac{a_\mathrm{i}^\mathrm{L}}{a_\mathrm{i}^\mathrm{R}}\right\} \approx \frac{RT}{nF}\ln\left\{\frac{c_\mathrm{i}^\mathrm{L}}{c_\mathrm{i}^\mathrm{R}}\right\}$$
(3·33)

ここで,ΔE_nは右側の電極に対する左側の電極の電位差である.多くのセンサはこの原理によって作動している.隔膜を特定のイオンのみを選択的に透過させる膜に代えると,そのセンサ性能は向上する.

4 電解合成

電気化学セルを電解モードで作動するとき，そこで進行する反応過程は**電気分解**（electrolysis）とよばれ，反応（原料）物質よりもギブズエネルギーの高い物質が生み出される．こうして，電気分解で生成する物質の多くは，商業的に高い価値をもつものであったり，化学的興味をひくものであったりする．この短い章では，経済的あるいは科学的に見て有用な製品を，工業的規模であったり，時にはごく小さなスケールで生産するプロセスの例を概説する．**電解合成**（electrosynthesis）が，特定の元素や化合物を製造するための唯一の方法である場合がある．

4・1 金属の電解製造：多くの金属が電解により製造・精製される

フッ素ガスや塩素ガスと同様に，リチウム，ナトリウム，マグネシウム，カルシウム，ストロンチウム，バリウム，ラジウム，アルミニウム，あるいはタンタルなどの金属は，ほとんど例外なく溶融塩または水溶液中でここにあげたそれぞれの元素の塩の電気分解によって製造されている．一方，クロム，マンガン，コバルト，ニッケル，銅，銀，金，亜鉛，カドミウム，ガリウム，インジウム，チタンなどの金属は，電解法とともに伝統的な化学抽出法により製造される．金属はその鉱石から"抽出・採取"されるため，鉱石からの金属の電解製造は**電解採取**（electrowinning）とよばれる．最も重要な例として，まず，アルミニウムの電解採取を取上げる．

アルコア（Alcoa）電解法[401]も使われているし，その他の方法も研究され続けているが，ホール–エルー電解法がよく使われており，毎年生産される約 120 億トンのアルミニウムの大半がホール–エルー電解法[402]により製造されている．アルミニウムの原料は，Al(OH)$_3$ と AlOOH の混合物からなる**ボーキサイト**（bauxite）という鉱石である．ボーキサイトは精製され，アルミナ Al$_2$O$_3$ に転換された後，ホール–エルー電解過程において溶融した**クリオライト**[403]（cryolite，氷晶石）Na$_3$AlF$_6$ の状態で存在する．溶融塩混合物は AlF$_4^-$，F$^-$，O^{2-}などのさまざまなイオンを含むイオン性液体である．電解はおよそ 960 ℃で行われ，この温度では電解質や生成したアルミニウムも液体である．カソード（陰極）での反応は，(4・1)式のように考えられている．

$$\text{AlF}_4^-(\text{fus}) + 3\text{e}^-(\text{Al}) \rightarrow \text{Al}(\text{l}) + 4\text{F}^-(\text{fus}) \quad (4\cdot1)$$

この反応は図 4・1 に示すように，電解槽の底のグラファイト上に広がっている溶融したアルミニウム溜りの表面で

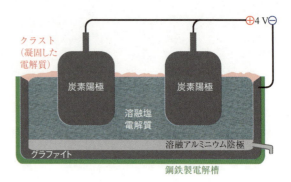

図 4・1 アルミニウム電解工業に用いられるホール–エルー電解槽

起こる．アノード（陽極）は，ピッチや石油コークスあるいは無煙炭を焼成したカーボン（炭素）からなり，(4・2)式の反応によって電解時に消耗される．

$$2\text{O}^{2-}(\text{fus}) + \text{C}(\text{s}) \rightarrow 4\text{e}^-(\text{C}) + \text{CO}_2(\text{g}) \quad (4\cdot2)$$

それゆえ，全電解反応は (4・3) 式のようになる[404]．

$$2\text{Al}_2\text{O}_3(\text{s}) + 3\text{C}(\text{s}) \rightarrow 4\text{Al}(\text{l}) + 3\text{CO}_2(\text{g}) \quad (4\cdot3)$$

このときの印加電圧は約 4 V，電流密度はおよそ 5000 A m^{-2} にもなる．このような大きな電流が流れることで生じる熱は，電解槽の温度を保つために役立つ．

(4・3)式に示す反応が進行すると標準ギブズエネルギーは増加し，1 kg のアルミニウムを製造するためには，熱

---

401) このプロセスは，フッ化物イオンの塩の代わりに塩化物イオンの塩を用いることを除いて，ホール–エルー電解過程と同様である．
402) 1880 年代に，チャールズ・マーチン・ホール（1863–1914，アメリカ合衆国の化学者）とポール・ルイス・ツーサン・エルー（1863–1914，フランスの冶金学者）によってそれぞれ独自に発明された電解過程である．
403) クリオライト（氷晶石）は天然に産出する鉱物であるが，実際に使用されるものはフッ化ナトリウム NaF とフッ化アルミニウム AlF$_3$ の混合物である．この混合物の電気伝導率を上げるために，数％程度の少量のフッ化カルシウム CaF$_2$ が添加される．
404) Web#404 に示すように，**この全反応式を完成せよ**．

力学的におよそ 20 MJ のエネルギーが必要となることがわかる[405]．しかしながら，実際には電解に必要な電気エネルギーはアルミニウム 1 kg あたりおよそ 40 MJ にもなる．これは，電解槽の高い操業温度（およそ 960 ℃）を保つために電気エネルギーの多くが熱として使われているためである．アルミニウム電解工業は地球上で最大の電力消費者である．そのため，アルミニウム精錬所は，ボーキサイト鉱山に隣接するよりもむしろ発電所の近くに立地するのが経済的に好ましい．また，ホール-エルー電解過程は，アルミニウム 1 kg を製造するのに 1.2 kg の二酸化炭素を生成する[406]のに加え，精錬所からのフッ化水素や一酸化炭素の排出を考えると，かなりひどい環境汚染源である．環境保全や経済的理由から，より好ましいアルミニウムの製造方法が切望されている．

金属銅は低純度の鉱石から電解採取できるが，ほとんどの場合，伝統的な精錬により抽出されている．しかしながら，その採取方法によらず，銅の製造は**電解精製** (electrorefining)[407] によるところが大きい．電解精製の過程は，原理的には非常に単純である．低純度の銅板をアノード（陽極）とし，硫酸銅(II)と硫酸を含む水溶液をイオン伝導体（"電解質"）とする．この場合，純粋な銅がカソード（陰極）に生成する．アノードおよびカソードにおける電極反応[408]はそれぞれ，

$$Cu(s, 低純度) \rightarrow 2e^- + Cu^{2+}(aq) \quad (4\cdot4)$$
$$Cu^{2+}(aq) + 2e^- \rightarrow Cu(s, 純銅) \quad (4\cdot5)$$

である．不純物は溶液中に留まるか，あるいは"アノードスラッジ"として電解槽の底に溜まる．このアノードスラッジは銀や金を含んでおり，かなり価値のある資源となりうるので，銅の電解精製は経済的に有利である．

異なる電解質を使用する以外は，同様な様式の電解精製によってコバルト，ニッケル，スズ，あるいは鉛といった金属が製造されている．**電解めっき** (electroplating) は電解精製と類似の"浴"を使用して行われ，金属がアノードから溶出し，カソードの表面で析出する．カソードは一般に析出する金属とは異なる材料が用いられる．電解めっきは科学というよりはむしろ芸術であり，あまり知られていないが，めっき層あるいはその表面に平滑さ，耐摩耗性あるいは光沢などの必須の性質を付与するために，通常，添加剤がめっき浴に加えられている．

電解精製のセル反応では反応物と生成物がほぼ同じであるので，セル電圧は見かけ上ゼロ電圧を示すことに注意しなければいけない．とはいうものの，実際には，主に泳動に必要なエネルギーを供給するためにいくらかの電圧の印加が必要である．電解に必要な正のギブズエネルギーを克服するために必要となる過剰な電位差を**過電圧** (overvoltage) という．過電圧は 3 種類の**分極** (polarization)，すなわち抵抗分極，反応分極，および輸送分極が要因となって生み出される．これらについては，10 章で詳しく学ぶことにする．

4・2　食塩電解工業：食塩水の恵み

かん（鹹）水，すなわち高濃度の食塩水の電気分解が，世界的規模で行われている主な産業の一つである．食塩水の電気分解には，競合する三つのプロセスが存在する[409]．なかでも最も新しい電解槽は**イオン交換膜** (ion-exchange membrane) 型であり，アノードおよびカソードでの電極反応はそれぞれ (4・6) 式および (4・7) 式で表される[410]．

アノード：$2Cl^-(aq) \rightarrow 2e^- + Cl_2(g)$ 　　(4・6)
カソード：$2H_2O(l) + 2e^- \rightarrow H_2(g) + 2OH^-(aq)$
　　　　　　　　　　　　　　　　　　　　　(4・7)

図 4・2 に示すようなイオン交換膜型食塩電解セルは，カチオン選択透過性のイオン交換膜[411]で隔てられたアノード室とカソード室に，図に示すような化学組成の溶液を連続的に流しながら操作される．隔膜が存在することで，水酸化物イオンの泳動によるアノード室への侵入が抑制され，塩素ガスと水酸化物イオンの反応が起こらなくなる[412]．カソードの電極材料は，鉄または銅である．古くはアノードの電極材料としてグラファイトが使われていたが，今では，いわゆる**寸法安定性アノード** (dimensionally stable anode) 材料が多くの利点を有するために，グラファイトに取って代わっている．寸法安定性アノード材料の例として，ルテニウム酸化物やチタン酸化物があげられるが，これらの電極材料は塩素ガスの発生に対して電極触媒作用を示す．それゆえ，アノードでの好ましくない副反

---

405) 巻末付録の表にあるデータを用いて，このことを確認せよ．Web #405 参照．
406) 二酸化炭素の生成量を確認せよ．また，アルミニウム 1 kg を製造するのにどれくらいの電気が使われるかクーロンとワットの単位で計算せよ．Web #406 参照．
407) "electroraffination" という言葉も使われる．raffinate (raffination) はフランス語の raffiné に由来する refined あるいは cultivated の意味．
408) 銅 1 kg を精製するのに必要な電気量はどれくらいか？　解答は Web #408 を参照．
409) 他の二つについては Web #409 を参照．
410) 巻末付録の表を用いて，正味のセル反応に対するギブズエネルギー変化を計算せよ．食塩電解セル中の化学種の活量については適切な仮定を行うこと．解答は Web #410 を参照．さらに，電解セルのゼロ電圧を計算し，その符号の意味を解釈せよ．
411) 選択透過性膜については，4・5 節でも述べている．**ナフィオン**は総合化学会社デュポンによってつくられた膜で，商標名として使われている．
412) 電解セルは分離膜なしに操作される．それゆえ，(4・9) 式の反応が起こるので，次亜塩素酸がその場で生成する．

応となる酸素ガスの発生（$4OH^-(aq) \rightarrow 4e^- + 2H_2O(l) + O_2(g)$）を最小限に抑えることができる．電解セルの抵抗を小さくするために，アノードとカソードはイオン交換膜の両側に極力近づけて配置される．通常，電解電圧[413]は約 3.3 V であり，電流密度は約 4.0 kA m^{-2} である[414]．

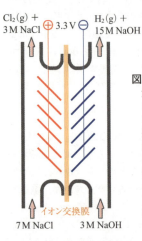

図 4・2　イオン交換膜法食塩電解セル．発生するガスの泡をイオン交換膜から遠ざけるためにアノードとカソードが"よろい張り状"に配置されている．塩素ガスおよび水素ガスの泡は，それぞれアノード側とカソード側の溶液の流れに乗って移動する．電解で生成する水酸化ナトリウムの一部は希釈され，電解に再び利用される．

食塩電解過程の主な生成物は，塩素ガス，水素ガスおよび水酸化ナトリウム水溶液[415]であり，それぞれに市場がある．塩素ガスは水の殺菌や浄化に利用されている．これについては9章で述べる．これらに加えて，多くの副生成物がある[416]．高純度の塩化水素が，（4・8）式に示すようにガス状生成物同士の反応により生成する．

$$H_2(g) + Cl_2(g) \rightarrow 2HCl(g) \quad (4\cdot8)$$

生成した塩素ガスの多くは，（4・9）式に示すように水酸化ナトリウム水溶液と反応して，塩化ナトリウム NaCl と次亜塩素酸ナトリウム NaOCl の混合水溶液を生成する．

$$Cl_2(g) + 2OH^-(aq) \rightarrow Cl^-(aq) + OCl^-(aq) + H_2O(l) \quad (4\cdot9)$$

NaOCl は洗濯用漂白剤として市販されている．さらに，NaOCl はアノード酸化され，塩素酸ナトリウム NaClO$_3$ になる．NaClO$_3$ はパルプ・製紙工業に大きな市場を抱えている．塩素酸ナトリウムは（4・10）式に示す次亜塩素酸ナトリウムの不均化反応によって，水溶液中で化学的に生成する．

$$3ClO^-(aq) \rightarrow ClO_3^-(aq) + 2Cl^-(aq) \quad (4\cdot10)$$

この不均化反応の速度は塩基性溶液中ではとても遅いが，酸性溶液中ではオキソニウムイオンの触媒作用によって速くなる．また，過塩素酸ナトリウム NaClO$_4$ は（4・11）式に示す塩素酸ナトリウムの酸性水溶液中での電解酸化反応により生成する．

$$ClO_3^-(aq) + 3H_2O(l) \rightarrow 2e^- + ClO_4^-(aq) + 2H_3O^+(aq) \quad (4\cdot11)$$

このとき，カソードでは水素ガスが発生する．

4・3　有機電解合成：天然ガスからナイロンを生み出す

大規模な無機電解合成工業の生産量に比べて，その生産量は小さいけれども，多くの有機化合物の電解合成が近年世界中でその経済規模を拡大しつつある[417]．アクリロニトリルをアジポニトリルへ転換する反応はベイザー[418]-モンサントプロセス（Baizer-Monsanto process）として知られ，最も注目に値する例である．カソードでは，還元反応（アクリロニトリルに水素原子が付加される）および（4・12）式に示す二量化反応（2分子のアクリロニトリルが1分子のアジポニトリルになる）が起こる．

$$2CH_2CHCN + 2H_3O^+ + 2e^- \rightarrow NCCH_2CH_2CH_2CH_2CN + 2H_2O \quad (4\cdot12)$$

その反応機構はいまだ明確になってはいないが，反応物と生成物に加え，リン酸ナトリウムと第四級アンモニウム塩を含むエマルション水溶液中においてカドミウム電極上で反応が進行する．

この電解合成は，天然ガスからナイロンを合成するうえでとても重要な過程である．天然ガスの留分であるプロパン $CH_3CH_2CH_3$ が脱水素化されて，プロペン CH_2CHCH_3 になり，さらにプロペンがアクリロニトリル CH_2CHCN へ転換される．そして，つぎの電気化学反応では，アジポニトリルがアジピン酸 $HOOC(CH_2)_4COOH$ と 1,6-ジアミノヘキサン $H_2N(CH_2)_6NH_2$ へ転換される．アジピン酸と 1,6-ジアミノヘキサンはナイロン 66[419] [OOC(CH$_2$)$_4$COONH(CH$_2$)$_6$NH]$_\infty$ を合成するための原料となる．

より小さな規模のプロセスにおいては，臭化物の電解還元反応が有機化学者によって合成の一手段として使われている．臭化物の電解還元反応の最初の素過程では（4・13）式に示すようにおそらくラジカルが生成する．

$$RBr(soln) + e^- \rightarrow R^\cdot(soln) + Br^-(soln) \quad (4\cdot13)$$

---

413) この電圧は，Web#410 で計算したゼロ電圧 2.2 V に一致する．
414) これらのデータを用い，効率 100 % と仮定して，塩素ガスの生成反応速度を mol m^{-2} s^{-1} の単位で計算せよ．また，塩素ガス 1 モルを生成するのに消費したエネルギーと Web#410 で計算したエネルギーとを比較せよ．解答は Web#414 を参照．
415) 工業的には，**苛性ソーダ**あるいは単に"苛性"として知られている．
416) 反応（4・8），（4・9）および（4・10）が熱力学的に容易に起こることを示せ．Web#416 を参照．
417) D. Pletcher, F. C. Walsh, "Industrial electrochemistry", 2nd edn, Kluwer (1990), 6 章を参照．
418) マニュエル・マンハイム・ベイザー（1914-1988），有機電気化学者．
419) 66 という数字は，ジカルボン酸およびジアミンの分子内にそれぞれ六つの炭素原子があることを示す．

ここで，Rは有機分子部位を表す．Rの性質あるいは溶媒の性質により，R·は二量化してR_2となるか，還元されて溶媒からプロトンをひき抜いてRHとなるか，あるいは電極自身と反応する．たとえば，水銀電極では電極とラジカルとの反応でHgR_2または$RHgBr$を生成する．二臭素化アルカンからの臭素の還元脱離反応により，二重結合をもつアルケンや環状アルカンが生成する．(4・14)式と(4・15)式にそれぞれの反応例[420]を示す．

$$CH_3CHBrCHBrCH_3(soln) + 2e^- \rightarrow$$
$$CH_3CHCHCH_3(soln) + 2Br^-(soln) \quad (4·14)$$

$$BrCH_2CH_2CH_2CH_2Br(soln) + 2e^- \rightarrow$$
$$\begin{array}{c} CH_2-CH_2 \\ | \quad \quad | \\ CH_2-CH_2 \end{array}(soln) + 2Br^-(soln) \quad (4·15)$$

有機化学において興味をひくその他の電解合成反応として，**コルベ**[421]**電解反応**（Kolbe synthesis）がある．この反応は(4・16)式に示すように，白金電極での飽和脂肪酸の電解酸化反応により，二量化した炭化水素と二酸化炭素が生成する反応である．

$$RCO_2^-(soln) - e^- \rightarrow RCO_2^{\cdot}(ads)$$
$$\rightarrow R^{\cdot}(ads) + CO_2(ads) \rightarrow \frac{1}{2}R_2(soln) + CO_2(g) \quad (4·16)$$

この合成反応は，1843年に見いだされた最初の重要な有機電解合成反応である．以来，炭素数の大きな飽和炭化水素を合成するために利用されている．異なるR部位をもつ反応物のどちらか一方を過剰にして反応させると，二つの異なるR部位が結合した混合生成物が合成できる．

4・4 水の電気分解：水素経済社会実現への鍵？

水素経済社会[422]（hydrogen economy）の実現に向けて，水の電気分解が注目されている．アノードでは(4・17)式に，カソードでは(4・18)式に示す電極反応が起こり[423]，電気エネルギーから水素を生み出す"環境負荷のない"方法として知られる．

アノード： $6H_2O(l) \rightarrow 4e^- + O_2(g) + 4H_3O^+(aq)$
$$(4·17)$$
カソード： $4H_3O^+(aq) + 4e^- \rightarrow 2H_2(g) + 4H_2O(l)$
$$(4·18)$$

現在，いわゆる天然ガスの"改質"[424]による水素の製造が，コスト的により有利である．それゆえ，電気分解による水素の製造は，最適な用途[425]に限って行われている．しかしながら，化石燃料の埋蔵量の枯渇のために，やがては水素の電解合成にとって有利になるような経済的変化が起こるだろうと期待されている．

巻末の付録表からわかるように，水それ自身は電気伝導体としてはふるまわない．それゆえ，水に強電解質を加えなければ，十分な電気伝導性は得られない．加えた電解質が解離して得られるイオンはきわめて不活性で，水の電気分解で起こる電極反応に影響を与えない．電解質として硫酸H_2SO_4がよく使われる．

以下の水の電気分解の反応

$$2H_2O(l) \rightarrow 2H_2(g) + O_2(g) \quad (4·19)$$

に伴うギブズエネルギー変化は正であり，474.2 kJ mol^{-1}となる[426]．この値から，ゼロ電圧は1.229 Vと計算される．それゆえ，図4・3に示す電解セルの電源の電圧を

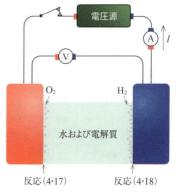

図4・3 水の電気分解．アノードでは酸素ガスが，カソードでは水素ガスが発生する．電解質イオンは水溶液に電気伝導性を与えるためには必要であるが，この場合，電極反応には直接関与しない．

---

420) 化合物$C(CH_2Br)_4$の電解還元生成物を予想せよ．Web#420参照．
421) アドルフ・ウィリアム・ヘルマン・コルベ（1818-1884），ドイツの有機化学者．彼はファラデーによる酢酸水溶液の電気分解に関する最初の観察にいち早く注目し，それを追試した．
422) これは以下のような概念，つまり，水素ガスH_2がエネルギーの流通において電気と同様な役割を果たすというものである．すなわち，ある場所でつくられた水素ガスが，一般家庭あるいは自動車エンジンといったエネルギー需要のある遠隔地へ運ばれ，そこで水素ガスは空気（酸素）を用いて燃焼され，水の生成とともにエネルギーが取出される．
423) これらの式は，もちろん，電極反応の機構を示すものではないが，酸性水溶液中での水の電気分解へ適用できる．(4・19)式の全セル反応は溶液のpHに依存しない．
424) この反応は，メタン$CH_4(g)$と水蒸気$H_2O(g)$の接触下で起こる反応であり，水素と炭素の酸化物が生成する．
425) たとえば，**重水の組成**を高めるという目的で長時間電解を行うこと．D_2OはH_2Oに比べて電気分解されにくいので，電気分解後の電解質水溶液中に濃縮される．
426) このことを巻末の付録表から確認せよ．また，ゼロ電圧を計算せよ．計算の結果が負の電圧になることを合理的に説明せよ．Web#426参照．

1.229 V を超える正の値にすれば，電流が流れ，(4·17)式および(4·18)式の電極反応がそれぞれ電解セルの左側および右側の電極で起こることになる．しかし，実際には，これらの電極反応は印加電圧がおよそ2 V に達しなければ起こらない．電極反応を妨げるような現象を**分極**(polarization)とよび，10章で詳しく説明する．水の電気分解の場合，分極は主に(4·18)式や(4·17)式に示す遅い電極反応による．特に，(4·17)式に示す反応が支配的である．

(4·18)式の電極反応は，電極材料自身がその電極反応に化学量論的に関与するわけではないが，電極の性質が電気化学反応に対して大きな影響を与えることがわかる典型的な例である．この反応の速度論的研究から，水素発生反応は，反応が起こる電極に依存して，三つの異なる機構で進行することが知られている．これに関しては，7章およびWeb#743 でも詳しく述べられている．水銀，銀，鉛，銅および鉄などの多くの金属電極では，(4·20)式に示す二つの反応のうち最初の吸着水素原子の生成過程が律速段階となる反応機構で起こるといわれている．

$$H_3O^+(aq) + e^- \rightarrow H(ads) + H_2O(l)$$
素過程(1)，遅い

$$H(ads) + H_3O^+(aq) + e^- \rightarrow H_2(g) + H_2O(l)$$
素過程(2)，速い

$$(4·20)$$

モリブデン，タングステン，チタンおよびタンタル金属電極では，水素発生反応の速度論が，(4·21)式に示すように(4·20)式と全く同じ二つの素過程に基づいて説明されるけれども，(4·20)式の場合とは異なり，2段階目の素過程が律速段階となるといわれている．

$$H_3O^+(aq) + e^- \rightarrow H(ads) + H_2O(l)$$
素過程(1)，速い

$$H(ads) + H_3O^+(aq) + e^- \rightarrow H_2(g) + H_2O(l)$$
素過程(2)，遅い

$$(4·21)$$

一方，パラジウム，ロジウムおよびイリジウム金属電極においては，(4·22)式に示す反応機構で起こるといわれている．

$$H_3O^+(aq) + e^- \rightarrow H(ads) + H_2O(l)$$
素過程(1)，速い

$$2H(ads) \rightarrow H_2(g)$$
素過程(2)，遅い

$$(4·22)$$

7章で学ぶ原理は，それぞれの場合に適用される反応機構を推定するうえで大変有効である．また7章では，さらにいくつかの反応例が示されている．(4·20)，(4·21)および(4·22)式に示した反応機構については他を参照されたい[743]．

(4·17)式に示したアノード反応は，反応機構的には(4·18)式のカソード反応と比べ，より複雑で本質的に遅い．ある金属電極でのアノード反応の反応機構は，以下に示す三つの素過程からなると考えられる．

$$2H_2O(l) \rightarrow e^- + HO·(ads) + H_3O^+(aq) \quad (4·23)$$

$$HO·(ads) + H_2O(l) \rightarrow e^- + O(ads) + H_3O^+(aq)$$
$$(4·24)$$

$$2O(ads) \rightarrow O_2(aq) \quad (4·25)$$

一方，ある金属電極における反応機構においては，酸素還元反応の中間体として知られる過酸化水素の生成反応が寄与すると考えられている．

この節で述べた反応の速度そしてその生成物は，電極材料の性質に依存する．にもかかわらず，電極材料は反応の化学量論には全く関与しない．このような反応の例は，しばしば**電極触媒**(electrocatalysis)作用を示す例として取上げられる．

水の電気分解の電圧をより小さくするために多くの研究が行われてきた．電極触媒を用いることで，1.6 V 程度のより低い電圧で水の電気分解が可能となった．これと関連した試みは光を照射した半導体電極を用いて行われている．適切な条件の下では，光エネルギーを電気エネルギーに変換できる（156ページ参照）．

水の電気分解では，水素以外の生成物も得られる．ダウ・ケミカル・カンパニーは過酸化水素 H_2O_2 の製造に水の電気分解を利用している．電解は酸素が溶存した塩基性水溶液中で行われる．このときの電極反応は，以下のように示される．

アノード： $2OH^-(aq) \rightarrow 2e^- + H_2O(l) + \frac{1}{2}O_2(g)$
$$(4·26)$$

カソード： $H_2O(l) + O_2(g) + 2e^- \rightarrow$
$$HO_2^-(aq) + OH^-(aq) \quad (4·27)$$

全セル反応： $OH^-(aq) + \frac{1}{2}O_2(g) \rightarrow HO_2^-(aq) \quad (4·28)$

ヒドロゲンイオン HO_2^- は弱塩基であり，(4·29)式に示すように，中和反応において，オキソニウムイオンからヒドロゲンイオンへのプロトン移動反応により過酸化水素が生成する．

$$H_3O^+(aq) + HO_2^-(aq) \rightarrow H_2O(l) + H_2O_2(aq)$$
$$(4·29)$$

4·5 選択透過性イオン交換膜：小さな規模の無機電解合成における静かな革命

電解合成セル内で起こるイオンの泳動により，熱を生じる．時には，ホール-エルー電解セルにおけるように，その発生した熱がイオン伝導体の温度を上げるために有効に利用されることもある．しかしながら大抵の場合，エネルギーの浪費につながるので，できる限り抑えるべきである．このための方法には2通り考えられる．一つは電気伝導率をできるだけ大きくすること，もう一つはアノード

4・5 選択透過性イオン交換膜：小さな規模の無機電解合成における静かな革命

とカソードとの間の距離をできるだけ小さくすることである．もちろん，これらの電極を近くに配置すると不慮の接触事故が起こる危険性がある．それゆえ，このような事故を防ぐために，電解セルおよびガルバニックセルのいずれにおいても多孔質障壁が使われている．厳密とはいえないが，多孔質障壁のもつ機能によってアノードとカソードの間に配置するものを便宜的に以下のように区別できる．

セパレータ（separator）：物理的に接触を防ぐ，すなわち電極同士を遠ざける

隔膜（diaphragm）：セル内の二つの溶液の混合を防ぐ

膜（membrane）：ある溶質のみを優先的に通過させる

選択透過性を強調して，膜はしばしば"半透過性"であると表現される．"膜"という言葉は，多くの異なる種類の生物学的障壁を示すためにも使われる．さらに，これらの生物学的障壁も，イオンに対する作用の仕方で区別される．ある生物の膜は 1 種類のイオンのみを容易に通過させる"ゲート"として働く．有機体（生き物）がゲートを通してイオンを汲み上げるための代謝エネルギーを消費する必要があるかないかによって（102 ページ参照），膜は"能動的"あるいは"受動的"となる．残念であるが，この話題はこのくらいにして，つぎに進むことにする．

透過性（permeability）はほとんどのタイプの障壁を特徴付けることのできる性質の一つである．透過性は溶質 i がある濃度勾配のもとで単位時間あたりに障壁の単位面積を通過する速度で定義される．透過性[427]の定義を式に表すと，以下のようになる．

$$P_i = \frac{L}{A\Delta c_i} \frac{dn_i}{dt} \quad (4\cdot30)$$

ここで，L と A はそれぞれ障壁の厚さと面積を，dn_i/dt は濃度差 Δc_i のとき膜を通過する溶質の速度を表す．P_i の単位は m^2 s^{-1} である[428]．隔膜の P_i が溶質に全く依存しないことは，隔膜と膜の区別を容易にする．

ナフィオン[429]（Nafion）は典型的な合成膜であり，スルホ基－SO$_3$H（ある場合はカルボキシ基－COOH）を有する側鎖がポリ（テトラフルオロエチレン）の主鎖に導入された一連の高分子製品の一般名である．－SO$_3$H 基は水の存在下でイオン化するので，膜は親水性であり，水を吸収する．側鎖にある－SO$_3^-$(aq) がアニオンを強く反発するので，ナフィオンはカチオンのみを透過させる膜として働く．また，－NR$_3^+$(aq) 基をもつ膜もある．R はメチル基のような有機部位を示す．－NR$_3^+$ 基をもつ膜は優先的にアニオンを透過させるが，ナフィオンのような耐久性を兼ね備えてはいない．電解合成での膜の使用については，食塩電解工業に関する節の最初でふれたが，さらに選択透過性膜の改良が進み，また容易に入手できるようになり，無機電解合成の手法の種類はかなり広がっている．小規模なセルが用いられることもよくある．その場合，生成物が必要とされる場合にセルを設置できるため，生産コストと輸送に伴うリスクを削減できる．

電気透析（electrodialysis）は図 4・4 に示すように，そ

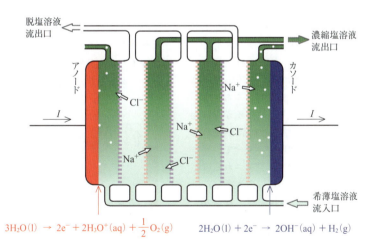

図 4・4 電気透析．アニオン透過膜とカチオン透過膜とを交互に配置した多室式電解槽によりイオンが排除され，脱塩された部屋とイオンが濃縮された部屋とが交互に生じる．

---

427) "透過性"という言葉は，科学および技術の他の分野においては，いくつか異なる意味をもっている．たとえば，102 ページのゴールドマン式を参照せよ．
428) この SI 単位の成り立ちを確認せよ．Web#428 参照．
429) これは，総合化学会社デュポンがスルホン酸イオノマー（荷電した官能基を有する高分子）に対して与えた名称である．

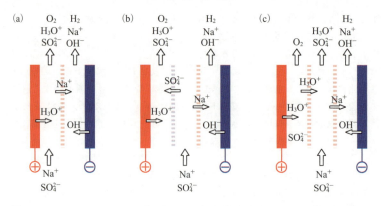

図 4・5 硫酸ナトリウム水溶液を三つの異なる塩分解セルを用いて電解する方法

れほど高くない濃度の塩を含む[430] 水からほとんどの塩を除くために，アニオン透過膜とカチオン透過膜を交互に配置した電解セルを用いて行われる．このプロセスは，海水のような高濃度のイオンを含む水の脱塩処理に対しては，逆浸透法と比べて経済的に不利である．

塩は，酸と塩基の間の相互作用により自発的に生成する．電解合成セル内ではこの逆の過程が起こり，**塩分解**（salt splitting）あるいは**電解加水分解**（electrohydrolysis）とよばれる．これには，図4・5に示した三つの例のように，いくつかの方法がある．ほとんどどんな塩も分解されるが，図4・5は硫酸ナトリウム水溶液の場合について示している．この塩は，ビスコース[431]製造過程やパルプ・製紙工業においては価値のない副産物として得られ，その廃棄処分に悩まされるが，電気化学的に硫酸と水酸化ナトリウムへ分解される．硫酸と水酸化ナトリウムはともに市場価値の高い物質である．図4・5(a)のセルは，一つの膜で隔てられた2室セルである．このセルを用いて純粋な水酸化ナトリウムが製造されるが，硫酸はいくらか塩を含むので，つぎに塩の結晶化によってそれらを除かなければならない．図4・5(b)のセルでは，2枚の膜が使われている．しかし，アニオン選択性透過膜が不完全で，オキソニウムイオンを通過させてしまうので，期待されるほど高濃度の硫酸は製造できない．図4・5(c)の3室セルでも2枚の膜が使われているが，この場合，どちらもカチオン選択性膜である．

ごく最近の膜技術の進歩によって，完璧な**バイポーラ膜**（複極式膜，bipolar membrane）が作製できるようになった．この膜はつぎの図に示すように，片方がアニオン透過性を，もう片方がカチオン透過性を示す二重膜である．こ

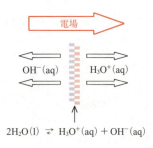

うして，少なくとも理論的には，すべてのイオンについてバイポーラ膜の通過を妨げられる．しかしながら，浸漬された膜は容易に水を吸収し，その結果，適切な極性の電場が印加されたとき，水はイオン化され，オキソニウムイオンが片方の面から流れ出し，反対の面から水酸化物イオンが流れ出す．バイポーラ膜とモノポーラ（単極式）膜の両方を採用した塩分解セルの構造を図4・6に示す．塩溶液SがSと表示された部屋に導入される．また，水がWと

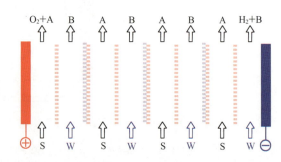

図 4・6 モノポーラおよびバイポーラ膜からなる塩分解セル．Sは塩，Wは水，Aは酸，Bは塩基を表す．

---

430) それゆえ，飲用あるいは洗浄用には向かない．図4・4に示した技術に適用されている"化学"的な事柄について調べよ．セルへ10 mM NaCl水溶液を流すとき，この溶液から塩化ナトリウムをすべて除くためには，1立方メートルあたりどれくらいの電気（量）が理論的に必要であるか計算せよ．Web#430参照．
431) ビスコースとは，セルロースを溶かした溶液で，木材や綿からつくられ，レーヨンやセロファンの製造に使用される．

表示された部屋へ導入される．塩のアニオンは部屋の中に留まり，塩の導入された部屋の左側のバイポーラ膜から生じるオキソニウムイオンと対を形成し，酸 A となってセル外へ流出する．塩のカチオンはモノポーラのカチオン選択性透過膜を通って隣の部屋へ移動し，そこで，カチオンは右側のバイポーラ膜から流れ出た水酸化物イオンと対を形成し，塩基 B となってセル外へ流出する．同様な構造のセルが，乳酸ナトリウム溶液から乳酸を再生するために日本で使われている．

イオン選択性透過膜に問題がないわけではないが，このような膜を用いて行われる電気化学プロセスには明るい未来が開けているように思われる．それぞれの用途に適するように特別に作製された膜を使用することによって，これらの経済的でそして環境にやさしい技術の採用が一層促進されるであろう．

まとめ

大規模な工業事業，たとえばこの章で述べたアルミニウム電解採取や食塩電解工業においては，商業的価値のある材料を製造するために電解合成法を採用している．電気化学的方法は，純粋に化学プロセスに強いられる熱力学的要求，すなわち $\Delta G<0$ を回避することができ，電解合成は高エネルギー化学物質製造のための優れた手法となっている．より小さな規模においても，有機化学者たちは長い合成経路における構成要素として電解ステップを利用している．電解による水素合成は現時点では経済的でなく，水素合成に必要とされる 237.1 kJ mol^{-1} のギブズエネルギーを太陽光によっていくらかまかなうことができ，将来のエネルギー輸送に対する需要を満たすだろうと予見する人もいる[432]．最近の傾向は，特に選択性膜を用いた電解セルによる，価値ある化学物質の電解合成に向けられている．

---

432) T. A. Davis, J. D. Genders, D. Pletcher, "A First Course in Ion Permeable Membranes", Alesford Press (1997).

5　電　池

前の章で議論した電気エネルギーを化学エネルギーに変換する電解セルに対して，ここで議論されるセルは逆の変換を行う．つまり，化学エネルギーを電気エネルギーに変換する．これらは，ガルバニックセル中の二つの電極における反応によって生じる正味のギブズエネルギー（化学エネルギー）から電気エネルギーをつくり出す．

5・1　電気化学的な動力源のタイプ：一次電池，二次電池，燃料電池

電池[501]（battery）と**燃料電池**（fuel cell）は，効率的な電源として作製されたガルバニックセルである．電池は電極活物質が電池内部に収納されているが，燃料電池はセルの外部から流体として反応物質が供給される仕組みになっている．電池は，**一次電池**（primary cell）と**二次電池**（secondary cell）に分類される．一次電池はガルバニックセルとしてのみ作動する．二次電池はガルバニックセルとしてのみ作動するだけでなく，電解モードでも作動する，つまり"充電"ができる．

$$電力源\begin{cases}電\,\,池\begin{cases}一次電池\\二次電池\end{cases}\\燃料電池\end{cases}$$

二次電池は**蓄電池**（storage cell），あるいは**アキュムレータ**（accumulator），**リチャージャブル-バッテリー**（rechargeable battery）ともよばれている．

一次電池の場合，最初に与えられた電極活物質をすべて使い切ってしまうと，使用できなくなり，廃棄される．一方，燃料電池は**燃料**（fuel，アノードで消費される化学物質）と**酸化剤**（（oxidizer（oxidant），カソードで消費される）は電池の外部から供給され，電極反応の生成物は連続的に除去される仕組みになっている．ゆえに，この電池は半永久的に使うことができる．二次電池は繰返し充放電できるが，いろいろな理由により**サイクル寿命**（cycle life）がある．また，多くの電池には**貯蔵寿命**（shelf life）がある．すなわち，全く使っていない場合でも，その期間を過ぎると電池の寿命は徐々に短くなっていく．

一次電池，二次電池と燃料電池は，内燃エンジンのスタータ，車や飛行機，非常時の照明，電気製品による電力負荷平準化，ペースメーカ，心臓補助装置，補聴器，動力工具，電子装置などの電源として多くの利用方法が知られている．これらの用途において，その要求に合わせて異なる電気的特性が求められており，いろいろな種類の電池，燃料電池が開発されている．電気化学的な電源の技術は，科学と工学の洗練された融合によって成り立っている．科学者は何が可能かを明らかにし，工学者はその可能性を実現させる．

5・2　電池特性：電池性能の定量化

"アノード"と"カソード"という言葉は，二次電池の電極に適用されるとき，充電のときアノードであった電極が放電のときにはカソードになり，電池が作動していないときには二つの電極はいずれでもないので，非常にあいまいである．その代わりに**正**（positive），**負**（negative）という表記が，二次電池の二つの電極を区別するために用いられている．たとえば，鉛蓄電池の二酸化鉛は"正極"，"正板"，単に"正"とよばれている．そして，この使用法は一次電池の用語の規定にまでしばしば及んでいる．**活物質**（active material）という用語は，電池の放電時に消費される化学物質を表すために使われている．

一次電池（あるいは十分に充電されている二次電池）に示されている**公称電圧**（nominal voltage）は開回路時の電圧の値に近い．3章で述べたように，電池電圧の値は標準ギブズエネルギーと反応に関与する化学種の活量から計算することができる[502]．分極のため，その電圧は電池が使われると低下する．また，電圧はセル内の活物質の活量が変化するため，通常時間がたつにつれて多少減少する．一次

---

501) 厳密には"電池"という用語は，いくつかの電池がつながれ，一つの区画内に収納されるものを示す．（これらは，ベンジャミン・フランクリン（1706-1790），アメリカ合衆国の建国者の一人，によって名付けられた．batteryの語源は，英語ではbeatingである．つまり，「打ち続ける」といった意味．戦争で砲弾を撃ち続けるためには，大砲を並べた砲列が必要であり，砲列，砲兵隊の意味で使うようになった．いくつかの電池がつながれているのは，いくつかの大きな銃が連なっていることと同様に考えられることから，batteryという言葉が用いられるようになった．）しかし現在では，この言葉は一つの電池にも適応されている．

502) 51ページの（5・15）式で表される全反応をもつ電池が示す電圧を計算せよ．Web #502 を確認のこと．

電池の使用寿命の終わり（二次電池においては充電が必要となる状態）は，図5・1に示したような決められた**終止電圧**（cut-off voltage）において生じる．

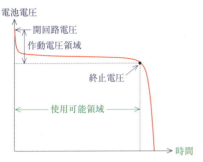

図5・1　一次電池の放電特性

充電された電池が放電を終了するまでに運べる電気量は，その電池の**容量**（capacity）として知られている（7ページの電気容量（キャパシタンス）と混同しないように）．電池の容量を定量化することは簡単ではない．なぜなら運ばれる電荷は，負荷の大きさ，充放電サイクル[503]，終止電圧，温度などに依存するからである．電池業界の規格によって，これらの要因は電池の種類や用途などに応じて定められている．容量は電気量（C）によって表される．しかし，電池分野で使われる単位は**アンペア-アワー**（A h）である．

$$1\,\text{A h} = 3600\,\text{C} \quad (5\cdot1)$$

電池から取出される総電気エネルギー（JあるいはWh）は，電圧と容量の積で与えられる．

電池の特別な応用において，重要なパラメータは，単位重量あるいは単位体積から取出されるエネルギー量である．これらの基準は**重量エネルギー密度**（specific energy, W h kg^{-1}）あるいは**体積エネルギー密度**（energy density, W h L^{-1}）で表される[504]．しかし，エンジンの点火のような短い時間内にどれだけ多くのエネルギーを出力できるかという場合は，エネルギー密度は重要ではない．この場合は**重量出力密度**（specific power, W kg^{-1}）あるいは**体積出力密度**（power density, W L^{-1}）で表される．

1章で述べたキャパシタも電池と同様に電気エネルギーを蓄えられることを思い出そう[505]．どちらがよく働くだろうか？　エネルギー密度の観点からは，電池のほうが優れている．一方，出力密度の観点からはキャパシタのほうが非常に優れている．電気容量（キャパシタンス）も電極がもつ特性の一つであり（7ページと13章），電池もキャパシタンスを有する．しかし，この場合，キャパシタンスによって蓄えられる電荷の量は一般的に非常に少ない．ある特別な電池においては活物質を表面に固定した非常に大きな表面積をもつ多孔性の電極を用いている．そのようなデバイスは**ウルトラキャパシタ**[506]（ultracapacitor）とよばれ，電池とスーパーキャパシタ[507]の両方の特性をもっており（9ページ），ファラデー電流と容量性の電流によってエネルギーを蓄積することができる．以下の表は，これらさまざまなエネルギー貯蔵デバイスのもつ特徴を桁のレベルで大まかに比較したものである．

	エネルギー密度 /W h L^{-1}	出力密度 /kW L^{-1}	放電時間 /s	サイクル寿命
二次電池	100	0.1	10^4	100
ウルトラキャパシタ	10	1	10	10^5
スーパーキャパシタ	1	10	1	10^6
キャパシタ	0.1	10^5	0.01	∞

電池の理論容量と出力密度は簡単な仮定によって計算することができる．たとえば，十分に充電された鉛蓄電池（29，30ページにおいて図示され，議論した）では，0.239 kgのPbO$_2$正極と0.207 kgのPb負極（それぞれ1 mol）が（5・2）式の反応を完全に起こさせるためには5.2 Mの硫酸溶液を0.385 L（0.499 kg）必要とする．

$$\text{PbO}_2(\text{s}) + \text{Pb}(\text{s}) + 2\text{HSO}_4^-(\text{aq}) + 2\text{H}_3\text{O}^+(\text{aq}) \xrightarrow{\text{放電}}$$
$$2\text{PbSO}_4(\text{s}) + 4\text{H}_2\text{O}(\text{l}) \quad (5\cdot2)$$

このファラデー反応[508]は，53.6 A hの電気を生み出す．

$$(2.00\,\text{mol}) \times (96485\,\text{C mol}^{-1}) = 1.93 \times 10^5\,\text{C}$$
$$= 53.6\,\text{A h} \quad (5\cdot3)$$

---

503) 負荷が一定であるか変化するかどうかは，連続的にあるいは逐次的に充放電されるかどうかを意味する．
504) specific energy の同義語として "energy density" が間違って使われることがあるが，実用的には前者は単位重量あたり，後者は単位体積あたりのエネルギー密度と区別して使われいる．
505) 電池とキャパシタの違いは，電池の場合，放電のとき電圧はおおよそ一定であるが，キャパシタの場合，放電に従って電極間の電位差が一定の傾きをもって減少していく．**電解キャパシタ**という名前は電解によってつくられたAl, TiあるいはTaの電極と酸化物誘電体で構成されている市販のキャパシタにつけられたものである．電解キャパシタの容量にはまったくファラデー電流は関係していない．
506) ウルトラキャパシタは，自動車などで何度となく起こる加速のためのエネルギーを供給するために，回生ブレーキからのエネルギーを蓄えるために使われている．このウルトラキャパシタは，ハイブリッド車において見ることができ，いくつかの乗り合いバスの単独電源として使われている．
507) スーパーキャパシタとウルトラキャパシタの違いは通常ほとんどない．**電気化学キャパシタ**ともいわれる．
508) （3・4）式，（3・5）式から（3・6）式（あるいは（5・2）式）を導くときに2電子が関与しているので，"2モル" が生じる．

ゆえに理想的に作動する鉛蓄電池は 0.945 kg（0.239＋0.207＋0.499）kg の電池から 53.6 A h の電気量が取出せる．（3・10）式から計算された電池電圧 2.01 V を用いると，114 W h kg^{-1} のエネルギー密度が得られる．

$$\frac{(53.6 \text{ A h}) \times (2.01 \text{ V})}{0.945 \text{ kg}} = 114 \text{ W h kg}^{-1} \quad (5 \cdot 4)$$

これらは電極活物質[509]がすべて使われているとして計算されており，分極による電圧損失，集電体・電極端子・セパレータ・電池ケースの重さは考慮されていない．このように考えると，実際には鉛蓄電池のエネルギー密度は理論値の 1/4 から 1/3 であっても，それほど不思議ではない．

5・3 一次電池：ルクランシェ電池とその後継電池

一次電池は一般的に電気化学系列（62 ページ），つまり標準電極電位が低い金属の負極，セパレータの細孔の中に保持されている電解液，正極によって構成されている．正極にはより高い標準電極電位をもつ金属，あるいは金属酸化物が用いられる[510]．後者（つまり金属酸化物を正極に用いた場合）の一次電池の一般的な概略図を下記に示す．金属酸化物は概して電子伝導性が低い．この欠点を克服するために，**集電体**（current collector）をカーボンと金属酸化物を混合したものとしたり，あるいは電池の正極端子への電子伝導経路を提供するためカーボンの棒状電極を使うことがある．集電体には電池の化学反応において何の寄与もしないものが用いられる．

考古学的発見によって，電池のようなものは古代にも存在していたことが確認されている[511]．ボルタ電堆は亜鉛板と銅板が対になっていくつも積層され，塩水を浸み込ませた布が亜鉛板と銅板の間にはさまれた構造をしていた．これを改良したものが**ボルタ電池**（Volta cell）であり，一定の電流を取出せる最初の電池として記録に残っており，1800 年に発明された．その 36 年後に**ダニエル電池**（Daniell cell, 33, 34 ページ参照）がより使いやすい実験用電池として登場した．**ルクランシェ**[512]（Leclanché）が亜鉛‐カーボンの電極からなる**湿式電池**（wet cell）に関する特許を取得した後，一次電池として 1868 年に商品化された．当時，電線に電気を流すために数千個の電池が使われた．この電池は正極用集電体としてカーボンの棒を用いている．カーボンの棒は二酸化マンガン粉末を詰めた多孔性の容器中に置かれ，さらに塩化アンモニウムの水溶液が入ったガラス容器に浸されている．さらに，このガラス容器には負極である亜鉛の棒が浸されている．負極では，亜鉛の電気化学的溶解反応が起こる．

負極： $Zn(s) \rightarrow 2e^- + Zn^{2+}(aq)$ （5・5）

一方，正極においては，二酸化マンガンが低い酸化数の酸化水酸化マンガンに還元される．

正極： $MnO_2(s) + NH_4^+(aq) + e^- \rightarrow$
$MnOOH(s) + NH_3(aq)$ （5・6）

この正極反応で生成するアンモニアはすぐに亜鉛イオンと錯体を形成し，アンモニア配位亜鉛カチオンを生じる．このカチオンは塩化物イオンと塩をつくって沈殿する．その結果，全反応は（5・7）式のようになる．

$Zn(s) + 2MnO_2(s) + 2NH_4^+(aq) + 2Cl^-(aq) \rightarrow$
$2MnOOH(s) + Zn(NH_3)_2Cl_2(s)$ （5・7）

この湿式電池の電圧は，電池が新しいとき 1.55 V である．しかし，放電の間に電圧は 1.0 V 付近まで降下し，1.0 V 以下になると使えなくなる．

液体電解質の不便さは 20 年後，**乾電池**（dry cell）[513]の開発によって解消された．乾電池では，電解液は塩化アンモニウム溶液をデンプンで練ってのり状にしたものであり，亜鉛負極は電池の缶容器となっている．このような**亜鉛‐カーボン電池**（zinc-carbon cell）における問題は，酸性の性質をもつ塩化アンモニウムが亜鉛缶を徐々に腐食させ，寿命を短くすることである．同様に，以下に示した腐食反応で生成する水素が内部圧力を上昇させ，しばしば外装缶（ジャケット）を破裂させ，液漏れなどをひき起こす．

$Zn(s) + 2NH_4^+(aq) \rightarrow Zn^{2+}(aq) + 2NH_3(aq) + H_2(g)$
（5・8）

さらに，電流が急速に流れると，電池の性能は劣化する．これらの欠点はいろいろな方法で克服されている．たとえば，二酸化マンガンの伝導性を補助するためにカーボン粉末が加えられている．電解液の腐食性は，塩化アンモニウムをより酸性の弱い塩化亜鉛によって置き換えることで減

---

509) もちろん，ここでは化学量論によって必要とされるより過剰の硫酸が必要となる．そうでなければ，完全に放電したときにイオン伝導体が電気伝導性をなくしてしまう．
510) この場合の金属はいくつかの酸化状態をもち（15 ページ），しかもその酸化物はより高い酸化状態にある．
511) Web#511 にあるバグダット電池を参照．
512) ジョージ・ルクランシェ（1839‐1882），フランスの発明家．
513) カール・ガスナー Jr.（1839‐1892，ドイツの科学者）によって，1886 年に乾電池が開発された．

少させられる．有機添加剤が腐食を抑えるために加えられる場合もある[514]．現代の乾電池[515]は 1.6 V の初期電圧をもち，寿命がくるまでの間，昔の電池よりも高い電圧を保持できる．図 5・2 に示した電池は**塩化亜鉛電池**（zinc chloride cell）として知られている．

このような亜鉛-カーボン電池と塩化亜鉛電池は，一般に**マンガン乾電池**（manganese dry cell）として広く普及している．

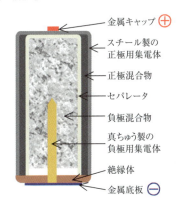

図 5・3 アルカリ電池の断面模式図．負極混合物はゲル化された水酸化カリウム水溶液と亜鉛粉末を練り合わせたものである．セパレータはカチオン選択性膜である．正極混合物は同様に二酸化マンガンとカーボン粉末を水酸化カリウム水溶液で練り合わせたものである．

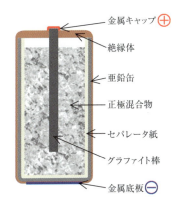

図 5・2 現代のマンガン乾電池の断面模式図．正極混合物はカーボン粉末と二酸化マンガン粉末を塩化アンモニウム溶液と塩化亜鉛溶液で練り合わせたものである．

亜鉛と二酸化マンガンを活物質とし，電解液にアルカリ溶液を使用する電池は，一般に**アルカリ電池**（alkaline battery）とよばれ，"アルカリマンガン"電池としても知られている．図 5・3 に示したこの一次電池は，初期の乾電池から大きく進歩している．図 5・2 の電池とは逆になり，負極材料はゲル化した亜鉛粉末の固まりであり，円筒状の電池の中心を占め，イオン選択性セパレータで取囲まれている．一方，正極材料は二酸化マンガンとカーボン粉末の混合物であり，セパレータとニッケルめっきしたスチール缶の間に閉じ込められている．このスチール缶は正極用集電体としても機能する．高濃度の水酸化カリウム水溶液[516]は電解液として働き，電池内に充たされている．負極，正極での反応はそれぞれ（5・9）式，（5・10）式で示される[517]．

負極： $Zn(s) + 2OH^-(aq) \rightarrow 2e^- + ZnO(s) + H_2O(l)$

(5・9)

正極： $MnO_2(s) + H_2O(l) + e^- \rightarrow$
$MnOOH(s) + OH^-(aq)$ (5・10)

亜鉛-二酸化マンガン電池の公称電圧は 1.5 V であり，通常の負荷においては，この値は 1.2 V ぐらいに低下する．典型的な AA サイズ（単 3 形）のアルカリ電池の容量は，2.85 Ah とされている．この値は 143 W h kg^{-1} に相当する．しかし，電池がフラッシュカメラなどに使われ，大きな電流で放電を行うとき，電池の性能は，如実に劣化する．それにもかかわらず，アルカリ電池はその原型であるルクランシェ電池より大きな利点を有している．

上述のアルカリ電池ばかりでなく，いくつかの他の一次電池においても水酸化カリウム水溶液が電解液として，亜鉛が負極活物質として使われている．酸化剤としては（二酸化マンガンの代替として），酸化水銀(Ⅱ)，酸化銀，空気中の酸素などが用いられている．正極での電極反応は，それぞれ以下のようになる．

正極：$\begin{cases} HgO(s) + H_2O(l) + 2e^- \rightarrow Hg(l) + 2OH^-(aq) \\ Ag_2O(s) + H_2O(l) + 2e^- \rightarrow 2Ag(s) + 2OH^-(aq) \\ \frac{1}{2}O_2(g) + H_2O(l) + 2e^- \rightarrow 2OH^-(aq) \end{cases}$

(5・11)

負極における（5・9）式と，（5・11）式のいずれかの正極反応を用いて上記の一次電池に関する全反応[518]を書くこと

---

514) 腐食を抑えるために水銀が使われていたが，環境への配慮から使用を禁止されるようになった．
515) 現代の D サイズ（単 1 形）の乾電池においては，終止電圧の 0.75 V までゆっくり放電した場合，7 Ah の容量をもつ．使用された亜鉛の重さを計算し，流れる全エネルギーを求めよ．Web#515 を参照．
516) 安価な NaOH に優先して KOH が用いられている．なぜなら，KOH の水溶液のイオン伝導性が高いからである．
517) 電池反応を完成せよ．さらに標準ギブズエネルギーと活量を用いたゼロ電圧（開回路電圧）を示す式を書け．Web#517 を参照．
518) それぞれの電池反応を書け．つぎに反応の ΔG によって，25 ℃におけるゼロ電圧を計算せよ．Web#518 を参照．

ができる．これらは**ボタン電池**[519]（button cell）として使われている．このような一次電池[520]にはいろいろなサイズがあり，図5・4のような形をしている．計算機，アラーム，時計，車のドア開閉するためのリモコン，液晶ディスプレイの電源のようにいろいろなところで使われている．これらのデバイスにおける出力の大きさへの要求はそれほど高くないことから，コストの問題はあまり考慮しなくてもよい．補聴器に電気を供給するのに使われる亜鉛-空気電池の外装材の小さな穴は，電池に空気を供給するために開けられている．しかし，新しい電池ではKOH電解液と空気に含まれるCO_2との反応を防ぐために，外装材の穴はテープで閉じられている．(5・11)式の正極反応を用いた三つのタイプの電池の電圧は[521]，作動している間，好都合なことにほとんど一定値を保っている．この理由は，これらの反応に関与する化学物質の活量が一定であるからである[308]．そのうえ，これらの電池は丈夫で，十分な寿命と，いろいろな用途で必要なエネルギー密度を有し，低温でも良い性能を発揮する．

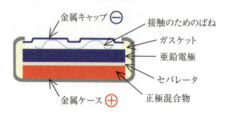

図 5・4 ボタン電池の断面模式図．正極混合物はカーボン粉末といろいろな高酸化状態の金属粉末から構成されている．

亜鉛はこれまでに議論した一次電池のすべてにおいて負極として働いている．しかし，1960年代以降，リチウムが徐々に亜鉛の代わりに使われるようになっている．この点に関して100を超える電池の特許が出されている．リチウムは高い電圧を示す（$4Li(s)+O_2(g) \rightarrow 2Li_2O(s)$）の電池反応における$\Delta E_n^\circ$の値は2.91 Vであり，亜鉛の場合，この値は1.66 Vとなる）だけでなく，1 Ahの電気量をつくり出すために必要とされるリチウムの質量はわずか0.259 gである（亜鉛の場合には1.22 gである[522]）．これらの長所によって水とリチウム金属の相性の悪さは相殺される．リチウムは他のほとんどの液体とも反応するが，そのうちのあるものとは（空気との反応のように）不動態膜を形成するため，それ以上の攻撃を受けない．1,2-ジメトキシエタン $CH_3OCH_2CH_2OCH_3$ と塩化チオニル $SOCl_2$ の

ような，有機あるいは無機の液体は電解液を構成する塩と混合することにより電極を隔てるセパレータとして十分機能するイオン伝導体となることができる．不動態膜の低い伝導性のために，薄くて大面積の電極を必要とする．ほとんどの**リチウム一次電池**（lithium primary battery）は"コイン"電池の平らな形状を有するか，あるいは"スイスロール状"，つまり薄いシート状のリチウム電極を渦巻き状に巻いた円筒形をしている．ほとんどのリチウム電池は3.0 Vに近い電圧を示す．これは亜鉛電池の約2倍である．

あまり一貫性はないが，慣習に従って電池の命名法について考えてみよう．電池を命名するときの一つの慣習は，亜鉛-空気，ナトリウム-硫黄，リチウム-二酸化マンガンのように負極を最初に示すことである*．しかし，正極に金属酸化物を用いた電池には異なる慣習が適用される．このような場合，順番を入れ替え，"酸化物"という言葉を省略する．ゆえに，一般的なアルカリ電池の命名はアルカリマンガン-亜鉛電池となる．リチウムを含む新しい電池の名前は，今後，規格化が必要とされる．**リチウム-二酸化マンガン電池**（lithium-manganese-dioxide cell）の内部で起こっている反応は，正極および負極で以下の通りである．

$$負極: Li(s) \rightarrow e^- + Li^+(soln) \quad (5・12)$$

$$正極: MnO_2(s) + Li^+(soln) + e^- \rightarrow \frac{1}{2}Li_2Mn_2O_4(s)$$
$$(5・13)$$

分子式 $Li_2Mn_2O_4$ はリチウムイオンが MnO_2 の格子の中に挿入されたインターカレーション化合物を示している．インターカレーション（後述）においては，マンガンの酸化数の変化が起こっている．**リチウム-塩化チオニル電池**（lithium-thionyl-chloride cell）においては，塩化チオニルが酸化剤とLiAlCl$_4$電解質の溶媒として両方の働きをするという特徴をもつ．この電池のリチウム負極の反応も(5・12)式と同様である．正極では全反応としては(5・14)式に示したようになるが，多段階で反応が進む．

$$正極: 4SOCl_2(l) + 10e^- \rightarrow$$
$$2S(s) + S_2O_4^{2-}(soln) + 8Cl^-(soln) \quad (5・14)$$

公称電圧3.4 V，非常に優れた出力密度，貯蔵寿命，および低温特性のため，軍事と航空機用途に適している．

一次電池に関する短い解説を終える前に，二つの特別な応用について述べる．海での遭難時に救命胴衣やボートには，海に浸したときにだけ作動する電池から電力を得て働

---

519) これらの電池は，亜鉛-酸化水銀電池，銀-亜鉛電池，亜鉛-空気電池とよばれている．電池の命名にはほとんど一貫性がないことに注意しよう．
520) 実際には酸化剤が外から供給されるので，亜鉛-空気電池は部分的に燃料電池であるという議論もある．
521) 作動電圧は下がりぎみであるが，電池の放電状態に関する情報は得られない．
522) これらの質量を確認せよ．Web#522を参照．
* （訳注）日本では一般的に正極を先頭とする．

く救難信号用ランプが装備されている．海水が電解質溶液として機能する．最も一般的な形は，マグネシウムが負極，塩化銀が正極となっている．この**海水電池**(seawater-activated battery)の反応式は以下のように示される[523]．

電池：$Mg(s) + 2AgCl(s) \rightarrow$
$$Mg^{2+}(aq) + 2Ag(s) + 2Cl^-(aq) \quad (5\cdot15)$$

この電池は 1.5 V のフラッシュライトの電球に十分な電力を供給することができる．もう一つの応用も異なる状況ではあるが，生命を守るために用いられる．生体埋込み型ペースメーカ用電池はゆっくりと消耗するが，コンパクトで，安全，そして完全に信頼できるものでなければならない．加えて，寿命は長く，予測のつくことが必要となる．全固体電池は魅力的な電池であり，**リチウム-ヨウ素電池** (lithium-iodine battery) として実現されている．電池内で起こる反応は，以下の通りである．

電池：$2Li(s) + I_2(s) \rightarrow 2LiI(s) \quad (5\cdot16)$

しかし，この場合のヨウ素は 5 ページで述べたようにポリ-2-ビニルピリジンとの電荷移動付加体の形で，リチウム箔上に層状に形成される．LiI の厚さは時間の経過とともに劇的に増加する．にもかかわらず，この層は 8 年間の性能を保てるほどの十分な伝導性を有する．

5・4 二次電池：充電，放電，充電，放電，充電，…

二次電池に対する要求は一次電池と比べて非常に高く，プランテ[524]による 1860 年の鉛蓄電池の発明がルクランシェ電池に先行していたことは驚くべきことである．さらに驚くべきことに，今日に至るまで**鉛蓄電池**（lead-acid battery）はわれわれの生活において非常に重要で，いまだに二次電池として広く使われている．この鉛蓄電池については 3 章でも述べている[525]．もう一度振り返ってみると，正極，負極および電池全体の反応式は，以下のように示される[526]．

正極：$PbO_2(s) + HSO_4^-(aq) + 3H_3O^+(aq) + 2e^- \xrightleftharpoons[充電]{放電}$
$$PbSO_4(s) + 5H_2O(l) \quad (5\cdot17)$$

負極：$Pb(s) + HSO_4^-(aq) + H_2O(l) \xrightleftharpoons[充電]{放電}$
$$2e^- + PbSO_4(s) + H_3O^+(aq) \quad (5\cdot18)$$

電池：$Pb(s) + PbO_2(s) + 2H_3O^+(aq) + 2HSO_4^-(aq)$
$$\xrightleftharpoons[充電]{放電} 2PbSO_4(s) + 4H_2O(l) \quad (5\cdot19)$$

31 ページで計算したように電池電圧は 1.925 V である．しかし，以下のようにネルンスト式は硫酸イオンの濃度に依存するゼロ電圧を示す．

$$\Delta E_n = (1.925\ V) - \frac{RT}{2F} \ln\left\{ \frac{a_{H_2O}^4}{a_{H_3O^+}^2 \cdot a_{HSO_4^-}^2} \right\}$$
$$(5\cdot20)$$

5.2 M の十分に充電された状態での濃度では，電圧は 25 ℃において約 2.13 V である．この値はイオンが消費される放電過程において減少し，約 1.8 V の終止電圧に到達する．

鉛蓄電池の電気化学反応はプランテの発明以来変わっていないけれども，その後，鉛蓄電池は多くの改良が加えられてきた．現在では，電極は放電された状態で鉛とアンチモン[527]でできている格子状電極に硫酸中で二酸化マンガン粉末のペーストを塗り込むことによって作製されている．この格子状電極は活物質を保持する役割と，集電体としての役割の両方をもっている．ペーストは"硬化"する過程で，$3PbO \cdot PbSO_4 \cdot H_2O$ と $4PbO \cdot PbSO_4$ の粘着性をもつ多孔性物質に変化する．最後に，硫酸中で電気化学的に充電することによって，正極は二酸化鉛，負極はスポンジ状の金属鉛になる．

鉛蓄電池の作製をするときに考慮すべき四つの副反応がある．

正極の腐食

正極：$Pb(s) + 6H_2O(l) \rightarrow 4e^- + PbO_2(s) + 4H_3O^+(aq)$
$$(5\cdot21)$$

正極からの酸素発生

正極：$3H_2O(l) \rightarrow 2e^- + \frac{1}{2}O_2(g) + 2H_3O^+(aq) \quad (5\cdot22)$

負極からの水素発生

負極：$2H_3O^+(aq) + 2e^- \rightarrow H_2(g) + 2H_2O(l) \quad (5\cdot23)$

負極における酸素の還元反応

負極：$\frac{1}{2}O_2(g) + 2H_3O^+(aq) + 2e^- \rightarrow 3H_2O(l) \quad (5\cdot24)$

(5・22)式と (5・23)式は，充電反応の (5・17)式と (5・18)

---

523) 12 時間 500 mA のフラッシュ電球に電力を供給するための海水電池はそれぞれの電極でどのくらいの質量の反応物を必要とするのか？ Web#523 を参照．
524) ガストン・プランテ（1834-1884），フランスの物理学者．彼の研究はカール・ヴィルヘルム（のちにチャールズ・ウィリアム卿（1823-1883，ドイツ生まれのイギリス人発明家）およびウィルヘルム・ヨーゼフ・ステーデン（1803-1891，ドイツ人医師，物理学者）による先駆的な研究を発展させたものである．
525) $H_2SO_4 + 2H_2O \rightleftharpoons HSO_4^- + H_3O^+ + H_2O \rightleftharpoons SO_4^{2-} + 2H_3O^+$ の平衡が成立する．しかし，鉛蓄電池の条件では，最初の解離が完全に起こり，2 番目の解離はほんの 1% 程度である．
526) どのくらいの電気量，あるいはエネルギーを典型的な自動車用鉛蓄電池（84 A h, 12 V）は供給できるだろうか？ 一つの電池あたりの放電において，どのくらいの重量の酸化鉛が分解されるか？ Web#526 を参照．
527) アンチモンは鉛に硬さを加えるためのものであり，化学的な役割はない．

式は競合する．充電反応が完了するとき，これらの競合反応は完全に優勢となって水の電気分解が起こり，電池内部の水が消費される．ゆえに定期的に電池に水を"補充する"ことが必要となる．新しい"密閉型"鉛蓄電池[528]ではその必要がない．加えて，初期のタイプでは立てて置いて使わなければならなかったが，この場合，その必要もない．充電において，水素が放出される前に，正極で酸素が生成する．そして，この酸素は鉛電極（負極）に拡散して(5·24)式の反応が起こり，失われた水を補充する．

もちろん，鉛蓄電池は主として内燃機関エンジンをもつ自動車において利用される．自動車において，鉛蓄電池は6個を組合わせた形で使われている．その理由の一つはエンジンをスタートさせるのに必要な大変大きな出力を提供するためである．そしてもう一つの理由はパーキングランプを点滅させたり，ラジオに電源を入れたりするために適当な大きさの電流を長い時間供給するためである．自動車用鉛蓄電池では高い出力密度と高いエネルギー密度という競合する二つの要求を満足させるための方策がとられている．このような電池では正極板からの活物質の脱落によって劣化が始まる．特に長い間放電された場合，電気化学的に不活性な硫酸鉛の大きな結晶が生成する，いわゆる"サルフェーション"によって劣化が起こる．

高い出力が必要でない電気自動車や長時間の蓄電などの用途には，いわゆる"ディープサイクル"電池が有用である．ディープサイクル鉛蓄電池はより厚い正極板と，より頑丈なセパレータを用いているので，力学的および電気的に丈夫な電池である．

鉛蓄電池は重く，$40\,\mathrm{W\,h\,kg^{-1}}$ の低いエネルギー密度[529]をもつ．これは移動体の電源[530]としては非常に深刻な欠点である．一方，信頼性が高い，長寿命，低い生産コストはこの電池の利点である．鉛は最近，環境に害を与える物質として否定的に見られるが，一方では容易にリサイクルでき，今日の電池内の鉛はリサイクルされたものである．他の欠点は，急激に充電するときに発生する擬似抵抗（リアクタンス）と非常に低い温度における性能の低下である[531]．

ニッケル酸化水酸化物を正極に用いたいくつかの二次電池がある．いわゆる**ニッケル-カドミウム二次電池**[532]（nickel-cadmium cell）であり，"ニカド電池"ともいわれ

ている．ニッケル-カドミウム電池の電極板はセパレータ（ナイロン布に9MのKOH水溶液を含浸させたもの）とともに渦巻き状に巻かれ，スチール缶に詰められている．電極反応は，

正極： $\mathrm{NiOOH(s) + H_2O(l) + e^-} \underset{\text{充電}}{\overset{\text{放電}}{\rightleftarrows}}$
$$\mathrm{Ni(OH)_2(s) + OH^-(aq)} \quad (5\cdot25)$$

負極： $\mathrm{Cd(s) + 2OH^-(aq)} \underset{\text{充電}}{\overset{\text{放電}}{\rightleftarrows}}$
$$\mathrm{2e^- + Cd(OH)_2(s)} \quad (5\cdot26)$$

電池： $\mathrm{Cd(s) + 2NiOOH(s) + 2H_2O(l)} \underset{\text{充電}}{\overset{\text{放電}}{\rightleftarrows}}$
$$\mathrm{Cd(OH)_2(s) + 2Ni(OH)_2(s)} \quad (5\cdot27)$$

電池反応による正味の電解質の消費はなく，活量が一定[533]の化学種のみが含まれている．つまり，セル電圧は一定である．しかし，実際には電圧は満充電における約1.35 Vから終止電圧の1.05 Vまで減少する．1.2 Vの平均電圧は鉛蓄電池の2.0 Vの平均電圧と比べると見劣りするが，エネルギー密度は非常に大きい．カドミウムの毒性のため，ニッケル-カドミウム電池の廃棄には十分に気をつけなければならない．

ニッケル-水素電池の正極と電解液はニッケル-カドミウム電池と同じであるが，負極の電極反応においては水素ガスが使われる．

負極： $\mathrm{H_2(g) + 2OH^-(aq)} \underset{\text{充電}}{\overset{\text{放電}}{\rightleftarrows}} \mathrm{2e^- + 2H_2O(l)}$
$$(5\cdot28)$$

ガス状水素の貯蔵が困難であるため，この電池は広く使われないが，宇宙飛行船への応用が見いだされている．しかし，水素が金属に結合する固体の金属水素化物を用いることによって，水素を貯蔵する難しさは，**ニッケル-金属水素化物**（nickel-metal-hydride）**二次電池**により解決された．この電池は，(5·25)式，(5·28)式と同じ反応を利用して作動している．金属水素化物をMHと表すと，全反応式は簡単な(5·29)式になる．

電池： $\mathrm{MH(s) + NiOOH(s)} \underset{\text{充電}}{\overset{\text{放電}}{\rightleftarrows}} \mathrm{M(s) + Ni(OH)_2(s)}$
$$(5\cdot29)$$

実際には，MHにはいくつかの金属水酸化物の合金が用い

---

528) 安全面から考えると，電池を密閉することは危険である．実際，その電池には圧力調節弁が取付けられている．"valve regulated"という言葉が圧力調節弁を有した電池に用いられている．
529) すべての電池において放電速度（放電電流値）が増加するに伴ってエネルギー密度は減少する．しかしその減少は，鉛蓄電池において異常に大きい．
530) 電池がおもりとしても役立つので，フォークリフトのような場合には，電池の重さが有用である．
531) 硫酸の粘性が増加するため，イオンの移動度が低くなり，結果として電池の抵抗を増加させる．
532) "NiCad"電池はSAFT株式会社によって登録された商標である．ニッケル-カドミウム電池はスイスの発明家ウォルデマー・ユングナー（1869-1924）が1899年に発明した．
533) つまり，非常に濃度の高い溶液の溶媒である水を除いては，関与する化学種の活量は1である．

られている．これらは，どのような充電状態でも，電極反応が滞りなく進行できるだけの高い水素圧，その一方で満充電時に電池の破壊が起こらないような十分低い水素圧を維持できるように設計されている．負極のための集電体として働く合金の組成は明らかにされていないが，二つの成分がさまざまな比率で含まれている．二つの成分とは(a) 水素を大量に吸収する Zr, Ti, La とミッシュメタル[534]のような金属と，(b) 弱い結合の水素化物を形成する Ni, Co と Al のような金属である．同じ電圧特性をもつけれども，ニッケル-金属水素化物電池はニッケル-カドミウム電池に比べて，容量の点で 70% ほど高いので，ニッケル-金属水素化物電池はニッケル-カドミウム電池に取って替わるであろう．

携帯可能な電子製品の増加によって，いろいろなサイズや形に合わせて便利に組込むことができる頑丈な二次電池の必要性が高まっている．この目的に**リチウムイオン電池**(lithium-ion cell)は合致している．インターカレーションはリチウム-二酸化マンガン一次電池のところで述べたが，リチウムイオン電池の原理において非常に重要である．インターカレーションでは小さいカチオンがホスト材料の結晶格子中に入り込む．電気的中性の原理が保持されなければならないので，**インターカレーション**（intercalation, インサーションともよばれる）は電子の流入，つまりホスト材料の酸化状態の変化（結晶のサイズにはほとんど影響はない）を要求する．インターカレーション化合物の反応は，概して非化学量論的[301]であるので，酸化状態の変化は整数で表すことができない．

リチウムイオン電池の正極において，活物質は金属酸化物（通常，コバルト[535]酸化物）であり，リチウムイオンがインターカレーションする．反応はしばしば (5・30)式のように書かれる．

正極: $Li^+(soln) + CoO_2(s) + e^- \xrightleftharpoons[充電]{放電} LiCoO_2(s)$

(5・30)

しかし，これは二つの点で勘違いをひき起こす．一つは，リチウムの含有量は充電に伴うデインターカレーションの間，徐々に減少している．ゆえに適切な化学式は Li_xCoO_2 となる（完放電においてのみ $x=1$）．もう一つは，x は充電において減少するけれども，(5・30)式から示唆されるような，完全なデインターカレーションをすることはない．実際の電池では，インターカレーション固体中のリチウム含有量はモル分率 0.55 までしか減少しない．0.55 以下になると不可逆的変化が起こる．最も適切な化学量論式は，放電の間，リチウムのモル分率が連続的に $0.55 < x < 1$ の間で増加することを考えると，(5・31)式になる．

正極: $\frac{9}{20}Li^+(soln) + Li_{11/20}CoO_2(s) + \frac{9}{20}e^- \xrightleftharpoons[充電]{放電}$
$Li_1CoO_2(s)$ (5・31)

(5・31)式は満充電から完放電までの全反応を示している．充電の途中では，活物質は $(4-x)$ の実効酸化数をもつコバルトを有する Li_xCoO_2 の化学式で表される．

リチウムイオンはグラファイトにインターカレーション（挿入）される．ここでは 1/6 のモル分率までリチウムを含むインターカレーション化合物 Li_yC を形成し，リチウムイオン電池の負極として働く．

負極: $Li_{1/6}C(s) \xrightleftharpoons[充電]{放電} \frac{1}{6}e^- + Li_0C(s) + \frac{1}{6}Li^+(soln)$

(5・32)

この反応は放電の間[536]，インターカレーション固体中のリチウムのモル分率は $0 \leq y \leq 0.17$ の間で徐々に減少するため，(5・32)式のように表される．一つの電子と一つのリチウムイオンが交換する場合，電池反応における全体の化学量論は (5・33)式で表される．

電池: $\frac{20}{9}Li_{11/20}CoO_2(s) + 6Li_{1/6}C(s) \xrightleftharpoons[充電]{放電}$
$\frac{20}{9}Li_1CoO_2(s) + 6Li_0C(s)$ (5・33)

放電のとき，リチウムイオンは負極から正極に移動し，充電においては逆の方向に移動する[537]．そのイオンの移動にともなって電子は違った経路（外部回路）を通って移動する．リチウムイオンの酸化状態は変化しない．すなわちこの電池においては，リチウム金属は存在しない．

ほとんどのリチウムイオン電池において使用されている電解液は，過塩素酸リチウム $LiClO_4$*，あるいはヘキサフルオロヒ酸リチウム $LiAsF_6$ と有機炭酸塩の混合物である．これらはマイクロ多孔質のポリオレフィンセパレータの中に含浸されている．そのような電解液は十分な伝導性を有し，リチウムイオンは負極とゆっくり反応するけれども，形成された炭酸リチウムはすぐに伝導性保護層を形成する．

リチウムイオン電池は最大電圧 4.0 V から終止電圧 2.5 V の範囲において作動する．高い信頼性と長いサイク

---

534) ランタンと希土類金属の組成が不定の混合物である．
535) 性能を保持したまま価格を低くするためには，コバルトをニッケルおよび他の金属と合金化する．
536) リチウムイオン電池が部分的に充電されているとき，炭素の酸化数はいくつか．Web#536 を参照．
537) リチウムイオン電池には，"揺り椅子電池"（rocking-chair battery）あるいは"羽根電池"（shuttlecock battery）という想像力豊かな名前が付けられている．これはリチウムイオンが正極と負極の間を充放電に伴って行き来することから命名されている．
* （訳注）ヘキサフルオロリン酸リチウム $LiPF_6$ やテトラフルオロホウ酸リチウム $LiBF_4$ も用いられる．

ル寿命をもち，約 150 W h kg⁻¹ と 400 W h L⁻¹ の高いエネルギー密度がリチウム電池を二次電池として成功させた理由である．しかし，二つの欠点がある．一つは，使用の有無にかかわらず，電池を作製した瞬間から劣化が起こりはじめるという，望ましくない貯蔵寿命である．もう一つは，電池が安全に作動するために，電池電圧は 4.2 V 以上，2.0 V 以下で用いてはならない．低い電圧で回路を開いて，かつ安全で適度な速さで充電する手順（4.0 V に達するまで一定の電流で充電し，その後は一定電圧で充電する）を確保するための電気回路が電池に付いている．高温を避けるために，圧力安全弁だけでなく過熱を防ぐための温度センサが内蔵されている．さらに，より多くの電流を流すために電池を並列につなぐ，あるいはより高い電圧を取出すために電池を直列につなぐとき，一つの電池の故障が他の電池の故障（非常に危険である）をひき起こさないように安全策を講じることが必要である．このような保護回路が必要であるため，リチウムイオン電池は安全回路のない電池単体では販売されずに，特別な目的（安全性と性能のバランスをとるため）のために精巧に設計された装置として使われている．

ナトリウム–硫黄二次電池（sodium–sulfur secondary battery）は，失敗が大いなる成功へと導いた電池といってよいであろう．ナトリウムと硫黄は豊富で安価な材料である．ナトリウム–硫黄二次電池内のセパレータの表面において起こる電極反応は単純である[538]．

正極： $2Na^+(sep) + 5S(l) + 2e^- \underset{充電}{\overset{放電}{\rightleftarrows}} Na_2S_5(l)$

(5・34)

負極： $Na(l) \underset{充電}{\overset{放電}{\rightleftarrows}} e^- + Na^+(sep)$ (5・35)

この電池はナトリウムが溶融する 300～400 ℃ の温度範囲で作動する．正極活物質は液体硫黄と多孔性カーボン集電体上の非混合性液体の五硫化ナトリウムからできている．ナトリウムイオンは，β–アルミナとして知られるセラミックスセパレータを通して移動する．セパレータの組成はモル分率で 0.16 の酸化ナトリウム Na_2O を含む酸化アルミニウムである．その電気伝導率は 350 ℃ で約 20 S m⁻¹ である．図 5・5 にこの電池の断面模式図を示す．1980 年代以来，多くの努力がこの電池に注がれたけれども，小さなユニットとして市販化されたものはない[539]．セパレータやさまざまな構成部材間のシール性に安全上の問題がある．それにもかかわらず，ナトリウム–硫黄電池は大型の定置用蓄電池としての用途が見いだされている[540]．

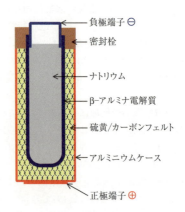

図 5・5　ナトリウム–硫黄二次電池の断面模式図

5・5　燃料電池：現実には課題が山積する原理的には無限の電気エネルギー装置

カルノー[541]は，燃料が自動車のような熱機関の中で燃焼させられるとき，燃焼のギブズエネルギーの一部が力学的エネルギーに変換でき，実際の変換効率は 30 % を超えることはほとんどないことを示した．一方，燃料の化学エネルギーを電気エネルギーに変換する燃料電池には，その限界は適用されない[542]．たとえば，以下の反応によってメタノール 32.0 g（1 mol）を空気と一緒に燃料電池内で燃焼させた場合，放出されるエネルギーは 229.2 kJ であり[543]，原理的にはこのすべてが電気エネルギーに変換される．

$$CH_3OH(l) + \frac{3}{2}O_2(g) \rightarrow 2H_2O(l) + CO_2(g)$$

$$\Delta G° = -235.0 \text{ kJ mol}^{-1} \quad (5・36)$$

---

538) 電池を継続して使うときにはさらなる還元反応過程がある．しかし，その長い放電過程には電池電圧の減少を伴うことに注意しよう．

539) **ゼブラ電池**とよばれる別なタイプの電池が限られた使用範囲で成功を収めている．この名前は南アフリカで開発された電池であることに由来する．

540) 2010 年における普及の状況を述べている．Daniel H. Doughty *et al.*, "Batteries for Large-sacle stationary electrical energy storage", *Interface, The Electrochemical Society*, Vol.19 (3), 49–53 を参照．エネルギー貯蔵に関する電気化学的方法がこの論文とその論文の引用文献において議論されている．

541) ニコラ・レオナール・サディ・カルノー（1796-1832，フランスの医者，軍技術者）．この場合のエネルギー変換効率はエンジン内の温度に依存し，$(T_{hot}-T_{cold})/T_{hot}$ の値を超えることはできない．

542) あるいは，力学的エネルギーを電気エネルギーへ変換する方法，あるいはその逆の変換方法で，その場合，熱を介在させない変換であるならば，カルノーの変換効率の制限はない．

543) −5.8 kJ（＝229.2 kJ−235.0 kJ）の違いは，酸素の分圧が，標準圧力ではなく，空気内の酸素の分圧を用いているところから生じている．Web#543 を見て，**この違いの計算法を確認せよ**．

加えて，二次電池と違い*，燃料電池は燃料と酸化剤が供給され続ける限り，連続的に作動する．この点において，燃料電池は二次電池よりも優れている．一つの例は水素と酸素を用いて作動する燃料電池である[544]．1960年代にNASAによって完成され，宇宙船に搭載された燃料電池においても同様の燃料と酸化剤が使われた．NASAは以下の反応において，純粋なガス，KOH水溶液，触媒担持電極を用いている．

カソード: $O_2(g) + 2H_2O(l) + 2e^- \rightarrow 4OH^-(aq)$
(5・37)

アノード: $H_2(g) + 2OH^-(aq) \rightarrow 2e^- + 2H_2O(l)$
(5・38)

この場合のエネルギー変換効率は70％といわれている．定置型での使用では，酸素の代わりに空気を用いるほうがより経済的である．しかし，空気に含まれる二酸化炭素がKOHと反応するので，そのまま空気を用いることはできない．このことは燃料電池がもつ根本的な問題となっている．燃料や酸化剤が電池へ連続的に供給されるので，電池内で不純物の濃縮が起こり，作動に支障をきたすと考えられている．そのため，消費される燃料や酸化物には高い純度が要求され，そのぶん費用もかさむ．

(5・36)式は**ダイレクトメタノール形燃料電池**[545]（direct-methanol fuel cell）の全反応を示しており，各電極での反応は以下に示される．

カソード: $3O_2(air) + 12H_3O^+(aq) + 12e^-$
$\rightarrow 18H_2O(l)$ (5・39)

アノード: $2CH_3OH(aq) + 14H_2O(l) \rightarrow$
$12e^- + 2CO_2(g) + 12H_3O^+(aq)$ (5・40)

燃料は2M以下のメタノールの水溶液である．電解液は酸性で，各電極は水素イオン伝導性膜で隔てられている．現在，1モルのメタノールから約50kJばかりの電気エネルギーが得られている．このタイプの燃料電池は二つの問題を抱えている．一つは，90～140℃の温度範囲において，高価な50対50の白金とルテニウムの合金を用いた場合でも（5・40）式の反応が遅いことである．もう一つは，メタノールがゆっくりと膜を透過し，カソード反応に影響を与えることである．

発電機として経済的に存続するためには，燃料電池は安価な燃料と酸化剤を必要とする．安価な酸化剤としては空気が，安価な燃料としては高い濃度でメタンを含有する天然ガスが適している．燃料電池では直接メタンを使用することはできないため，代わりにメタンを高温の水蒸気との反応で"改質"して用いられる．

$$CH_4(g) + H_2O(g) \xrightarrow[900℃]{Ni} CO_2(g) + 3H_2(g) \quad (5・41)$$

この**改質反応**（reforming reaction）により得られる水素を豊富に含む混合ガスを，いくつかの種類の燃料電池で利用しようとする場合，問題が生じる．天然ガスには硫黄化合物が多く含まれており，それらを除去しなければ，水素の酸化に用いられる触媒を被毒してしまう．しかも，混合ガス中にはやはり触媒毒となり得る一酸化炭素が高濃度で含まれている．改質反応後の温度を300℃に下げると，以下の水性ガスシフト平衡は右に傾きやすくなるが，反面，転換速度が低下してしまう．

$$CO(g) + H_2O(g) \rightleftarrows CO_2(g) + H_2(g) \quad (5・42)$$

さらに精製を行えば，CO濃度をもっと下げられるであろうが，改質によって得られる水素には，多かれ少なかれ常に触媒毒が含まれている．さまざまな燃料電池を成功に導く鍵は，電極反応それ自体の問題というよりも，むしろ，被毒にどれだけ耐えられる（強くできる）かがポイントといえる．

酸化剤として空気，燃料として水素あるいは他のガスを用いる五つの燃料電池について以下に簡単に記述する．

(a) **PEM**[546] **燃料電池** これらは常温から90℃の温度範囲で作動する．Nafion®のようなプロトン伝導性固体高分子膜が電解質として機能する．電極は白金触媒が担持されたカーボンである．

(b) **アルカリ形燃料電池**（alkaline fuel cell） NASA電池と同様に，100℃付近で作動する．電解液は10M KOHであり，水酸化物イオン OH^- が電荷を運ぶキャリアとして働いている．電極は触媒が担持されたカーボンである．二酸化炭素を水素燃料と空気酸化剤から除去しなければならない．

(c) **リン酸形燃料電池**（phosphoric acid fuel cell） 作動温度は180℃に近い．電解液はシリコンカーバイドのセパレータ中に保持された非常に濃いリン酸溶液であり，プロトン伝導体として働いている．電極は白金が担持されたグラファイトである．

(d) **溶融炭酸塩形燃料電池**（molten carbonate fuel cell）約625℃で作動する．電解液はリチウムアルミネート

---

* （訳注）燃料電池は充放電可能な二次電池とは動作様式が異なり，本書では，酸化反応が進む極をアノード，そして還元反応が進む極をカソードとよぶ．
544) クリスチアン・フリードリヒ・シェーンバイン（1799-1868，さまざまなものを開発したドイツの科学者）とウイリアム・ロバート・グローブ（1811-1868，ウェールズの弁護士，判事，アマチュア科学者）によって独立に，同時期に発明された．
545) "ダイレクト"という名前はメタノールが初めに分解され，そしてその分解生成物が燃料として使われる燃料電池のタイプであることから，他の燃料電池と区別するために付けられている．
546) polymer-electrolyte membrane あるいは proton-exchange membrane の頭文字をとっている．これらの二つは同等に用いられている．別名は**固体高分子形燃料電池**である．

LiAlO₂ の多孔体の中に保持された炭酸塩の混合物であり、炭酸イオン CO_3^{2-} によって電荷が運ばれる。電極は貴金属ではなく、多孔質ニッケルが用いられ触媒として働いている。水素と同様に、一酸化炭素もこの電池の燃料となる。メタンもまた燃料となるが、この場合は電池の内部で改質反応が進行する。

(e) **固体酸化物形燃料電池**（solid oxide fuel cell） 約850℃で作動する。固体電解質はイットリア安定化ジルコニア ZrO_2 であり、酸化物イオン O^{2-} によって電荷が運ばれる。カソードはストロンチウムをドープしたランタンマンガン酸化物 $LaMnO_3$ である。アノードのニッケル多孔体が触媒として働く。一酸化炭素が代替燃料である。

図 5·6 は**水素–空気燃料電池**（hydrogen-air fuel cell）の動作の断面模式図である。実際の燃料電池の構造を示したものではない。一般的にこれらの燃料電池は非常に薄いアノード｜電解液｜カソードの層がたくさん積み重なっており、その中には燃料、酸化剤、水蒸気が流れるチャネル（通路）が存在している。さらに冷却水用の管が適切な温度に保つために必要である。多孔性電極の細孔内に液体とガスの界面を保持するために注意深く圧力を管理することが必要である。

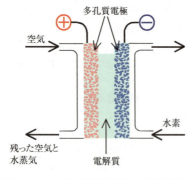

図 5·6 水素–空気燃料電池の断面模式図

技術的、材料的な問題が徐々に拡大しているが、燃料電池の効率の改善は作動温度を上昇させることによって電極反応がより速くなり、被毒の問題がより少なくなるので可能である。非常に多くの努力の結果、現在の高性能な燃料電池が開発された。最終的に電池がどの程度普及するかによって、この努力が報われるときがくるだろう。

これらの電池が移動用電源の電池として（携帯電話のような小型品への応用）話題になる一方で、燃料電池の開発がうまくいけば、必要なときに電力を供給することができる定置型の電源として、燃料電池がまず最初に使われるだろう。実際、そのような応用がすでに評価段階に入っている*。

電力の必要量は一日の中で時間帯によって大きく変わるので、電力事業は電気を貯める十分な方法を強く求めている。この要望を満足する電気化学的方法の一つは、"二次燃料電池" という言い方がよりふさわしいかもしれないが、**レドックス電池**（redox battery）、**フロー電池**（flow battery）、**レドックスフロー電池**（redox flow battery）とよばれる。燃料電池のように、反応物は外部からセル内に供給される。この場合、反応物（イオン）は電解液に溶けており、セル内に流れ込む。生成物も電解液に溶け、その流れによってセル内から取除かれる。反応は可逆で、充電も可能である。この電池は消耗するような固相を含んでいないので、電池の寿命はほとんど無限である。この原理を利用した例の一つが**バナジウムレドックスフロー電池**（vanadium redox battery）であり、図 5·7 に電池の構造を示した。それぞれの半電池はカーボンフェルトを含み、

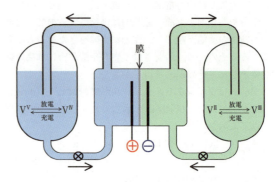

図 5·7 バナジウムレドックスフロー電池の断面模式図。それぞれのポンプで巡回される溶液の組成は放電、充電中に刻々と変化する。

この二つのカーボンフェルト電極の間に水素イオン伝導性膜が挟まれている。この電池は四つの酸化数（V^{II}、V^{III}、V^{IV}、V^{V}）をもつバナジウムの能力を利用している。これらのバナジウムはすべて硫酸に可溶である。電極反応は、以下のようになる。

正極: $VO_2^+(aq) + 2H_3O^+(aq) + e^- \underset{充電}{\overset{放電}{\rightleftarrows}}$
$$VO^{2+}(aq) + 3H_2O(l) \quad (5·43)$$

負極: $V^{2+}(aq) \underset{充電}{\overset{放電}{\rightleftarrows}} e^- + V^{3+}(aq) \quad (5·44)$

この電池の電圧はどちらかというと低いが（開回路電圧は平均 1.4 V であり、充電状態によって変わってくる[547]）、その容量は $V^{IV,V}$、$V^{II,III}$ の溶液を含むタンクのサイズによってのみ決まる。不純物の心配はなく、膜を通過した不純物（電解液中に溶解したバナジウムイオン）はすぐに適

---

* （訳注） 日本では 2009 年に家庭用定置型燃料電池が市場に投入された。
547) 充電状態に伴ってバナジウムレドックスフロー電池の開回路電圧がどのように変化するかについては Web #547 を参照。

切な酸化状態に変換されるので膜を通しての液漏れも深刻な問題ではない．使用による膜の劣化，バナジウムの高い投資コストがその普及を妨げている．このタイプの電池は発電所における負荷平準化や風力，太陽光発電に適応した恒久的な蓄電などの大きな定置型電池として適している．

ま と め

三つに分類される電気化学的な電源，すなわち一次電池，二次電池および燃料電池は，電気化学技術の急速に拡大している分野である．

環境問題の専門家や電池の製造業者，最近では政府関係者，自動車製造業者によって誇張されているが，電気化学的エネルギー源（電池）が出力密度の点で内燃エンジンと匹敵することはほとんどあり得ないだろう．にもかかわらず，環境的，そして経済的な制約により多くの内燃エンジンを二次電池で置き換えようとする場面がますます増えるに違いない．現時点では，鉛蓄電池，ニッケル-金属水素化物電池，およびリチウムイオン電池の二次電池は将来性豊かな電気自動車市場において互いに競い合っている．これらすべての電池は，他の競争相手となる二次電池および燃料電池と同様に，それぞれ欠点をもっている（一長一短である）．残念なことに，理想の二次電池はまだ確立されていない．

6 　電　　極

電気化学セルには最低2本の電極が必要である．しかし，のちほど10章で学ぶように，通常は3本の電極を用いる．1本の電極のみを取出して研究することはできない．しかし，セル全体の性質というよりも，やはり一つの電極の性質を明らかにしたい．ある一つの電極に興味があるとき，この電極を**作用電極**[601]（working electrode, WE）とよぶ．第二の電極はセルを完全なものにするためだけの役割を担うものであり，これを**参照電極**（reference electrode, RE）とよぶ．その他の場合，たとえば前の章で取扱ったセルでは，両方の電極の重要性は同等であるので，"作用電極"あるいは"参照電極"という言い方は適切ではない．

6・1　電極電位：参照電極が鍵となる

セル電圧 ΔE は常に，参照電極に対する作用電極の電位を意味し，その逆はありえない．したがって，どのようなセルの電圧も，次式の右辺が示すように，各電極に起因する二つの項に分けられることになる．

$$\Delta E = E_{WE} - E_{RE} \tag{6・1}$$

しかし，単一の電極の電位は測定できないので，二つに分ける方法は判然としない．実際，単極電位を定義することさえ難しい[602]．にもかかわらず，**電極電位**（electrode potential，または**半電池電位**（half-cell potential））という概念には興味をそそられるので，電気化学者たちは"電極電位"という言葉の解釈に賛同し，記号 E_{WE} に定量的な値をもたせる（少なくともイオン伝導相が電解質水溶液の場合は）．

作用電極の電極電位の定義についての取決めを紹介する前に，まず参照電極の話をしよう[603]．われわれは参照電極にあまり関心を払わない．いったんセルに参照電極をセットしてしまったら，あとはもう忘れてしまう．理想的な参照電極では，これをアノードあるいはカソードとして使おうと，またこれに電流をどれだけ流そうと，電位 E_{RE} が一定に保たれている必要がある．この理想に近づけるためには，いろいろな特性のうちでもとりわけ，反応に必要な活物質が豊富に存在すること，また，それらの活量が一定であることが必要である．また，良い参照電極は分極しづらく，物理的にも堅牢なものである．

こうした判断基準をほぼ満足するのが **Ag|AgCl（銀–塩化銀）電極**[604]である．この電極は，表面に塩化銀をしっかりと被覆した銀線を，塩化物イオンが多く含まれた溶液に浸したもの（図6・1の左の電極）である．水溶液中における電極反応

$$AgCl(s) + e^- \rightleftarrows Ag(s) + Cl^-(aq) \tag{6・2}$$

は，反応速度が非常に大きいため，この Ag|AgCl 電極を参照電極として使えるのである．また，塩化銀層は多孔質であるため，容易に溶液が下層の金属（銀線）にまで浸透する．

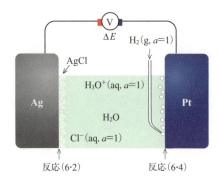

図 6・1　この平衡セルを用いて非常に注意深く電位測定を行った結果，25.00 ℃における Ag|AgCl 参照電極（活量 $a=1$ の塩酸水溶液）の電位は $\Delta E = 0.22216$ V と決定された．

セル電圧を二つの電極電位の差として表すことが困難であることは，2章で述べたように，個々のイオンのギブズ

---

601) ポテンショメトリー（65ページ）の分野では，**指示電極**とよばれる．
602) しかしながら，妥当性のあるモデルに基づく非熱力学的な定義はなされている（A. J. Bard, G. Inzelt, F. Scholtz, "Electrochemical Dictionary", Springer (2008), p.528 を見よ）．このカネフスキー尺度による電極電位は，SHE に対するものよりも 4.44 V ほど負になる．
603) H. Kahlert による参照電極についてのより詳しい解説は，"Electroanalytical Methods", 2nd edn, F. Scholz (Ed.), Springer (2010), p.291〜308 を参照．
604) 優れた参照電極である**飽和カロメル電極**（saturated calomel electrode, SCE）もこの要件を満たすが，有害な水銀を含むために，近年では次第に使用されなくなってきている．$E_{SCE} = 0.2412$ V である．

エネルギーが測定できないのと同様である．その場合の逃げ道は，ある特定のイオン（オキソニウムイオン H_3O^+）が特定の $G°$ 値をもつと約束してしまうことであった．同じようなやり方で，個々の電極電位に定量性をもたせることができる．ある特定の参照電極を選び，この電位をゼロと決めれば，他のいかなる電極でもこの電極とペアにして測定されるセル電圧が，その電極の電位に等しくなることが（6・1）式よりわかる．イオン伝導体が水溶液である場合の電気化学では，**標準水素電極**（standard hydrogen electrode, SHE）[605] をこの基準となる電極に選ぶ．

$$E_{SHE} = 0 \text{ V} \quad (6\cdot3)$$

この電極は図6・1の右側に描かれているように，圧力 1.000 bar の水素ガス（活量 $a=1$）を飽和した，活量1のオキソニウムイオンを含む水溶液中に金属[606]を挿入したものである．SHE の反応はつぎのように表される．

$$2H_3O^+(aq) + 2e^- \rightleftarrows H_2(g) + 2H_2O(l) \quad (6\cdot4)$$

この電極が電極電位の基準に選ばれるのには熱力学的な理由があり[607]，実験的に便利であるためではない．残念ながら，標準水素電極は先にあげた望ましい条件をほとんど満たしておらず，実際には極端に精密な測定を行うときにのみ利用される．

しかし幸いなことに，そうした扱いにくい標準水素電極を日常の電気化学測定に用いる必要はない．なぜなら，(6・1) 式は，

$$E = (E_{WE} - E_{SHE}) - (E_{RE} - E_{SHE}) \quad (6\cdot5)$$
常用の RE への変換

のように書け，$(E_{RE} - E_{SHE})$ の項を別の実験で一度決めてしまえば，それで済むからである．図6・1は，Ag|AgCl 電極を代替電極としたキャリブレーション実験を示したものである．実際の Ag|AgCl 電極では，塩酸水溶液［イオン種：$H_3O^+(aq)$ および $Cl^-(aq)$］を用いることはめったにない．もっと一般的には，飽和あるいはさまざまな濃度に調製した塩化カリウム水溶液[608]［イオン種：$K^+(aq)$ および $Cl^-(aq)$］を用いることが多い．そのような Ag|AgCl 電極を用いて図6・1のような実験を行う場合は，溶液が混ざり合わないように隔膜を用いる必要がある．隔膜を用いると，3章で述べた液間電位が生じる．そのため，これを補正したり除去したりすることが必要となる．このようにして，右上に示すように 25 ℃ における電位 $E_{Ag|AgCl}$ が正確に求められている[609]．

$$E_{Ag|AgCl} = \begin{cases} 0.2363 \text{ V （1000 mM KCl 水溶液）} \\ 0.2223 \text{ V （1 mol kg}^{-1} \text{ KCl 水溶液）} \\ 0.2070 \text{ V （3000 mM KCl 水溶液）} \\ 0.2037 \text{ V （3500 mM KCl 水溶液）} \\ 0.1970 \text{ V （飽和 KCl 水溶液）} \end{cases} \quad (6\cdot6)$$

塩化物イオンの活量が違うので，これらの値はお互いに異なり，図6・1のキャプション中の値ともまた異なる．

適切な参照電極の電位 E_{RE} が測定されているか，あるいは文献に報告されていれば，注目する作用電極の電位は実験からただちにわかる[610]．

$$E = \Delta E + E_{RE} \quad (6\cdot7)$$

そのような実験の例を図6・2に示した．このセルでは塩

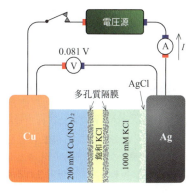

図 6・2 典型的な電気化学セルの模式図．Ag|AgCl|KCl (1000 mM) 電極は参照電極であり，塩橋が二つの半電池を接続している．

橋（34, 35 ページ）を用いているが，これがないと液間電位が生じてしまう．電流が図に示す向きのとき，作用電極の銅はアノードとして働くが，印加する電位をより負にすればカソードにもなりうる．さらに，スイッチを開けば，ただちに平衡電池のようにふるまう．作用電極の電位を表す方法には二通りある．

$$E = \begin{cases} 0.081 \text{ V vs. Ag|AgCl (1000 mM KCl)} \\ 0.317 \text{ V} \end{cases} \quad (6\cdot8)$$

2番目の方法では参照電極が示されていないが，これはすでに SHE 基準に変換されているからである．この場合の電極電位は，理想的に機能する標準水素電極を参照電極に用いた測定で観測されるであろうセル電圧を意味する．"ガルバニック"あるいは"電解"という表記は，図

---

605) normal hydrogen electrode（NHE）という名前でも知られている．
606) 原理的には，どのような金属（あるいは電子伝導体）でも構わないが，通常は反応(6・4) に対して触媒能を有する白金が用いられる．白金板上に白金微粒子を析着することで，電極表面積を増やすことができる．
607) 見方を変えると，この規約は標準水素電極内の電子の活量を1と定義することに等しい．
608) 塩化ナトリウム水溶液が用いられることもある．その場合，電位はわずかに負となる．
609) H. Kahlert, "Electroanalytical Methods", 2nd edn, F. Scholz (Ed.), Springer (2010), p.269 を参照のこと．これらの電位の温度係数は約 −0.7 mV K^{-1} である．
610) どの電極を議論しているかが明白であるため，これ以降は下付き文字の WE を省略する．

6・2に示すセルに対してはもはや有効ではない．というのも，そうした分類は参照電極の（任意な）選び方によって変わるからである．

水素をベースとする電極を基準電極に用いる方法は，水と類似した溶媒，たとえばメタノールや液体アンモニアでも使えるが，やはり水溶液系で用いられることのほうが多い．その他の場合には，(6・8)式の1番目の方法により，どのような参照電極を用いたかを明示する．温度が25℃以外の場合には，水溶液系の場合であっても，参照電極の状況を示しておくほうがよい．多くの非水溶媒では，フェロセニウム｜フェロセン[611]のような**内部標準**（internal reference）を用いるのが一般的でしかも有用である．これは，酸化体・還元体がそれぞれ少量ずつ溶けている状態での平衡反応

$$(C_5H_5)_2Fe^+(soln) + e^- \rightleftarrows (C_5H_5)_2Fe(soln) \quad (6・9)$$

を利用するものである[612]．

6・2　標準電極電位：標準ギブズエネルギーにかかわる量

上で水溶液系について述べたように，作用電極の電位は $E=\Delta E+E_{RE}$ で与えられる．ここで，REは参照電極を表す．この電位は，理想的なSHEを参照電極としたときに測定されるセル電圧に等しいので，想定される電池反応は図6・2を例とすれば，

$$Cu^{2+}(aq) + H_2(g) + 2H_2O(l) \rightleftarrows Cu(s) + 2H_3O^+(aq) \quad (6・10)$$

のようになるだろう*．

分極（10章）のために，セルに電流が流れている状態における電極電位の解釈は難しい．しかし，図6・2中のスイッチを開いてセルを静止状態とすれば，3章で見たように，セル電圧は次式

$$E_n = \Delta E_n = \frac{-\Delta G}{nF} \quad \text{ゼロ電圧} \quad (6・11)$$

により電池反応の熱力学と関係付けることができる．ここで斜体の n は，二つの電極反応から構成される電池反応において相殺されるべき電子の数である．そして下付き文字の n は，電池が"電流ゼロ"の状態にあることを意味している．ΔG は，(6・10)式で示したようなSHEを参照電極とした場合の電池反応に伴うギブズエネルギー変化を表す．図6・2に示した電池では，ギブズエネルギー変化は次式で与えられる．

$$\Delta G = G_{Cu} + 2G°_{H_3O^+} - G_{Cu^{2+}} - G°_{H_2} - 2G°_{H_2O} \quad (6・12)$$

ここで，参照電極SHEの反応にかかわる化学種のギブズエネルギー項は，標準水素電極の定義より，それらの標準状態にとってある．さらに，つづく三つの項は熱力学的関係 $\Delta G°_{H_3O^+}=\Delta G°_{H_2O}$ および $\Delta G°_{element}=0$ から消去できる．しかも，後者の関係を使うと $G_{Cu}=G°_{Cu}=0$ とおくことができる．こうして，ただ一つのゼロでない項，$G_{Cu^{2+}}$ が残る．2章および3章で見てきたように，$G_{Cu^{2+}}$ は標準ギブズエネルギーおよび活量で表すことができ，次式が得られる[613]．

$$E_n = \frac{G_{Cu^{2+}}}{2F} = \frac{G°_{Cu^{2+}}}{2F} + \frac{RT \ln |a_{Cu^{2+}}|}{2F}$$

$$= E° - \frac{RT}{2F} \ln\left\{\frac{1}{a_{Cu^{2+}}}\right\} \quad (6・13)$$

(6・13)式において，作用電極での反応にかかわる化学種の活量がすべて1であり，かつ"電流ゼロ"の場合における電極電位，$E°$ を定義する．これを**標準電極電位**[614]（standard electrode potential）とよぶ．膨大な量の標準電極電位のリストが編纂されてきている[615]．巻末付録の表[616]もそうしたものの一つである．こうした表を作成するにあたっては，電位が関係する平衡反応を，電子が左辺に現れるように併記するのが普通である[617]．たとえば，つぎのようである．

$$Cu^{2+}(aq) + 2e^- \rightleftarrows Cu(s) \quad E° = 0.340 \text{ V} \quad (6・14)$$

表を眺めると，精度が非常に高いものとそうでないものがあることに気づく．また，出典の異なるものでは値が少し違っていることもある．

ν を化学量論係数とする一般式

$$\nu_A A + \nu_B B + \cdots + ne^- \rightleftarrows \nu_Z Z + \nu_Y Y + \cdots \quad (6・15)$$

---

611) フェロセンとはビス(η-シクロペンタジエニル)鉄(II) のことであり，鉄原子が芳香環に挟まれた構造をもつ．η^5-$(C_5H_5)_2$Fe と表記され，鉄原子は10個の炭素原子に対して対称的な位置にある．

612) ボルタンメトリーにおいて，実際どのように電位が参照されるかについては187, 188ページを参照．ある種の溶媒中では，フェロセニウムイオンが不安定であることもある．

* （訳注）図6・2ではAg|AgCl|KCl (1000 mM) が参照電極として用いられているが，6・2節以下では電位はSHE基準で表示されている．

613) (6・13)式において，"2"で割ることの理由を説明せよ．また，図6・2でスイッチを入れた後のセル電圧を予測せよ．ただし，200 mM 硝酸銅(II) 水溶液中の銅イオンの（平均イオン）活量は 0.466 である．答えはWeb#613を参照．

614) 電気化学においては，"標準"という形容詞は活量 $a=1$ を意味する場合が多い．

615) こうした表の多くは，いまだに古い標準圧力 (101325 Pa) が基準に用いられていることに注意しなければならない．本書に出てくる数値は，すべて現在の100000 Pa (1 bar) 基準に換算してある．どのように換算できるかを示せ．答えはWeb#615を参照．

616) この表にある $G°$ の値を用いて，電極反応 $MnO_4^-(aq)+8H_3O^+(aq)+5e^- \rightleftarrows Mn^{2+}(aq)+12H_2O(l)$ の標準電極電位を算出せよ．得られた値を巻末の付録表にある $E°$ の値やWeb#616と比較せよ．

617) このため，標準電極電位はしばしば**標準還元電位**としても知られる．

によって，水をイオン伝導体とする場合の電極反応を表すものとする．このとき，標準電極電位は，

$$E° = \frac{-[\nu_Z G_Z° + \nu_Y G_Y° + \cdots - \nu_A G_A° - \nu_B G_B° - \cdots]}{nF}$$

標準電極電位　(6・16)

で与えられる．つまり，標準電極電位の表からは，巻末の付録に示したような標準ギブズエネルギーの表と全く同じ情報しか得られないことになる．しかも，後者のほうが情報としてはずっとコンパクトである！　にもかかわらず，$E°$ 値には多くの使い道がある[618]．実際，多くのギブズエネルギーや他の熱力学パラメータの値は，電気化学者の労を惜しまない精密な標準電極電位の測定から得られたものである[619]．

電気化学者は，標準電極電位を足したり引いたりする場合，しばしば誤りを犯すことがある．たとえば，彼らは，

$$Cu^{2+}(aq) + 2e^- \rightleftarrows Cu(s) \quad E° = 0.340 \text{ V}$$
(6・17)

および，

$$Cu^+(aq) + e^- \rightleftarrows Cu(s) \quad E° = 0.521 \text{ V}$$
(6・18)

であるので，電極反応

$$Cu^{2+}(aq) + e^- \rightleftarrows Cu^+(aq) \quad (6・19)$$

の標準電極電位はこれら二つの反応の差，つまり -0.181 V であるという．しかし，この仮定には何の根拠もない．確かに，(6・19)式の反応の $E°$ は，(6・17)式や (6・18)式を用いて計算できるが，それは単なる引き算ではない[620]．

電極電位を引用する場合，参照電極を明示する必要がないのは水溶液系，およびそれと類似した系の場合だけである．他のすべての場合は，参照電極を明示せずに電極電位（標準だろうがそうでなかろうが）の値を議論することは全く無意味である．

6・3　ネルンスト式：活量はどのように電極電位に影響を及ぼすか

電極反応に関与するすべての化学種の活量が 1 である場合，というのはきわめてまれな場合である[621]．普通は，そうした活量によって電極電位は影響を受けている．活量が 1 でないとき，(6・15)式で示される一般の電極反応の電極電位は次式で与えられる．

$$E = E° - \frac{RT}{nF}\ln\left\{\frac{a_Z^{\nu_Z} a_Y^{\nu_Y}\cdots}{a_A^{\nu_A} a_B^{\nu_B}\cdots}\right\} \quad \text{ネルンスト式}$$
(6・20)

また，図 6・2 に示す電池については (6・13)式で与えられる．これがネルンスト式[622] (Nernst equation) であり，電気化学ではおそらく最も大切な式である．ネルンスト式は原則として[623]，電流が流れていない場合のすべての電極について成り立つ．しかし電流が流れている場合であっても，式に現れる活量が，バルク溶液などほかの場所でなく，<u>電極表面における</u>物質の活量を反映するという制限付きであれば，成り立つこともある．電極に電流が流れていても，その電位がネルンスト式に従う場合を**ネルンスト的** (nernstian) あるいは**可逆的** (reversible) に応答するという．

(6・20)式はネルンスト式の最も基本的な表現であるが，違った書き方がされている場合もある．たとえば (6・13)式で見たように，ある化学種についてはそれが標準状態にあるため，その活量を除いた表現となっている場合もある．対数のもつ性質により，活量の指数部分はつぎのように変形される．

$$E = E° - \frac{\nu_Z RT}{nF}\ln\left\{\frac{a_Z a_Y^{\nu_Y/\nu_Z}\cdots}{a_A^{\nu_A/\nu_Z} a_B^{\nu_B/\nu_Z}\cdots}\right\} \text{ または}$$

$$E = E° + \frac{RT}{F}\ln\left\{\frac{a_A^{\nu_A/n} a_B^{\nu_B/n}\cdots}{a_Z^{\nu_Z/n} a_Y^{\nu_Y/n}\cdots}\right\}$$
(6・21)

また，常用対数を用いればつぎのようにも書ける[624]．

$$E = E° - \frac{2.303\, RT}{nF}\log_{10}\left\{\frac{a_Z^{\nu_Z} a_Y^{\nu_Y}\cdots}{a_A^{\nu_A} a_B^{\nu_B}\cdots}\right\}$$

$$= E° - \frac{(59.159 \text{ mV})}{n}\log_{10}\left\{\frac{a_Z^{\nu_Z} a_Y^{\nu_Y}\cdots}{a_A^{\nu_A} a_B^{\nu_B}\cdots}\right\}$$
(6・22)

一方，ネルンスト式は逆の形[625]にも書くことができる．

$$\frac{a_Z^{\nu_Z} a_Y^{\nu_Y}\cdots}{a_A^{\nu_A} a_B^{\nu_B}\cdots} = \exp\left\{\frac{-nF}{RT}(E - E°)\right\} \quad (6・23)$$

このように書くと，活量が電極電位に対し指数関数的に応答するともいえる．

反応種や生成種が溶質であるとき，ネルンスト式中のそれらの活量を濃度比で近似できる．たとえば，(6・13)式はつぎのように書ける．

$$E \approx E° - \frac{RT}{2F}\ln\left\{\frac{c°}{c_{Cu^{2+}}}\right\} \quad (6・24)$$

しかし，このやり方はイオンに対しては良い近似ではな

---

618) なぜなら，わずかな化学種から多くの種類の反応を構築できるからである．
619) 注意深くセル電圧を測定することにより，いかに正確な標準電極電位が決定できるかについての実例を Web#619 に示す．
620) 反応(6・17) および (6・18) から，反応(6・19) の $E°$ を正確に計算せよ．答えは Web#620 を参照．
621) そのまれな例としては，溶融塩化物中の Ag|AgCl 電極がある．
622) ワルター・ヘルマン・ネルンスト (1864-1941)，プロイセンの物理化学者．1920 年にノーベル賞を受賞．
623) 実際には，いつもそうであるわけではない．その場合，反応の交換電流密度（73 ページ）が，関係のないプロセスによって流れる電流よりもずっと小さいことが多い．
624) ここで使用している電圧値 (59.159 mV) は 25.00 ℃においてのみ有効である．25℃における 3000 mM KCl 水溶液中の塩化物イオンの活量係数を計算せよ．答えは Web#624 を参照．
625) (6・23)式の両辺ともに，反応(6・15) において電子を無視した場合の平衡定数 K を表していることに注意すること．

い[626]．そのような場合によく使う手は，以下に示すように活量係数を E° の中に組入れてしまう方法である．

$$E = E^{\circ\prime} - \frac{RT}{2F}\ln\left\{\frac{c^\circ}{c_{Cu^{2+}}}\right\}$$
$$E^{\circ\prime} = E^\circ - \frac{RT}{2F}\ln\left\{\frac{1}{\gamma_{Cu^{2+}}}\right\} \quad (6\cdot25)$$

ここで $E^{\circ\prime}$ は**式量電位**（formal electrode potential）あるいは**見かけ電位**（conditional electrode potential，コンディショナルポテンシャル）とよばれている[627]．この電位はある特定の実験や，同じ実験条件における一連の測定などでは定数のようにふるまう．(6·25)式中の第二式では単一イオンの活量係数が必要となるが，23ページで見てきたように，これは測定不可能な量である．問題とするセルに見合った平均イオン活量係数が代わりに用いられる．たとえば，図6·2のセルでは $\gamma_\pm = \gamma_{Cu^{2+}}^{2/3}\gamma_{NO_3^-}^{1/3}$ である．

6・4　電気化学系列：プールベイ図への展開

巻末付録の標準電極電位の表には，反応にかかわる片方の化学種が単体であるものも含まれている．たとえば，

$$Fe^{2+}(aq) + 2e^- \rightleftarrows Fe(s) \quad E^\circ = -0.447\text{ V} \quad (6\cdot26)$$

のような金属もあれば，

$$Cl_2(g) + 2e^- \rightleftarrows 2Cl^-(aq) \quad E^\circ = 1.3578\text{ V} \quad (6\cdot27)$$

のような気体もある．これらの単体は，電極反応により酸化あるいは還元される．どちらにせよ，単体とその反応における相手とは**電気化学対**（electrochemical couple）あるいは**酸化還元対**（redox couple）[628]を形成する．たとえば，$Cu^{2+}|Cu$ や $Cl_2|Cl^-$ がその例である．単体の**電気化学系列**（electrochemical series）は，それらの電極電位の大小の順に酸化還元対を並べたものである．11種の酸化還元対について，この方法で並べたものを図6·3に示す．最も正の E° 値をもつ単体は強力な酸化剤であり，系列の最も高い位置にある．その一方で，アルカリ金属のような強力な還元剤は最も負の電極電位をもつ[629]．

電気化学系列からは定量的な情報も得られるが，図6·3の系列には多くの定性的な化学情報も含まれている．つまり，この系列は酸化力の順に単体を並べたものである．元素のもつ多くの化学的な性質はこの電気化学系列中の位置関係と良い相関性を示し，ある意味では周期表をも凌ぐといえる．異なる反応にそれぞれ関与する任意の二つの化学種を接触させると，より上位にある反応の酸化体が下位の反応の還元体を酸化することは熱力学的に好ましいため，進行するであろう．たとえば Ag^+ は Zn と反応して，最終的にそれぞれの酸化還元対のもう片方が多量に生じたところで平衡に達する．

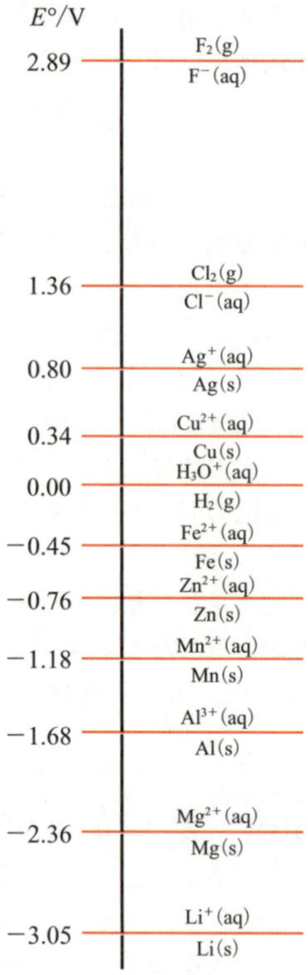

$$2Ag^+(aq) + Zn(s) \rightleftarrows 2Ag(s) + Zn^{2+}(aq) \quad (6\cdot28)$$

ある種の元素では酸化状態が複数存在するため，その順位付けには曖昧さが生じる．たとえば鉄では，(6·26)式のほかにもつぎのような電子移動平衡が存在する．

$$Fe^{3+}(aq) + 3e^- \rightleftarrows Fe(s) \quad E^\circ = -0.037\text{ V} \quad (6\cdot29)$$

これは，水溶液中におけるこの元素の存在形態，つまり $Fe^{3+}(aq)$，$Fe^{2+}(aq)$，$Fe(s)$ が電位に依存して変化すると考えれば，この"鉄の化学"は理解される．図6·4は鉄の**優占図**（dominance diagram）であり，任意の電位においてどの状態が熱力学的に最も安定であるかを示す．たとえば，電極あるいはより濃厚な酸化還元対を用いて鉄を含む溶液に 0.00 V が印加された場合，鉄は $Fe^{2+}(aq)$ の形態で存在しやすい[630]．

図6·3　電気化学系列

E°/V

- 2.89　$F_2(g)\,/\,F^-(aq)$
- 1.36　$Cl_2(g)\,/\,Cl^-(aq)$
- 0.80　$Ag^+(aq)\,/\,Ag(s)$
- 0.34　$Cu^{2+}(aq)\,/\,Cu(s)$
- 0.00　$H_3O^+(aq)\,/\,H_2(g)$
- −0.45　$Fe^{2+}(aq)\,/\,Fe(s)$
- −0.76　$Zn^{2+}(aq)\,/\,Zn(s)$
- −1.18　$Mn^{2+}(aq)\,/\,Mn(s)$
- −1.68　$Al^{3+}(aq)\,/\,Al(s)$
- −2.36　$Mg^{2+}(aq)\,/\,Mg(s)$
- −3.05　$Li^+(aq)\,/\,Li(s)$

---

626) $\gamma_{Cu^{2+}} = 0.466$ のとき，この近似によりもたらされる誤差は約 10 mV であることを示せ．
627) しばしば"標準電極電位"とよばれるが，これは誤りである．詳細については Web #720 を参照．
628) "レドックス(redox)"とは，"還元・酸化"を縮めた言葉であり，両者が電子移動によって結ばれていることを示す．
629) 皮肉にも，無機化学者たちはこれらの金属を「電気的に最も正の元素」とよんでいる．
630) "存在しやすい"という表現を用いているのは，熱力学的安定性以外の因子が，水溶液中におけるイオンの優位性に影響を及ぼすためである．熱力学的に起こるはずの反応が，実際にはゆっくり進行するのが多いのと同様に，これらのイオンのうちのあるものは，対イオンと錯形成したり，沈殿したりすることがある．

6・4 電気化学系列：プールベイ図への展開

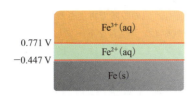

図 6・4 鉄の優占図. 水平線はそれぞれ，電極反応 $Fe^{3+}(aq) + e^- \rightleftarrows Fe^{2+}(aq)$ および $Fe^{2+}(aq) + 2e^- \rightleftarrows Fe(s)$ の標準電極電位に対応する.

電気化学系列という単純な概念では説明が難しいものの一つに，多くの元素の水溶液中における電極反応では H_3O^+ や OH^- イオンの出入りを伴うため，電極反応が進行する程度が溶液の pH に依存するという問題がある．たとえば，亜鉛の電極反応

$$Zn(OH)_2(s) + 2H_3O^+(aq) + 2e^- \rightleftarrows Zn(s) + 4H_2O(l) \tag{6・30}$$

において，溶媒や純粋な固体の活量は 1 であるので，ネルンスト式は[631]，

$$E = E^\circ - \frac{RT}{2F}\ln\left\{\frac{1}{a_{H_3O^+}^2}\right\} = E^\circ - (59.16\,\text{mV})\,\text{pH} \tag{6・31}$$

のように書ける．この場合，優占種は電位と pH の両方に依存することになる．こうした考えに基づき**プールベイ**[632]は，いまや彼の名前が冠せられるようになった図を考案するに至った．

図 6・4 は一次元の優占図であり，任意の電極電位において熱力学的に安定な化学種を示している．一方**プールベイ図**[633] (Pourbaix diagram) は二次元的であり，それぞれの化学種の安定領域が電位と pH のそれぞれにどのように依存するかを示したものである．図 6・5 は亜鉛のプールベイ図であり，四つの異なる化学状態の安定領域を示している．この図の水平線は電子交換のみを伴う単純な酸化還元対を表す．斜線は，(6・30)式および，

$$ZnO_2^{2-}(aq) + 2H_2O(l) + 2e^- \rightleftarrows Zn(s) + 4OH^-(aq) \tag{6・32}$$

のような電子とプロトン両方の交換を伴う過程を示す．縦線は純粋な化学過程を示し[634]，図 6・5 ではこれらは，

$$Zn(OH)_2(s) + 2H_3O^+(aq) \rightleftarrows Zn^{2+}(aq) + 4H_2O(l) \tag{6・33}$$

および，

$$ZnO_2^{2-}(aq) + 2H_2O(l) \rightleftarrows Zn(OH)_2(s) + 2OH^-(aq) \tag{6・34}$$

である．プールベイ図[635]における一つまたはそれ以上の境界線の位置は，図 6・5 や図 6・6 に示すように，問題とする元素のイオンの活量により変化する．

プールベイ図は，純粋に熱力学に基づいた図であることを認識しなければならない．それらの図は，物質の挙動を支配する因子が純粋に熱力学的なものである場合についてのみ，物質の安定な存在形態を示すものである．プールベイ図の弱点は，大半の化学過程が速度論的要因によって支

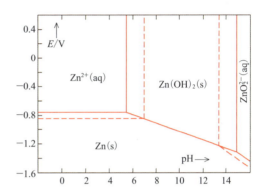

図 6・5 亜鉛のプールベイ図．実線および破線はそれぞれ，イオンの活量が 1 および 0.001 のときを示す．

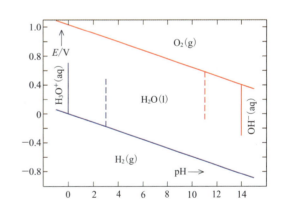

図 6・6 酸素と水素のプールベイ図を合わせた図．この図より，熱力学的に安定に水が存在できる領域がわかる．実線および破線はそれぞれ，イオンの活量が 1 および 0.001 のときを示す．

---

631) (6・31)式の 2 番目の等号が成立することを証明せよ．答えは Web#631 を参照．
632) マルセル・プールベイ (1904-1998)．彼はロシアで生まれたが，電気熱力学の研究を行ったのはベルギーにおいてである．
633) **電位-pH 図**としても知られている．
634) 図 6・5 より $Zn(OH)_2$ の溶解度積を求めよ．答えは Web#634 を参照．
635) 以下のデータを用いてカドミウムのプールベイ図を描き，$Cd(s)$，$Cd^{2+}(aq)$，$Cd(OH)_2(s)$ の安定領域をそれぞれ示せ．答えは Web#635 を参照．$Cd^{2+}(aq) + 2e^- \rightleftarrows Cd(s)$，$E^\circ = -0.403\,V$; $Cd(OH)_2(s) + 2e^- \rightleftarrows Cd(s) + 2OH^-(aq)$，$E^\circ = -0.825\,V$; $Cd(OH)_2(s) + 2H_3O^+(aq) \rightleftarrows Cd^{2+}(aq) + 4H_2O(l)$，$K = 5.01 \times 10^{13}$

配されることが多いにもかかわらず，これが図に反映されないことである．このことは図6・6によく表れている．この図において，上半分は酸素についての単純なプールベイ図であり，下半分は水素についてのそれである．図には過酸化水素 H_2O_2 やヒドロゲンイオン HO_2^-，オゾン O_3 が含まれていないことにすぐ気づくであろう．なぜなら，それらは熱力学的に不安定であるからである．よって，こうした物質は存在しえない！ ところが現実にそれらは存在し，酸素と水素の化学において重要な役割を演じている．このことは，これらの分解反応が遅いことを意味する．プールベイ図の第二の弱点は，水はどのような pH においても 1.229 V という電位"窓"内でのみ安定である，とわれわれに信じ込ませてしまうことである．これは正しくない！ ここでも，遅い分解速度が水の安定な電位窓をほぼ2倍に拡げるのに役立っており，これによって，水溶液中の電気化学の分野で熱力学ではありえなかったはずの多くの成果がもたらされたのである．

プールベイ図はありえそうなことを示すという点では有用だが，何が実際に起こるかということを予測しない．プールベイ図は，腐食の分野で特に有用である（11章）．

6・5 作用電極：さまざまな形状やサイズ，そして材質

作用電極[636]は，われわれが関心をもつ過程が起こる電極である．作用電極は大きく二つに分けられる．ある場合には作用電極は**活性電極**（active electrode）であり，電極反応における反応物あるいは生成物となる．他方，作用電極は単に電子の授受を行うだけであって，電極反応と定量的な関係をもたない場合もある．このような場合は**不活性電極**（inert electrode）とよばれる．"不活性"という言葉は誤解を招きやすい．ある一つの不活性電極で進行する反応の速度が，別の"不活性"な素材からつくられた電極での速度と全く異なることがある．極端な場合，ある不活性電極では非常に速く，別の不活性電極では非常に遅くなったり[637]，異なる生成物[638]を与えたりする．なぜなら，電子伝導体には電子の授受といった本来の役割のほかに，触媒としての性質を合わせもつものもあるからである．

不活性な作用電極は，白金や金などの貴金属類，そしてグラファイト，グラッシーカーボン，カーボンナノチューブやホウ素をドープしたダイヤモンドなどの炭素材料などからつくられることが多い．もちろんその材料が，関心のある反応の原料や生成物，そしてイオン伝導体の構成成分と化学的あるいは電気化学的に反応しないことが要件である．あるいは少なくとも，一連の反応のある段階でそれら

が消費されても，他の段階で再生されなければならない．

導電性のあるインジウムをドープした酸化スズ SnO_2 薄膜をコーティングしたガラスは光学的に透明な不活性電極であり，電気化学測定と分光化学測定とを同時に実施するのに有用である．**修飾電極**（modified electrode）は，その表面が適当な化学的，物理的，あるいは電気化学的プロセスを利用してつくった密着性のある薄膜で修飾されている．そうした修飾を行う意図はさまざまであるが，ある特定の電極反応の速度を高めることが目的とされることも多い．電気化学的に有用であるためには，そういった薄膜が電気を通す必要があるが，よく知られた電子伝導やイオン伝導のほかに，ある種の十分に薄い修飾膜中では**電子ホッピング**（electron hopping）が起こることもある．ふつうには起こらない電極反応を触媒する目的で，酵素を固定する場合もある．94，95ページに記載されたグルコースセンサがその例である．

サイズの大きな電極のふるまいはその面積で決まり，形状には依存しないことが多い．しかし，ボルタンメトリーに用いられる小さな電極では，12章で述べる理由からわかるように不活性作用電極の形状が意外と重要である．ボルタンメトリーによく用いられる電極は，図6・7(a)に断面図を示したようなもので，絶縁体に円柱を埋込み，イオン伝導体に接する表面の部分が**埋込みディスク**（inlaid disk）になっている．この種の電極は作製が容易で，研磨によるクリーニングもしやすい．しかし，ディスク電極の挙動は12章で議論するようにそのサイズにも依存するの

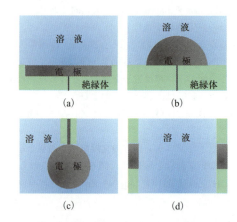

図 6・7 よく用いられる四つの電極形状の断面図．(a) 埋込みディスク電極，(b) 半球電極，(c) 吊下げ滴電極，(d) チューブ型バンド電極．いずれの図も，電極｜溶液界面の面積が等しくなるように縮尺されている．

---

636) さらに詳細な議論については，Š. Komorsky-Lovrić, "Electroanalytical Methods", 2nd edn, F. Scholz (Ed.), Springer (2010), p.273-288 を参照．
637) たとえば塩基性水溶液中では，ヘキサシアノ鉄(III)イオン $Fe(CN)_6^{3-}$ はニッケル電極上で容易に還元されるが，アルミニウム電極では還元されない．2番目の例については42ページを参照．
638) 水を穏やかに酸化する場合，酸素を生じる電極と，過酸化水素を生じる電極がある．

で[639]，電流値を予測したり解釈したりするのが困難な場合もある．これに比べて半球状や球状の作用電極は（図6・7b, c），予測という観点では優れたものである．ただし，作製やクリーニングは難しい．例外は**水銀滴電極**（mercury drop electrode）で，このものは作製が容易であり，滴を更新できるのでクリーニングの必要がない．図6・7(d) に構造の断面図を示した**チューブ型バンド電極**（tubular band electrode）では，溶液の交換が容易にできる．この電極は，絶縁体｜導電体｜絶縁体のサンドイッチ構造にドリルで穴を穿けることで簡単に作製できる．

作用電極のほとんどは静止状態で用いられ，電極とイオン伝導体の間の相対的な動きはない．しかし液体の伝導体では，溶液を撹拌したり，ガスをバブリングしたり，超音波を照射する[640]ことで電流を増大させることができる．そうした強制対流による効果を定量的に予測することは困難である．しかし，注意深くセルを設計すれば，再現性のある対流が得られる．この意味で最もよく利用されるのが**回転ディスク電極**（rotating disk electrode）で，これについては 133〜135 ページでさらに詳しく述べる．これと似たような効果は，チューブ型バンド電極のように，電解液を流す管の壁面に埋込まれた電極においても得られる．**滴下水銀電極**（dropping mercury electrode）でも規制された対流が得られる．こうした古典的な電極の特徴については140 ページを参照してほしい．今日われわれが有している電気化学に関する多くの知見は，前世紀に水銀滴電極を用いた実験から得られたものである．

ポテンショメトリー（potentiometry）として知られている，電流を流さないでセル電圧を測定する方法は，熱力学的な情報を提供する一方，イオンの活量測定にも利用される．後者の目的に使用される装置は，作用電極と外部参照電極[641]との組合わせになっている．このように，ある特定のイオンの活量測定に用いられる作用電極のことを**イオン電極**（ion-specific electrode），あるいはもっと現実的な名前の**イオン選択性電極**（ion-selective electrode，ISE）とよんでいる．

ポテンショメトリーによる分析で通常測定されるものは，標的イオンの活量比である．ここで，イオン選択性電極が応答するのは活量であって，濃度ではないことに注意しよう．測定の目的が活量である場合はもちろんあるが，濃度

を目的として測定を行う場合が実に多い．幸い，この章で後述する検量線法やキャリブレーションといった方法を使えば，ポテンショメトリーから濃度に関する正確な情報が得られる．

ネルンストの法則から，純粋な銅電極は Cu^{2+}(aq) イオンを含む溶液中において以下のゼロ電位を示す．

$$E_n = E° - \frac{RT}{2F}\ln\left\{\frac{a_{Cu}}{a_{Cu^{2+}}}\right\} = E° + \frac{RT}{2F}\ln\{a_{Cu^{2+}}\} \tag{6・35}$$

したがって，参照電極を組合わせることにより，この電極を銅イオンの活量測定に利用できる．いまではもうほとんど使われなくなった言葉でいうと，この種の電極は**第一種の電極**（electrode of the first kind）とよばれ，イオン選択性電極のうちでも原始的なものである．理想的なイオン選択性電極は標的イオン——この場合は Cu^{2+} イオン——に対してネルンスト的に応答し，他のイオンの影響を全く受けない．実際には，標的以外のイオンによる妨害のために，ほとんどの電極はこの理想に応えることができない．たとえば銀イオンは銅電極と化学反応を起こすので，測定上の妨害物質となる．

$$Cu(s) + 2Ag^+(aq) \rightarrow Cu^{2+}(aq) + 2Ag(s) \tag{6・36}$$

不溶性の塩化銀を被覆した銀電極（銀-塩化銀電極）は，以下のゼロ電位を示す．

$$E_n = E° - \frac{RT}{F}\ln\left\{\frac{a_{Ag}a_{Cl^-}}{a_{AgCl}}\right\} = E° - \frac{RT}{F}\ln\{a_{Cl^-}\} \tag{6・37}$$

いわゆる**第二種の電極**[642]（electrode of the second kind）とよばれるこの電極は，塩化物イオンに対してネルンスト応答を示す．しかしながら選択性はほとんどなく，AgCl よりも難溶性の塩を形成する Br^-(aq) や CN^-(aq) などを含む溶液中ではこれらが反応するため，Ag^+(aq) イオンと同様，測定に妨害を与える．これに対して Ag｜Ag_2S 電極では Ag_2S がより難溶性であるため妨害を受けにくく[643]，標的イオン S^{2-}(aq)[644] の ISE として優れている．

多くの良好なイオン選択性電極[645]には選択性透過膜が用いられており，図6・8に示すような構造をしている．被検液中に含まれる標的イオンの活量測定にそうした ISE を用いる場合の原理は単純である．筐体の一端は，標的イオン（これを i とする）を透過する（理想的には標的イオ

---

639) ディスク電極は平坦な断面とエッジからできており，その両方において電流が生じる．小さな電極ではエッジ効果の寄与が大きくなる．
640) すなわち，高周波数の音波を照射すること．
641) "外部" とわざわざ書く理由は，"内部" 参照電極（図6・8）と区別するためである．**複合電極**とよばれる，外部参照電極が ISE とともに一つのユニット内に組込まれたものもある．
642) 第一種の電極が単一の固相からなるのに対し，これらは二つの固相からなる．三つの相をもつ**第三種の電極**もある．
643) この場合，Hg^{2+}(aq) イオンによる干渉がひどい．
644) $G°$ のデータを用いてこの電極の標準電極電位を計算せよ．また，ゼロ電位を表す式を書き，ゼロ電位が硫化物イオンの活量によってどのように変化するかを示す対数グラフを描け．解答は Web #644 を参照．
645) これらは広く "電極" とよばれているが，"半電池" といったほうが適切である．

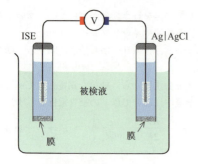

図 6・8 イオン選択性膜電極を用いたポテンショメトリー．ISE 中の"内部参照電極"にも Ag|AgCl 電極が用いられる．

ンのみを透過する）膜で覆われている．この膜により，それぞれ i^{z+} (aq) イオンを含んだ水溶液が隔てられる．一方は ISE が挿入される被検液である．この溶液には未知の活量 a_i^{outer} の標的イオンが含まれている．もう一方は筐体の内部液であり，イオン i の活量 a_i^{inner} は固定されている．膜を隔てた状態で標的イオンの平衡が成り立ち，二つの溶液間に電位差が生じる．これは，(2・25)式より以下のように表される[646]．

$$\phi^{\text{inner}} - \phi^{\text{outer}} = \frac{RT}{z_i F} \ln\left\{\frac{a_i^{\text{outer}}}{a_i^{\text{inner}}}\right\} \quad \text{膜電位差}$$

(6・38)

すなわち膜は，外部液あるいは内部液中に含まれる標的イオンの活量の差を，それらの溶液間に発生する電位差に変換する役割を果たす．こうしたいわゆる**膜電位差**（membrane potential difference）あるいは**ドナン**[647]**電位差**（Donnan potential difference）は，しかし，直接測定することができないため，図 6・8 に示す配置の一対の電極を用いて，二つの溶液間の電位差を二つの金属導電体間に発生する電位差に変換せざるを得ない．一方の電極は ISE 筐体の内部にあり，もう一方は被検液中にある．これら二つの電極[648]は同じものである必要はない．図にはそれぞれに対して Ag|AgCl 参照電極が使われている．電圧計で測られる量は (6・38) 式より，

$$\Delta E_n = E_{\text{RE}}^{\text{internal}} + \phi^{\text{inner}} - \phi^{\text{outer}} - E_{\text{RE}}^{\text{external}}$$

$$= E_{\text{constant}} + \frac{RT}{z_i F} \ln\{a_i^{\text{outer}}\} \quad (6\cdot 39)$$

となる．ここで E_{constant} には二つの電極間に生じるあらゆる電位差が含まれ，さらに内部液中の一定活量の標的イオンに起因する項も含まれている．

フッ化物イオンセンサ（fluoride-ion sensor）は，イオン選択性膜電極の典型例である．膜にはユウロピウムをドープしたフッ化ランタンが用いられ，このものは 5 ページに述べたように F^- イオンの透過により導電性を示す．被検液中および ISE 筐体内部のフッ化物イオン間で輸送平衡（ときには時間がかかることもあるが）あるいは**ドナン平衡**（Donnan equilibrium）が達成される．筐体内部にはフッ化ナトリウムと塩化カリウムの混合溶液が含まれているが，後者は Ag|AgCl 内部参照電極に塩化物イオンを供給するためのものである．被検液に含まれる未知濃度のフッ化物イオンを測る場合，c_{F^-} 濃度が既知である最低二つの溶液[649]を用いてまず ISE のキャリブレーションを行う．そして，図 6・9 に示すように対数的に内挿して濃度を求める．(6・39) 式より，セル電圧は標的イオンの活量が 10 倍増えるごとに $2.3026 RT/z_i F$ [650]（つまりこれは 25.00 ℃ で $z_i = -1$ のとき，-59.159 mV に相当する）だけ変化すると予想される．グラフが示すように，実験で得られるセル電圧に対する濃度の対数プロットの傾きは，いくぶん小さくなる傾向がある[651]．

抗生物質の**ノナクチン**[652]（nonactin）は，カリウムイオンと選択的に錯形成することで K^+ イオンのもつ親水性を

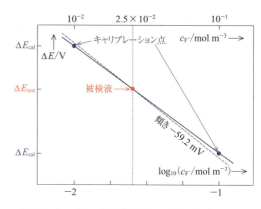

図 6・9 イオン選択性電極のキャリブレーション

---

646) ヘンダーソン式（(3・24)式）において，いずれかの移動度をゼロとおけば（半透膜であるため），(6・38)式が得られることに注意する．
647) フェデリック・ジョージ・ドナン (1870–1956) はイギリスの化学者．彼の業績には生体膜に関するものが多い．
648) 内部電極は"指示電極"とよばれることもある．外部電極は参照電極である．ある意味，これらはいずれも参照電極である．
649) これらはフッ化物イオン濃度を除いて，被検液と一致させなければならない．水酸化物イオン OH^- が唯一の妨害物質となるので，あらかじめ試薬を用いて pH を 5 に調整しておく．これにより，再現性の良い，高いイオン強度が得られる．
650) 係数の数値はつぎの関係による．すなわち任意の x について，$\ln |x| = \ln |10| \log_{10} |x| = 2.3026 \log_{10} |x|$
651) どうしてそうなるかを説明せよ．答えは Web #651 を参照．
652) 8 個の酸素原子が K^+ イオンのサイズに合致した空間（正八面体で囲む構造）をもった環状有機化合物．これと類似した構造をもつ化合物は**クラウンエーテル**として知られている．

"覆い隠す". これにより, K$^+$イオンは本来ならば通ることのできない疎水性の細胞壁を透過できるようになる. その結果, "カリウムリーク"がバクテリアの代謝を阻害し, 殺菌作用をノナクチンに付与する. **カリウムイオンセンサ** (potassium-ion sensor) では, 有機溶剤に溶かしたノナクチンを, ISE のカリウムイオン選択性膜であるポリ塩化ビニルの多孔性ディスクの細孔に浸み込ませてある[653].

最も歴史が古くて, しかもいまもって広く使われているイオン選択性電極は**ガラス電極** (glass electrode) である. この ISE の模式図を図 6・10 に示す. これは, 内部に Ag|AgCl 参照電極を有する筐体に, 薄いガラス膜 (厚さ 50〜100 μm) を取付けたもので, 内部液 (通常 100 mM の塩酸水溶液が用いられる) と被検液とを隔てている[654].

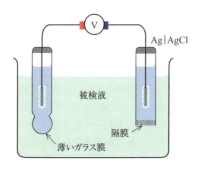

図 6・10 被検液の pH 計測に用いられるガラス電極. 高いインピーダンスのガラス電極を扱うには, 特別な電圧計が必要になる. ISE 内部の電極には Ag|AgCl が使われる.

この電極の動作の仕組みは他所に書かれているが[655], 膜はあたかもオキソニウムイオンを選択的に透過するようなふるまいをする. セル電圧は (6・39) 式で $z_i = z_{H_3O^+} = 1$ とした場合, すなわち,

$$\Delta E = E_{\text{constant}} + \frac{RT}{F} \ln\{a_{H_3O^+}^{\text{outer}}\} \quad (6 \cdot 40)$$

で与えられる. pH の定義が水素イオン活量の常用対数にマイナスを付けたものであることを思い起こせば,

$$\Delta E = E_{\text{constant}} - \frac{2.3026\,RT}{F} \text{pH} = E_{\text{constant}} - E_{\text{slope}} \text{pH} \quad (6 \cdot 41)$$

であることがわかる. 理論的には E_{slope} は 25 ℃ において 59.159 mV であるはずだが, 実際にはこの値よりも若干小さくなる. ガラス電極は通常 **pH メータ** (pH meter) に接続して pH を測るのに用いられる. この装置は高抵抗のガラス電極に対処でき, しかもセル電圧 ΔE そのものでなく, $(E_{\text{constant}} - \Delta E)/E_{\text{slope}}$ を出力するよう特別に設計された電位差計[656]である. 最初に pH 値が既知の 2 種類の緩衝液を用いて, pH メータの"キャリブレーション"を行う. この操作により最適な E_{constant} や E_{slope} 値を決める. 一度このようにしてキャリブレーションを行っておけば, つぎからは被検液の pH 値をメータで直読できる. 残念ながら, Na$^+$ イオンはわずかながら膜を透過するので, 被検液に含まれる H$_3$O$^+$ イオンが少ない場合 (つまり高 pH の被検液の場合) には測定を妨害してしまう.

まとめ

たとえ電流が流れても, 一方の電極の電位を安定に保つように工夫することで, セル電圧 ΔE を作用電極の電位 E と参照電極の一定電位 E_{RE} との差として表すことが可能となる.

$$\Delta E = E - E_{\text{RE}} \quad (6 \cdot 42)$$

水溶液系の電気化学では, E_{RE} そして E も, E_{SHE} に対して表示される. 標準電極電位 $E°$ は, 作用電極の反応にかかわるすべての反応物および生成物がそれらの標準状態にある場合の作用電極のゼロ電位である. ネルンスト式は, 電極反応 $\nu_A A + \nu_B B + ne^- \rightarrow \nu_Z Z + \nu_Y Y$ に関与する物質の活量で表現された, 電極の開回路電位を表す.

$$E_n = E° - \frac{RT}{nF} \ln\left\{\frac{a_Z^{\nu_Z} a_Y^{\nu_Y}}{a_A^{\nu_A} a_B^{\nu_B}}\right\} \quad \text{ネルンスト式} \quad (6 \cdot 43)$$

標準電極電位 $E°$ は, 電極で起こる反応の熱力学データを求めるのに利用でき, 反応に関与する物質のギブズエネルギーを計算できる. (6・43) 式において, 活量が 1 でないすべての反応物および生成物の活量を適当な濃度や圧力に置き換えた式

$$E_n = E°' - \frac{RT}{nF} \ln\left\{\frac{c_Z^{\nu_Z} c_Y^{\nu_Y}}{c_A^{\nu_A} c_B^{\nu_B}}\right\} \quad (6 \cdot 44)$$

は近似的によく成り立つ. ここで $E°$ は, $E°'$ すなわち電極の式量電位に置き換えられている (式量電位には活量係数が定数として取込まれている). 電気化学系列やプールベイ図は, 特定の元素の化合物やイオンの相対的な安定性に関する情報を表示したものである. イオン選択性電極を用いて, 標的イオンの活量や濃度を, 電位差測定で決定することができる.

---

653) このセンサでセル電圧が -97 mV と計測される溶液中のカリウムイオン濃度を**線形回帰法**などを用いて求めよ. 0.20, 0.60, 2.00 mM の硫酸カリウム水溶液を用いたキャリブレーションでは, それぞれ -133, -104, -78 mV のセル電圧を与えるものとする. 答えは Web#653 を参照.
654) 市販されている pH センサには, "外部"参照電極がガラス電極と同じユニット内に設置されているものもある.
655) Web#655 を参照.
656) アメリカ人のケネス H. グード (1902–1967) によって発明された. このとき彼は 19 歳で, まだシカゴ大学の学部生だった.

7 電極反応

24 ページにおいて，化学反応の研究は，四つの疑問に関する答えを探ることであると述べた．同様の疑問が電極反応にも生じる．これらの疑問に対するそれぞれの答えは物理化学がかかわる電気化学という異なる領域にわれわれを導く．

何が電気化学反応をひき起こすのか → 電気化学量論
なぜ反応が起こるのか → 電気化学熱力学
どのくらい速く反応が起こるのか → 電気化学速度論
どのように反応が起こるのか → 電極反応機構

この章は 3 番目と 4 番目の疑問に大きく関連している．電極反応の速度論はその反応機構についての情報を提供するので，この二つは密接に関連している．1 番目と 2 番目の疑問は前章において述べたけれども，この章の最初でこれらの "何が？" と "なぜ？" という疑問についても再び述べることにする．

7・1 ファラデーの法則：電極反応のための必要条件

ファラデーの法則（Faraday's law）は，すべての電気化学の基礎であるので，それを述べることなしに，この章までたどり着くことはできない．実をいえば，この法則は生成するあるいは消費される物質の量（モル数）は流れる電気量に比例するということを述べており，本書に書かれているすべての電極反応において介在している．電子と分子あるいはイオンを定量的に結び付けることによって，つり合いのとれた化学量論式で表されたそれぞれの反応において，流れた電気量が化学的な変化と正比例していることを，この法則は示している．今日，この等価性はほとんどわかりきったものとなっているけれども，1832 年にマイケル・ファラデー[151]が，現在では彼の名前が付けられているこの法則を発表することによって，電気化学に定量的な基礎が導入された．

13 章において電極が電気二重層容量をもつ結果として，何の化学反応も伴わずにセル中に過渡的な電流が流れることを見ることができる．この電流は**非ファラデー**（nonfaradaic）電流とよばれ，逆にファラデーの法則に従う電流を**ファラデー**（faradaic）電流とよぶ．

クーロメトリー（coulometry）は，概念的にはファラデーの法則に基づく最も簡単な電気分析化学法[701]である．電解質溶液あるいはイオン伝導体中のすべての化学種を酸化あるいは還元するのに要する電気量を Q としたとき，(7・1)式が成り立つ．

$$Q = -nFVc_i/\nu_i \tag{7・1}$$

ここで，n と ν_i は電極反応における電子の数[702]と標的分子あるいはイオンの数であり，V はセルの体積である．普通，電気分解は競合する電極反応による妨害がないように選ばれた一定電位で行われる．電気分解の時間が非常に長くならないように，溶液が撹拌されるか，あるいはセルが微小サイズ[703]に設定される．電流が測定され[704]，積算された後，標的物質の初期濃度がどのようになるかを(7・2)式から計算することができる．

$$c_i = -\frac{\nu_i Q}{nFV} = -\frac{\nu_i}{nFV}\int_0^{t_\infty} I\,dt \tag{7・2}$$

ここで t_∞ は電流値が非常に小さくなる，あるいはバックグラウンド電流まで減少するときまでの時間である．強く撹拌しても，クーロメトリーは時間のかかる測定方法である．より速い別の測定方法は，**フロークーロメトリー**（flowing coulometry）である．この方法では，図 7・1 に示したように分析溶液は長くて小さな径のチューブ状の，あるいは多孔性金属の作用電極[705]を通って流される．標的の化学種が完全に消費されるように分析前の溶液の流速 $V(m^3\,s^{-1})$ が小さく設定されているので，初濃度 c_i を $-\nu_i I/nFV$ として定常電流 I から計算することができる．

電極反応における一般的な化学量論式は，(7・3)式によって表される．

$$\nu_A A + \nu_B B + \cdots + ne^- \rightleftarrows \nu_Z Z + \nu_Y Y + \cdots \tag{7・3}$$

酸化反応のとき n はマイナスの符号をもち，還元反応の

---

701) 電気分析化学は濃度を測定するために電気化学を利用する．**電量滴定法**はクーロメトリーに関連している（Web#701 参照）．電流の観察によって終点を検出する方法が滴定法へのもう一つの電気化学的補助として用いられる．
702) (7・3)式において，正の電流 I は n がマイナスの符号に相当するので，(7・1)式と(7・2)式にマイナスの符号が付く．
703) 薄層クーロメトリーの簡単な説明とその使用上の問題点は Web#703 を参照．
704) 電流はクーロメトリーの間，指数関数的に減少する．なぜだろうか？ 初期電流値を用いて電流がどのように時間とともに変化するかを表す式を導け．Web#704 参照．
705) そのような電極は，間違っているけれども，よく三次元電極とよばれる．

7・1 ファラデーの法則：電極反応のための必要条件

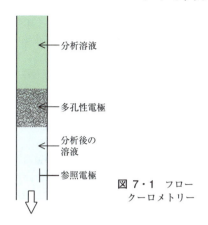

図7・1 フロークーロメトリー

とき n はプラスの符号をもつ．(7・3)式中の記号 $\rightleftarrows$ を用いることによって，われわれの議論は左から右にいく反応に注目しており，一方，逆の反応も速度は遅いが起こっていることを示している．反応(7・3)はファラデーの法則を以下のような形で包含している[706]．

$$
\begin{cases}
\text{流れた電気量} = Q \\
\text{生成した Z の量} = n_Z^{\text{final}} - n_Z^{\text{initial}} = \Delta n_Z \\
\qquad\qquad\qquad\quad = -\nu_Z Q/nF \propto Q \\
\text{消費された A の量} = n_A^{\text{initial}} - n_A^{\text{final}} = -\Delta n_A \\
\qquad\qquad\qquad\qquad = -\nu_A Q/nF \propto Q
\end{cases}
\tag{7・4}
$$

他の反応物，生成物に関しても同様な比例関係が成り立っている[707]．(7・4)式中の下付き文字が付いた n は，物質量（モル数）を表している．水溶液中における酸素のカソードでの還元反応は，以下のように表される．

$$O_2(g) + 2H_2O(l) + 4e^- \rightleftarrows 4OH^-(aq) \tag{7・5}$$

たとえば，$4 \times (-96485)$ クーロンの電気量は 4 モルの水酸化物イオンを生成し，2 モルの水と同時に 1 モルの酸素分子を消費する．このような関係は電気量と化学反応を結び付けるために，4 章と 5 章で頻繁に使われている．

ある電極反応の式を書く"正しい"方法は一つではない．たとえば，(7・5)式は(7・6)式のように書き換えられる．

$$\tfrac{1}{2}O_2(g) + H_2O(l) \rightleftarrows 2OH^-(aq) - 2e^- \tag{7・6}$$

あるいは，化学量論に影響を与えることなく，無数の方法で書くことができる．(7・5)式と(7・6)式は同一であり，それぞれの反応のネルンスト式は等価である．化学量論を

示す数値の符号を変えることによって，(7・7)式に示すように電子同様，化学種を一方の側から他方の側へ移動することができる．

$$\tfrac{1}{2}O_2(g) + H_2O(l) - OH^-(aq) + 2e^- \rightleftarrows OH^-(aq) \tag{7・7}$$

あとで見るように，このように式の左右で化学種を入れ替えることがときどき便利な場合がある．もちろん，化学量論係数（式中の ν）を調整することによって，原子や電荷をつり合せることが，化学や電気化学のすべての反応式において必要とされる．

電極反応の反応物と生成物の標準ギブズエネルギーがわかっているならば，(7・8)式に示すように，その化学量論式から**標準電極電位**（standard electrode potential）が得られる．

$$E° = \frac{-\Delta G°}{nF} = \frac{-1}{nF}[\nu_Z G_Z° + \nu_Y G_Y° + \cdots \\ - \nu_A G_A° - \nu_B G_B° - \cdots] \tag{7・8}$$

また，この得られた標準電極電位から，ネルンスト式を用いて反応物と生成物のある活量におけるゼロ電位を計算することができる．

$$E_n = E° - \frac{RT}{nF} \ln\left\{\frac{a_Z^{\nu_Z} a_Y^{\nu_Y} \cdots}{a_A^{\nu_A} a_B^{\nu_B} \cdots}\right\} \quad \text{ゼロ電位} \tag{7・9}$$

ゼロ電位（null potential）とは，電流が流れないときの電極電位である．

標準電極電位は一定不変の値であるが，ゼロ電位は一定ではない．ゼロ電位は電極表面の反応物と生成物の活量に依存し，電流が流れた結果，表面濃度の変化とともに，過渡的に変化する．しかし，セル内の化学種の全量と比べて電極反応によって変化する量が少ないので，実験においてその変化はそれほど長くは続かない．もちろん，クーロメトリー実験はそうした一般の場合とは異なる例外であって，もう一つの例外は，しばしば生成物のうちの少なくとも一つは存在しない状態で電極反応を調べる，ボルタンメトリーにおいてよく見られる．そのような実験において，最初のゼロ電位は理論的に酸化反応の場合，$-\infty$ であり，還元反応の場合，$+\infty$ である．実際には生成物が存在しないとき，得られる電位は再現性が悪く，他の酸化還元対（しばしば不純物）が電位を決定している[708]．

化学量論式を書ける，そして適切な熱力学計算ができる

---

706) 酸化反応によって流れる電流をプラスとすると，(7・4)式の符号は正しい．作用電極に流れる酸化電流を正の電流と考える慣例にこれは合っている．
707) (4・4)式と(4・5)式による電気めっきにおいて 1 トンの純銅をつくるために流される電気量を計算せよ．Web #707 で確認せよ．
708) 支持電解質に加えて，1.00 mM $K_3F(CN)_6$ と (a) 0.1 mM $K_4Fe(CN)_6$，(b) 非常薄い (10^{-6} mM) $K_4Fe(CN)_6$，あるいは (c) $K_4Fe(CN)_6$ が含まれない場合の $Fe(CN)_6^{3-}(aq) + e^- \rightarrow Fe(CN)_6^{4-}(aq)$ の反応のゼロ電位を求めよ．Web #708 参照．

という事実は，その反応が電気化学的に実際に起こるということではない．注目している電極反応が起こり続けるのに必要な事項を，以下に示した．

(a) 電極表面に反応物が適切に供給されなけらばならない．反応物が電極自身であったり，イオン伝導相の溶媒であったり，電極上に積層していたりする場合には，反応物は電極上に十分に存在する．このような場合，供給は必要なくなる．しかし，溶存種として存在する反応物の電極への供給は，溶存種の移動によってのみ可能である．その移動は**物質輸送**（transport）として知られており，8章の主題である．反応と輸送が濃度の均一性を壊すため，化学種のバルク濃度と電極表面濃度の違いを区別しなければならない．本書において，この二つの濃度を区別するために c^b と c^s を使う[709]．

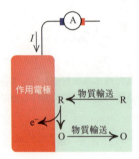

(b) 電極へ反応物が近づくことを阻害することなく，生成物が存在できる空間をもたなけらばならない．生成物が溶存種であるならば，生成物は電極から輸送によって遠ざかる必要がある．あるいは生成物がガスならば，最初は溶存しているが，いったん，そのガスの溶存量が溶媒への溶解度を超えた場合，電極反応を阻害する可能性がある泡[710]が生成する．生成物が固体の場合，それは多孔性でなければならない．固体生成物が多孔性でなく半導電性で，それ自身がひき続き反応に寄与する場合もある．たとえば，ピロールのポリピロールへの電気化学重合があげられる（5ページ）．多孔性生成物には多くの例があり，そのひとつとして（6・2）式に示した塩化物イオンを含む水溶液中での銀金属のアノード酸化によって生成する塩化銀がある．しかし，逆の例もたくさん見られる．水溶液中におけるアルミニウムのアノード酸化は不透過性の Al_2O_3 層を形成し，反応はすぐに停止する．

(c) 電極反応は十分に速くなければならない．電極反応の速度論についての議論が，この章の残りのほとんどを占めている．

(d) イオン伝導体，二つの電極などが連結されて形成される回路を通して，適切な伝導経路がなければならない．イオン伝導体は常に伝導経路の成分である．水溶液，あるいはその他の溶媒を用いた溶液において，溶液の電気伝導性を向上させるために，**支持電解質**（supporting electrolyte）[711]を加えることが標準的な慣例となっている[712]．支持電解質は通常，塩[713]であり，支持電解質イオンの濃度は**電気化学反応活性なイオン**（electroactive ion）（反応物と生成物を含む）の濃度より十分高くなければならない[714]．このことは第一に優先すべきことであるが，導電性の増加だけが過剰な支持電解質を加えることによる有益な効果ではない．他の有益な効果といくつかの欠点は108ページにおいて議論される．もちろん，イオン伝導体がイオン液体あるいは固体電解質の場合には，支持電解質は不要である．

(e) 研究が意味あるものとなるためには，注目する反応のゼロ電位付近で他の反応が事実上起こらないようにすべきである．これには支持電解質や溶媒の酸化，還元が起こらないことも含まれる．きわめて大きな電位を印加した場合，必然的に溶媒は酸化されるか，還元される．図7・2に，脱酸素[715]した硝酸カリウム水溶液において見られる典型的な電流−電位曲線を示す．電流が実際上ゼロの領域において，作用電極は**完全に分極している**（totally polarized）という．この図は，溶媒の影響を受けずに他の電極反応を調べることができる**電位窓**[716]（potential window）を示している．

---

709) 通常，c^* のようにアスタリスクはバルク濃度を示すために用いられている．
710) 泡はときには有利に働くこともある．アルミニウムの電解採取（38ページ）において，カソードからの泡が有効な撹拌をもたらし，物質輸送の手助けになる．泡は電解浮上法（99，100ページ）の鍵となっている．
711) base electrolyte, indifferent electrolyte, あるいは inert electrolyte としても知られている．これらのうち最後の二つは支持電解質に必須の特性を反映している．これらのイオンはいかなる反応も起こさない．
712) 伝導性にのみ基づくと，以下のなかで最も良い支持電解質溶液はどれか．(a) 800 mM KCl, (b) 450 mM Na_2SO_4, (c) 500 mM $Mg(NO_3)_2$. Web #712 参照．
713) 水溶液では塩化カリウムが望ましい．非水溶液においては，その高い電気伝導性のためヘキサフルオロリン酸テトラアルキルアンモニウムのような塩が良い．
714) (8・61) 式の後にある議論を参照．
715) 溶存酸素は還元されるので，酸素がないことが必要である．通常，実験前に不活性ガス（窒素，アルゴン）によって酸素を追い出すために電解液が泡立てられる．
716) 電位窓の電位限界は溶媒だけでなく，電極の性質にも強く依存する．図7・2に示された系に関しては，酸化限界は白金電極においては約 1.0 V，水銀電極においては 0.0 V である．

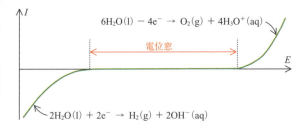

図7・2 硝酸カリウム水溶液中での金電極における，完全に分極した作用電極で得られる電流–電位曲線の例．溶媒の酸化と還元がきわめて大きな電位で起こることがわかる．これらの電位間（電位窓という）で他の電極反応が調べられる．

7・2 単純な電子移動反応の速度論：バトラー–ボルマー式

ほとんどの電極反応は，いくつかの逐次的な段階を含む複雑な機構を通して起こる．そのような複雑な機構については，あとの節で議論する．ここでは一つの電子が溶存した化学種Rから電子伝導体に移動し，溶存種Oを生成する最も単純な酸化反応を考える．

$$R(soln) \rightleftarrows e^- + O(soln) \quad (7\cdot10)$$

RとOが1電子酸化還元反応の対になる．これらのいずれかあるいは両方がイオンである．そのような1段階反応の例として，(7・11)式とフェロセン[611]のフェロセニウムカチオンへの酸化がある（(7・12)式）．

$$Cr(CN)_6^{4-}(aq) \rightleftarrows e^- + Cr(CN)_6^{3-}(aq) \quad (7\cdot11)$$
$$(C_5H_5)_2Fe(soln) \rightleftarrows e^- + (C_5H_5)_2Fe^+(soln) \quad (7\cdot12)$$

化学量論係数と電子数がすべて1であり，反応物と生成物の両方が，1分子である最も単純な電極反応の例を選んでいる．反応全体が(7・10)式で示すより複雑である電極反応においても，それぞれの素過程は単純であり，それらが連なっていると考えられるので，この例は単に便利さだけで選んだわけではない．

化学平衡においては，正反応と逆反応の速度が等しい．一方，これら両方向の速度が等しくないとき，その違いが**正味の反応速度**（net reaction rate）v_{net}を生み出す．電極反応(7・10)に適用した場合，正味の反応速度は正反応（酸化）と逆反応（還元）の速度の差である．

$$v_{net}(E) = v_{ox}(E) - v_{rd}(E) \quad (7\cdot13)$$

反応速度vの後に付いた "(E)" はそれぞれの反応速度が電極電位E，あるいは別の言い方では電極における電子の活量に依存することを強調するために書かれている．電極反応は不均一反応（25ページ）であるので，測定されるそれぞれの速度の単位は，$mol\ m^{-2}\ s^{-1}$である．単独で直接的に測定ができる[717]正味の反応速度は電子が生み出される速度でもあり，ファラデー定数を介して，電流密度iに比例する．式は従来の慣習にならって，作用電極での酸化電流が正である．

$$\frac{i(E)}{F} = v_{net}(E) = v_{ox}(E) - v_{rd}(E) \quad (7\cdot14)$$

(7・10)式における酸化過程の速度$v_{ox}(E)$は，電極表面の還元体Rの活量に比例する．つまり，還元体の活量係数と濃度比の積に比例する．

$$v_{ox}(E) = k_{ox}(E)a_R^s = k_{ox}(E)\gamma_R c_R^s/c^\circ = k'_{ox}(E)c_R^s \quad (7\cdot15)$$

(7・15)式の最後の書き換えでは，活量係数γ_R，標準濃度c°をk_{ox}に組入れることで$m\ s^{-1}$の単位を有する新しい**電位依存の速度定数**[718]（potential-dependent rate constant）k'_{ox}を定めることができる．還元過程の速度に関する同様の取扱いにより，$v_{rd}(E) = k'_{rd}(E)c_O^s$が導かれる．この二つの速度式を(7・14)式に代入することによって，重要な(7・16)式が完成する[719]．

$$\frac{i(E)}{F} = k'_{ox}(E)c_R^s - k'_{rd}(E)c_O^s \quad (7\cdot16)$$

(7・16)式は酸化反応速度が還元反応速度より大きいか，あるいはその逆の場合でも正しい．すなわち，この式は(7・10)式の酸化反応と同様に還元反応にも適用できる．

$$O(soln) + e^- \rightleftarrows R(soln) \quad (7\cdot17)$$

結果として，(7・16)式は電流密度が酸化還元対の酸化体，還元体の電極表面濃度にどのように依存するかを示しており，それは式中の二つの電位依存の速度定数で示される．この章での目標は，これらの電位依存性を明らかにすることである．

まず長い時間，電流ゼロの状態を保った後で，(7・16)式が適用される場合を考えよう．その場合，電流密度はゼロで，二つの表面濃度はバルク濃度になり，電位はそのゼロ電位の値になる．ゆえに，(7・18)式のようになる．

$$0 = k'_{ox}(E_n)c_R^b - k'_{rd}(E_n)c_O^b \quad (7\cdot18)$$

さらに，電流がゼロの状態で，ネルンスト式の(6・44)式を適用し，

$$E_n = E^{\circ\prime} - \frac{RT}{F}\ln\left\{\frac{c_R^b}{c_O^b}\right\} \quad (7\cdot19)$$

---

717) 一般に同位体交換実験によって個々の反応速度を測定できる．
718) **速度係数**という用語も見かけられるが，"電位に依存した速度定数" という表現は一見矛盾しているけれども，一般に用いられている．一定電位においてさえ，k'は活量係数を含むので正確には定数ではない．支持電解質のイオン強度が高い溶液においては，一定電位における実験中，活量係数（ゆえにk'）の変化は小さい．
719) 他のテキストにおいては，この式をプライム（′）がない形で見ることがある．Web#719において(7・16)式が次元的に（単位について）正しいことを確認せよ．

(7·18)式とこのネルンスト式を合わせると，(7·20)式ができる．

$$E_n = E^{\circ\prime} - \frac{RT}{F} \ln\left\{\frac{k_{rd}(E_n)}{k_{ox}(E_n)}\right\} \quad (7\cdot 20)$$

バルク濃度の比を適切に調節することによって，いかなる電位もゼロ電位にすることができるので，逆にいえばいかなる電位でも (7·20)式は成り立ち，(7·21)式のように書き表すことができる．

$$E = E^{\circ\prime} - \frac{RT}{F} \ln\left\{\frac{k_{rd}(E)}{k_{ox}(E)}\right\} \quad (7\cdot 21)$$

式量電位（formal potential）とよばれる $E^{\circ\prime}$ において，二つの速度定数は等しい．この共通する速度定数の値を $k^{\circ\prime}$ と表し，これを**式量速度定数**（formal rate constant）とよぶ[720]．ここで $k^{\circ\prime} = k_{rd}(E^{\circ\prime}) = k_{ox}(E^{\circ\prime})$ である．

つぎに速度定数に添えられた (E) を取除くと，(7·21)式は (7·22)式に変形され，さらに E について微分すると (7·23)式が得られる．

$$\frac{RT}{F}\ln\left\{\frac{k^{\circ\prime}}{k_{rd}}\right\} + \frac{RT}{F}\ln\left\{\frac{k_{ox}}{k^{\circ\prime}}\right\} = E - E^{\circ\prime} \quad (7\cdot 22)$$

$$\frac{RT}{F}\frac{d}{dE}\ln\left\{\frac{k^{\circ\prime}}{k_{rd}}\right\} + \frac{RT}{F}\frac{d}{dE}\ln\left\{\frac{k_{ox}}{k^{\circ\prime}}\right\} = 1 \quad (7\cdot 23)$$

(7·23)式における左辺の最初の項は，**還元反応に関する移動係数**（reductive transfer coefficient）を示し，α[721] によって表される．左辺の 2 番目の項は**酸化反応に関する移動係数**（oxidative transfer coefficient）を示し，$1-\alpha$ によって表される．ゆえに，(7·24)式のようになる．

$$\alpha = \frac{RT}{F}\frac{d}{dE}\ln\left\{\frac{k^{\circ\prime}}{k_{rd}}\right\}$$

$$1 - \alpha = \frac{RT}{F}\frac{d}{dE}\ln\left\{\frac{k_{ox}}{k^{\circ\prime}}\right\} \quad (7\cdot 24)$$

積分すると[722]，(7·25)式のようになる．

$$k_{rd} = k^{\circ\prime}\exp\left\{\frac{-\alpha F}{RT}(E - E^{\circ\prime})\right\}$$

$$k_{ox} = k^{\circ\prime}\exp\left\{\frac{(1-\alpha)F}{RT}(E - E^{\circ\prime})\right\} \quad (7\cdot 25)$$

α と $1-\alpha$ は単位をもたず，**対称因子**（symmetry factor）あるいは**電荷移動係数**（charge-transfer coefficient）ともよばれている．これらはエネルギープロフィールに基づくあいまいな議論から一般的に導き出されているが，ここではこれらの形が純粋な数学的議論の結果として表されることが理解できる．以下に述べるバトラー–ボルマー式において使われているように，移動係数は経験的に一定であるとして取扱われ，その和は 1 となる．また，実験的な値は 0.3 から 0.7 の間にあり，本書においても同様に取扱う．マーカス–ハッシュ理論は $E^{\circ\prime}$ 付近において移動係数は 0.5 に近い値をもち，$E^{\circ\prime}$ より離れた電位では電位依存性を示すことを予測している．この理論は特別な場合では妥当であることが証明されているが，広い電位範囲での電子移動反応の研究ができないため，バトラー–ボルマー式と**マーカス–ハッシュ理論**[723]（Marcus-Hush theory）との違いについての議論はあいまいなままである．

移動係数を一定値として取扱った場合，(7·25)式は電位が上昇するに従い，酸化反応の速度は指数関数的に増加し，還元反応の速度は指数関数的に減少することを示している．図 7·3 は，二つの α の値における電位に対する反応速度定数の挙動を示している．

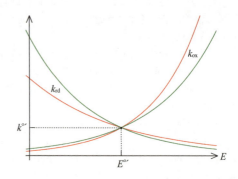

図 7·3 還元反応および酸化反応の速度定数は指数関数的に電極電位に依存し，式量電位ではこれらの値は同一になる．赤色と緑色の線に関する還元反応の移動係数 α は 0.35 と 0.50 がそれぞれ使われている．

(7·25)式を (7·16)式に代入することによって，(7·26)式が導かれる[724]．

$$\frac{I}{A} = i = Fk^{\circ\prime}\left[-c_O^s\exp\left\{\frac{-\alpha F}{RT}(E - E^{\circ\prime})\right\} + c_R^s\exp\left\{\frac{(1-\alpha)F}{RT}(E - E^{\circ\prime})\right\}\right]$$

$$(7\cdot 26)$$

---

720) あまり適切とはいえないが，しばしば式量速度定数（formal rate constant）を"標準速度定数（standard rate constant）"として，k^0 あるいは k_s で表すことがある．$k^{\circ\prime}$ の詳細な定義について Web#720 を参照し，k^0 との違いを確認せよ．
721) β がよく用いられるときがある．本書では，α は α_{rd} を示すために用いられる．
722) (7·25)式を導くための積分を行え．あるいは Web#722 を参照．
723) ルドルフ・アーサー・マーカス（1923–），カナダ系アメリカ人の理論化学者，1992 年にノーベル賞受賞．ノエル・シドニー・ハッシュ（1925–），オーストラリアの理論化学者，マーカス・ハッシュ理論に関するさらなる内容は Web#723 を参照．
724) プライムがなく，濃度の代わりに活量を用いた場合にも (7·26)式と同様な式を導き出すことができる．純粋な取扱いでは有効であるが，実際にはめったに使われない．

これが重要な**バトラー–ボルマー式**[725]（Butler-Volmer equation）の最も一般的な形である．また，(7・27)式にはもう一つの表記[726]を示した．

$$i = i_n\left[-\frac{c_O^s}{c_O^b}\exp\left\{\frac{-\alpha F}{RT}(E-E_n)\right\} + \frac{c_R^s}{c_R^b}\exp\left\{\frac{(1-\alpha)F}{RT}(E-E_n)\right\}\right] \quad (7\cdot27)$$

ここで i_n は**交換電流密度**[727]（exchange current density）とよばれ，$i_n = Fk^{\circ}(c_R^b)^\alpha(c_O^b)^{1-\alpha}$ である．二つの表記とも，交換電流密度 i_n が電極電位 E と二つの表面濃度 c_O^s, c_R^s にどのように依存するかを表している．バトラー–ボルマー式は二つの条件，つまり電流密度がゼロのときと式量速度定数が非常に大きいとき，ネルンスト式の形に簡略化される[728]．

(7・26)式は複雑な形をしており，13 の独立した変数を含む．ここで，典型的な電気化学の研究におけるこれらの変数の意味と状態を概観することは有用である．そのことについては，以下の表にまとめて示してある．一般的に青色で示した変数の一つが制御され，もう一方の青色の変数が測定される．緑色で示した二つの変数の値は実験の間，電気的な値（電位，電流）の観察から推察される値であり，これらを電気化学的に直接測定する方法はない[729]．研究の動機によるが，ほとんどの場合，実験の目的は赤色で示した，一つあるいはすべての値を決定することである．

$\exp(-F(E-E^{\circ})/RT)$ の項は，電位 E における電極中の電子の活量 a_{e^-} を，式量電位 E° における電子の活量に対して比較していると考えられる．この観点から，バトラー–ボルマー式は(7・28)式に書き換えることができる．

$$\frac{i}{F} = v_{net} = k^{\circ}c_R^s a_{e^-}^{1-\alpha} - k^{\circ}c_O^s a_{e^-}^{\alpha} \quad (7\cdot28)$$

α と $1-\alpha$ はべき数の形で現れ，部分化学量論係数と同様な役割を果たす．(7・28)式は電子の活量の増加が二つの効果をもつことを示している．すなわち，電子の活量の増加は還元過程を促進させ，酸化過程を遅くする．電極電位がより負に設定された場合，移動係数 α は増加した電子の活量のうち，どれだけの割合が還元速度を速くするために寄与するかを示し，一方，相補的な $1-\alpha$ の割合は酸化反応を遅くするために寄与する割合を示している．(7・28)式の形のバトラー–ボルマー式は，2 章に示したような通常の化学反応における速度式とよく似ている．そして，化学量論速度式で化学反応をよく記述できるのと同じく，以下の表現

$$R + (\alpha-1)e^- \rightleftarrows \alpha e^- + O \quad (7\cdot29)$$

でも，単純な酸化反応 $R \rightleftarrows e^- + O$ の化学量論と速度論をよく記述することができる．速度式(7・28)の"形"は，化学量論速度式(7・29)から予想されるものと正確に同等である．唯一驚くべきことは，正反応と逆反応の速度定数が等しいことである．これは，電子の活量が式量電位を基準にして用いられていることによる．もちろん，矢印が $\rightleftarrows$ に変わることは別として，速度式(7・28)と化学量論速度式(7・29)は酸化体の還元反応に対して同様に適用できる．

ここで，専門用語について注意しておこう．ここまで

記号	意味	大抵の実験での状況
F, R	ファラデー定数, 気体定数	物理定数, 既知, 不変
T, A, c_R^b, c_O^b	温度, 電極面積, 還元体と酸化体のバルク濃度	実験におけるパラメータ, 既知[730], 一定
E°, k°, α	式量電位, 式量速度定数, 移動係数	未知のパラメータ, 通常一定として取扱われる. しかし, ゆっくり変化する[731].
I, E	電流, 電極電位	変数, 一方が制御変数で, もう一方が測定される値
c_R^s, c_O^s	電極表面における還元体と酸化体の濃度	変数, 未知であり, 電気化学的に測定できない値

---

725) ジョン・アルフレッド・バレンタイン・バトラー (1899-1977), イギリスの電気化学者. マックス・ボルマー (1885-1965), ドイツの物理化学者. これらの科学者に加え, ティボール・エルディー・グルージュ, ハンガリーの電気化学者も名声を受けるべきである.
726) (7・26)式から (7・27)式を導け, あるいは Web#726 を参照.
727) 100 mM NaCl, 9 mm² Pt 電極, 25 ℃における Fe(CN)$_6^{3-}$(aq)+e⁻⇌Fe(CN)$_6^{4-}$(aq)の反応の k° と α の値は 1.0×10^{-4} m s⁻¹, 0.5 であった. それぞれのヘキサシアノ鉄の濃度が 2.0 mM の場合, 交換電流密度は 19 A m² であることを示せ. Web#727 参照.
728) この文章の正当性を示せ, あるいは Web#728 を参照.
729) 特別な装置を用いて, ある場合においてこれらの値（電極活物質の濃度）は光学的に測定ができる.
730) 酸化体と還元体のバルク濃度がわからず, それを調べるときに, ボルタンメトリー（あるいはポーラログラフィー[1305]）は頻繁に化学的な分析の方法として用いられる. ボルタンメトリーはまた電極面積の測定にも用いられる.
731) 活量係数がイオン強度および温度に依存するので, E°, k°, α の値は, イオン強度および温度の変化に伴って変化する.

は，一つの素過程において起こる電極反応を解析してきた．しかし，そのような反応は非常にまれである．つぎの節では電気化学的，化学的な素過程が連なっている反応を議論する．そのような機構の解析において，電流は概して (7·26) 式（あるいは (7·27)，(7·28) 式）のような同じ"形"の式に従うが，一部変形されていることが明らかになるだろう．混乱するかもしれないが，このような式もまた"バトラー–ボルマー式"とよばれ，一般に α と $1-\alpha$ は"移動係数"とよばれており，"交換電流密度"という言葉は 1 段階あるいは多段階の反応において使われる．本書では混同を避けるため，多段階過程と関連した名称には"複合的な (composite)"という形容詞を付け，複合的な移動係数であることを示すために，α には下付き文字が添えられている．

さらなる注意を要する事項として，電位差滴定あるいは注意深く設計された定常状態実験（12 章）以外において，時間は電極反応の研究において非常に重要な因子であることがあげられる．しかし，段階的にこの概念を導入していくために，時間の因子の役割はこの章では除外する．前ページの表中の青色あるいは緑色で表したすべての因子は時間とともに変化する．時間の因子が入るパターンは以下の三つである．

 (a) 実験者は時間依存性をもつ信号（傾斜電位あるいは交流電流など）をセルに与える．
 (b) 物質輸送が時間の因子を含み，したがって濃度プロフィールが時間とともに変化する．
 (c) 化学的および電気化学的な反応が濃度の時間変化をひき起こす．

これらの問題は以下の章で取扱う．

いろいろな場面で，一括して起こるいくつかの電子の移動を表すための n を加えた (7·26) 式あるいは (7·27) 式と同様な形の式が見いだされるだろう．

$$\text{R(soln)} \rightleftarrows ne^- + \text{O(soln)} \quad (7·30)$$

しかし，(7·31) 式のような化学量論的に簡単な反応であっても電子の移動が一括して起こることを示す証拠はないと考えられる（つまり，複数の電子は順々に移動しているのか，一度に移動しているのかはわからない）．

$$\text{Tl}^+(\text{aq}) \rightleftarrows 2e^- + \text{Tl}^{3+}(\text{aq}) \quad (7·31)$$

多段階電子移動は，つぎの節において述べるように逐次的な事象として説明できる．R と O が電極**表面に固定された反応**（surface-confined reaction）

$$\text{R(ads)} \rightleftarrows e^- + \text{O(ads)} \quad (7·32)$$

に関しては，この章の形式が適用される．唯一の違いは電極反応の速度定数が m s^{-1} ではなく，s^{-1} の単位をもつことである．電極表面における体積濃度は，mol m^{-2} の単位を有する表面濃度によって置き換えられる．145 ページにおいて R と O が電極表面に固定された反応に関するボルタンメトリーが簡単に議論されている．そのような反応は，生化学過程においてよく見られ，電気化学においてますます重要になっている．

7·3 多段階電極反応：反応機構を解明するための速度論的な研究

電極反応の速度論的な研究から，反応機構に関する証拠を容易に集めることができる．速度論は，電流密度が濃度や電極電位によってどのように影響されるかを数学的に記述した**反応速度式**（rate law）によって表すことができる．たとえば，(7·26) 式は前の節で述べた簡単な電子移動反応に関する反応速度式である．いろいろな電位やいろいろな反応物，生成物の濃度を用いた複数の実験から，実験的な反応速度式が決定される．前の節で扱った単純な場合と同様に，この複合反応速度式は一般に二つ[732]の速度項から成り立つ．すなわち，これらは正の符号をもつ酸化的な寄与と，負の符号をもつ還元的な寄与[733]を有する．この二つは通常，電位依存性を示す．

$$\frac{i}{F} = v_{\text{net}} = v_{\text{ox}} - v_{\text{rd}} \quad (7·33)$$

この二つは電気化学的に独立に測定ができないけれども，ここでもう一度二つの要素からなる電流密度を考えてみよう．すなわち，正の符号をもつ酸化電流密度 i_{ox} と負の符号をもつ還元電流密度 i_{rd} である．

$$i = Fv_{\text{net}} = Fv_{\text{ox}} - Fv_{\text{rd}} = i_{\text{ox}} + i_{\text{rd}} \quad (7·34)$$

図 7·4 は電位に対する電流密度の典型的なグラフをつくるために，これらの部分電流密度がどのように足し合わされるのかを示す概略図である．

概略図に示されているように，ゼロ電位から離れた電位[734]においては電流密度は部分電流密度のどちらか一方のみによって決められる．この事実は i_{rd} と i_{ox} を別々に測定することによって，実験的な反応速度式を明らかにする機会を与える．この方法は，**ターフェル**[735] **プロット**（Tafel plot，ターフェル近似）において広く用いられており，電極反応速度は電位に対して指数関数的に変化するので，電位に対して電流密度の絶対値 $|i|$ の対数をプロットすることによって交換電流密度 i_n を見積もることができる．こ

---

732) 必ずしも一般的ではないが，実験的な制約からどちらか一つだけが確実に評価できる．
733) われわれは還元反応に対する機構は酸化反応の逆であると考えていることに注意せよ．そうではないと考える人もいるかもしれない．しかし，**微視的な可逆性**の原理を議論している熱力学は，反応を交換できることを証明している（つまり，還元反応も，酸化反応も同様に取扱うことができる）．しかし，電位が違えば機構が違うことはありうる．
734) E_n から 120 mV ぐらいが適切とされている．簡単な反応 (7·10) に関してこれを確認せよ，あるいは Web#734 を見よ．
735) ジュリアス・ターフェル (1862–1919)，スイス系ドイツ人の化学者．経験的に $\log ||i||$ と E の関係を発見した．

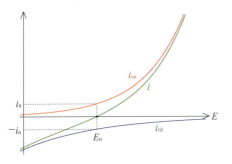

図 7・4 酸化電流密度と還元電流密度の合計が測定される正味の電流密度となる．ゼロ電位 E_n において二つの部分電流密度は大きさが同じで，符号が逆となる．

の方法では図 7・5 のように作図され，これらの直線領域の傾きは **複合移動係数**（composite transfer coefficient）を与える．

$$\alpha_{ox} = \frac{RT}{F}\frac{\partial}{\partial E}\ln|i|\big|_{i \approx i_{ox}}$$

$$\alpha_{rd} = \frac{-RT}{F}\frac{\partial}{\partial E}\ln|-i|\big|_{i \approx i_{rd}} \quad (7 \cdot 35)$$

傾き自身は **ターフェル勾配**[736]（Tafel slope）とよばれ，電極反応機構に関する情報を与える重要な基礎的パラメータである．これらの関係より，電位依存性については，以下の比例関係が成り立つことがわかる．

$$i_{ox} \propto \exp\left\{\frac{\alpha_{ox}F}{RT}E\right\} \text{ および } i_{rd} \propto -\exp\left\{\frac{-\alpha_{rd}F}{RT}E\right\} \quad (7 \cdot 36)$$

電極反応の速度論の実験的研究は，電子移動反応の電位依存性の研究をすることに加えて，還元的および酸化的電流密度部分の速度が反応に関与する化学種の濃度にどのよう

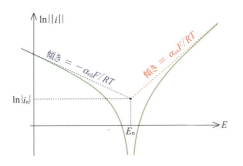

図 7・5 ターフェルプロット．$i \approx i_{rd}$ と $i \approx i_{ox}$ のところで直線性が現れる．グラフはゼロ電位に近づくにつれて次第に湾曲し，どちらの近似式も適用できない．書き込まれた線はどのようにしてゼロ電位と複合交換電流密度 i_n を測定するかを示している．

に依存するかを決めることでもある．例として (7・37) 式のような還元反応

$$A + B + 2e^- \rightleftarrows 2Z \quad (7 \cdot 37)$$

に関しては，i_{rd} は電極表面の A の濃度に依存すると予想できる．しかし，この依存性は必ずしも c_A^s そのものに比例するものではない．すなわち，i_{rd} は c_A^s の 1 以外のべき指数，$(c_A^s)^2$，$(c_A^s)^{1/2}$，$(c_A^s)^0$，$(c_A^s)^{-1}$ などに比例するかもしれない．原理的には[737]，その適切なべき指数はつぎの計算から得られる．

$$\frac{\partial \ln|-i_{rd}|}{\partial \ln|c_A^s|} = \Omega_{A,rd} \quad (7 \cdot 38)$$

(7・38) 式は，反応物 A に関する還元的部分電流密度の **次数**（order）$\Omega_{A,rd}$ を与える．B と Z の表面濃度は，おそらく部分電流密度 i_{rd} の決定にも役割を果たすだろう．同様な考えが i_{ox} の濃度依存性に関しても適用できる．ゆえに，速度論的な研究はいろいろな還元的および酸化的な速度式の次数の評価を含んでいる．すなわち，次数は，以下の関係式において Ω で示される値である．

$$i_{ox} \propto (c_A^s)^{\Omega_{A,ox}}(c_B^s)^{\Omega_{B,ox}}(c_Z^s)^{\Omega_{Z,ox}}$$
$$-i_{rd} \propto (c_A^s)^{\Omega_{A,rd}}(c_B^s)^{\Omega_{B,rd}}(c_Z^s)^{\Omega_{Z,rd}} \quad (7 \cdot 39)$$

電極反応式 (7・37) に関する実験的な速度式を決定することは，実験的に還元的および酸化的な速度式の中の 8 個の次元を有しない値（6 個の Ω と 2 個の α）を決定することである．

$$i_{ox} \propto (c_A^s)^{\Omega_{A,ox}}(c_B^s)^{\Omega_{B,ox}}(c_Z^s)^{\Omega_{Z,ox}}\exp\left\{\frac{\alpha_{ox}F}{RT}E\right\}$$

$$i_{rd} \propto -(c_A^s)^{\Omega_{A,rd}}(c_B^s)^{\Omega_{B,rd}}(c_Z^s)^{\Omega_{Z,rd}}\exp\left\{\frac{-\alpha_{rd}F}{RT}E\right\}$$

一般的な速度式 (7・40)

i_{ox} と i_{rd} の大きさが互いに等しい，つまり (7・40) 式におけるゼロ電位の条件から，ネルンスト式と同様な式が得られる．

実験的な速度式が決定されると，機構の研究のためにこれらはどのように使われるのだろうか．図 7・6 は，その手順を説明するのに役立つ．化学的な知識によって，可能な機構が予想され，それぞれに適した速度式が決定される．図に示したように，それぞれの可能な機構（図中の三つの機構）が反応機構を予想する反応速度式を見つけるために解析される．それぞれの反応速度式は，実験的な速度式と比較される．一致しない場合は，その機構を除外する．一方，一致する場合は機構がたぶん正しいことを示している．不確かな証拠ばかりが集められても，その機構を明確に検証することはできない．

前の節に示された電極反応 (7・10) は，最も単純な機構

---

736) しばしば文献ではこの項は $d(\ln||i||)/dE$ ではなく，$dE/d(\log_{10}||i||)$ と表され，$2.303RT/(\alpha F)$ に等しく，25 ℃ においては複合移動係数で割られて $59/\alpha$ mV となる．1 段階の $R \rightleftarrows e^- + O$ の反応に関するターフェル勾配はいくらか．Web #736 を参照．

737) しかし，実際には簡単ではなく，バルク濃度のみを直接的に実験者が制御できる．

7. 電極反応

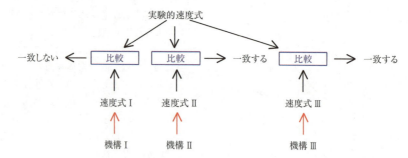

図 7・6 推定される機構を除外するのに速度式の決定がどのように行われるかを示すチャート．ここで機構Ⅰは除外され，機構Ⅱ，Ⅲは可能性のあるものとして残る．

を有している．この反応は1段階で起こる反応である．多段階機構での素過程は，化学的あるいは電気化学的なものである．各素過程はそれ自身が反応であるので，それぞれが速度定数を有し，もしそれが電気化学反応であれば，固有の式量電位および移動係数を有する．反応物と生成物だけでなく，これらの素過程には，通常，ある素過程で生成される，あるいは別の素過程で消費される短命な化学種である，**中間体**[738]（intermediate）が含まれる場合がある．2章で化学反応に関して述べたように，一つの素過程で中間体が生成し，その後の素過程でそれが消費される反応を加えることができる．通常は，中間体は電極から拡散して離れていくか，あるいは電極反応に関与しない副反応に含まれているが，ここでは考慮していない．

全反応として $A+B+2e^- \rightleftarrows 2Z$ を例とすると，中間体 I，J，K が関与する4段階反応を考える．これらの反応経路は下表の左側に並べられている．もちろん，その機構の素過程（二つは化学的，二つは電気化学的）は，全反応になるように加え合わせると $A+B+2e^- \rightleftarrows 2Z$ を与える．各段階に番号を付け，さらに3番目の反応にこの素過程が"遅い"[739]こと，あるいは律速段階であることを示すために"$\frown$"の記号が付けられている（26ページ）．他の素過程は3番目の素過程に比べて速く[740]，ゆえに平衡にあるとして扱える[741]．以上のような機構から全反応速度式がどのようにつくられるのだろうか．すなわち，図7・6で赤色の矢印によって示した操作が，実際にどのように行われるのだろうか．それぞれの場合において，精密な代数学が適用されるかもしれない[742]．しかし，化学量論的速度則（27ページ）を用いた操作により構築すれば，ほとんどの場合はうまくいく[743]．この操作においては，(7・37)式の反応と下記の表によって説明される八つの簡単な規則を含む．

(a) すべての"遅い反応"の前の反応の式を平衡として書く．すなわち，例では素過程(1)と素過程(2)である．すべての化学種を式の右から左へ移動させて，移動さ

反応機構を示す式	素過程	変形した反応式
$A + e^- \rightleftarrows I$	(1)	$A - I + e^- \rightleftarrows$
$I + B \rightleftarrows J + Z$	(2)	$I + B - J - Z \rightleftarrows$
$J + e^- \frown K$	(3)	$J + \alpha_3 e^- \rightleftarrows (\alpha_3 - 1)e^- + K$
$K \rightleftarrows Z$	(4)	$\rightleftarrows Z - K$
$A + B + 2e^- \rightleftarrows 2Z$	合計	$A + B - Z + (1 + \alpha_3)e^- \rightleftarrows (\alpha_3 - 1)e^- + Z$

---

738) 通常，中間体は**ラジカル**である．ラジカルは化学的な原子価則に従わない化学種である．有機化学種においてはほとんど見られないが，それらはイオンあるいは無電荷である．有機ラジカルは奇数の電子を有する，つまり $H_3C\cdot$，$OH\cdot$ のように点で表示された不対電子を有する．**ラジカルアニオン**は不対電子と負電荷を有する．

739) "遅い"過程という名称はその素過程が最も遅いことを意味する．しかし，速度論的な専門用語では，遅い過程は最も小さな速度定数をもつ素過程であることをいう．すなわち，最も遅くなる可能性がある素過程であるということである．一つの機構をじっくり見た場合，その遅い素過程の存在によって，それぞれの素過程は一般的には同じ速度で進む．

740) もちろん，二つの段階が同じ程度に遅いことも可能である．しかし，反応の時間スケールがナノ秒から数100年の間で変わるということを考えると，これはありそうにないことである．

741) この近似の正しさを確認するために，Web#741 を参照．

742) 反応(7・37)に関して提案された機構に対する適切な代数学は Web#742 で見いだせる．

743) 42ページに示した異なる金属上での水溶液からの水素の発生を支配する三つの機構に対して適切な速度式を導き出すため，化学量論的速度式の組立て方法を用いよ．Web#743 を参照．

せたものに関してはマイナスの符号を付ける．

(b) 律速段階（例では素過程(3)）の式を普通の形で書く．もしこれが電気化学的な素過程であったら，(7·29)式の方法で電子を分ける．

(c) すべての"遅い反応"の後の反応式（例では素過程(4)）の化学種を右側に移動させる．移動させたものに関してはマイナスを付ける．

(d) 律速段階は変えずにそのままにする．もし必要なら（例では必要ない）小さな整数で他の式を乗ずるか，あるいは割る（2以外はめったにない）．その結果，規則(e)によってすべての中間体が消去される．

(e) 操作された式が足し合わされ，化学量論式ができる．その足し算によって各項が組合わされ，消去される．しかし，一方の側にある項はもう一方の側にある項とは組合わせることはできない．化学量論式は速度式をつくる"鍵"である．

(f) 化学量論式の左側のA+B−Z項は反応の還元的な部分はAとBの濃度に比例した速度，Zの濃度の逆数に比例した速度で進むことを示している．すなわち，$v_{rd} \propto c_A c_B / c_Z$ である．同様に，右側の項は $v_{ox} \propto c_Z$ を示している．

(g) 化学量論式における電子の化学量論係数は還元的および酸化的速度の電位依存性を明らかにする．ゆえに，$v_{rd} \propto \exp\{-(1+\alpha_3)FE/RT\}$ と $v_{ox} \propto \exp\{-(\alpha_3-1)FE/RT\}$ となる．

(h) 比例関係の式から，$F(v_{ox}-v_{rd})$ となる電流密度の式は最終的に適切な速度定数を用いることによって(7·41)式のように書き表される．

$$\frac{i}{F} = k'_{ox} c_Z^s \exp\left\{\frac{(1-\alpha_3)F}{RT}E\right\}$$
$$- k'_{rd}\frac{c_A^s c_B^s}{c_Z^s} \exp\left\{\frac{-(1+\alpha_3)F}{RT}E\right\} \quad (7·41)$$

上記の機構に従えば，**複合移動係数**（composite transfer coefficient）α_{ox} と α_{rd} はそれぞれ $1-\alpha_3$ と $1+\alpha_3$ になる．

そして，それらの値はそれぞれ0.5と1.5に近い値をもつことが予想される[744]．還元反応へのZの予期せぬ阻害効果に注目しよう．また(7·41)式は $i=0$ のとき，(7·37)式の反応に関するネルンスト式と同じようになる必要性がある[745]ことにも注意しよう．k'_{ox} と k'_{rd} 項は化学的および/あるいは式量速度定数，式量電位，そして他の定数によって構成されている．しかし，これらは機構的に有用ではないので，さらに解析することはない．

興味ある実際の例として，不活性有機溶媒中での1-ブロモナフタレンの還元反応を考えよう．ナフチル核 $C_{10}H_7$ を Nℓ と表すと，反応の化学量論式は以下のようになる．

$$N\ell Br(soln) + 2e^- \rightleftarrows N\ell^-(soln) + Br^-(soln)$$
$$(7·42)$$

この式は簡単であるが，実験的な反応速度式は驚くべき手の込んだものとなっている．実験的な事実を説明できる三つの素過程の機構を下の表の左の列に示す．その機構は中間体としてフリーラジカルやラジカルアニオンを含む．この場合，注意深く規則(d)を満たさなければならない．この機構で予想される反応速度式は，(7·43)式になる．

$$\frac{i}{F} = k'_{ox}\sqrt{c_{N\ell}^s c_{Br^-}^s c_{N\ell Br}^s} \exp\left\{\frac{(1-\alpha_1)F}{RT}E\right\}$$
$$- k'_{rd} c_{N\ell Br}^s \exp\left\{\frac{-\alpha_1 F}{RT}E\right\} \quad (7·43)$$

α_{ox} と α_{rd} の合計は(7·42)式の反応の化学量論から予想される2ではなく1である．

分子は共有結合（電子対）によって保持されているので，有機化合物の還元反応と酸化反応は通常偶数の電子を含む．次ページの表の左側に示す機構は，2電子酸化反応

$$R \rightleftarrows 2e^- + O \quad (7·44)$$

に広く適用されている．二つの中間体（たぶん，ラジカルカチオン）が機構の中に現れる．その機構において二つの中間体の内部変換が遅い素過程である．化学量論による方法は，値が1である複合移動係数を用いた簡単な速度式を与える．

反応機構を示す式	素過程	変形した反応式
$N\ell Br + e^- \rightleftarrows N\ell Br^{\cdot -}$	(1)	$N\ell Br + \alpha_1 e^- \rightleftarrows (\alpha_1-1)e^- + N\ell Br^{\cdot -}$
$\frac{1}{2}N\ell Br^{\cdot -} \rightleftarrows \frac{1}{2}N\ell^{\cdot} + \frac{1}{2}Br^-$	(2)	$\rightleftarrows -\frac{1}{2}N\ell Br^{\cdot -} + \frac{1}{2}N\ell^{\cdot} + \frac{1}{2}Br^-$
$\frac{1}{2}N\ell Br^{\cdot -} + \frac{1}{2}N\ell^{\cdot} \rightleftarrows \frac{1}{2}N\ell Br + \frac{1}{2}N\ell^-$	(3)	$\rightleftarrows -\frac{1}{2}N\ell Br^{\cdot -} - \frac{1}{2}N\ell^{\cdot} + \frac{1}{2}N\ell Br + \frac{1}{2}N\ell^-$
$\frac{1}{2}N\ell Br + e^- \rightleftarrows \frac{1}{2}N\ell^- + \frac{1}{2}Br^-$	合計	$N\ell Br + \alpha_1 e^- \rightleftarrows (\alpha_1-1)e^- + \frac{1}{2}N\ell^- + \frac{1}{2}Br^- + \frac{1}{2}N\ell Br$

---

[744] 25℃においてターフェル勾配，$dE/d(\log_{10}||i||)$ はそれぞれ120 mV，40 mV に近い値となる．
[745] このことを確認せよ．あるいは Web #745 を参照．

反応機構を示す式	素過程	変形した反応式
$R - e^- \rightleftarrows I$	(1)	$R - e^- - I \rightleftarrows$
$I \rightleftarrows J$	(2̂)	$I \rightleftarrows J$
$J - e^- \rightleftarrows O$	(3)	$\rightleftarrows e^- + O - J$
$R - 2e^- \rightleftarrows O$	合計	$R - e^- \rightleftarrows e^- + O$

$$\frac{i}{F} = k'_{ox} c_R^s \exp\left\{\frac{F}{RT}E\right\} - k'_{rd} c_O^s \exp\left\{\frac{-F}{RT}E\right\} \quad (7\cdot 45)$$

しかし,律速段階が素過程(1)の場合,$\alpha_{ox} \approx 0.5$ と $\alpha_{rd} \approx 1.5$ である.一方,素過程(3)が律速段階であった場合,逆の値となる.

複雑な電極反応を分類するとき,一般的に"電気化学的"あるいは"化学的"な反応であることを表記するために,EあるいはCが用いられる.ゆえに,ECÊCは(7・37)式の反応の機構を示しており,"^"は四つの素過程のうちでどれが律速段階であるかを示している.同じように,EÊCは(7・44)式の反応の機構を示している.

最後に,下表の左側に示したCCÊ機構を考えよう.この反応はI_3^-のI^-イオンへの還元反応である.予想される速度式は,以下のようである.

$$\frac{i}{F} = k'_{ox} c_{I_3^-}^s \exp\left\{\frac{(1-\alpha_3)F}{RT}E\right\}$$
$$- k'_{rd} \sqrt{\frac{c_{I_3^-}^s}{c_{I^-}^s}} \exp\left\{\frac{-\alpha_3 F}{RT}E\right\} \quad (7\cdot 46)$$

この式は複合移動係数が素過程(3)の移動係数と,$\alpha_{ox} = 1-\alpha_3$,$\alpha_{rd} = \alpha_3$ の形で関係付けられている.これらの合計は一括して起こる電子移動から予想される2より,むしろ1になるであろう.実験的な $\alpha_{ox} = 0.78$ と $\alpha_{rd} = 0.20$ は,合計が1に近い値となる.しかし,それぞれの値は通常の0.3から0.7の範囲からかなり離れている.しかし,予想される濃度依存性は実験とよく一致し,明らかに機構から実験的な速度を予測することができ,その値は正しいものとなっている.

簡略化のため,われわれは簡単な $R(\text{soln}) \rightleftarrows e^- + O(\text{soln})$ 反応を本書の大部分において電極反応の一般的な代表例として取上げている.しかし,この反応でもより現実的な電極反応機構に適合する骨組みとなりうる.

まとめ

電極反応の起こりやすさと方向性は,印加する電位とセル反応に伴うギブズエネルギー変化によって支配されている.熱力学は,反応の速度に関する情報は何も与えない.電極反応の化学量論はファラデーの法則を満足する.しかし,反応式はいくつかの方法で書き表され,それらが電極反応の情報を正しく伝えることができる.ほとんどの電極反応は多段階反応である.しかし,最も簡単な電極反応は電極と溶存した電気化学活性種の間で一つの電子を移動させるものであり,双方向の1段階反応が起こる.この過程の正方向と逆方向がバトラー–ボルマー式によって表されるような形で,電極電位によって影響を受ける.

$$\frac{i}{F} = k'_{ox} c_R^s - k'_{rd} c_O^s = k^{o'} \left[c_R^s \exp\left\{\frac{(1-\alpha)F}{RT}(E - E^{o'})\right\} \right.$$
$$\left. - c_O^s \exp\left\{\frac{-\alpha F}{RT}(E - E^{o'})\right\} \right]$$
$$(7\cdot 47)$$

ここでは,$R(\text{soln}) - e^- \rightleftarrows O(\text{soln})$ あるいは $O(\text{soln}) + e^- \rightleftarrows R(\text{soln})$ 反応が用いられている.多段階反応の速度は1段階反応過程の組合わせによって構築されているが,どのような形で構築されているかをあらかじめ知ることはできないし,確証をもって導き出すことも決してできない.機構の中で最も遅い反応(それらは電子移動を含むか,あるいは含まない場合もある)は,反応の速度を決める重要なものである.機構に関する情報は電流がどのように電位に依存するか,あるいは電流が反応に関与する化学種の濃度にどのように依存するかという情報から導き出される.この情報は α_{ox} と α_{rd} の値と化学量論式の中に組入れられ,それらは実験的な次数だけでなく,全反応の化学量論の関係とも一致しなければならない.

反応機構を示す式	素過程	変形した反応式
$I_3^-(\text{aq}) \rightleftarrows I_2(\text{ads}) + I^-(\text{aq})$	(1)	$\frac{1}{2}I_3^-(\text{aq}) - \frac{1}{2}I_2(\text{ads}) - \frac{1}{2}I^-(\text{aq}) \rightleftarrows$
$I_2(\text{ads}) \rightleftarrows 2I(\text{ads})$	(2)	$\frac{1}{2}I_2(\text{ads}) - I(\text{ads}) \rightleftarrows$
$I(\text{ads}) + e^- \rightleftarrows I^-(\text{ads})$	(3̂)	$I(\text{ads}) + \alpha_3 e^- \rightleftarrows I^-(\text{aq}) - (1-\alpha_3)e^-$
$I_3^-(\text{aq}) + 2e^- \rightleftarrows 3I^-(\text{aq})$	合計	$\frac{1}{2}I_3^-(\text{aq}) - \frac{1}{2}I^-(\text{aq}) + \alpha_3 e^- \rightleftarrows I^-(\text{aq}) - (1-\alpha_3)e^-$

8 輸　　　送

　多くの電気化学セルでは，反応物は電極のほうへ輸送され，生成物は電極から取除かれなければならない．電気化学の勉強をさらに進めていくためには，そうした輸送が行われるさまざまな形態について，また，それらを支配する法則について，ここで少しばかり理解を深めておく必要がある．輸送現象は気体中でも起こるし[801]，固体中であっても起こる．一方，液体中，特にわれわれの関心のある水溶液中では，分子性あるいはイオン性の溶質の輸送が対象となる．これは，たとえば熱伝導や運動量輸送など，他の種類の輸送と区別するために，しばしば**物質輸送**（mass transport）あるいは**物質移動**とよばれる．しかし，溶質の輸送はいつも質量（mass）の輸送を指すわけではないので，もっと簡単に"輸送"という語を用いることにする．

8・1　流束密度：溶質の移動は保存則に従う

　ある化学種 i（イオンまたは分子）の空間移動を定量的に取扱うために，**流束密度**[802]（flux density）を用いる．これは，SI 単位系では $\mathrm{mol\ m^{-2}\ s^{-1}}$ の単位をもち，本書では j_i という記号で表す．流束密度は，以下のように定義される．

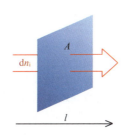

$$j_i = \frac{1}{A}\frac{dn_i}{dt} \qquad \text{流束密度の定義} \qquad (8\cdot1)$$

すなわち，時間 dt の間に面積 A を横切る化学種 i のモル数 dn_i である．ここで面積は，移動の方向に対して垂直にとる．流束密度はベクトル量であるが，電気化学で用いられる場合は常に，輸送が起こる方向——つまり**流束線**（flux line）の方向——に測られ，座標系の選び方によって正または負の符号をもつ．上に描かれている図は，流束 j_i が正の輸送の場合である．一般に，流束は位置と時間に依存するので，これ以降は $j_i(l, t)$ のような表記を用いることとする．流束密度は，溶存種 i の濃度 c_i とその移動方向の平均速度 $\bar{v}_i$ との積に等しい．

$$j_i = \bar{v}_i c_i \qquad (8\cdot2)$$

帯電しているいずれの化学種の流束密度も，電流密度との間に以下の関係が存在する[803]．

$$i = F\sum_i z_i j_i \qquad (8\cdot3)$$

ここで z は電荷数を表す．

　ある化学種の輸送が，図 8・1 に示すように x 軸に平行な流束線に沿って起こるとき，距離 x と $x+dx$ の間に存在する体積 V の素片中の化学種の数は，注目する素片に出入りする流束密度に応じて，その初期値 $Vc(x, t)$ から以下のように変化する．

$$(\text{新しい数}) = (\text{初期の数}) + \begin{pmatrix} \text{左側から} \\ \text{流入する数} \end{pmatrix} - \begin{pmatrix} \text{右側へ} \\ \text{流出する数} \end{pmatrix} \qquad (8\cdot4)$$

あるいは，輸送が起こる断面積 A を用いて，

$$Vc(x, t+dt) = Vc(x, t) + Aj(x, t)dt - Aj(x+dx, t)dt \qquad (8\cdot5)$$

のようにも書くことができる．この種の輸送は**平面的**[804]（planar）と記述されるが，それは，等濃度面が平面であるからである．$V = A\,dx$ の関係を用いると，(8・5)式はつぎのように変形される．

$$\frac{c(x, t+dt) - c(x, t)}{dt} = \frac{j(x, t) - j(x+dx, t)}{dx} \qquad (8\cdot6)$$

あるいは，偏微分の表記を用いると，

$$\frac{\partial c}{\partial t} = -\frac{\partial j}{\partial x} \qquad \text{平面輸送} \qquad (8\cdot7)$$

となる．この非常に単純な式は，**平面輸送における保存則**（conservation law for planar transport）として知られている．図 8・2 に示す流束線は平行になってはいないが，こ

---
801) そして液体中よりも速い．たとえば，窒素ガス中の Na^+ は水中に比べて 6500 倍も速く動き，空気中の酸素は水中よりも 8000 倍も速く拡散する．
802) もっと簡単に"流束（フラックス）"という場合もある．一方でこの言葉は，単位 $\mathrm{mol\ s^{-1}}$ をもつ全流束（本書では記号 J を用いる）を指すことがある．J と j の違いは，I と i の違いと同様である．
803) (8・1)式，(8・2)式，(8・3)式の次元の整合性を確かめよ．答えは Web #803 を参照．
804) 流束線が線形であるため，"線形輸送"とも表記される．しかし，球面輸送でも流束線は線形になるため，この表記では区別できない．

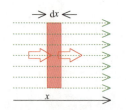

図 8・1 平行流束に沿って輸送が起こる場合, 保存則は (8・7) 式の単純な形をとる.

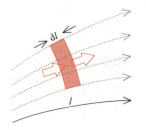

図 8・2 流束線が平行でないとき, 保存則は (8・8) 式の形をとる.

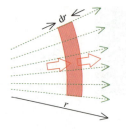

図 8・3 流束線が一点から広がるとき, 等濃度面は球面あるいはその一部で, 保存則は (8・9) 式の形をとる.

うしたより一般の状況下における保存則は, 次式に示すように, より面倒な形になる.

$$\frac{\partial c}{\partial t} = -\frac{\partial j}{\partial l} - j\frac{d}{dl}\ln|A(l)| \quad (8\cdot8)$$

これは, 座標 l で示される**等濃度面**[805] (equiconcentration surface) での変化に注目するからである ((8・8) 式の**保存則**の一般式の導出については, 他の箇所を参照のこと[806]). 一例として, ある1点から流束線が放射状に広がる, 図 8・3 の場合を考えよう. この場合, 等濃度面は球状あるいは半球状で, その面積は距離 r の二乗に比例して大きくなる. よって, $d\ln|A(r)|/dr$ は $2/r$ に等しい[807]. この場合, (8・8) 式は,

$$\frac{\partial c}{\partial t} = -\frac{\partial j}{\partial r} - \frac{2j}{r} \quad \text{球面輸送} \quad (8\cdot9)$$

となる. これは, **球面輸送の保存則** (conservation law for spherical transport) である.

考えている化学種が, 輸送媒体の中で生成あるいは消滅する場合には, 保存則を修正する必要がある. たとえば, 化学種 A の平面輸送が起こっている媒体中で, 均一化学反応

$$A(\text{soln}) + B(\text{soln}) \underset{\overleftarrow{k}}{\overset{\vec{k}}{\rightleftarrows}} Z(\text{soln}) \quad (8\cdot10)$$

が起こるとき, 保存則 (8・7) は二つの項を加えたつぎの形になる[808].

$$\frac{\partial c_A}{\partial t} = -\frac{\partial j_A}{\partial x} - \vec{k}c_A c_B + \overleftarrow{k}c_Z \quad (8\cdot11)$$

ここで $\vec{k}$ および $\overleftarrow{k}$ は, それぞれ 2 分子反応および単分子反応の濃度に基づく速度定数である (2章参照).

8・2 三つの輸送形態：泳動, 拡散, 対流

溶液の中を溶質が移動する現象には, 三つの異なる要因がある. それぞれの輸送様式は, それぞれ原因となる因子の勾配と関係付けることができる.

泳動 ⎫　　⎧ 電位
拡散 ⎬ は, ⎨ 濃度あるいは活量　の勾配により生じる.
対流 ⎭　　⎩ 圧力

一つの例外を除き, これらの量の大きいほうから小さいほうへ向かって移動が起こる. その例外とは, アニオン種の泳動である. アニオンは高い (すなわち正の) 電位のほうへ移動するからである.

泳動をひき起こす力は電場によって生じ, 移動に伴って消費されるエネルギーは熱エネルギーに変わる. 同様に, 静水力によって対流が生じる[809]. しかし, 溶液中のより希薄な箇所へ溶質が移動するのに伴うエントロピーの増大に支配される, 拡散に相当する力というものは存在しない. 別の見方をすれば, 拡散は溶液中における溶質分子の**ブラウン運動**[810] (Brownian motion) によって生じるといってもよい. 分子同士の押し合いによって, 高濃度領域にいる分子は, 隣接するより低濃度領域のほうへ必然的に押し出されていくこととなる.

泳動と拡散に共通する一般的な特徴として, これらの輸送様式では, いずれも溶質は比較的じっとしている溶媒分子の間をすり抜けていくことである. これに対し対流では, 溶質は溶液の流れに乗って溶媒とともに移動する. したがって対流は, 溶液を入れている容器の形状にも依存するという点において, 他の様式とは大きく異なる. 対流は, 物質輸送をおおざっぱであるが手軽に促進させること

---

805) 等濃度面は流束線に直交している (互いに垂直である). これは等電位面 (107ページ) の場合と同様である. 電気化学では通常, 等濃度面と等電位面は同じである. 等濃度面は図 8・1 の場合には平面であり, 図 8・3 の場合には球面の一部をなす.
806) 一般的な保存則については Web #806 を参照のこと. (8・7)式, (8・8)式, (8・9)式は**連続の式**とよばれる.
807) これを証明せよ. 答えは Web #807 を参照.
808) (8・11)式に含まれる四つの項が同じ SI 単位をもつことを示せ. 答えは #808 を参照.
809) あまり一般的ではないが, 電気浸透力 (13章) も対流の原因となる場合がある.
810) 液体中での分子の不規則な動きは, さらに大きな分散粒子に伝えられて, それらがランダムな動きをする. これはロバート・ブラウン (1773-1858, スコットランドの植物学者) の顕微鏡観察により発見された.

のできる手段として，電解合成においては特によく利用されている．しかし対流を，流体力学の法則の助けを借りてモデル化して取扱うには，特殊なセル構造が必要である．その他のほとんどの場合には，対流は電気分析化学者がなるべく避けようと努力する複雑さをもたらすだけである．この意味において，われわれは，溶液を撹拌したり，通気したり，超音波を照射[640]したりして生じる**強制対流**（forced convection）と，振動や密度差など，溶液の望ましくない流動によって生じる**自然対流**（natural convection）とを区別しなければならない．

以下，この章の三つの節において，それぞれの様式について個別に見ていくことにする．とはいえ電気化学では，一つの輸送様式だけに支配されることはまれである．最も効果的な輸送様式である強制対流の場合でさえも，溶質を電極へと運ぶには，他の輸送様式を必要とする．泳動においても拡散を必要とし，そのまた逆もありうる．実際，泳動と拡散は，同じ現象についての二つの表現とみなすことができる．泳動ではエネルギーを消費し，拡散ではエントロピーが増大することを思い出そう．したがって，両方ともギブズエネルギーの減少をもたらし，この減少へと向かうことこそが，輸送をひき起こす原因と考えることができる．この論法に従えば，87 ページで議論される関係式が導かれる．しかし，ここしばらくは，三つの輸送様式が別々のものであり，それぞれが単独に働くものと考えよう．

泳動は，イオン性の溶質にのみ影響するが，拡散や対流はすべての溶質に作用する．このことは，輸送様式を区別するうえで最も重要な点である．もう一つはニュートン[105]の運動の法則の結果である．移動は瞬時に始まるわけではない．移動する物体は，その最終速度まで加速される必要がある．この加速期間に相当する時間は，物体の質量により異なる．泳動においては，この時間の遅れはわずかであるので[811]，電気化学ではこれを無視してよい．スイッチを入れた途端，電子やイオンの動きはほとんど瞬間的に定常に達する．しかし，自然対流のほうはそうはいかない．大量の溶液が流動しなければならず，慣性も相当なものになる．しかし，ボルタンメトリー（12，15，16 章参照）にはこれが幸いして，密度勾配による影響について考慮が必要となるまでに，100 秒程度の時間的余裕を実験者に与えてくれる．

8・3 泳動：電場に応じて移動するイオン

先にわれわれは，イオンの移動を誘発する「電場」に対するイオンの「平均速度」の比を**移動度**[812]（mobility）として定義した（10 ページ参照）．

$$u_i = \frac{\bar{v}_i}{X} \quad \text{移動度の定義} \quad (8\cdot12)$$

泳動によるイオンの流束密度は，上の定義と（8・2）式を組合わせた，

$$j_i^{\text{mig}} = u_i c_i X = -u_i c_i \frac{d\phi}{dl} \quad (8\cdot13)$$

で与えられる．移動度は濃度によっても変化し，以下の表の 2 列目にあげた値は無限希釈時における移動度 u° である．水中におけるほとんどの無機イオンの移動度は 10^{-7} m^2 V^{-1} s^{-1} くらいの値である．これは，1 m あたり 1 V の電位勾配の中に置かれたイオンが，1 日に 9 mm しか動かないことに相当するので，かなり遅いと感じるかもしれない．しかし，分子のスケールから見ると，それ相応の速さである．この泳動するイオンは，1 秒間に 300 個の水分子を追い抜いて移動している．

i (aq)	$\dfrac{10^9 \times u_i^\circ}{\text{m}^2\text{V}^{-1}\text{s}^{-1}}$	$\dfrac{R_i^{\text{stokes}}}{\text{pm}}$	$\dfrac{R_i^{\text{cryst}}}{\text{pm}}$	i (aq)	$\dfrac{10^9 \times u_i^\circ}{\text{m}^2\text{V}^{-1}\text{s}^{-1}}$	$\dfrac{R_i^{\text{stokes}}}{\text{pm}}$	$\dfrac{R_i^{\text{cryst}}}{\text{pm}}$
Li$^+$	40.1	239	68	Sr^{2+}	62.5	304	112
Na$^+$	51.9	183	97	Ba^{2+}	65.9	289	153
K$^+$	76.2	125	133	Zn^{2+}	54.7	348	74
Rb$^+$	80.6	118	147	F$^-$	−57.4	166	133
Cs$^+$	80.0	119	167	Cl$^-$	−79.1	120	181
NH$_4^+$	76.2	125	143	Br$^-$	−80.9	118	196
H$_3$O$^+$	362.2	26	−	I$^-$	−79.6	119	220
Mg^{2+}	54.9	347	66	OH$^-$	−205.2	46	−
Ca^{2+}	61.6	309	99				

表にのっている移動度を眺めていると，二つのことが明らかになってくる．一つ目に，2 価のイオンは 1 価のイオンの 2 倍の速度で動くはずだという期待に反して，それらは実際にはさらにゆっくりと動く．二つ目は，全く予期しえないことだが，H$_3$O$^+$(aq) および OH$^-$(aq) の移動度は他のイオンに比べて著しく大きい．これらの実験値を詳しく調べる前に，移動度がどうやって予測されるかについて考えてみよう．イオンを半径 R の小球と仮定し，力 f を受けて水のような粘性媒体の中を移動すると考えると，これらは重力のもと，媒体中を落下する金属の小球と同じように考えることができる．こうした落下する球体はほぼ**ストークスの法則**[813]（Stokes'law）に従い，その最終速度

---

811) 大きなイオンでは，交流周波数が高くなるほどこの影響が大きくなる．
812) これに代わって，$\bar{v}_i/|X|$，$\bar{v}_i/(z_i X)$，$\bar{v}_i/(z_i Q_0 X)$ も "移動度" の表記として使われる．したがって，いろいろな出典からの情報を比較するときには注意を要する．
813) ジョージ・ガブリエル・ストークス卿（1819–1903），アイルランド生まれの数学者，物理学者．ストークスの法則から，水中において体積 0.050 mm^3 の水銀滴は，一定の速度に達すると，どれくらいの間隔で落下するか？ 答えは Web#813 を参照．

は，
$$v = \frac{f}{6\pi\eta R} \quad \text{ストークスの法則} \quad (8\cdot 14)$$

で与えられる．ここで，η は媒体の粘度である（298 K の純水では 8.937×10^{-4} kg m^{-1} s^{-1} である）．泳動しているイオン i に作用する力 f_i は $z_i Q_0 X$ であるので，泳動速度は，

$$v_i = \frac{f_i}{6\pi\eta R_i} = \frac{z_i Q_0 X}{6\pi\eta R_i} \quad (8\cdot 15)$$

となるだろう．この式を用いると，逆に泳動するイオンの半径を推定で求めることができる．移動度の定義(8·12)を用いると，

$$R_i = \frac{z_i Q_0 X}{6\pi\eta v_i} = \frac{z_i Q_0}{6\pi\eta u_i^\circ} \quad (8\cdot 16)$$

が得られる．このストークスの法則の式に，上表の**二列目**にある移動度の値を代入して計算したイオン半径を**三列目**に示した．比較のために，**四列目**には結晶構造から求めたイオン半径[814]を示した．サイズの大きな 1 価のイオンについて見ると，測定法が全く異なるにもかかわらず，ある程度良い一致が見られる．しかし，明らかに矛盾する点は，アルカリ金属では Li$^+$→Na$^+$→K$^+$→Rb$^+$，アルカリ土類金属では Mg^{2+}→Ca^{2+}→Sr^{2+}→Ba^{2+} の順に結晶イオン半径が大きくなるにもかかわらず，ストークス半径は次第に**小さく**なっていくことである！ また，これほど明瞭ではないが，ハロゲン化物イオン F$^-$→Cl$^-$→Br$^-$→I$^-$ についても同様の傾向が見られる．このことと，以前に指摘した 2 価イオンと 1 価イオンの特異性は，イオンの**水和**（hydration）に起因するものであり（21 ページ），イオンサイズが小さく多価のものほど顕著に表れる．小さなイオンが泳動するときは，イオンだけが動くのではなく，周囲に水分子を伴って[815]動く．こうした水和効果を考慮してもなお，結晶半径のほうがストークス半径よりも若干大きい．これは，かなり開放的な構造の水の中をすり抜けてイオンが移動するほうが，水分子のサイズよりはるかに大きな球体として動くよりもずっと容易であるからであろう．

オキソニウムイオン H$_3$O$^+$ や水酸化物イオンの特異性は，図 8·4 に示す**グロッタス機構**[816]（Grotthuss mechanism）により説明される．これらは粒子として水の中を移動するだけでなく，それら自身の化学変化が動きを生み出している．しかし他の溶媒中では，オキソニウムイオンも水酸化物イオンも，ごく普通の移動度を示す．

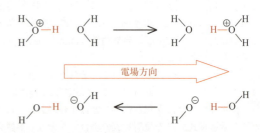

図 8·4 グロッタス機構．イオンと水分子との間のプロトン H$^+$ の交換により，泳動が起こっているように見え，これが移動度を増大させる．

コールラウシュ[817]は，強電解質水溶液の導電率[818]がその濃度とともに直線的に増加しないことを見いだした．移動度を用いて彼の発見を解釈すれば，イオンの移動度は電解質濃度の平方根に対して減少する，ということである．異種のイオンが存在するときも，イオン i の泳動は遅くなるが，これはつまり，移動度がイオン強度の平方根とともに減少することを意味している．

$$u_i = u_i^\circ - \gamma\sqrt{\mu} \quad (8\cdot 17)$$

ここで γ は定数である．なぜこうした挙動をとるのか，また，定数 γ の理論的根拠については，オンサーガー[819]と彼の共同研究者による研究で明らかにされた．デバイ-ヒュッケル理論と同じく，中心イオンとイオン雰囲気からなるモデルに基づく彼らの理論的取扱いは精緻なものであり[820]，ここでは示さないが，移動度の減少は二つの効果に起因するとされ，それらは γ に対して正および負の影響を及ぼす．このうち，いわゆる**電気泳動効果**（electrophoretic effect）は，移動する中心イオンが，その反対方向へ移動しようとするイオン雰囲気から受ける静電引力である．デ

---

814) 充填構造が既知である塩の結晶の密度から，接触するアニオンとカチオンとの中心間の距離が一般に見積もられる．

815) おそらく，H$_3$O$^+$(aq) は三つ，F$^-$(aq) や Zn^{2+}(aq) はそれぞれ四つ，Mg^{2+}(aq) は六つの水分子を伴う．しかし，他の方法で調べると，これらとは若干異なる配位数を与える場合がある．

816) クリスティアン・ヨーハン・ディートリッヒ・グロッタス（1785-1822，のちに彼はセオドア・グロッタスの名で通っていた），リトアニアの電気化学者，光化学者．イオンを用いる解釈以前に，彼は水分子の原子への可逆的解離に基づいて特異性を説明した．

817) フリードリッヒ・ヴィルヘルム・ゲオルグ・コールラウシュ（1840-1910），ドイツの物理化学者．

818) **弱電解質**（21 ページ）の**電気伝導率**は，これらの溶液における平衡がずれているので異なったパターンを示す．Web #818 参照．この挙動の解釈はウィルヘルム・オストワルド（1853-1932，ラトビアの物理化学者．触媒および速度論における業績により，1909 年にノーベル賞を受賞）やアレニウスによりなされ，現在われわれが知っているイオン溶液の描像が導かれた．

819) ラルス・オンサーガー（1903-1976），ノルウェー生まれのアメリカの物理化学者．1968 年に熱力学における相反関係の発見によりノーベル賞を受賞した．

820) カチオン i およびアニオン j からなる二元電解質では，$\pi N_A \eta \sqrt{18RT\varepsilon} \gamma/z_i F^2 = 1 + z_j F\eta u_i^\circ h^2/[2RT\varepsilon(1+h)]$ となるはずである．ここで，$h^2 = z_i z_j (u_i^\circ - u_j^\circ)/[(z_i - z_j)(z_i u_i^\circ + z_j u_j^\circ)]$ である．

バイ[241]やファルケンハーゲン[821]を連想させる**緩和効果**(relaxation effect)は,移動する中心イオンはもはやイオン雰囲気の中心にはいないことに起因する.この(電荷の)非対称性がさらなる電場をつくり出し,イオンの速度を速めるように働く.

電解質溶液で簡単な導電率測定を行うことにより,カチオンとアニオンの移動度の違いがわかる.後者は負の値をもつ.一例として,濃度 c の硝酸カルシウム水溶液 ($Ca^{2+}(aq)+2NO_3^-(aq)$) の導電率を κ とすると,(1・30)式より次式が導かれる.

$$u_{Ca^{2+}} - u_{NO_3^-} = \frac{\kappa}{2Fc} \qquad (8・18)$$

移動度を個別に求めることはたやすくはない.しかし,一つのイオンの移動度が決まってしまえば,導電率測定と(8・18)のような式から他のすべての移動度を求めることができる.

図8・5は,移動度を計測するための**移動境界法**(moving boundary method)に用いられる簡単な装置図である.この例では,断面積 A が既知のガラス管に塩化銅(II) の水溶液を入れ,その上に塩酸水溶液をのせたものである.二つの電極 (Ag|AgCl が使われる)の間に流れる電流 I を計測する.このとき,境界層の動きがはっきりわかる程度の定電圧を印加する.$Cu^{2+}(aq)$ や $H_3O^+(aq)$ などのカチオンは徐々に上方へと移動する.一方,境界層を超えて電流を運ぶ唯一のイオンである $Cl^-(aq)$ は下方に移動する.

オキソニウムイオンの移動度は Cu(II) イオンのそれよりも大きく,また,管の下方にはより高密度の溶液が入っているため,境界層がはっきりしている.二つの溶液では濃度変化はほとんど起こらないので,境界層の上昇速度は銅およびオキソニウムイオンの平均速度と一致する.

$$v_{境界}\begin{cases} = \bar{v}_{Cu^{2+}} = X^L u_{Cu^{2+}} = (i/\kappa^L) u_{Cu^{2+}} = I u_{Cu^{2+}}/(A\kappa^L) \\ = \bar{v}_{H_3O^+} = X^U u_{H_3O^+} = (i/\kappa^U) u_{H_3O^+} = I u_{H_3O^+}/(A\kappa^U) \end{cases}$$
$$(8・19)$$

ここで上付き文字の L および U は,それぞれ管の下部および上部を表す.通常,移動境界法の解析は輸率[153]の説明で用いられるが,上式を用いると,式中のほかの量が容易に測定可能であることと相まって,境界の移動速度を測ることで両カチオンの移動度を直接求められることがわかる.

移動境界層実験は**電気泳動**[822] (electrophoresis) の一例であり,荷電粒子が電場のもとで泳動することを利用する方法の一つである.粒子は単純なイオンでも,ずっと大きな荷電粒子でもよく,生化学あるいは生医科学的に興味のある粒子であることも多い.典型的な電気泳動実験では,数種の荷電粒子を含んだ溶液を,強い電場が印加された管の一端に注入する.それらの粒子は異なる移動度をもつので,粒子は管の中を異なる速度で移動し,もう一方の端に設置された検出器に異なる時間に到達する.図8・6のように電圧を印加した場合,電場方向は左から右であるので,装置は正に帯電した粒子の研究用に設計されている.たくさんの検出法が存在するが,それらの多くは検出器を通過するそれぞれの化学種を定量できる.このため,サンプル中に存在する粒子の同定(これは,注入から検出までにかかる滞在時間から)および,その濃度(こちらは既知の注入量における検出器出力から)を計測できる.キャリアとなる電解質溶液は通常,緩衝液であり,そのpHを適切に選択することにより分解能がさらに向上する.よく用

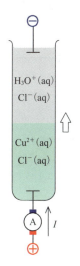

図 8・5 移動境界法では,導電率が既知の二つの溶液間にできる界面の動きを測定する.

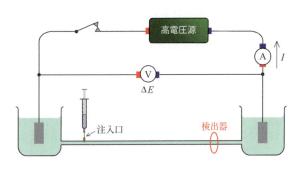

図 8・6 典型的な電気泳動の装置

---

821) ハンス・ファルケンハーゲン (1895-1971) はドイツの物理化学者.デバイ,ヒュッケル,オンサーガーなどを輩出したヨーロッパ科学組織の一員.
822) 電気泳動に関する先駆的研究により,スウェーデンの化学者アーン・ウィルヘルム・コーリン・ティセリウス (1901-1971) は1948年にノーベル賞を受賞した.

いられる方法の一つに**キャピラリー電気泳動**（capillary electrophoresis）がある．この方法では，細管の中を緩衝液が**電気浸透**（electroosmosis）によって生じる流れとなって通過する（14章参照）．ゲルや多孔質紙を泳動媒体として使う方法もある．

8・4　拡散：フィックの二大法則

拡散は活量の勾配によって生じ，拡散流束はその勾配に比例する．

$$j_i^{\text{dif}} \propto \frac{\partial a_i}{\partial l} \tag{8・20}$$

しかしながら，反応速度論などの場合と同様の理由で，拡散も濃度勾配に応じて生じるものとして取扱われることのほうが多い．

$$j_i^{\text{dif}} = -D_i \frac{\partial c_i}{\partial l} \quad \text{フィックの第一法則} \tag{8・21}$$

D_i は注目する化学種 i の**拡散係数**（diffusion coefficient）（または**拡散能**（diffusivity））である．フィック[823]が発表した式は，今日われわれが**フィックの第一法則**（Fick's first law）とよぶ (8・21) 式の形である．拡散係数 D_i は $m^2 \, s^{-1}$ という SI 単位[824]をもつ実験値である．その値は溶媒に依存し，また i 自身を含むすべての溶質の濃度によっても変化しうる．主な小さいイオンや分子についての値を巻末付録の表に示す．典型的な D_i の値はおおよそ $10^{-9} \, m^2 \, s^{-1}$ である．

(8・21) 式中の座標 l は，拡散の流束線に沿ってとられ，もしこれらが図 8・1 に示すように互いに平行ならば，(8・7) 式および (8・21) 式は次式に統合される．

$$\left. \begin{array}{l} \dfrac{\partial c}{\partial t} = -\dfrac{\partial j}{\partial x} \\ j = -D\dfrac{\partial c}{\partial x} \end{array} \right\} \Rightarrow \frac{\partial c}{\partial t} = D\frac{\partial^2 c}{\partial x^2}$$

フィックの第二法則　平面輸送　(8・22)

これは**平面輸送におけるフィックの第二法則**（Fick's second law for planar transport）である．球面輸送の場合，これに対応する式はつぎの形式で書ける．

$$\frac{\partial c}{\partial t} = D\frac{\partial^2 c}{\partial r^2} + \frac{2D}{r}\frac{\partial c}{\partial r} \quad \text{フィックの第二法則 球面輸送}$$

$$= \frac{D}{r^2}\frac{\partial}{\partial r}\left\{r^2\frac{\partial c}{\partial r}\right\} \tag{8・23}$$

これは，(8・9) 式で与えられる保存則とフィックの第一法則を組合わせたものである[825]．

あとの章で見るように，電気化学者はしばしばこの第二法則を解く必要に迫られる．その解は，$c_i(l, t)$ を明示的に表すものである．つまり，座標 l[826] に沿ったあらゆる場所での，任意の正の時刻における拡散種の濃度がどのくらいかを表す．すべての微分方程式と同じく，フィックの第二法則もただそれのみでは解けない．個々の問題の解を求めるには，三つ[827]の適切な**境界条件**（boundary condition）が必要となる．

フィックの第二法則の解の例として，いまわれわれは，電気化学の典型的な実験の一つを取上げ，その役割を考えてみよう．これは図 8・7 に示されている．最初，電解液には電荷をもたない還元体 R が濃度 c_R^b で均一に含まれている．$c_R(x, t)$ を時刻 t における溶液内の任意の点 x における R の濃度を表すものとすると，

$$c_R(x > 0, 0) = c_R^b \tag{8・24}$$

である．また，溶液には多量の支持電解質も含まれているが，ここでは問題にする必要はない．時刻 $t=0$ においてスイッチが閉じられると，作用電極には電極表面から R

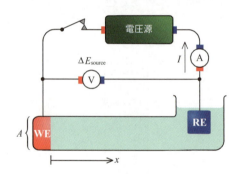

図 8・7　電位ジャンプ実験では，作用電極の電極表面から反応物を除去することのできる大きな電位を急激に印加する．

---

823) アドルフ・オイゲン・フィック（1829–1901）はドイツの生理学者で，膜を透過する拡散現象を研究した．
824) これは透過率（43 ページ）と同じ SI 単位をもつことに注意する．拡散係数（拡散能）はある意味，任意の溶媒の透過率ともいえる．
825) 長い棒状の電極がイオン伝導体に取囲まれた場合に適用される，円筒拡散についてのフィックの第二法則を導け．答えは Web #825 を参照．
826) l は平面輸送の場合には x に相当し，球面輸送の場合には r に相当する．そのほかの場合にもそれぞれ対応する座標に相当する．二つ以上の座標が必要となる場合もある．
827) どうして境界条件が三つも必要なのだろうか？フィックの第二法則には，時間と空間に関する 2 種類の微分が含まれている．よって，これらの微分を除くには，空間で 2 回，時間で 1 回の，計 3 回の積分が必要となる．このそれぞれには "積分定数" が必要で，境界条件がこれを決める．よって，空間に関して二つ，時間に関して一つの，あわせて三つの境界条件が必要となる．

を除去する(すなわち,電極表面に到達する R をすばやく酸化する)のに十分な正の電位が印加され,保たれる.つまり,この**電位ジャンプ実験**(potential-leap experiment)では,

$$c_R(0, t > 0) = 0 \quad (8 \cdot 25)$$

である.R は無電荷であり,また溶液は静止しているので,R の輸送様式は拡散のみとなり,フィックの法則が輸送を支配する.図に示されたセル構造では流束線は明らかに平行であり,フィックの第二法則は (8·22) 式の形となる.すなわち,

$$\frac{\partial}{\partial t} c_R(x, t) = D_R \frac{\partial^2}{\partial x^2} c_R(x, t) \quad (8 \cdot 26)$$

この式を解くのに必要な三つの境界条件のうち,二つは (8·24) 式および (8·25) 式に示されている.三つ目は,電極から十分に離れた場所では濃度は不変であることから,数学的に,

$$c_R(x \to \infty, t) = c_R^b \quad (8 \cdot 27)$$

と表すことができる.ラプラス変換を使って解くと[828], (8·24)~(8·27) の四つの式[829]は,

$$c_R(x, t) = c_R^b \, \mathrm{erf}\left\{\frac{x}{\sqrt{4 D_R t}}\right\} \quad \text{電位ジャンプ濃度プロファイル} \quad (8 \cdot 28)$$

により満足されることがわかる.ここで,erf{ } は誤差関数[828]を表す.図 8·8 に,この結果を説明する濃度プロファイルを示す.

R は拡散によってのみ輸送されるので,(8·28) 式にフィックの第一法則を適用すると流束密度として,

$$j_R(x, t) = -D_R \frac{\partial}{\partial x} c_R(x, t) = -c_R^b \sqrt{\frac{D_R}{\pi t}} \mathrm{erf}\left\{\frac{-x^2}{4 D_R t}\right\} \quad (8 \cdot 29)$$

が得られる.濃度プロファイルや流束プロファイル自体は,電気化学的に興味のあるものではない.電極反応の化学量論係数が反応種の流束密度と電流とを関係付ける.正味の反応を,

$$\nu_R R(\mathrm{soln}) \to n e^- + \nu_O O(\mathrm{soln}) \quad (8 \cdot 30)$$

とし,個々の ν を化学量論係数(多くの場合 1 であるので式では省略される)とすると,電極表面における R と O の流束密度は電子の生成速度,つまり電流密度とつぎのように関係付けられる.

$$\frac{j_O(0, t)}{\nu_R} = \frac{-j_R(0, t)}{\nu_O} = \frac{-j_e(0, t)}{n} = \frac{i(t)}{nF} = \frac{I(t)}{nAF} \quad (8 \cdot 31)$$

この式および,(8·29) 式において $x=0$ としたときの式を組合わせると,

$$I(t) = \frac{n}{\nu_R} A F c_R^b \sqrt{\frac{D_R}{\pi t}} \quad \text{コットレル式} \quad (8 \cdot 32)$$

が得られる.これが**コットレル式**[831] (Cottrell equation) である.これは,平面拡散輸送が行われるときの電位ジャンプ実験における電流を表す式である.この式より,下図のように電流は無限大[832]から $t^{-1/2}$ に従って減衰することがわかる.

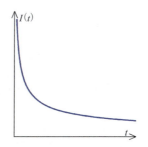

電気化学ではしばしば,平面輸送におけるフィックの第二法則((8·22)式)における三つの境界条件のうち,

$$\left.\begin{array}{l} c_i(x, 0) \\ c_i(x \to \infty, t) \end{array}\right\} = c_i^b \quad (8 \cdot 33)$$

の二つを与え,あとの一つを与えられない(与えたくない)場合がある.このような状況下では,フィックの第二法則の部分解はつぎのようになる.

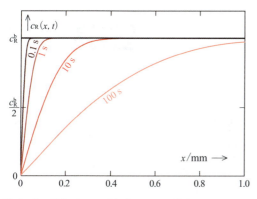

図 8·8 電位ジャンプ実験における濃度プロファイル($D_R = 1.00 \times 10^{-9}\, \mathrm{m^2\,s^{-1}}$).100 秒過ぎても[830],濃度の減少は 1 mm 以内の領域でしか起こっていない.このことは (8·27) 式の条件が正しいこと示している.

---

828) Web#828 には (8·28)式だけでなく,(8·29)式や (8·32)式も導出されている.また誤差関数の定義から始まり,その性質について解説している.
829) これら四つの式のいずれもが (8·28)式によって満足されることを示せ.答えは Web#829 を参照.
830) 100 秒より長い電位ジャンプ実験では,自然対流の影響を受ける恐れがある.
831) フレデリック・ガードナー・コットレル(1877-1948)はアメリカ合衆国の電気化学者.ガス流体から汚染物質を取除く電気集塵機の発明者であり,慈善的企業 Research Corporation の設立者でもある.
832) 原理的にはそうであるが,現実には,輸送分極がない初期には,抵抗分極と反応分極が働く.10 章を参照.

$$j_i^s(t) = \sqrt{D_i}\frac{d^{1/2}}{dt^{1/2}}\{c_i^s(t) - c_i^b\} \quad i = R, O \quad (8\cdot34)$$

上付きのbとsは，それぞれバルク溶液と電極表面を表す．(8・34)式の導出法ならびに**半微分**(semidifferentiation)の説明は他を参照のこと[833]．これは，必要な三つの条件のうち，ただ二つのみを満足するので部分解である．三つ目の条件は個々の実験に依存し，実験者が電位をどのように制御するかが反映される．たとえば電位ジャンプ実験では，$c_R^s(t)$をゼロにすることに相当する．このとき，(8・34)式はただちに，

$$j_R^s(t) = -\sqrt{D_R}\frac{d^{1/2}}{dt^{1/2}}c_R^b = -\sqrt{D_R}\frac{c_R^b}{\sqrt{\pi t}} \quad (8\cdot35)$$

となり，(8・29)式と一致する．

われわれは多くの場合，イオン伝導体内部における輸送に関心をもつが，水銀電極を用いる場合，電気化学者は作用電極内部における金属の拡散を取扱わなければならない．多くの金属で見られるような水銀に溶解するプロセスは，**アマルガム化**(amalgamation)として知られている．一例として，亜鉛イオンが水銀電極で還元されると亜鉛アマルガムを生じる．

$$Zn^{2+}(aq) + 2e^-(Hg) \rightleftarrows Zn(amal) \quad (8\cdot36)$$

水銀電極表面で生じた"アマルガム化した"亜鉛は，水銀電極内部へと拡散していく[834]．このあと水銀電極をアノード分極すると，亜鉛原子は逆方向に輸送され，酸化されて溶液中へと戻っていく．このプロセスは，9章に述べるストリッピング分析の核心をなすもので，またポーラログラフィー[1305]において重要である．

8・5 拡散と泳動：共同あるいは相反するもの

前節で述べた電位ジャンプ実験の解析は正しいものであるが，まだ不十分である．電気的に中性のRが酸化されると，カチオン性の生成物Oが生じ，これが拡散や泳動する．正味の電流は電解液の中を流れなければならないが，溶液に最初，イオンが溶けていなければイオン伝導体ではないため，電流は流れないだろう．Rは中性であるので電流を運べない．導電性をもたせるには，過剰な量でなくとも，最初からイオンは溶けていなければならない．カチオンOは泳動や拡散によって運ばれるが，Oに比べて十分多量の支持塩が含まれていれば，これによって電場が打ち消されるので拡散による輸送が支配的となる．しかしその場合でも，電極近傍におけるOの泳動は，これが作用電極表面で電流を100％担っているため重要になる．電極近傍における輸送現象のさらに詳しい解析についてはのちほど改めて述べる．

電極活物質の泳動は，支持塩濃度が不十分な場合には，実験を始めると同時に起こる．さらに悪いことには，2種類あるいはそれ以上のイオン濃度が時間的・空間的に変動するため，局所的な電場に影響が生じる．これは泳動による流束に変動を生じさせる原因となる．予測される実験結果は，まるで悪夢のようだ．ここで読者は，なぜ電気化学者が可能な限り多量の支持電解質を使いたがるか，もうおわかりだろう．そうすることにより，泳動の影響を無視して差し支えない程度にまで減らすことができる．

読者は，泳動を阻止する溶液の粘度のような因子が，拡散も阻止するのではないかと考えるかもしれないが，事実その通りである．泳動も拡散も，より一般化された輸送形態の一面にすぎないことを前にも述べたが，両方ともに，**電気化学ポテンシャル**(electrochemical potential)として知られる，熱力学量の勾配によって生じる．このアプローチにより，どのようにして重要な**ネルンスト-アインシュタイン式**[622],[835] (Nernst-Einstein equation)，

$$z_i F D_i = RT u_i$$

ネルンスト-アインシュタイン式 (8・37)

が導き出されるかについては他を参照願いたい[836]が，ここでは実験的な立場からこの結果を導いてみよう．

図8・9に描かれているセルに定電流を流す．最初，両方の容器には同じ金属塩の溶液が満たされている．カチオ

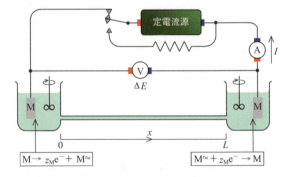

図8・9 容器内部を均一にするために緩やかに撹拌されている二つの電極セルが，細いチューブによってつながっている．

---

833) 部分解および部分計算に関するもっと詳しい情報についてはWeb#833およびWeb#1242を参照のこと．
834) ストークスの法則とネルンスト-アインシュタイン式を組合わせて，溶質の半径と拡散係数の関係を導け．これを**ストークス-アインシュタインの法則**という．Web#834にあるように，この法則を用いてアマルガム中における亜鉛原子の拡散係数を求めよ．亜鉛原子および水銀原子の半径をそれぞれ153 pm, 176 pmとする．水銀の粘度は1.526×10^{-3} kg m^{-1}s^{-1}である．求めた拡散係数の値と実測値1.89×10^{-9} m^{2}s^{-1}との差についてコメントせよ．
835) アルベルト・アインシュタイン(1879-1955)，ドイツ生まれのアメリカ合衆国の物理学者で，誰もが認める正真正銘の科学者．量子力学的光電効果の業績により，1921年ノーベル賞を受賞した．
836) 熱力学的な取扱いに基づく(8・37)式の簡単な導出法についてはWeb#836を参照．

ン $M^{z_M}(soln)$ は管を通って左から右へと移動するが，最初は泳動によってのみ，そして左側の電極が溶解して塩の濃度が十分高くなると，拡散によって移動するようになる．しかし，ここではアニオン $A^{z_A}(soln)$ の動きに注目しよう．泳動によるそれらの左向きの移動は，右向きの拡散によって阻害される．そして最終的に[837]，濃度は変化しなくなる．この最終的な状態では拡散流束と泳動流束の和がゼロとなる．つまり，

$$0 = j_A^{dif} + j_A^{mig} = -D_A \frac{dc_A}{dx} + \left(-u_A c_A \frac{d\phi}{dx}\right) \quad (8\cdot38)$$

である．少し変形して管に沿った方向に積分すると，

$$0 = D_A \int_{c_A^L}^{c_A^R} \frac{dc_A}{c_A} + u_A \int_{\phi^L}^{\phi^R} d\phi = D_A \ln\left\{\frac{c_A^R}{c_A^L}\right\} + u_A(\phi^R - \phi^L) \quad (8\cdot39)$$

を得る．ここで上付きのRとLは，それぞれ右および左の容器内の状態を表す．拡散は，濃度によるよりも，活量を用いてより正確に記述できるという事実に基づき，(8・39)式の濃度比を a_A^R/a_A^L に置き換える．指数をとって整理すると，

$$a_A^R \exp\left\{\frac{u_A}{D_A}\phi^R\right\} = a_A^L \exp\left\{\frac{u_A}{D_A}\phi^L\right\} \quad (8\cdot40)$$

が得られる．この式には，拡散および泳動項が混在している．

ここで，"定常状態"という語と"平衡状態"という語の現象論的な意味合いの違いにふれておくのがよいだろう．**定常状態** (steady state) とは，興味のある性質（濃度，流束密度など）がいずれも時間とともに変化しないことをいう．**平衡状態** (equilibrium state) のほうは，もっと強い意味合いをもつ．時間が経っても何の変化も起こらず，動きも見られない．図8・9の実験が最終的段階に入ると，金属カチオンは定常状態となるが，アニオンは平衡状態となる．平衡にあるので，アニオンは (2・26) 式のボルツマン式に従う．その式および (8・40) 式が同時に満足されるためには，

$$\frac{u_A}{D_A} = \frac{z_A F}{RT} \quad (8\cdot41)$$

であることが必要である．これはネルンスト-アインシュタインの法則[838]（(8・37)式）の例証である．図8・9の実験におけるカチオンの定常状態のほうも解析できる．この解析については他を参照されたい[839]．

溶質の拡散係数と移動度の比例関係が明らかになったので，それらを組合わせた輸送の式はつぎのように書ける．

$$j_i = -D_i \left[\frac{\partial c_i}{\partial x} + \frac{F}{RT}z_i c_i \frac{\partial \phi}{\partial x}\right] \quad \text{ネルンスト-プランク式}$$

$$(8\cdot42)$$

この平面輸送の式をネルンスト-プランク式[622, 840]（Nernst-Planck equation）という．この式は，拡散と泳動が輸送にかかわる場合に，フィックの第一法則にとって代わる式である．フィックの第二法則の書き換え，

$$\frac{\partial c_i}{\partial t} = D_i \left[\frac{\partial^2 c_i}{\partial x^2} + \frac{F}{RT}z_i \frac{\partial c_i}{\partial x}\frac{\partial \phi}{\partial x} + \frac{F}{RT}z_i c_i \frac{\partial^2 \phi}{\partial x^2}\right]$$

$$(8\cdot43)$$

は非常に込み入っているため，拡散と泳動の両方を含む時間依存の問題は，ある特殊な状況下でしか解析することができない．

8・6 対流：流体力学によって支配された輸送

(8・13) 式より，泳動による輸送の流束密度は電位勾配に比例することがわかる．また，(8・21) 式より，拡散輸送による流束密度は濃度勾配に比例する．よって，対流輸送の流束密度は圧力勾配[841]に比例すると予想され，事実これは正しい（少なくともある条件のもとでは）．流動する液体を入れるための最も単純な容器は，断面が半径Rの真円からなる管である．流体中に溶かされた溶質は，そのような管の中では液体と同じ速度で移動し，その平均流束密度は**粘度**（viscosity）η を用いて，以下のように表される．

$$\bar{j}_i^{conv} = \bar{v}c_i = -\frac{R^2 c_i}{8\eta}\frac{dp}{dx} \quad (8\cdot44)$$

この式は，**ポアズイユの法則**[842]（Poiseuille's law）から導かれる．ここで，われわれは平均流束密度を定義する必要がある．なぜなら，図8・10に示すように，溶液の速度 v

図 8・10 チューブ内でのポアズイユの流れ．速度プロフィールは $v(r) = 2\dot{V}[R^2 - r^2]/\pi R^4$ で与えられる．ここで，$\dot{V}$ は流束（$m^3 s^{-1}$）である（断面図を参照）．

---

837) 非常に長い時間が経過した後である．これは単なる"思考実験"である．
838) 81ページにあるデータを用いて，25℃における $Zn^{2+}(aq)$ イオンの拡散係数をネルンスト-アインシュタインの法則から計算せよ（答えはWeb#383）．この結果を100 mM KNO₃ 水溶液中におけるボルタンメトリーから得られた実測値 $0.638 \times 10^{-9} m^2 s^{-1}$ と比較し，それらの違いについて理由を述べよ．
839) 図8・9のセルに流れる電流，およびセルを横切る電位の表現については，Web#839を参照．
840) マックス・カール・エルンスト・ルートヴィヒ・プランク (1858-1947)，ドイツの化学者．1918年にノーベル賞を受賞．
841) 通常の対流は圧力勾配によってひき起こされるが，電気浸透流ではそうではない（161ページ）．
842) あるいは，ハーゲン・ポアズイユの法則という．ゴットヒルフ・ハインリッヒ・ルートヴィヒ・ハーゲン (1707-1884)，ドイツの流体技術者．ジャン・ルイ・マリー・ポアズイユ (1797-1884)，フランスの医師．この法則の導出はWeb#842を参照．

（したがって j_i^{conv}）は半径方向に対して二次曲線的な分布をもち，中心部では平均速度の2倍であるのに対し，管壁ではゼロとなるからである．管壁では流動がないというのは流体の一般的な特徴である．ポアズイユの法則によって記述されるタイプの流れを層流（laminar flow）とよぶ．流速が大きくなると，乱流（turbulent flow）として知られる無秩序な流動の形態に変わっていく．こうした形態の流れは電気化学の解析ではほとんど利用されないが，電解合成では重宝される．

管の中での対流は電気化学では重要で，キャピラリー電気泳動や界面動電現象（160～162ページ），そして図7・1にあるフロークーロメトリーなどに利用されている．管自体が作用電極でもある，別のタイプのフロークーロメトリーも行われる．この場合，管壁での対流速度はゼロであるため，溶質を電気化学的に検出するためには，遅い拡散過程に頼らざるをえない．よって，溶質を完全に消費するには，極細の長い金属管を用いる必要がある[843]．一方短い管も，図6・7に示したチューブ型バンド電極のように，流液のサンプリング目的に利用できる．

強制対流を利用する最も重要な電気化学測定装置は，回転ディスク電極（rotating disk electrode）である．これは，絶縁体丸棒（テフロンの場合が多い）の中心に，これと同一平面上に埋込まれた電子伝導体（白金やグラッシーカーボンなど）のディスク（面積 10 mm^2 程度）である．この丸棒の一端に露出した複合ディスク電極を垂直にして装置に取付け，電解液に浸して高速で回転させる（典型的な角速度（angular velocity）ω は 100 rad s^{-1} である）．回転するディスクにより，溶液は動径方向に放出され，新たな液が下方より供給される．流動時における溶液の流線を図8・11に示す．また，溶液のふるまいを記述するのに便利な座標系と速度成分を図8・12に示す．支持電解質が多量に含まれている場合，x 方向の流束密度は対流と拡散とにより，

$$j_i = j_i^{conv} + j_i^{diff} = (v_x c_i) + \left(-D_i \frac{\partial}{\partial x} c_i\right) \quad (8\cdot 45)$$

のように表すことができるが，電極表面での対流速度はゼロであるので，拡散のみによって支配される．この式と，(8・7)式の保存則から，

$$\frac{\partial c}{\partial t} = -v_x \frac{\partial c_i}{\partial x} + D_i \frac{\partial^2 c_i}{\partial x^2} \quad (8\cdot 46)$$

が得られる．この式は，拡散に加えて，回転電極によりも

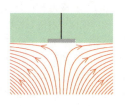

図8・11 回転ディスク電極の構造図．溶液の対流による流線も併わせて示してある．

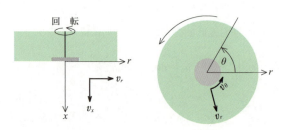

図8・12 回転ディスク電極近傍の溶液のふるまいを記述するのに便利な座標

たらされる対流が存在する場合の，フィックの第二法則に相当するものである．回転電極においては，セル電圧や回転速度，ときには温度までも変化させて実験を行うこともあるが，ほとんどの場合は定常状態下での測定に用いられる．このような状況下では，(8・46)式の左辺はゼロとなる．流体力学理論[844]より，流動時の溶液の動きは x，r，θ 方向の速度成分に分けて表現できる．電極のごく近傍では，v_x は r や θ によらず，およそ $-\nu_K x^2 \sqrt{\omega^3 \rho / \eta}$ に等しい．ここで ν_K はカルマン[845]数（0.51023）で，ρ と η はそれぞれ，溶液の密度および粘度である[846]．これより，

$$0 = \frac{\partial c}{\partial t} = -v_x \frac{\partial c_i}{\partial x} + D_i \frac{\partial^2 c_i}{\partial x^2}$$

$$= \nu_K \sqrt{\frac{\omega^3 \rho}{\eta}} x^2 \frac{dc_i}{dx} + D_i \frac{d^2 c_i}{dx^2} \quad (8\cdot 47)$$

を得る．この常微分方程式を境界条件 $c_i(x\to\infty) = c_i^b$ および $c_i(x=0) = c_i^s$ のもとで解くことにより[847]，その解，

$$c_i(x) = c_i^s + (c_i^b - c_i^s) \frac{\gamma\{1/3, x^3/b\}}{\Gamma\{1/3\}}$$

$$\text{ここで} \quad b = \frac{3}{\nu_K} \sqrt{\frac{D_i^2 \eta}{\omega^3 \rho}} \quad (8\cdot 48)$$

が得られる．$\gamma\{1/3, \}$ および $\Gamma\{1/3\}$ はそれぞれ，1/3次の不完全および完全ガンマ関数である[848]．また，b は特性体

---

843) Web#843を参照．99.9%を消費するには，少なくとも $0.584V/D$ の長さのチューブが必要．
844) Web#844に概要が示されている．
845) ハンガリーのカールマーン・トードル（1881-1963）．彼はアメリカ合衆国に渡ってセオドア・フォン・カルマンと名乗り，航空技師として成功を収めた．
846) 比 η/ρ は動粘度として知られている．標準温度 $T°$ における水の動粘度は 9.13×10^{-7} m^2 s^{-1} である．
847) 解の詳細，および(8・49)式（レビッチ式）の導出についてはWeb#847を参照．
848) これらの関数の定義については巻末の付録表を，さらなる詳細についてはWeb#848を参照．

積である．図8・13は，この式から予測された濃度プロフィールである．図8・8および図8・13の横軸を比べてみれば，対流輸送における枯渇層（depletion layer）が拡散輸送の場合と比べて，いかに狭いかがわかるであろう．$x=0$におけるこの曲線の勾配から，電極表面における流束密度の表現がつぎのようにして得られる．

$$j_i(0) = -D_i\left(\frac{dc_i}{dx}\right)_{x=0} = \frac{-3D_i(c_i^b - c_i^s)}{b^{1/3}\Gamma\{1/3\}}$$
$$= -\nu_L \frac{D_i^{2/3}\omega^{1/2}\rho^{1/6}}{\eta^{1/6}}(c_i^b - c_i^s) \quad (8\cdot49)$$

ここでν_Lはレビッチ数（Levich number, 0.62046）である．回転ディスク電極を電気化学に応用できることに気付いたのがレビッチ[849]であったので，電極表面での流速（あるいは電流，(12・31)式を参照）を記述する式を**レビッチ式**（Levich equation）という．

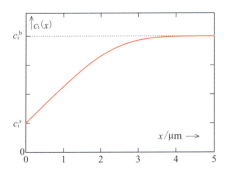

図8・13 (8・48)式に基づく回転ディスク電極における濃度プロフィール．図の縮尺は典型的な値 $b = (18\,\mu\mathrm{m})^3$ に合わせてある．

8・7 電極表面およびバルク溶液における流束：輸送係数

(8・30)式に出てきた，RがOに酸化される一般的なn電子反応

$$\nu_R R^{z_R}(\mathrm{soln}) \rightarrow ne^- + \nu_O O^{z_O}(\mathrm{soln}) \quad (8\cdot50)$$

に立ち戻って考えてみよう．RやOには，化学量論関係

$$\nu_O z_O - \nu_R z_R = n \quad (8\cdot51)$$

が満足されていれば，電荷に関しての制約を与えない．静止溶液中にはこのほか，量は多くなくても他のイオンや無電荷の溶質などが含まれているかもしれない．この章の関心は，局所流束密度と溶質濃度との相関関係および，これを電流密度iと結び付けることである．ここでは，各変数の時間依存性については深く詮索せずに，jやcの瞬間的な値に注目しよう．特別なセル配置は必要ないが，座標lで作用電極表面から流線に沿ってバルク溶液へ向かう距離

を表すものとする．

はじめに，四つの恒等式を示しておこう．

$$\sum_i z_i c_i(l) = 0 \quad (8\cdot52)$$

$$\sum_i z_i j_i(l) = \frac{i(l)}{F} = \frac{I}{FA(l)} \quad (8\cdot53)$$

$$\sum_i \frac{z_i j_i(l)}{D_i} = \frac{2F}{RT}X(l)\mu(l) \quad (8\cdot54)$$

$$\sum_i \frac{j_i(l)}{D_i} = -\frac{d}{dl}\sum_i c_i(l) \quad (8\cdot55)$$

これらはすべて，シグマを用いた表現となっており，すべてのイオン的なあるいは分子状の溶質についての総和をとることを意味する（最初の三つの式は，無電荷の化学種には関係しないが）．最初の式は電気的中性の原理を表している．電極のごく近傍でもこれが成り立つかどうかは疑問であるが，その他の場所では正しいとみなせる．2番目の式は電荷の保存則を表す．セル内部ではどこも同じ電流が流れるのだが，電流密度は場所によって異なる（トラフ電極を用いるのなら，話は別だが）．3番目の式には局所**イオン強度**（22ページ）が含まれている．(8・54)式や(8・55)式はいずれも，ネルンスト-プランク式から導かれる[850]．**等拡散能近似**（equidiffusivity approximation）——つまり，すべての溶質が同じ拡散係数Dをもつ——を適用すると，(8・54)式と(8・53)式から局所電場において有用な関係$X(l) \approx [RTi(l)]/[2F^2D\mu(l)]$が得られる．ここで再び等拡散能近似を適用すると，泳動が起こっていても，すべての溶質は大局的に拡散に関するフィックの第一法則を満足することを(8・55)式は示している．この節で導いた式は電解セル中の溶液のどの部分にも適用できる．幸い，バルク溶液や作用電極そのものにはもっと単純な式が成り立つ．

バルク溶液（これを上付き文字bで表す）では，濃度は初期値から変動するだけの時間がない．それぞれの溶質は，初期の均一なバルク濃度c_i^bを保ったままである．導電率κ^bは均一であるので，電場はオームの法則

$$X^b(l) = i^b(l)\kappa^b = \frac{I\kappa^b}{A(l)} \quad (8\cdot56)$$

で与えられる．濃度勾配がないので拡散は起こらず，それぞれのイオンは，

$$j_i^b(l) = \frac{FX^b(l)}{RT}D_i z_i c_i^b \quad (8\cdot57)$$

に従って泳動する．電気的に中性な化学種の流束はないが，すべてのイオンは$\sum D_i z_i c_i^b$へのそれぞれの寄与に応じて電流を流すのにかかわっている．

電極表面（上付き文字sで表す）では，電極不活性物質（電極反応に関与しない物質）の流束密度は必然的にゼロ

---

849) ベニアミン・グリゴリエビッチ・レビッチ（1917-1987），ロシアの物理化学者．
850) これを導け．答えはWeb#850を参照．

であり，(8·50)式の反応に関与する溶質の流束密度は，電子の流束密度すなわち電流密度と量論的な関係がある．

$$j_i^s = \begin{cases} 0 & i \neq O, R \\ \nu_O i^s / nF & i = O \\ -\nu_R i^s / nF & i = R \end{cases} \quad (8·58)$$

この対応関係は (8·53)式と矛盾しない．以下の式

$$i^s = \frac{2F^2 D \mu^s}{RT} X^s \quad (8·59)$$

は，電極活物質に対し等拡散能近似 ($D_R = D_O = D$) を適用することで，恒等式(8·53) および (8·54) より導かれる[851]．ここで，電極活物質の泳動をゼロにするために，支持電解質がいかに有用であるかを定量的に評価してみよう．反応種 R あるいは生成物 O の流束密度への泳動の寄与は，ネルンスト–プランク式の対応する項からわかる．

$$j_i^s = (j_i^{\text{dif}})^s + (j_i^{\text{mig}})^s = -D_i \left(\frac{\mathrm{d}}{\mathrm{d}l} c_i\right)^s + \frac{FD_i}{RT} z_i c_i^s X^s$$
$$i = R, O \quad (8·60)$$

そして，電極表面の R と O によって運ばれる泳動電流は，

$$(i^{\text{mig}})^s = z_R F (j_R^{\text{mig}})^s + z_O F (j_O^{\text{mig}})^s$$
$$= \frac{F^2}{RT} (D_R z_R^2 c_R^s + D_O z_O^2 c_O^s) X^s \quad (8·61)$$

である．この結果を (8·59)式で割り，R と O に対して再び等拡散能を適用すると，電極を通過する全電流のうち，O と R の泳動による寄与 (もっと簡単にいうと，電極活性イオンのイオン強度への部分的寄与) は $(z_R^2 c_R^s + z_O^2 c_O^s)/2\mu^s$ であるという結論が得られる．等拡散能の仮定を用いているので多少厳密さを欠くものの，たとえば，電極活物質がイオン強度の1%に寄与するなら，電極を流れる99%の電流は拡散によって運ばれると考えてよい．

ここまで，支持電解質が存在する場合には，電極近傍での物質輸送は主に電極活物質の拡散によって行われ，バルク溶液での物質輸送は支持電解質の泳動により行われることを示してきた．この二つの方式がどうして，どのようにひき渡されるのかは謎であるが，この問題をモデル化するためには複雑な数学が必要となるので多くの成書でも取扱わないことが多い．これについての説明としてここでは，単純かつ典型的な例[852]を選ぶこととする．その反応とは無電荷の R が1価の正のイオン O に酸化されるというもので，O は最初に溶液中には存在しないものとする．支持電解質 (多量でなくてもよい) からはそれぞれ1価のカチオン C とアニオン A が供給される．実例として，1:1の支持電解質を含む溶液中におけるフェロセンの酸化 ((7·12)式) があげられる．その解析の結果を図8·14 お

よび図8·15 に示す．図は，ある瞬間における濃度および流束密度のプロフィールを示している．電極表面では C や A に大きな濃度勾配が存在するにもかかわらず，流束は生じていない．なぜなら，拡散と泳動が全く正反対に作用しているからである．

バルク溶液と電極表面はいずれも物質輸送の終着点であり，電気化学における関心事は，一方の状況が他方のそれといかに関係付けられるかにある．たとえば回転電極における (8·49)式は，

$$\frac{j_i^s}{c_i^s - c_i^b} = \frac{\nu_L D_i^{3/2} \omega^{1/2} \rho^{1/6}}{\eta^{1/6}} = 一定 \quad (8·62)$$

と書き換えることができる．

この一定値は i の拡散係数に依存するものだが，他の成

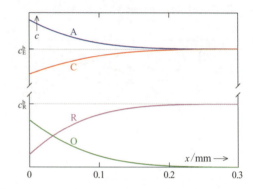

図 8·14　Web#852 で解析を行う実験における濃度プロフィール．電極反応 $R(\text{soln}) \rightleftarrows e^- + O(\text{soln})$ において，R は電気的に中性な種，O はカチオンである．また，C および A は，それぞれ支持電解質カチオンおよびアニオンである．c_E^b は支持電解質イオンのバルク濃度を表す．

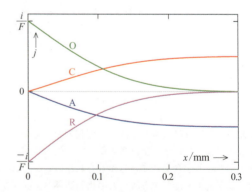

図 8·15　図 8·14 に示す濃度に対応する流束密度プロフィール．電極近傍での活物質の輸送から，バルク溶液における支持電解質への物質輸送のひき渡しに注意．詳細は Web#852 を参照．

---

851) (8·53)式および (8·54)式から (8·59)式を導け．答えは Web#851 を参照．
852) 図 8·14 および図 8·15 の実験の詳細について，さらに解析的手法およびシミュレーションに基づくモデル化，導出法については Web#852 を参照．

分は電気化学とは無関係である．電極表面での流束密度が表面およびバルク溶液における濃度の差に比例するという関係は，多くの電気化学測定法において使われるものである．この比例定数を m_i とすると，

$$\frac{j_i^s}{c_i^s - c_i^b} = m_i \quad \text{輸送係数の定義} \quad (8 \cdot 63)$$

これを**輸送係数**[853] (transport coefficient) とよぶ．$(8 \cdot 62)$ 式の関係が一般に成り立つことの有用性は，電極の分極に対する物質輸送の寄与を10章において取扱う際にわかるであろう．ほとんどの測定法に輸送係数を定義することができるが，普遍的な概念というわけではない．たとえば電極活物質に泳動がある場合，j^s と c^s との間の線形性は失われてしまう．下表には，輸送係数のいくつかの例を示した．輸送係数は m s^{-1} という SI 単位をもち，電極表面における化学種の流束密度とそこでの濃度とを関係付ける速度である．$(8 \cdot 62)$ 式に示すようなある種の測定法では，輸送係数は不変である．こうした手法のことを定常状態法という (12章)．表には，拡散が対流によって補われる測定法の例ものせてある．これらは定常状態測定にも，過渡応答測定にもある．後者の場合 (15章および16章)，輸送係数は時間の関数となる．ここで t は実験を開始してからの時間であり，これが負のべき乗 (すなわち $-1/2$ 乗) として含まれていることは，輸送が電極反応に追いつかなくなることを意味する．電極反応に参加する化学種はそれぞれの輸送係数をもつが，拡散能があまり違わないのでその差は小さい．おそらくこの係数はほかの実験，たとえば，多量の支持電解質を含む溶液中における電位ステップ[858] に対する電流応答のような実験でも正しいであろう．

ま と め

三つの輸送形式，すなわち**泳動**，**拡散**，**対流**は，それぞれ起源が異なるので，それぞれ異なる輸送の法則に従う (泳動と拡散は相互に関係するが)．

$$j_i = j_i^{mig} + j_i^{dif} + j_i^{conv}$$

$$= -u_i c_i \frac{d\phi}{dl} + \left(-D_i \frac{dc_i}{dl}\right) + v_{soln} c_i \quad (8 \cdot 64)$$

対流は輸送力が大きいので電解合成に利用されるが，ある特殊な状況下——つまり回転電極法——でのみ，対流がボルタンメトリーにもたらす効果を予測することができる．泳動はイオン種だけのものであるが，作用電極や参照電極近傍を除く，電気化学セル全体を流れる電流にかかわっている．拡散はフィックの二つの法則に従い，ボルタンメトリー実験で得られる応答を予測するためには第二法則を解かなければならない．そうした解の中でも，コットレル式は最も簡単なものである．

測定方法	様式	輸送係数 m_i	参照
回転ディスク電極	対流+拡散	$\nu_L D_i^{3/2} \omega^{1/2} \rho^{1/6} / \eta^{1/6}$	134 ページ
微小半球電極	拡散	D_i / r_{hemi}	脚注 854
微小ディスク電極	拡散	$4D_i / (\pi r_{disk})$	脚注 855
定常状態薄層セル	拡散	$2D_i / L$	脚注 856
ネルンストの輸送層	対流+拡散	D_i / δ	脚注 857
マクロ電極	拡散	$\sqrt{D_i / (\pi t)}$	脚注 855
成長する球電極	対流+拡散	$\sqrt{7D_i / (3\pi t)}$	脚注 1305

---

853) あまり適切ではないが，**輸送定数**あるいは**物質輸送係数**，**物質移動係数**ともいう．よく似た名前をもつ輸率や移動係数 (72 ページ) と混同しないこと．
854) 微小半球電極およびこれを用いたボルタンメトリーについては 127～132 ページを参照．この種の電極における輸送係数に関する議論については Web #854 を参照．
855) 微小ディスク電極およびこれを用いたボルタンメトリーについては 132, 133 ページを参照．マクロ電極は，エッジの部分が影響を及ぼさない，サイズの大きな平板電極である．これらの電極における輸送係数に関する議論については Web #855 を参照．
856) この輸送係数のかかわる**セル**には，二つの電極が非常に狭い間隔 L で設置されており，それぞれの電極で Cu|Cu^{2+}(aq)|Cu のように互いに逆反応が起こる．このセルや，**薄層セル**についての詳細は Web #856 を参照．
857) **ネルンストの輸送層**は経験的な概念であって，電位プロファイルは 2 本の直線で表現される．一つは電極に接し，傾き $(c_i^b - c_i^s)/\delta$ をもつ直線，そしてもう一つは $\delta \leq x < \infty$ に広がる傾きがゼロの直線である．拡散がゆるやかな対流を伴っている場合，この概念ではほぼうまく説明できる．輸送が拡散のみの場合には，同じ概念を**拡散層**とよんで用いることが多い．
858) 電位ステップ実験では，反応の起こらない電位から，電極表面における活物質濃度が急激に，そして恒久的に c_i^b から c_i^s へと変化する電位へステップする．このうち，電位ジャンプ実験 (85 ページ) は $c_i^s = 0$，すなわち $j_i^s = m_i c_i^b$ となる特殊な場合をさす．

9 グリーンエレクトロケミストリー

この章では，電気化学がわれわれの生活環境を守り，そして医療を通じて人を直接手助けすることができることを紹介する．さらに，生物学への電気化学の多くの貢献のうち，いくつかを紹介する．

9・1 環境分析センサ：汚染物質の量を監視する

汚染（pollution）という言葉は，ある特定の媒体（大気，水，土壌，生態系，食料品など）においてある種の化学物質の濃度が有害となるような人工的な変化を表すために用いられる．工業排水が河川水中の酸素溶存量を減少させるとか，あるいは，生命維持に不可欠な栄養分が食品加工の際に失われるといったように，時にはある特定の物質の濃度が減少する場合を指す．しかしながら，一般的に関心の対象となるのは，いくつかの有毒な化学物質の濃度の増加である．ここでは汚染物質を完全に除去することが改善への目的ではない．それは達成できないばかりか，逆効果さえ招くこともある[901]．それゆえ，汚染物質の濃度を許容範囲内へ減少させることが目的となる．

われわれは汚染物質の存在を知るとき，まずそれを検出し，さらにその量を明らかにしようと考える．これらは，分析化学者に課せられた務めである．分析測定技術の数は膨大であるから，この章では，電気化学が分析化学者の手助けをしている方法のいくつかを取上げるにとどめる．したがって，測定の精度はそれほど重要視しないことにする．すなわち，ある汚染物質は 1 ppm[902] を超える濃度では有毒かもしれないが，有毒と認められる濃度が 3 ppm あるいは 4 ppm であるのかは重要ではない．

化学分析には費用がかかる．特に多くの試料を頻繁に分析する必要がある場合はなおさらである．それゆえ，測定値を濃度として与えてくれるような自動測定を行う装置はとても価値がある．そういった装置，すなわち連続してまたは断続的に使われる装置を**センサ**（sensor）とよんでいる．多くのセンサが電気化学的な原理に基づいて動作する．

淡水中における電解質の存在は，**電気伝導率センサ**（conductivity sensor）を用いて検出することができ，定量化が可能である．この電気伝導率センサは単純な装置で，水の導電率（8 ページ（1 章）および 163, 164 ページ（15 章）参照）を決定するのに交流を用いて標準セル内の水の試料のコンダクタンスを測定する．電気伝導率センサは，河川，湖あるいは農地へ流入する塩類を検出・分析するために使用される．亜鉛およびスズ酸化物の薄膜が，特に少量ドープされたものの場合，いくつかの気体にさらされたときに生じる導電率の変化は明確に理解されているわけではない．たとえば，酸化アルミニウム（合成サファイア）上に積層された酸化亜鉛膜は三水素化ヒ素 AsH_3 に 0.015 ppm ほどの低い濃度で応答する．一方，アルミニウムがドープされたスズ酸化物は，極微量のホルムアルデヒド（HCHO）蒸気に応答する．しかしながら，これらの装置は，定量性に欠けるので，電気伝導率センサというよりも**電気伝導率検出器**（conductivity detector）というべきであろう．

ガラス電極による pH の測定については，すでに 67 ページ（6 章）で述べた．**pH センサ**（pH sensor）は，今日最も汎用されている電気化学センサの一つである．pH センサは，酸性雨のモニタリング，食品や飲料水の酸性度の管理，あるいは生物医学的な分析などさまざまな分野で応用されている．世界中の品質管理室において pH メータを見ることができ，そして，pH メータは水溶液を取扱うほとんどすべての製造施設において，化学物質の移動を監視するために使用されている．

ガラス電極は，ガスを感知するためにも採用されている．たとえば，**アンモニアセンサ**（ammonia sensor）は，塩化アンモニウム水溶液，$NH_4^+(aq) + Cl^-(aq)$，に接触しているガラス電極を用いている．ガス中のアンモニアが水に溶け，（9・1）式の平衡をずらす．

$$NH_3(g) \rightleftarrows NH_3(aq)$$
$$NH_3(aq) + H_3O^+(aq) \rightleftarrows NH_4^+(aq) + H_2O(l) \quad (9・1)$$

それゆえ，結果として起こる pH の変化はガス中に存在するアンモニアの濃度を反映することになる．**二酸化炭素センサ**（carbon dioxide sensor）も同様な原理で動作する．

$$CO_2(g) \rightleftarrows CO_2(aq)$$
$$CO_2(g \text{ or aq}) + 2H_2O(l) \rightleftarrows HCO_3^-(aq) + H_3O^+(aq) \quad (9・2)$$

すなわち，上式の炭酸水素ナトリウム水溶液，$Na^+(aq) +$

---

901) 銅は水生生物にとって有毒である．しかし，その量がごくわずかであれば多くの生き物にとって重要となる．
902) 慣習的に，ppm（parts per million）は気体の場合は体積によって，その他の場合は質量によって，百万分率を表す．

HCO_3^-(aq)，の平衡をずらすことによって，二酸化炭素をpHの変化から分析することができる．これらのガスセンサには，残念ながら特異性はない．すなわち，水に溶けて塩基性あるいは酸性を示すすべてのガスに対して応答を示す．

イオン選択性電極（ISE，6章参照）は，センサとして理想的である．定期的に行う校正（キャリブレーション）を除いては，イオン選択性電極は手入れを必要とせず，目的イオンの濃度への変換に好都合な，濃度に依存した電圧信号を与える．濃度を測定するうえで高い精度をもたないことが問題になることはめったにない．フッ化物イオンセンサについては，66ページ（6章）で述べた．また，いわゆるイオン選択性電界効果トランジスタ（isfet）については154ページ（13章）で学ぶことにする．微生物学との興味深い結び付きはバリノマイシン-**カリウムイオンセンサ**（potassium-ion sensor）から見てとれる．バリノマイシン（valinomycin）は微生物 *Streptomyces fulvissimus* の培養により単離される強力な殺菌剤である．この抗生物質[903]は有機液膜または合成樹脂膜へ取込まれ，図6・8に示したようにカリウムイオン ISE として利用される．バリノマイシンは環状の三量体[904]（$C_{18}H_{30}N_2O_6$）$_3$ であり，その構成単位はアミノ酸とヒドロキシ酸で，全鎖長は36原子からなる．バリノマイシンが抗生物質として作用するのは，（9・3）式に示すようにカリウムイオンを脱水和して環内へ取込むためである．

$$K^+(aq) + (C_{18}H_{30}N_2O_6)_3(aq) \rightleftarrows K(C_{18}H_{30}N_2O_6)_3^+(aq)$$
$$K' \approx 10^6 \, M^{-1} \quad (9\cdot3)$$

それゆえ，このことが微生物の物質代謝を阻害することになる．これには，バリノマイシンの環状に連なった六つの酸素原子がつくる空間とカリウムイオンとの間の大きさの一致が関係する．バリノマイシンは，正に荷電した K^+ と六つの負に分極した酸素原子の間の引力により，裸の（水和していない）カチオンを取囲む．一方，他のカチオンはうまく適合しない[905]．バリノマイシンのような，イオンを結合したり解離したりする化合物のことを**イオノホア**（ionophore）とよんでいる．多くのイオノホアが存在し，特定のイオンに対して高い特異性を示すものがある[906]．無機イオンがイオノホアによって錯形成されると，親油性[907]境界を横切って有機媒体中へ進入しやすくなる．これは，イオノホアの生理学的な役割である．これに関連した構造は，**イオン選択性膜透過チャネル**（transmembrane channel）であり，その機能についてはこの章の最後のほうで学ぶことにする．

ポテンショメトリックセンサの代表例は，すでに36ページ（3章）で述べたジルコニアに基づく酸素センサである．このような酸素センサはほとんどの現代の乗り物の排気装置で見いだされる．酸素センサは，内燃機関において最も燃料効率が良く運転されることを確認する手段として排気ガス中の酸素含有量を監視している．このセンサに使われている固体電解質はジルコニア ZrO_2 であり，このジルコニアには立方晶構造を安定化させ，酸化物イオンの泳動に起因する高い伝導性（1000 K でおよそ 0.03 S m^{-1}）のみをもつように，高濃度のイットリウム（またはニオブ）をドープしてある．もっと簡単な原理で動作するもう一つの高温ポテンショメトリックガスセンサは煙道内の硫化水素を測定するものである．このセンサでは，ランタノイド金属（サマリウムまたはイットリウム）とアルカリ土類金属（カルシウムまたはバリウム）の複合硫化物からなる硫化物イオン伝導性固体電解質により電極がつくられている．

標準圧力および標準温度において，酸素は水に対して 1.27 mM[908] の濃度で溶解する．それゆえ，空気が飽和溶解した水中の酸素濃度は c_{O_2} = 0.27 mM となる．しかしながら，実際には空気にさらされた水中の酸素濃度は，飽和溶解度を下回ったり，時には上回ったりもする．実際の酸素濃度は，水生生物に致命的な影響を与える．この酸素濃度は，クラーク[909]型セルを用いて測定できる．セルの断面に関する概略図が図9・1に示されている．**クラーク型酸素センサ**（Clark oxygen sensor）は水中の酸素濃度測定に限定される方法である．実際，クラークが初期の心肺装置を開発した際に，彼自身が血液中の酸素レベルを測定する手段として酸素センサを発明した．電解質は一般的に塩化カリウムと水

---

903) これに関しては，158ページでも述べている．ノナクチン（66, 67ページ参照）はバリノマイシンの合成代替物質の一つである．
904) すなわち，正三角形のように，三つの同一部位が互いに結合している．
905) 実際，（9・3）式の反応において，Na^+ イオンの場合には，平衡定数はわずか $10 \, M^{-1}$ である．しかしながら，NH_4^+ イオン錯体はとても安定であるので，K^+ イオンを含む系での ISE 測定において著しく妨害する．
906) たとえば，イオノホアである**カルシマイシン**は，あまりなじみのない A23187 という名前でも知られているが，カルシウムイオン Ca^{2+} に対する優れたキャリヤである．カルシマイシンもまた，カビ（放線菌）の一種 *Streptomyces chartreusensis* に由来する抗生物質である．
907) 文字どおり，"油を好む"の意味．水のある場所に広がった油を好む環境を示す．親油（脂質）性（lipophilic）≈ 疎水性（hydrophobic），親水性（hydrophilic）≈ 疎油性（lipophobic）．
908) 0.0℃であれば，1.97 mM となる．質量に基づく百分率として，また，体積に基づく ppm 単位で 25℃における溶解度を計算せよ．解答は Web ＃908 を参照．
909) チャールズ・レランド・クラーク（1918-2005），アメリカ合衆国の化学者，生化学者，生理学者，そして外科医．

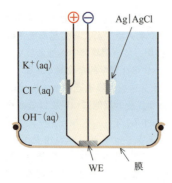

図9・1 典型的なクラーク型セル．すなわち，白金電極を作用電極（WE, カソード）とし，銀-塩化銀電極を参照電極（アノード）として用いる電流検出型酸素センサ．作用電極と膜の間には薄い液膜が存在する．気相あるいは水溶液相の酸素を検出できる．

酸化カリウムの混合物，$K^+(aq)+Cl^-(aq)+OH^-(aq)$，である．酸素は膜[910]を透過し，電極を湿らせている薄い溶液層を拡散して，輸送分極支配となる条件で電極表面で還元される．

$$O_2(blood) \rightleftarrows O_2(aq)$$
$$O_2(aq) + 2H_2O(l) + 4e^- \rightarrow 4OH^-(aq) \quad (9·4)$$

そのとき測定される電流は，ほとんど完全に酸素が膜を通過する速度により決まる．クラーク型酸素センサは空気で容易に校正することができる．

クラーク型セルは，測定対象の化学種の濃度に正比例する電流出力を与えるので，アンペロメトリックセンサ（amperometric sensor）に分類される．この点で，ISEのようなポテンショメトリックセンサとは異なっており，ポテンショメトリックセンサは，測定対象の化学種の活量に対数関数的に応答する電位信号を与える．クラーク型セルと同様に動作するアンペロメトリックセンサがほかにもたくさんある．具体的には，同様に感知できるガスとして，塩素，塩化水素，シアン化水素，アンモニア，ホスフィン，一酸化炭素，二酸化炭素，酸素，オゾン，一酸化窒素，二酸化窒素，一酸化二窒素（笑気ガス）あるいは，ガス状有機化合物や有機化合物の蒸気がある．一般に，作用電極での反応は，溶存ガスの直接的な酸化反応または還元反応である．以下に二つの例を示す．

$$NO(g) \rightleftarrows NO(aq)$$
$$NO(aq) + 6H_2O(l) \rightarrow 3e^- + NO_3^-(aq) + 4H_3O^+(aq) \quad (9·5)$$

$$O_3(g) \rightleftarrows O_3(aq)$$
$$O_3(aq) + 2H_3O^+(aq) + 2e^- \rightarrow O_2(aq) + 3H_2O(l) \quad (9·6)$$

これらは，もっと複雑な式で表されることもある．**二酸化炭素センサ**（carbon dioxide sensor）は二酸化炭素が溶液に溶解し，溶液のpHを下げること（(2・32)式参照）に基づいている．pHの低下により（9・7）式の均一反応の平衡がずれる．

$$4H_3O^+(aq) + Cu(NH_2C_3H_6NH_2)_2^{2+}(aq) \rightleftarrows$$
$$Cu^{2+}(aq) + 2NH_3C_3H_6NH_3^{2+}(aq) + 4H_2O(l) \quad (9·7)$$

その結果，配位子のはずれた2価銅イオンが生成する．さらに，遊離の2価銅イオンが還元され，塩化銅(I)イオン$CuCl^-(aq)$が生成し，これを感知することで二酸化炭素濃度を知ることができる．

ヒトの嗅覚や味覚，そして他の動物のより優れた味覚や嗅覚は[911]，受容体と標的物質との間の接触による相互作用に基づいている．受容体と標的物質との間には立体構造的にもそして電気的にも相補性がある．それゆえ，両者の適合が起こると，受容体近くの神経に電気的な刺激が生じる．こうして，われわれは標的分子の"味"や"匂い"を感じることができる．自然の効率の良い感覚応答の巧みさに倣おうとするわれわれのささやかな試みは，少なくとも現在の開発段階ではそのようにしかいえないが，**バイオセンサ**（biosensor）の分野で行われている．バイオセンサ開発には重要な二つの要素がある．一つは，標的物質を選択的に認識するために適した受容体を同定すること．そして，もう一つは，受容体の認識を標的物質の濃度に比例した信号へ変換することである．二つ目の要素は機械的，光学的，電気的あるいは電気化学的なものである．この研究は，誇大宣伝も手伝って，最も活発な分野の一つとなっている．しかしながら，現段階で商業的に実現されているものは，グルコース，乳酸あるいはグルコサミンなどのごくわずかな標的物質に限られている．

電気化学グルコースセンサ（electrochemical glucose sensor）の誕生の物語は，実に興味深い．1962年，クラーク[909]が心肺装置の開発をしていたとき，アンペロメトリック型の血中酸素濃度センサの発明の後，彼はその酸素センサの内部に少量のグルコースオキシダーゼという酵素を入れてみた．グルコースオキシダーゼGloxは常にフラビンアデニンジヌクレオチドと結合しており，その複合体は酸化体のGloxFADとして，または還元体のGloxFADH₂として存在する．このとき，クラークは，酸

---

910) 膜は，ある特定の物質を選択的に透過するものを選ぶ．ポリエテン（ポリエチレン），ポリプロペン（ポリプロピレン），あるいはポリテトラフルオロエテン（ポリテトラフルオロエチレン）がよく膜材料として使用される．最後にあげたポリテトラフルオロエテンは，テフロン®として知られているが，膜材料として最も一般的に使われる．酸素に対するテフロン®の透過係数は，1.0×10^{-14} mol m^{-1} s^{-1} Pa^{-1}である．Web#910におけるように，13 μmのテフロン®膜で覆われた3.3 mmの直径の金ディスクカソードからなるクラーク型酸素センサが空気にさらされているときに検出される電流を計算せよ．

911) ヒトの鼻でさえ，1 ppbくらいの濃度で悪臭を放つ物質を感知できる．

素とともに血液中のグルコース $C_6H_{12}O_6$ がセンサ膜を通って内部水溶液へ浸透できることを見いだした．その内部水溶液中で，グルコースはグルコースオキシダーゼによってグルコノラクトン $C_6H_{10}O_6$ へ容易に酸化された．

$$C_6H_{12}O_6(aq) + GloxFAD(aq) \rightarrow$$
$$C_6H_{10}O_6(aq) + GloxFADH_2(aq)$$
(9・8)

一方，還元された酵素は，(9・9)式に示すように酸素の存在下でただちに再酸化される．

$$GloxFADH_2(aq) + O_2(aq) \rightarrow$$
$$GloxFAD(aq) + H_2O_2(aq)$$
(9・9)

このとき，同時に過酸化水素が生成する．これらの二つの均一反応[912]の正味の結果として，血液中のグルコース含有量に直接比例して酸素還元電流が減少することになる．こうして，クラークはグルコースセンサの原型を完成させた．酸素と過酸化水素はそれぞれ異なる電位で，また，異なる反応電子数で還元されるため，酸素とグルコースの同時定量は可能となる．クラークの発見はやがて商業化され，グルコースセンサとしてアメリカ合衆国とドイツの企業によって 1970 年代初めに売り出された．グルコースセンサは成功を収めた装置の一つで，今日でも世界中の臨床検査室において日常的に使われている．

糖尿病患者は炭水化物代謝障害に，いつも悩まされている．しかしながら，患者らが自分の血液中のグルコース濃度を知ることで，自らの体調を管理することが可能となる．糖尿病患者各自が使用する際の利便性を追及するだけでなく，カロリーメトリー法と競合できるように，市場に出回っている電気化学グルコースセンサを最適なものにすることができるだろうか？　この難問は，家庭用に特別に設計された電気化学グルコースセンサ[913]が市場に現れた 1987 年に成功を収めて克服された．今日少なくとも三つの競合するタイプが存在する．これらはいずれも試験片上に血液 1 滴をのせて使用する．試験片には，三つの電極，すなわち参照電極 1 本と作用電極 2 本が組込まれている．血液中のグルコースは第 1 作用電極，グルコースオキシダーゼおよびメディエータ[914]が存在する微小セル内へ浸透する．センサのある様式では，水溶性のフェロセン[611]誘導体がメディエータとして使用されている．ここでは，

Fcd と表す．酸化体に相当するフェロセニウムイオン Fcd^+ が電極で生成され，

$$Fcd(aq) \rightleftarrows e^- + Fcd^+(aq)$$
(9・10)

そして，(9・8)式に示す反応によって生成するグルコースオキシダーゼの還元体と反応し，フェロセン誘導体と酵素を再生する．

$$GloxFADH_2(aq) + 2Fcd^+(aq) + 2H_2O(aq)$$
$$\rightarrow GloxFAD(aq) + 2Fcd(aq) + 2H_3O^+(aq)$$
(9・11)

この触媒反応スキーム，すなわち図 9・2 に示す全過程において，一つのグルコース分子は最終的に二つの電子 e^- を放出し，これらの電子はアンペロメトリーで検出される．カソードは銀｜塩化銀（$Ag|AgCl$）参照電極そのものである．間接的にではあるが，第 1 作用電極を通じて流れる電流は血液中のグルコース含有量を反映している．第 2 作用電極を備える微小セル（この中へ血液中の溶解物質が浸透するのであるが）の中にはメディエータは存在するが，酵素は含まれていない．この第 2 作用電極の役割は，グルコース以外に存在するすべての還元剤[915]の応答を補償することである．試験片を測定装置へ装着すると，その出力は二つの作用電極で検出される酸化電流の差に比例して現れる．これらのセンサは良い応答性を示し，何年にもわたって着実に改良が重ねられてきている．

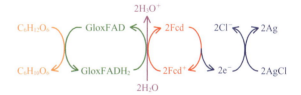

図 9・2　電気化学グルコースセンサに関与する四つの反応

9・2　ストリッピング法による電気化学分析：ppm または ppb レベルで水中の汚染物質を特定する

一般に，環境問題専門家は，彼らの濃度尺度として ppm (parts per million) を使用する．一方，化学者は，モル濃度尺度[916]の補助単位（μM）を好んで使用している．どちらの単位も次ページの表で使われている．ここでは飲料水中にイオンとして見いだされるさまざまな元素の最大

---

912) グルコースオキシダーゼ分子は，酸素分子のような無機分子に比べて大変大きいので，(9・9)式のような反応を均一あるいは不均一反応とみなしてよい．
913) これは，H. A. O. Hill および彼のグループによるオックスフォード大学で行われた研究に基づいていた．
914) メディエータとは，化学種 A の酸化反応（または還元反応）を行うことができる酸化還元対をなす化学種であり，B による A の直接の酸化反応（または還元反応）が速度論的に好ましくない場合において，B による酸化反応（または還元反応）によってメディエータそれ自身が再生される．この場合のように，B は電極である場合がある．
915) たとえば，それはアスコルビン酸，すなわちビタミン C である．
916) 濃度の尺度は，モル濃度＝(ppm)/(1003 M) または (百万分率)/(1003 M) によって相互変換される．ここで，M は g mol^{-1} の単位をもつ溶質のモル質量である．

	ppm	μM		ppm	μM
Cu	1	16	Pb	0.003	0.014
Cr	0.05	1	Hg	0.001	0.005
U	0.02	0.08	NO_3^-	45	720
Se	0.01	0.13	F^-	1.5	80
Cd	0.005	0.04	CN^-	0.2	8

許容濃度[917)]を，関連するアニオンとともに示してある．安心して飲めることを保証するために，供給される飲料水は頻繁に分析されるが，マイクロモル濃度以下のレベルでの分析が繰返し必要とされるために，その経済性が重要な問題となる．そのような低い濃度レベルの分析を成し遂げる一つの電気化学的方法は，**ストリッピング分析法**[918)] (stripping analysis) とよばれている．この手法にはいくつもの種類が存在する．いずれも以下に示す原理に基づいている．すなわち，分析の目的となる化学種から誘導される物質が**前濃縮段階** (preconcentration stage) で，水溶液から金属電極上へ，あるいはその内部へ蓄積される．その後，**測定段階** (measurement stage) へ移行し，蓄積された析出物が "剥がされ" 溶液中へ戻る．

ストリッピング分析にはさまざまな技術的手法がある．これらのいくつかについては，下記に示してある．これらのさまざまな技法は，異なる電極の選択，前濃縮段階における異なる蓄積の手法，あるいは測定段階における異なるストリッピング信号に依存する．さまざまな技法の命名は，厳密には標準化されてはいない．＊が印された二つの技法（この場合，たとえば矩形波や微分パルス波が測定される），これらはおそらく最も頻繁に使われているが，**アノーディックストリッピングボルタンメトリー** (anodic stripping voltammetry) および**吸着カソーディックストリッピングボルタンメトリー** (adsorptive cathodic stripping voltammetry) のそれぞれの名前がこれ以上の条件なしで使用されるときに，ストリッピング分析法に通常含められる．

銀，金あるいは水銀などの分析対象となる金属イオンは，攪拌された溶液から白金あるいはグラッシーカーボンのような固体電極上へ金属として還元されて電解析出する．

$$M^{n+}(aq) + ne^- \underset{\text{ストリッピング}}{\overset{\text{電解析出}}{\rightleftarrows}} M(\text{s or l}) \quad (9\cdot12)$$

溶液の攪拌をやめ，対流が止まるのを待った後，図9・3に示すように正電位方向への電位走査が行われる．電極の電位が，(9・12)式に示す反応の標準電極電位に近い値になると，電極上の析出物は再溶出しはじめ，図9・3（下の曲線）に示すように，酸化電流の急激な変化が観察される．多少の違いはあるにせよ，他の方法においても同じ概念で行われる．たとえば，臭化物イオンBr^-のようなイオンでは，まず銀電極上へ前濃縮され，

$$Ag(s) + Br^-(aq) \underset{\text{ストリッピング}}{\overset{\text{電解析出}}{\rightleftarrows}} e^- + AgBr(s) \quad (9\cdot13)$$

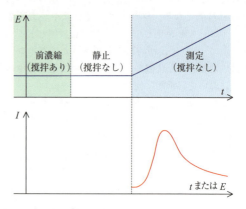

図 9・3　ストリッピングボルタンメトリー測定における電極電位の時間変化および観察される電流-電位曲線（または電流-時間曲線）

```
                  ┌ 固体電極 ┌ 還元反応による析出・濃縮──酸化反応による溶出
                  │         └ 酸化反応による析出・濃縮──還元反応による溶出
                  │                                ┌ 還元反応による単純溶出
                  │         ┌ 酸化反応による析出・濃縮┤
                  │         │                      └ 還元反応による変調溶出
ストリッピング分析 ┤ 水銀(滴または 
                  │ 薄膜)電極 ┤ 還元反応による析出・濃縮  ┌        ┌ 単純
                  │         │ またはアマルガム化反応 ├ 酸化反応による溶出 ┤
                  │         │                                   └ 変調＊
                  │         │ ┌ 正電位方向への電位走査による脱着
                  │         └ 吸着反応 ┤ 負電位方向への電位走査による単純脱着
                  │                   │ 負電位方向への電位走査による変調脱着＊
                  │                   └ 定電流制御法による脱着
```

---

917) しかしながら，元素の毒性は，その濃度とのみ相関性があるわけではない．たとえば，最も高い酸化状態にあるクロム Cr(VI) は，Cr(III) よりもはるかに有毒である．一方，ヒ素 As(III) の毒性は As(V) よりも強い．

918) さらに情報を得たい場合は，"Electroanalytical Methods", 2nd edn, F. Scholz (Ed.), Springer (2010) の中の M. Lovric が執筆した 201～222 ページを参照せよ．あるいは，J. Wang, "Stripping Analysis", 2nd edn, VCH Publishers (1995) を参照せよ．

9・2 ストリッピング法による電気化学分析：ppm または ppb レベルで水中の汚染物質を特定する

つぎに負電位方向への電位走査の際に、析出物は電極表面から溶出・剥離する。この場合、銀電極の代わりに水銀電極も使われる。

ストリッピング分析が未修飾（裸）の固体電極で行われることはめったにないが、ここでは水銀電極あるいは水銀被覆電極におけるストリッピング分析への適切な入門として議論する。とはいうものの、電気化学分析の最初の商業的応用は、銅線上のスズの皮膜を"剥がして"、その厚さを測ることであったのは、なんとも興味深い。

水銀は室温で唯一の液体状態の金属であるので、ストリッピング分析で使われる電極としては特有のものである。還元電解析出において、上述した過程と異なる点は、(9・14)式に示すように生成した金属が電極上に薄膜として析出するのではなく、電極に溶解することである。

$$M^{n+}(aq) + ne^- \underset{\text{ストリッピング}}{\overset{\text{電解析出}}{\rightleftharpoons}} M(amal) \quad (9・14)$$

その結果、析出およびストリッピングの両段階において、アマルガム内の拡散過程が存在する。8種類の金属カチオンが**アノーディックストリッピング分析**（anodic stripping analysis）として知られる方法によって、水銀電極を用いて正確に検出できる。8種類のうち特に三つのイオン[919]、すなわち銅、カドミニウム、鉛は環境に重大な影響を与えると認識されている。吊下げ水銀滴電極については、すでに 64、65 ページで述べているが、この電極は理論的に体系化されている唯一の電極である。今日では、グラッシーカーボンのような固体電極基板が最も頻繁に使われており、水銀は分析溶液に水銀(II)塩を加えることにより共析出される。その結果、水銀はアマルガム金属として生成される。

$$Hg^{2+}(aq) + 2e^- \xrightarrow{\text{共析出}} Hg(l) \quad (9・15)$$

この場合、共析出速度は分析物単独の析出速度よりおそらく 100 倍速い。溶液は析出の段階では、通常、物質輸送を容易にさせるために撹拌される（分析物を徹底的に電解還元するためではない）。水銀膜はせいぜい 10 nm の厚さまでしか成長しないので、水銀滴からのストリッピングよりも、金属が水銀表面にかなり速く到達でき、そして脱アマルガム化が可能である。アマルガム中の金属イオンの濃度は、溶液中のイオン濃度の 1000 倍以上になる可能性がある。このことは、分析手段としてのアノーディックストリッピングボルタンメトリーの価値を高める要因となる。電解析出を行う電位を調節することで、ある特定物質の分析が可能になる。一方、多重ストリッピングピークを個々に定量化することも可能である。

分析対象物質の酸化状態に制限されないので、**吸着ストリッピングボルタンメトリー**[920]（adsorptive stripping voltammetry）の用途は幅広い。典型的には、分析対象のイオンを錯化させるための配位子試薬を加える。配位子試薬は無機物質の場合もあるが、より一般にはジメチルグリオキシムあるいはフェノールなどの有機化合物が用いられる。ジメチルグリオキシム $(CH_3)_2C_2(NOH)_2$ は、コバルトイオンやニッケルイオンに対して添加される。電極上へ金属錯体が吸着するのに適する条件は、電極電位、溶液のpH、あるいは配位子試薬の濃度を最適化することで調整される。吸着前濃縮は、典型的には 50 から 100 秒間行われる。この間に、単分子層以下の吸着量の物質が採取される[921]。原則的には、吸着ストリッピング分析は水銀以外の電極を用いても可能であるが、安全性を除いては[922]、有効な代替電極は見つかってはいない。水銀の利点は、清浄な表面をつくり、汚染される前に使用できるという迅速性に主に由来する。吸着ストリッピングボルタンメトリーにおいて、吊下げ水銀滴あるいは水銀薄膜電極が使用される。溶液は静止のままか、あるいは撹拌される。ときには、測定段階でも溶液の撹拌は行われる。アノーディックストリッピングが使われてきているが、一般には電位走査は負電位方向へ行われ、カソードピークが観察され、定量化される。この場合、分析対象の化学種あるいは錯化剤が還元される。

さまざまなストリッピングボルタンメトリーが用いられるが、結果はすべてストリッピングピークを与える。このピークの面積あるいはその高さが、最終的に最初の溶液中の分析対象イオンの濃度に比例する。しかし、その比例定数は多くの因子に依存し、その因子のほとんどが、完全に明らかなわけではない。これは、分析化学に共通の問題で

---

[919] その他、五つの元素、Bi, Tl, In, Zn そして Sn は、飲料水中において危険な濃度ではめったに検出されることはない。しかしながら、それらが工業廃液中に見いだされる可能性はある。これら以外の水中に存在する元素は、この方法によって分析されることはない。その理由は、それらの元素が水銀によってアマルガム化されないか、あるいは、それらの水和イオンが水銀の還元反応と水銀の酸化反応の間の狭い電位窓内で還元されないかのどちらかである。

[920] 慣習的に使われるそれぞれの名称、アノーディックストリッピングボルタンメトリーと吸着ストリッピングボルタンメトリーは、まぎらわしい。"アノーディック" という形容詞は、測定段階にふさわしい言葉であるのに対して、"吸着の" という形容詞は、むしろ前濃縮段階にふさわしい言葉である。

[921] 分析対象の分子が一辺 1.0 nm の立方体であり、5×10^{-10} $m^2 s^{-1}$ の拡散係数をもつと仮定したとき、吸着の速度がコットレル式、$c^b \sqrt{D/\pi t}$（85ページ）によって与えられるとしたら、いったい単分子層のどれくらいの割合が 60 秒間に 1.0 μM の濃度の溶液から吸着するか計算せよ。Web#921 を参照せよ。

[922] 分析者の健康や実験室からの廃棄物の処理にとっては、そのとおりである。しかしながら、ビスマス Bi がより安全な代替物質として提案されている。

あり，以下に述べる二つのよく知られた手法のどちらかを用いて解決される．一つは，**標準化法**（standardization）とよばれている．すなわち，既知濃度の溶液が調製され，未知濃度の試料溶液と全く同じ方法で分析される．こうして未知濃度は，図 9・4 で説明する手法，あるいはより単純には直接的な比例関係[923]により知ることができる．もう一つの方法は，**標準添加法**（standard addition）である．この方法においては，最初の分析試料に既知である少量の分析対象化学種を加えた後，再度分析する．図 9・5 は，その手法を示したものである[924]．ここでは，このような"添加"が連続して数回行われている．しばしば，添加による溶液の体積変化は無視できるほど小さい．内挿法が外挿法より信頼性があるので，標準化法は標準添加法より優れていると考えられる．しかし，必ずしもそうではない．標準添加法では同じ媒体が用いられるので，妨害物質の存在に起因する誤差は軽減される．

ボルタンメトリー（詳しくは 12，15 および 16 章を参照）において標準となる測定条件，すなわち過剰量の支持電解質の添加，酸素の厳密な除去，電位制御（112 から 114 ページ参照），あるいは注意深く制御した物質輸送は，ストリッピング分析においても採用される．電極電位が変わるとき，すなわちストリッピング分析の測定中はまさに

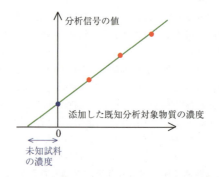

図 9・5　標準添加法．この方法では，まず未知濃度の試料が分析測定される．つぎに，未知濃度の試料に既知の少量の分析対象物質を加え，分析測定する．さらに繰返して，同様に分析測定を行う．分析対象物質添加後の濃度を計算し，各濃度に対し分析信号の値をプロットした後，図に示すように最適な直線関係を示すグラフを得る．図からわかるように，未知濃度の試料に含まれる分析対象物質の濃度が横軸の負の切片から決定される．

そのようであるが，電極界面の電気二重層容量のために非ファラデー電流が流れる．この電流は測定しようとしているファラデー電流へ加わり，分析を台無しにする．非ファラデー電流を分ける一つの方法は，電位走査を工夫することである．そのような手法は，13 章で説明するが，しばしばストリッピング分析で用いられる．具体的には，矩形波，特に微分パルス波が採用される．またもう一つのストリッピング手法は，一定電流を流し，時間に対して電位を測定する．このとき，分析対象物質の濃度に比例した時間だけ定常電位が観察される．

9・3　電気化学法による水の浄化：汚染物質の除去

分析は，汚染によってひき起こされた問題への解のほんの半分にすぎない．すなわち，汚染物質が許容量を超えたときは**レメディエーション**（remediation）が必要となる．当然であるが，水の浄化の程度はその使用目的によって異なる．すなわち，飲料水には高い純度が要求される一方で，冷却あるいは灌漑用目的にはそのような高い純度は必要なく，"中水道"で十分である．都市や農業地域における水は，しばしば有害な有機化合物を高い濃度で含んでいる．有機汚染物質は，また多くの工場の廃液中に存在す

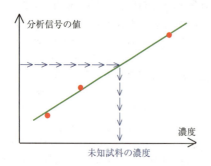

図 9・4　標準化法．この方法では，いくつかの既知濃度の試料が未知濃度の試料と全く同じ方法で分析測定される．得られた分析信号の値と分析対象物質の濃度との関係を表すグラフを作成し，グラフ上の点を通る"最適な直線"を目視で引く（あるいは，最小二乗法を適用してこれを引く．この方法については Web #653 を参照）．この直線関係より，青色の矢印に示すように，未知濃度の試料における分析対象物質の濃度が内挿法により決定される．

---

[923]　インジウム In(III) 塩を含む水溶液のストリッピング分析の結果，$-0.35\,\mathrm{V}$ の電位において $9.3\,\mu\mathrm{A}$ の高さの電流ピークを観察した．同様な条件下において，$0.0550\,\mathrm{mM}\ \mathrm{In(NO_3)_3}$ の標準溶液では，同じ電位において $11.3\,\mu\mathrm{A}$ の高さの電流ピークが観察された．一方，インジウムを含まない溶液では電流ピークは観察されなかった．$-0.35\,\mathrm{V}$ で $0.8\,\mu\mathrm{A}$ の電流が観察された．最初の溶液中のインジウム濃度を算出せよ．Web #923 を参照せよ．

[924]　バックグラウンドとは，試料が全く何も分析対象物質を含まないとき，分析法によって得られる信号である．バックグラウンドを考慮するために図 9・5 に示された手法をどのように適応させるのか？　汚染された川の水に対する銅のストリッピング分析の結果，$230\,\mathrm{nA}$ の電流ピーク高さを観察した．このとき，いわゆるバックグラウンド電流は $60\,\mathrm{nA}$ であった．$0.20\,\mu\mathrm{M}$ ずつ $\mathrm{Cu^{2+}(aq)}$ の濃度を増加させるために連続的に溶液が添加されたとき，それぞれの濃度での電流ピークの高さが，$310\,\mathrm{nA}$，$380\,\mathrm{nA}$，$480\,\mathrm{nA}$ および $540\,\mathrm{nA}$ であった．このとき試料の体積はほとんど変化しなかった．川の水に含まれる銅の量は，ppb 単位でどれくらいか？　Web #924 を参照せよ．

る．そして，施設から離れる前に十分に除去されずに自然のあるいは人工の水路へ流れていく．従来，炭素含有量には二つの目安がある．すなわち，一つは**生物学的酸素要求量**（biological oxygen demand, BOD）で，5日間で微生物が有機物を分解するのに必要とする酸素量として測定される．もう一つは，**化学的酸素要求量**（chemical oxygen demand, COD）で，強酸性下で重クロム酸イオン $Cr_2O_7^{2-}$ を用いる滴定によって決定される．今日では，さまざまな装置が分析に適用されており，水の品質のより細かな分類がなされている．

$$\text{全炭素} \begin{cases} \text{無機炭素} \begin{cases} \text{揮発性物質 (CO}_2\text{)} \\ \text{溶存物質 (HCO}_3^-\text{)} \\ \text{粒子状懸濁物質 (炭酸塩)} \end{cases} \\ \text{有機炭素} \begin{cases} \text{揮発性物質 (低分子量の分子)} \\ \text{溶存物質} \\ \text{粒子状懸濁物質} \end{cases} \end{cases}$$

無機炭素は，水の**硬度**[925]（hardness）を高くするけれども，あまり重要視されず，水処理の間に除去されることはない．ただし，軟化水を得るためには，軟水化剤を用いた処理が行われる．有機炭素の量と種類は適切な改善を図るための目安となる．汚染物質が，電極あるいは電解生成メディエータによって分解されることがわかっているならば，電気化学法は有用である．

従来の重クロム酸滴定法が電気化学法によって置き換わりつつある．なぜならば，クロムやその他の試薬によってひき起こされる危険が懸念されるためである．これらの手法の一つでは，クーロメトリーを利用する．この場合，光照射した二酸化チタン電極を使用して電子/ホール対を生成させる．ホール（正孔）は水と反応し，ヒドロキシルラジカルを生成する．生成したラジカルは水に含まれる有機物と反応する．汚染の定量的な目安を与えるために，この電子が測定される．

非常に多くの種類の有機汚染物質の中から，フェノールを例として取上げる．二つの典型的なフェノール化合物の構造式を下記に示す．フェノール類は石炭，石油，紙，プラスチック，染料，医薬品，写真など多くの工業からの廃

レゾルシノール
（1,3-ジヒドロキシベンゼン）

β-ナフトール
（2-ヒドロキシナフタレン）

液中に含まれており，有毒で，悪臭を放つ．しかし，フェノール類は強力なアノード酸化反応により分解することができる．ここで，穏やかな酸化反応は避けるべきである．なぜならば，それにより生成するキノン類はフェノール類よりも有毒であるからである．アノードでのフェノール類の直接酸化は高分子被膜を生成するので，むしろ，ヒドロキシルラジカル HO•，次亜塩素酸イオン ClO⁻ あるいはオゾン O_3 のような電気化学的に生成するメディエータを介して酸化するほうが良い．これらの有効な酸化剤は，大変高い正の電位でのみ生成する．それゆえ，熱力学的により有利な O_2 生成を回避するために，O_2 の生成に対して非常に大きな過電圧をもつアノードが必要となる．二酸化鉛 PbO_2 は，かつてはこの役割を担ったが，鉛を水中へ溶解させる恐れから，いまでは SnO_2 に取って替わられている．そして，ごく最近では，ホウ素をドープしたダイヤモンドがその役割を担っている．もう一つの案は，両方の電極で酸化的環境をつくり出すことである．すなわち，カソードでは，多孔質カーボンでできた**空気電極**（air electrode）を通して空気を吹き込み，過酸化水素 H_2O_2 を生成させ，そしてアノードでは，オゾンを生成させる．

カソード：$O_2(air) + 2H_2O(l) + 2e^- \rightarrow$
$$H_2O_2(aq) + 2OH^-(aq) \quad (9 \cdot 16)$$

空気電極のような電極は，**ガス拡散電極**（gas diffusion electrode）として知られている．この電極では，ガス状の反応物が電子伝導体の細孔内で液体のイオン伝導体と出会う．

汚染物質の化学的性質を変えるという役割とは大きくかけ離れて，電気化学は水処理においてまた別の役割を果たしている．沈殿した鉄やアルミニウムの水酸化物の大きな沈殿物への汚染物質の吸着は，水の浄化における典型的な非電気化学過程である．たとえば，今日，金属アノードからの水酸化物の生成は，工業廃水への水酸化物の導入の有効な方法として利用されている．

$$\begin{cases} \text{アノード：} 2Al(s) \rightarrow 6e^- + 2Al^{3+}(aq) \\ 2Al^{3+}(aq) + 6OH^-(aq) \rightarrow 2Al(OH)_3(s) \end{cases} \quad (9 \cdot 17)$$

鉄やアルミニウムの水酸化物は水和され，コロイド状態で存在しているので，水酸化物は油滴，重金属イオンあるいは染料といったさまざまな汚染物質を容易に吸着する．この技術は**電解凝集**（electrocoagulation）といわれ，しばしば**電解浮上**（electroflotation）として知られる二次過程と組合わされて行われる．図9・6はこれら二つの技術を組合わせた水処理過程を説明している．(9・17)式の反応で必要となる水酸化物イオンは，カソードで生成される[926]．

---

[925] "硬" 水は塩を含んでおり，その多くが，カルシウム，マグネシウムおよび鉄といった金属の炭酸水素塩である．有害ではないけれど（実際には，栄養であったりするが），そういった塩は，やかん，温水器あるいは洗濯している衣類にとって好ましくない沈殿物となる．

[926] (9・17)式と(9・18)式の反応に基づく水処理プラントが，原理的には，外部電源を必要とすることなく運転できることを説明せよ．ところが，実際はそのようにならないのはなぜか？ Web#926を参照せよ．

カソード: $6H_2O(l) + 6e^- \rightarrow 3H_2(g) + 6OH^-(aq)$
(9・18)

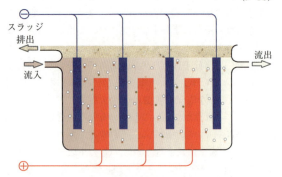

図9・6 電解凝集と電解浮上を組合わせた水処理過程．コロイド状の水酸化アルミニウム粒子は**アノード（アルミニウム）**で生成され，汚染物質を吸着する．このコロイド粒子は，**不活性な**カソードでつくられた水素ガスの泡によって浮かび上がる．セル中の曲がりくねった経路を通過する間に，水に混入した汚染物質が取除かれる．

そして，発生する水素が泡となってセルの表面上に生成するスラッジに付着しそれらを"浮かび上がらせる"ので，スラッジをすくい取ることができる．工業廃水は，しばしばこの電解凝集−電解浮上過程とこれにひき続き行われるろ過を通じて灌漑や冷却に適する中水へと変換される．

健康上の理由から，飲用水は化学的基準のみならず，生物学的基準に適さなくてはならない．生物学的基準を満たすためには[927]，生きている微生物の除去すなわち**殺菌（disinfection）**が必要である．塩素 Cl_2，二酸化塩素 ClO_2 あるいはオゾン O_3 を用いた化学処理，および紫外線照射は殺菌の主な方法である．加えて，近接した電極に交流を印加して電気分解することも有効である．この手法では，ヒドロキシルラジカル $HO^\cdot$ のようないわゆる "キラー" 化学種の電解生成，有機体の直接不活性化（"感電死"），あるいは電極上への微生物の吸着といった三つの機構が複合的に作用して殺菌が行われる．

塩素を含む酸化剤は現在ではあまり好まれていない．なぜならば，ある種の有機汚染物質は完全に酸化されず，その結果，微量のクロロホルム $CHCl_3$ や同様の有毒化合物を生成することが知られているためである．オゾンは魅力的な代替酸化剤で，強力な殺菌剤である．しかし，オゾンは不安定であるために，その場で合成して使用される．オゾン生成の確立された方法は，乾燥空気中での高電圧 "コロナ" 放電であるが，電気化学的方法も使用されている．

電気化学的方法の一つを図9・7に示す．ここでは**空気カソード**（air cathode，ガス拡散電極ともいう）が使用され

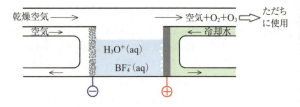

図9・7 オゾン生成用電解セルの例

ている．カソードでは，炭素とポリ（テトラフルオロエチレン）からなる多孔質電極の細孔内へ空気が拡散し，(9・19)式の反応が起こる．

カソード: $O_2(aq) + 4H_3O^+(aq) + 4e^- \rightarrow 6H_2O(l)$
(9・19)

一方，アノードでは，

アノード: $6H_2O(l) \rightarrow 4e^- + O_2(g) + 4H_3O^+(aq)$
(9・20)

の反応が起こる．この反応は，期待される (9・21) 式の反応よりも熱力学的に有利である．

アノード: $9H_2O(l) \rightarrow 6e^- + O_3(g) + 6H_3O^+(aq)$
(9・21)

それゆえ，(9・20)式の反応ではなく，(9・21)式の反応が最適となる条件を選ぶようにする．その条件とは，グラッシーカーボン電極，支持電解質のテトラフルオロホウ酸アニオン BF_4^-，および高温になるためアノードを冷却しなければならないほど高い電流密度を用いることである．それでもやはりアノードで生成するガスのうちオゾンが生成する割合は 1/3 を超えることはめったにない．この濃度でさえ，オゾンの爆発の危険を避けるため空気での希釈が必要となる．オゾンは (9・22) 式に示す反応機構で生成するといわれている．

$$\begin{cases} 2H_2O(aq) \rightarrow e^- + H_3O^+(aq) + HO^\cdot(ads) \\ O_2(aq) + HO^\cdot(ads) \rightarrow HO_3^\cdot(ads) \\ HO_3^\cdot(ads) \rightarrow e^- + HO_3^+(aq) \\ HO_3^+(aq) + H_2O(l) \rightarrow H_3O^+(aq) + O_3(g) \end{cases}$$
(9・22)

この反応機構は，グラッシーカーボン電極表面上へのヒドロキシルラジカルの吸着過程を含んでいる．

水処理プラントにおいて必要なオゾンをその場で電解合成させ，ただちに使用することは，小規模な電解合成セルの使用の一つの例であり，このような方式はさまざまな分野での応用が期待されており，近年増加傾向にある．水処

---

927) 水の生物学的分析の標準的方法は，大腸菌群の総数評価である．もし培養後の細菌の群体数が水 100 mL 中に 1 未満であるならば，その水は飲用に適していると考えられる．一方，汚染されていない湖の水は，通常では 30 であり，また未処理の下水は 10^5 以上である．残念なことに，大腸菌群の総数評価に合格しても，水がランブル鞭毛虫，クリプトスポリジウムあるいはウイルスのようなヒトに影響を及ぼす病原体がいないことを何ら保証するものではない．

理工業のもう一つの例として，二酸化塩素を取上げる．このガスは乱暴に扱うと爆発しやすいので，輸送には向いていない．それゆえ，塩素と亜塩素酸イオンの化学反応[928]

$$Cl_2(g) + 2ClO_2^-(aq) \rightarrow 2Cl^-(aq) + 2ClO_2(g) \quad (9\cdot23)$$

もしくは，電気化学反応

カソード： $H_2O(l) + e^- \rightarrow OH^-(aq) + \frac{1}{2}H_2(g)$
$$(9\cdot24)$$

アノード： $ClO_2^-(aq) \rightarrow e^- + ClO_2(g) \quad (9\cdot25)$

のいずれかの方法を用いて"その場"でつくられる．塩素ガスは輸送可能であるが，しばしば海水を原料にして，使用するその場で電解合成される．さらにもう一つの例として，過酸化水素がある．過酸化水素は，(9・16)式の反応によって炭素電極を用いて空気からその場で電解生成される．

半導体工業においてもチップ製造プラントで必要とされる化学薬品を電解合成して使用している．市販の水素ガスは，半導体の応用には適した純度ではない．高純度の水素ガスは，必要とする場所で，精製された水酸化カリウム水溶液の電気分解によって合成される．三水素化ヒ素は非常に毒性のあるガスであるが，これは半導体技術の現場で電解合成される化合物の二つ目の例である．三水素化ヒ素は，高純度ヒ素をカソードに用いて(9・26)式の反応により，水酸化ナトリウム水溶液の電気分解によってつくられる．

カソード： $As(s) + 3H_2O(l) + 3e^- \rightarrow$
$$AsH_3(g) + 3OH^-(aq) \quad (9\cdot26)$$

9・4 細胞の電気化学：神経インパルス

細胞内オルガネラをはじめ動物細胞は，生体膜の基本的な"土台"の役割を果たす二分子膜によって囲まれている．二分子膜はおよそ5nmの厚さで，細胞外液および細胞内液と接触した親水性官能基をもつ頭部（head）と疎水性の尾部（tail）をもつリン脂質分子が，疎水性の尾部同士を向き合わせてできた二重層からなる．脂質二分子膜の内部は疎水性であるため，水やイオンは通過できない．93ページで述べたように，抗生物質のイオノホアであるバリノマイシンは外側が親油性（疎水性）であるため，分子内にイオンを包み込んで親油性の二分子膜を通過することができる．このようにイオノホアによって，イオンは親油性を装うことで二分子膜を透過することが可能となる．膜を透過した後，反対側でイオンが放出される．この様子は，図9・8の左側に描かれている．グラミシジンA[929]

などのような他の抗生物質では，脂質二重膜を介したイオン透過のために別の戦略を採用している．これらのタンパク質の対はらせん状になって，分子自身が二分子膜を横切るように挿入され，膜全体を貫通する．このらせん状の形態を利用して，グラミシジンAは細胞の内部と外部をつなぐチャネルを形成する．イオノホアの性質に応じて，チャネル内部表面と特定のイオンとの間に幾何学的および電気的な適合性が生じる．グラミシジンAの場合，特定のイオンは主にオキソニウムイオン H_3O^+ であり，二分子膜を容易に通過することができる．図9・8の右側の部分は，この様子を説明している．

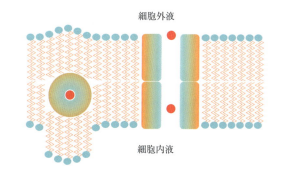

図 9・8 リン脂質が尾部同士を向い合わせて形成した二重層によって，細胞の外側と内側が仕切られている．図では二つの方法によって特定のイオンの透過が行われている様子を示している．イオンはイオノホアに取込まれて，あるいは膜輸送チャネルの中を移動して，細胞の内外を行き来する．イオン透過性をもつ分子は，中空の球状あるいは円筒状の形を利用し，そしてリン脂質分子と同様に親水性部分と疎水性部分をもっている．

グラミシジンAの膜輸送チャネルは，細胞壁にグラミシジンが数分子集まることで形成され，そして膜により隔たれた外部と内部との間のさまざまな（物質）交換を可能にする構造体の良いモデルとなる．二分子層内には，細胞のさまざまな要求を支援するための大変多くの通路が埋込まれている．しかし，ここで，われわれの興味の対象は，単純なイオンの通過できる**膜輸送チャネル**（transmembrane channel）にある．これらはチャネル内に埋込まれたポリペプチド分子から構成されており，図9・8に示した場合と同様に，脂質二分子膜を貫通した通路を形成している．特定のサイズと電荷のイオンのみが，チャネルを通過することができる．特定のイオンとチャネル内部表面の間の適合性が非常に良いので，その特異性のために他のイオンはチャネルを通過できなくなる[930]．イオンがチャネルを一方向に通過することは，細胞がエネルギーを消費しないと

---

928) (9・23)式の反応に含まれる化学種のうち塩素原子の酸化状態（15ページ参照）はいくらか？ 答えはWeb#928に示した．
929) グラミシジンAは15のアミノ酸からなるポリペプチドであり，分子式はHCONH(アミノ酸)$_{15}$CONH(CH$_2$)$_2$OHである．
930) たとえば，ナトリウムイオンはカリウムイオンチャネルをカリウムイオンのわずか0.1％の割合でしか透過できない．

いう意味で"受動的"である．しかしながら，チャネルを形成するタンパク質分子は柔軟性をもっており，電圧の変化に応じて，チャネル自身の収縮により，あるいは末端に存在するゲート（弁のようなもの）によりチャネルを閉じることができる．

細胞の外部と内部を連結するさまざまなタイプの多くの膜輸送イオンチャネルが存在する．細胞外液と細胞内液はそのイオン組成および電位において著しく異なるので，イオンは拡散と泳動，あるいは，それらのどちらか一方の電気化学的な物質輸送によって，開いたチャネルを通じて移動する．それゆえ，87ページに示したネルンスト-プランク式が適用できると考えられる．このネルンスト-プランク式は（9・27）式のようになり，x は内側から外側へチャネルの軸に沿って測った距離を示す．

$$j_i = -D_i\left[\frac{dc_i}{dx} + \frac{F}{RT}z_i c_i \frac{d\phi}{dx}\right]$$

ネルンスト-プランク式　　（9・27）

ここで，i は膜を透過するイオンを示す．いわゆるゴールドマン式[931]を誘導しようとするときは，それぞれのチャネル内の電位勾配 $d\phi/dx$ が $-\Delta\phi^{mem}/L_i$ に等しいとして取扱う．L_i は膜輸送イオンチャネルの長さを示し，$\Delta\phi^{mem}$ は細胞外の電位に対する細胞内の電位，いわゆる**膜電位**（membrane potential）を示している．ネルンスト-プランク式を積分すると，流束密度 j_i は電流 I_i に関係付けられる．ここで，I_i はイオンがチャネルを移動した結果として，細胞の外へ流れる電流を表している．積分についての詳細は他[932]を参照していただくとして，その結果は，パラメータ α を用いて（9・28）式のようになる．

$$I_i = \frac{\alpha F^2 \Delta\phi^{mem}}{RT} G_i \frac{c_i^{in}\exp\{z_i F\Delta\phi^{mem}/RT\} - c_i^{out}}{\exp\{z_i F\Delta\phi^{mem}/RT\} - 1}$$

電流に対するゴールドマン式　　（9・28）

ここで，c_i^{in} と c_i^{out} はそれぞれ細胞内液および細胞外液中のイオン i の濃度を示す．G_i は"ゴールドマンの透過係数"であり，膜透過チャネルでのイオン i の透過しやすさを定量的に特徴付ける．$\Delta\phi_i$ と G_i のどちらのパラメータも膜透過イオンチャネルが開閉するにつれて，時間とともに変化する．その他の項は定数として扱われる．（9・28）式は，**電流に対するゴールドマン式**（Goldman's current equation）を示している．

細胞の外部および内部に向かって流れるイオンによる電流はいろいろあるが，通常，正味の電流は観察されない．つまり，すべての透過イオンに対する電流 I_i の合計はゼロであるため，（9・29）式が得られる．

$$0 = \sum_i G_i \frac{c_i^{in}\exp\{z_i F\Delta\phi^{mem}/RT\} - c_i^{out}}{\exp\{z_i F\Delta\phi^{mem}/RT\} - 1}$$

電圧に対するゴールドマン式　　（9・29）

この式は膜電位差を細胞内および細胞外のイオン濃度で表すことを可能とし，**電圧に対するゴールドマン式**（Goldman's voltage equation）とよばれる．これは，細胞内および細胞外のイオン濃度と膜電位の関係を表している．筋肉細胞はカルシウムイオン Ca^{2+} に対して透過性を示すが，他のほとんどの細胞では z_i の値は単に +1 と -1 であり，その場合，（9・29）式は（9・30）式のように解くことができる[933]．

$$\Delta\phi^{mem} = \frac{RT}{F}\ln\left\{\frac{\sum_{cations}G_i c_i^{out} + \sum_{anions}G_i c_i^{in}}{\sum_{cations}G_i c_i^{in} + \sum_{anions}G_i c_i^{out}}\right\}$$ （9・30）

この式は透過イオンのほとんどがカリウムイオン K^+ とナトリウムイオン Na^+ であるような重要な場合に対して，さらに簡単に表現される．そのとき，その周囲に対して細胞内の電位は（9・31）式のようになる．

$$\Delta\phi^{mem} = \frac{RT}{F}\ln\left\{\frac{G_{K^+}c_{K^+}^{out} + G_{Na^+}c_{Na^+}^{out}}{G_{K^+}c_{K^+}^{in} + G_{Na^+}c_{Na^+}^{in}}\right\}$$

$$= (26.7\,\text{mV})\ln\left\{\frac{G_{K^+}c_{K^+}^{out} + G_{Na^+}c_{Na^+}^{out}}{G_{K^+}c_{K^+}^{in} + G_{Na^+}c_{Na^+}^{in}}\right\}$$ （9・31）

ここで，表示されている 26.7 mV は，ヒトの体温 37℃ での値である．

ニューロン（神経細胞）の内部と外部における K^+ イオンと Na^+ イオンの典型的な濃度は，次ページに示した値に近い．それぞれのイオンの外部と内部での濃度の大きな不均衡は，ATP 駆動[934]のナトリウムイオン汲み出しポンプおよびカリウムイオン汲み入れポンプによって保たれている．これらのポンプは，絶えず働いている[935]．静止状

---

931) デイヴィッド・エリオット・ゴールドマン（1910-1998），アメリカ合衆国の生物物理学者．GHK 式としても知られる．G はゴールドマンを表す．H はアラン・ロイド・ホジキン卿（1914-1998）を表す．英国の生理学者で 1963 年ノーベル賞を受賞する．K はベルナルド・カッツ卿（1911-2003）を表し，彼のユダヤ人として生まれた境遇がドイツからオーストラリアや英国へ逃亡させた．1970 年，彼の神経生理学における発見に対してノーベル賞が贈られた．
932) 電流に対するゴールドマン式に関する仮定やその誘導の詳細については，Web#932 を参照せよ．
933) （9・30）式の電圧に対するゴールドマン式を導け．詳しくは Web#933 を参照せよ．
934) ATP（アデノシン三リン酸）は，生体におけるエネルギー通貨である．ATP 1 分子は 1.7 kJ mol^{-1} の ΔG を与える．比較してみると，表にあげた濃度差に対するカリウムイオンの移動は，8.6 kJ mol^{-1} のギブズエネルギー差に相当する．この値を導け．そして，Web#934 を参照して，計算した値と比較せよ．
935) あるポンプは，同時に二つの作用を示す．一つの作用は三つのナトリウムイオンを放出し，一方，別の作用では二つのカリウムイオンを汲み入れる．このようなタイプの"能動輸送"により，人体における代謝エネルギーのうち，25% を消費する．

態の膜電位差（静止電位）はおよそ−70 mVであり，これはK$^+$イオンに対するゴールドマンの透過係数がNa$^+$イオンに対するよりも，およそ35倍大きい[936]ことを示している．神経細胞の働きの鍵となるのは，神経細胞の内部と外部の間のK$^+$イオンとNa$^+$イオンの濃度における大きな差である．

	濃度/mM	
	Na$^+$(aq)	K$^+$(aq)
内部	1.5	140
外部	120	5

神経インパルスは，一つの神経細胞内では電気的に，そして二つの神経細胞間では化学的に，伝達される．図9・9からわかるように，それぞれの神経細胞は核を包む"細胞体"から放射状に伸びた軸索をもつ．電気信号は**活動電位**（action potential）により，軸索に沿って伝達される．

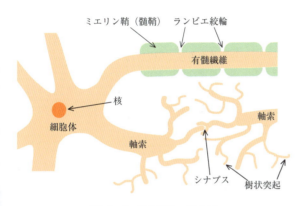

図9・9 神経細胞の模式図

外部刺激に誘発されて，細胞体近くでの電位上昇とともに活動電位が発生し，軸索に沿って伝播する．小さな刺激は有効ではないが，およそ−30 mVの閾値より正のレベルへ膜電位の上昇が起これば，この部位で，以下に示すような現象が連続的に起こる．

(a) 刺激が，核近くの細胞体に見いだされる多くの閉じた状態のナトリウムイオンチャネルが開くことを促進する．

(b) 新しく開いたチャネルを横切る高い濃度勾配に応答して，ナトリウムイオンが軸索へ大量に流れ込む．

(c) 結果として，およそ−70 mVであった膜電位は，最大値であるおよそ+40 mVに瞬時に上昇する．

(d) 電位の突然の上昇は，二つの効果をもたらす．一つは，軸索に沿って並んでいる閉じたナトリウムイオンチャネルを開かせるきっかけを与えることである．こうして活動電位は軸索に沿って伝播していく．

(e) 膜電位における110 mVもの上昇のもう一つの効果は，閉じたカリウムイオンチャネルを開かせるきっかけを与えることである．

(f) K$^+$イオンは細胞外液へ向かって流れていくのに適した30倍もの濃度差に応答して，開かれたチャネルを通って流れる．

(g) K$^+$イオンの外部への流れは，膜電位を再び負の値に戻す．

(h) 負の$\Delta\phi^{mem}$は，Na$^+$イオンとK$^+$イオンの開いた膜輸送イオンチャネルに元の閉じた静止状態になるよう合図する．

(i) こうして，膜輸送イオンチャネルはつぎの刺激に備える．(a) から (h) の一連の挙動はおよそ30 msの間隔で繰返される．

電位における短いスパイク，いわゆる活動電位は軸索に沿って波同様の信号として素早く移動する[937]．軸索内へ移動するのはほんの少しのNa$^+$イオンであり，それにひき続いて同様にほんの少しのK$^+$イオンが軸索外へ移動するので，濃度にそれほど影響しないことがわかる．その効果は，小さな電荷の流れがかなりの電位変化をひき起こすという点で，非常に小さなキャパシタを充電するのに似ている．動いていたポンプが薬物によって動作できなくなるときでさえ，内部と外部のイオン濃度が等しくなり不活性化する前に，神経細胞は何千何万回も活動電位を発生する．神経インパルスはアナログというよりむしろデジタル信号であり，強い刺激は弱い刺激よりも高い周波数の活動電位スパイクを伝える．(それは，より高い電圧のあるいはより継続時間の長いスパイクでもない．)

獲物を捕まえるためにあるいは捕食者から逃れるために素早い応答を余儀なくされる大きな動物は，速い神経インパルスの恩恵を受けている．結果として，活動電位がより早く伝播する軸索が進化してきた．そのような軸索は，"ミエリン鞘（髄鞘）化"されている．**ミエリン**（myelin）は脂質であるため，脊椎動物における軸索の一部を絶縁し，その脂質で覆われていない部分（ランビエ[938]絞輪）を除いて，通常のイオンの流入および流出を遮断している．このため，活動電位は絞輪からつぎの絞輪へ跳躍的に伝導し，通常の波よりも速く[939]，そしてより低いエネルギー消費で移動する．図9・9は，ミエリン鞘（髄鞘）化された軸索とされていない軸索を示している．

---

936) このような結果になることを示せ．また，表にあげた濃度に対して，$\Delta\phi^{mem}$の最大および最小となる可能な値がそれぞれ，+117 mVおよび−89 mVとなることも示せ．Web#936を参照せよ．

937) ミエリン鞘（髄鞘）で覆われていない軸索における典型的なスパイクは，1 ms未満の持続時間と25 m s^{-1}の速さを示す．

938) ルイス-アントニィ・ランビエ (1835–1922)，フランスの医師，病理学者．

939) ネコの脊髄の運動神経軸索において，120 m s^{-1}もの高い速度が測定されている．

活動電位は，動物の神経細胞だけに見られるものではない．活動電位は筋肉の動作（そこでは，カルシウムイオンチャネルが役割をもつ）あるいは心臓の鼓動（心拍）（そこでは，活動電位はスパイク状というよりもより矩形波に近い）を支配する．カビや植物（たとえば，ミモザ（マメ科ネムノキ亜科オジギソウ属の諸植物）属におけるように）でさえ，塩化物イオンチャネルから生じる活動電位に依存している．

通常，神経細胞間の伝達はそれらの間隙における**神経伝達物質**（neurotransmitter）の移動によって起こる．神経細胞間の間隙は**シナプス**（synapse）あるいはシナプス間隙とよばれ，およそ 50 nm 離れている．このシナプス間隙においては，二つの神経細胞の突起が互いにごく近くにまで伸びている．アセチルコリンやドーパミン[940]などの神経伝達物質は，小さなカチオン性分子で軸索末端のシナプス前膜のベシクル（小胞）内に蓄えられている．活動電位が軸索末端に到達したとき，カルシウムイオンチャネルが開き，活動電位はベシクル内の物質（神経伝達物質）をシナプス間隙へ放出させる．神経伝達物質は間隙を拡散し，シナプス後膜を透過して受容体軸索の活動電位を生起するきっかけを与える．

拡散の時間はおよそ L^2/D で表される．ここで L と D は，それぞれ移動距離および拡散係数を示す．シナプス間隙内の拡散に対して，これらのパラメータはそれぞれおよそ 50 nm および 2.5×10^{-10} m^2 s^{-1} の値をもつ．これらの値から，10 μs という大変短い時間であることがわかる．とはいうものの，この時間が非常に重要になる場所，たとえばヒトの目の網膜においては，シナプスは**コネキシン**（connexin，ギャップ結合タンパク質）によって置き換わる．コネキシンは膜透過イオンチャネルであり，一方の神経細胞から他方の神経細胞へ直接的にイオン移動を行う．

ま と め

この章では，電気化学が汚染物質の分析や水の浄化において助けとなるいくつかの事項について簡単に述べたにすぎない[941]．電気化学は，この章で考察したことをはるかに超えたさまざまな点で，環境問題と接点をもっている．化石燃料を燃やして環境を汚染し，カルノー効率の制約を受ける内燃機関を，再充電可能な電気化学電源に置き換えるのに，電気自動車の推進が一役買っていることは明白である．電気燃料への転換についてその研究ペースが遅いと嘆く前に，鉄道では，その転換がほとんど完結していることを忘れてはならない．もちろん，電気が化石燃料からつくられる限り，この方法で環境が受ける恩恵はほんのわずかである．再生可能な電力源から充電した電池を使うことで，電気燃料への転換は全く"グリーン"なものとなる．より良い二次電池がなお望まれており，電気化学に対してより一層期待が寄せられている．

---

[940] アセチルコリンとドーパミンの分子式は，それぞれ H$_3$CCOO(CH$_2$)$_2$N(CH$_3$)$_3^+$ と (HO)$_2$C$_6$H$_3$(CH$_2$)$_2$NH$_3^+$ である．
[941] これらに関連する話題や汚染の別の側面に関するさらなる情報については，K. Rajeshwar, J.G.Ibanez, "Environmental Electrochemistry: fundamentals and applications in pollution abatement", Academic Press (1997) を参照せよ．

10 電極の分極

ひとたび電極に電流が流れると，その挙動はもはや熱力学のみには支配されなくなる．電流と電極電位との相互依存関係は，いくつかの因子によって支配されることとなり，それらによる総合的な効果は**電極の分極**（electrode polarization）として知られている．この章では，それぞれ原因がはっきりしている三つの要因について個別に，また総合的に考察する．こうした効果は，時間の経過とともに変動する場合もあれば，変動しない場合もある．このことについては，ここではあまり深くふれない．

長い歴史の間に確立されてきたにもかかわらず，"分極"あるいは"過電圧"の概念を尻込みする研究者もいて，彼らの著作には現れてもこない．それにもかかわらず，これらの概念はそうした逆境にも耐えて，電気化学の多くの分野でその有用性を示してきた．それらは実験の如何にかかわらず，電極のふるまいに影響を及ぼしている隠れた要因を明らかにしてくれる．

10・1 電極の分極をひき起こす三つの要因：符号の約束とグラフ

どのような符号や大きさをもつ電流が流れても，電極の電位がゼロ電位に留まっていれば，その電極は**完全非分極性**（totally depolarized）であるという．この理想的な性質を示す電極というのは存在しないが，二次電池の電極（5章）や，うまく設計された参照電極（6章）はこれに近い挙動を示す．図10・1中の赤色の縦線は完全非分極を表している．一方青色の横線のほうは，どんな電位においても電流が流れない，**完全分極性**（totally polarized）電極の挙動を示している．こちらも理想状態を示しているが，多くの電極では溶媒によって決まる"電位窓"（70，71ページ）内の任意の電位において，定常的な電流は流れない．よくある典型的な挙動は図10・1中の緑色の線で示されている．すなわち，電極がアノードとしてふるまうときには，電極電位 E はゼロ電位 E_n よりも正となるが，カソード電流が流れるときには E_n よりも負となる．実際の電位 E とゼロ電位との差は**過電圧**（overvoltage）[1001]とよび，記号 η で表す．

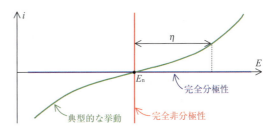

図10・1 過電圧 η は電流が流れることによってひき起こされる電極電位の変化である．

$$\eta = E - E_n \quad \text{過電圧} \quad (10・1)$$

過電圧は電極がどれだけ分極しているかの尺度であり，それにより流れる電流と符号が同じである．したがって，カソード過電圧は負である．しかし，η の定義として絶対値 $|E-E_n|$ を用いる場合もある．もちろん，過電圧は電流密度 i に依存する．電圧をかけるから電流が流れると考えるのが直感的であるが，電極の分極を議論する場合には，過電圧の要因として電流密度を考えるほうが都合が良い．

この章では，電極の分極をひき起こす三つの要因について議論する．それぞれは，それらに固有の過電圧と以下のように関係付けられる．

$$\left.\begin{array}{c}\text{抵抗}\\\text{反応}\\\text{輸送}\end{array}\right\}\text{分極が要因となる}\left\{\begin{array}{l}\text{抵抗過電圧 } \eta_{\text{ohm}}\\\text{反応過電圧 } \eta_{\text{kin}}\\\text{輸送過電圧 } \eta_{\text{trans}}\end{array}\right.$$

これら三つの名前が示すように，**抵抗分極**（ohmic polarization）はイオンの泳動が遅いことに起因する一種の抵抗である．**反応分極**（kinetic polarization）[1002]は，電極反応自体の本質的な遅さに起因する．一方，反応物の電極への供給，あるいは生成物の除去の遅さが**輸送分極**（transport polarization）[1003]を生じさせる．第四の効果，つまり結晶成長の遅さに起因する**結晶化分極**（crystallization polarization）については，ここではふれない．このように，個々の分極はそれぞれの因子の遅さを反映したものである．過剰な電圧（過電圧）で，こうした遅さを補償することができる．

この章を通じて多くのグラフや式が出てくるので，この

[1001] あるいは**オーバーポテンシャル**（overpotential）ともいう．本書で過電圧（overvoltage）のほうを採用するのは，voltage を"電位差"の意味で用いているためである．η はもちろん電位そのものではなく，電位差を表す．
[1002] あるいは，**活性化分極**または**電荷移動分極**ともいう．
[1003] **濃度分極**ともいう．

あたりで電気化学において混乱を招きやすい**符号**（signs）について述べておくことにする．国際純正・応用化学連合（IUPAC）は定義や記号，規約に関する事項を定めている．しかしながら，そうしたもののいくつかの運用は慣習的な用法に反しており，筆者も含めて，すべての電気化学者がそれに従っているわけではない．ここでの目的は，本書で採用している符号や他の規約について述べ，それらが別の用法で使われている可能性もあるということを理解することである．

電子伝導体中の電気の流れは，電子が動く方向とは逆である．このことが，しばしば混乱を招く．電流の符号は電気の流れを反映するもので，電子ではない．本書では電流を I で表す（他書では i が用いられることもある）．電流密度は i で表す（同様に j も用いられている）．オームの法則は $I = -\Delta E/R$ または $i = -\kappa\, d\phi/dx$ と表される．なぜなら，導体中では電流は電位が減少する方向に流れるからである．他の本では負号が除かれている場合もある．

セル電流（電池電流）を議論する場合には，どちらか一方の電極を作用電極と決めない限り，混乱は避けられない．今日では，多くの電気化学者は作用電極で酸化反応が進行するのに伴い流れる電流を正にとる．本書もこれに従う．しかし，逆の用法，つまり還元電流を正にとる場合もある．これらの約束事を図示したものが図 10・2 である．

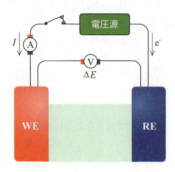

図 10・2 符号について．この図はセル電圧（その符号は電圧計の読みと同じ），セル電流（WE で酸化が起こるとき I は正），電極電位（水溶液の場合のみ $E = \Delta E + E_{RE(vs.SHE)}$，他は RE に対する値）の定義に従って表されたものである．

本書では，電流や過電圧，移動度についてはどちらの符号もとりうるものとする．他のテキストでは，式に適当に手を加えることによって，符号をもたない量として定義しているものもある．一方，他のテキストでやっているような，量論係数が負になるようなことは避ける．

本書では，電極電位を E で表し，セル電圧を ΔE で表すものとする．他の本では両方に E を用いている．電極電位に符号をもたせることは簡単である．電位は図 10・2 に示す回路における電圧計の読みと同じである．電極電位の表記は，「任意の参照電極に対する電圧計の読み」となる．非水溶媒中ではフェロセン/フェロセニウムイオン酸化還元対がしばしば基準として用いられる．一方，イオン伝導体が 25 ℃ の水溶液系の場合には，電極電位を $\Delta E + E_{RE}$ と表記する場合もある．ここで ΔE は電圧計の読みであり，E_{RE} は SHE に対する参照電極の電位である[1004]．後者は巻末付録の表に列挙したものや，本書のあちこちに出てくる標準電極電位のことである．古い文献や昔の物理化学の教科書には，符号がこれらと逆に表記されている場合もある．

電流や電位に関するあいまいさをさらに助長することになりそうだが，これらの量をもとに電流–電位図を描く際にもいくつかの慣習がある．デカルト座標で用いられる数学的な規約では，図 10・1 に示すように，電位（あるいはセル電圧や過電圧）は正に増大するとともに右へ進み，また電流（あるいは電流密度）は正に増大するとともに上へ進むようにプロットするのが自然である．しかしながら，別の描き方が一時期流行り，今でも生き残っている．そうした常識に反する描き方が行われた理由は，かつては還元反応が酸化反応に比べてはるかに多く研究されていたためである．その場合，実験結果を今とは逆のやり方，すなわち負電位を右方向に，還元電流を上方向にプロットするほうが便利だったからである．本書では**右および上を正にとる**ルールに従う．図 10・3 に示すセル電圧対電流のグラフの四つの象限にこれを示す．図からもわかるように，四つの象限は作用電極の極性，電流の符号，セルがガルバニックモードまたは電解モードのいずれで動作しているかを示している．

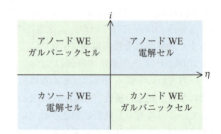

図 10・3 四つの象限．この例における 2 本の座標軸は，それぞれ電流密度ゼロおよびセル電圧ゼロに対応している．

10・2 抵抗分極：支持電解質の添加により減少する

セルに電流が流れるためには，イオン伝導体中をイオンが移動しなければならず，これを維持するためには電場が必要である．電場は，作用電極と参照電極にはさまれた，

[1004] これは，25 ℃ 以外では合わない場合が多い．

イオン伝導体内部の電位差により供給される．したがって**抵抗過電圧**（ohmic overvoltage）は[1005]，

$$\eta_{\text{ohm}} = \phi_{\text{WE}} - \phi_{\text{RE}} = \int_{\text{RE}}^{\text{WE}} d\phi = \frac{-1}{\kappa}\int_{\text{RE}}^{\text{WE}} i\,dl$$

$$= \frac{-I}{\kappa}\int_{\text{RE}}^{\text{WE}} \frac{dl}{A(l)} \quad \text{抵抗過電圧} \quad (10\cdot 2)$$

と表される．ここでϕは溶液または他のイオン伝導体内部における局所的な電位である．（10・2）式ではオームの法則を$i=-\kappa\,d\phi/dl$の形で用いている．ここでκはイオン伝導体の導電率である．図10・4に示すように，記号lは作用電極から電流の流れる方向に測った距離であり，$A(l)$は距離lにおける**等電位面**（equipotential surface）[1006]の面積である．（10・2）式の積分を実行するにはセルの幾何学的形状を指定する必要があるが，実際にはかなり不規則な形状をしている．ある種の単純な形状をしたセルの場合は，積分は容易に実行できる．

となる．ここで，最後の過程[1007]においてオームの法則を（1・23）式の形で用いている．また，R_{cell}はセル抵抗である．実際に，つぎの式

$$\eta_{\text{ohm}} = IR_{\text{cell}} = AR_{\text{cell}}i \quad \text{抵抗過電圧} \quad (10\cdot 4)$$

は，どのような形状の2電極セルにも適用できる．この場合，R_{cell}は二つの電極間のイオン伝導体の抵抗である．これで，なぜ**IRドロップ**（IR drop）という言葉が"抵抗過電圧"の同義語として用いられるかがわかったであろう．

単純な"トラフ"形状のほかに，電気化学において，なかでもボルタンメトリー（12，15，16章）において特に重要なものは，図10・6に示した二つの形状である．左側のものは**半球電極**（hemispherical electrode）とそれが接する溶液部分の断面図である．この場合，等電位面（そ

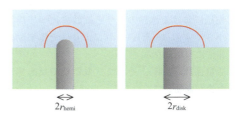

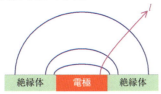

図10・4 座標lは電流の流れる方向にとられる．三つの断面で示した等電位面は座標に直交（直角）であり，面積$A(l)$をもつ．

図10・6 微小半球電極および微小ディスク電極の断面図．典型的な等電位面を赤で示した．

図10・5に示す"トラフ"形状の場合には，Aは定数になるので積分は簡単に実行できて，

$$\eta_{\text{ohm}} = \frac{-I}{\kappa}\int_{L}^{0}\frac{dx}{A} = \frac{IL}{\kappa A} = IR_{\text{cell}}$$

$$\text{トラフ形状} \quad (10\cdot 3)$$

のうちの一つを赤で示した）は半球状の殻で，タマネギを半分に切ったときのような薄い層が作用電極を覆っている．中心からの距離をrとすると，その表面積は$2\pi r^2$である．参照電極が半径r_{RE}をもった大きな半球殻であるとすると，（10・2）式の積分はつぎのように求まる．

$$\eta_{\text{ohm}} = \frac{-I}{\kappa}\int_{r_{\text{RE}}}^{r_{\text{hemi}}}\frac{dr}{2\pi r^2} = \frac{I}{2\pi\kappa}\left[\frac{1}{r_{\text{hemi}}} - \frac{1}{r_{\text{RE}}}\right]$$

$$\text{半球 WE} \quad (10\cdot 5)$$

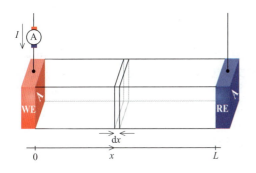

図10・5 トラフセルの場合，電流の流れるトラフの断面積Aは一定である．

ここで，r_{hemi}は半球状作用電極の半径である．もちろん，そんなに大きな半球状参照電極はめったに用いられることはないが，（10・5）式より，もしr_{hemi}がセルの大きさに比べて十分小さければ，カッコの中の第2項目は無視できて，式はつぎのように簡単になることがわかる．

$$\eta_{\text{ohm}} = IR_{\text{cell}} \quad \text{ただし } R_{\text{cell}} \approx \frac{1}{2\pi\kappa r_{\text{hemi}}}$$

$$\text{半球 WE} \quad (10\cdot 6)$$

参照電極が大きくて離れていれば，その形状や位置にはよらない．図10・6の右側に示した小さな**ディスク電極**

1005) ここでは回路の電子伝導体部分の抵抗を考慮していないが，これを無視することができない場合もある．
1006) 等電位面についてのより詳しい説明はWeb#1006参照のこと．
1007) 11 mMの硝酸銅(II) Cu(NO$_3$)$_2$水溶液を満たした図10・5のセルの抵抗過電圧を計算せよ．ただし，セルは一辺が19 mmの立方体であり，電流を123 μAとする．答えはWeb#1007参照．

(disk electrode)[1008] の場合における対応する積分は，簡単ではないので他書に譲る[1009]．ただしその結果は，

$$\eta_{\text{ohm}} = IR_{\text{cell}} \quad \text{ただし} \; R_{\text{cell}} \approx \frac{1}{4\kappa r_{\text{disk}}}$$
ディスク WE (10・7)

となり，半球の場合と係数の数字が異なるだけである．しかし，式には現れていないが，これら二つの間には明らかな違いがある．すなわち，半球の表面では電流密度はどこでも等しいが，ディスクの場合では異なり，端に近い部分ほど大きくなる．

抵抗過電圧は常に好まれない性質のものであるため，何とかしてこれをなくしたいと思うだろう．η_{ohm} が導電率に反比例することが，セル溶液に支持電解質を加える主な理由であるが，ほかにも効果がある．簡単に述べると，

(a) 溶液の抵抗を減らして抵抗分極を小さくする．

(b) 輸送における泳動の寄与を拡散に比べて無視できるほど小さくする（8章）．これにより，セル挙動のモデル化が非常に容易になる．

(c) 活量係数（2章），そして式量電位や反応速度定数といった量が変動しにくくなる．なぜなら，イオンの活量係数は溶液のイオン強度を反映するからである．支持電解質を大量に加えると，イオン強度は均一かつ一定と考えられる．一方，支持電解質がなければ，イオン強度は場所や時間によっても変化することになるだろう．

(d) ある特定の反応の研究に適した環境を提供する．たとえば，H_3O^+ や OH^- 濃度の確定した緩衝液が支持電解質溶液として用いられる[1010]．

(e) 自然対流（8章）の影響を低減する．イオンを濃厚に含む溶液の密度は，純粋な溶媒に比べて電気化学活性種の濃度の変動による影響を受けにくいためである．

(f) 電気二重層（13章）の厚みを薄くして電気化学活性種の分布量を減らす．これにより二重層容量の再現性が向上し，フルムキン効果（151ページ）が目立たなくなる．

(g) 電気化学活性種と錯形成する可能性のあるイオンが導入されると，活性種の組成が一定でなくなる．

(h) さまざまな分光法のような，電気化学以外の測定に用いられる溶液と同じではなくなるため，相互に結果を比較するのが困難になる．

(i) 平衡定数や溶解度積などのような希薄溶液におけるパラメータを電気化学測定で求めた結果に疑念が生じる．

(j) 支持電解質を大過剰に保つ必要があるため，電気化学活性種の濃度をある程度以上高くすることができない．

(g)～(j) では，支持電解質の効果は不利に働く．しかしながら (a)～(f) で与えられる利点のほうがずっと大きいため，特別な理由[1011] でもない限り，ほとんどの場合，支持電解質は大量に加えられる．

10・3 反応分極：電流は電極反応速度によって制限される

通常の化学反応と同じように，いくつかの電極反応は本質的に遅い．この遅さが反応分極の原因である．化学反応であるか電気化学反応であるかにかかわらず，すべての反応の遅さは温度を上げることで軽減できるが，電極反応は電極電位を変えることでも加速することが可能である．

(7・27)式は，単純な反応 $R(\text{soln}) \rightleftarrows e^- + O(\text{soln})$ の電流密度がバトラー–ボルマー式で与えられることを示している．

$$i = Fk^{\circ}(c_R^b)^{\alpha}(c_O^b)^{1-\alpha}\left[\frac{c_R^s}{c_R^b}\exp\left\{\frac{(1-\alpha)F}{RT}(E-E_n)\right\}\right.$$
$$\left. - \frac{c_O^s}{c_O^b}\exp\left\{\frac{-\alpha F}{RT}(E-E_n)\right\}\right]$$
(10・8)

ここで，k° は式量速度定数であり，α は還元反応の移動係数である．式中にある二つの濃度比は，バルク濃度と表面濃度との違いを反映しているが，このことはまた，輸送分極にもつながっていく．こうした濃度差がないとき[1012]，(10・8)式は簡単になって，

$$i = i_n\left[\exp\left\{\frac{(1-\alpha)F}{RT}\eta_{\text{kin}}\right\} - \exp\left\{\frac{-\alpha F}{RT}\eta_{\text{kin}}\right\}\right]$$
$$\text{ここで} \; i_n = Fk^{\circ}(c_R^b)^{\alpha}(c_O^b)^{1-\alpha}$$
(10・9)

となる．ここで，η_{kin} が反応過電圧を表す．(10・9)式中の i_n は**交換電流密度**（exchange current density）である．i_n はゼロ電位 E_n において両方向に流れる電流を表すので，命名は妥当といえる．図10・7は[1013] $\alpha=0.35$ および $\alpha=0.50$ の場合の i と η_{kin} の関係を示す．

電流密度を過電圧の関数として表した (10・9)式は，α

1008) ディスクの縁が露出した電極と，ディスクの表面が平らで周縁部が絶縁体で囲われた電極とを区別するために，**埋込み電極**ともよばれる．
1009) ディスク電極および，他の形状をもつ作用電極のセル抵抗については Web#1009 を参照．
1010) そうした場合には，同義語である"不活性電解質"や"無関係電解質"は適当とはいえない．
1011) たとえば平衡定数を求めたいときや，川の水をその場で分析したい場合など．
1012) おそらく，溶液がよく撹拌されているか，あるいは反応速度がきわめて遅く自然拡散によって，濃度の比がほぼ1に保たれている．
1013) ここでは電解を議論しているので，曲線が図10・3の青の領域にあることに注意せよ．ゼロ電位は平衡を意味しており，外部からのエネルギーを利用して反応を進ませる．

10・4 輸送分極：限界電流

輸送分極は，反応物の電極への供給や，生成物の電極からの除去の遅さに由来する．8章において，三つの異なる輸送形態についてふれたが，それらのうちのどれが輸送にかかわっているかについてはここでは重要ではない．ただ，反応物や生成物のうちのいずれかがイオンである場合，異なる形態の輸送が関与することを頭に入れておけばよい．また，ときには，(4・17) 式の反応物や 39 ページに示した反応における酸化還元対のうちの一方のように，輸送がまったく必要ない場合もあることに注意しなければならない．R と O のいずれもが同じ機構により輸送される場合でも，反応物や生成物それぞれの輸送では，反応物の輸送速度には限界があるが生成物のそれにはないという明確な違いがある．

再びここでは，一般的な 1 段階反応 $R(soln) \rightleftarrows e^- + O(soln)$ が酸化方向に進む場合について考えてみよう．

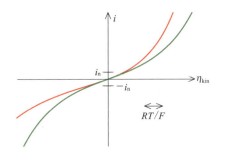

図 10・7 反応分極を示すグラフ．移動係数が 0.35 および 0.50 の場合の電流密度と η_{kin} の関係を示している．緑の曲線は双曲線正弦関数 $i = 2i_n \sinh|F\eta_{kin}/2RT|^{1014)}$ の形状をしている．

が 1/2 の値をとる場合にのみ，逆に η_{kin} を i の関数として表すことができる．その場合[1014]，

$$\eta_{kin} = \frac{2RT}{F} \mathrm{arsinh}\left\{\frac{i}{2i_n}\right\} \quad \text{ただし } \alpha = \frac{1}{2} \text{ のとき}$$

　　　　　　　　　　　　反応過電圧　(10・10)

である．ここで，交換電流密度 i_n は $Fk^{\circ}\sqrt{c_R^b c_O^b}$ に等しい．しかし，過電圧が小さい領域および二つのターフェル領域では，つぎの近似式[1015] が成り立つ (74 ページ)[1016]．

$$\eta_{kin} \approx \frac{RT}{F}\frac{i}{i_n} \qquad \eta_{kin} \text{ が小さいとき} \quad (10\cdot 11)$$

$$\eta_{kin} \approx \frac{-RT}{\alpha F}\ln\left\{\frac{-i}{i_n}\right\} \qquad \begin{array}{l}\eta_{kin} \text{ が負で}\\ \text{大きいとき}\end{array} \quad (10\cdot 12)$$

$$\eta_{kin} \approx \frac{RT}{(1-\alpha)F}\ln\left\{\frac{i}{i_n}\right\} \qquad \begin{array}{l}\eta_{kin} \text{ が正で}\\ \text{大きいとき}\end{array} \quad (10\cdot 13)$$

ここで $i_n = Fk^{\circ}(c_R^b)^{\alpha}(c_O^b)^{1-\alpha}$ である．(10・9) 式を用いると，ゼロ電位付近で電極電位は電流の変化に対して速度

$$\frac{dE}{dI} = \frac{1}{A}\frac{d\eta_{kin}}{di} = \frac{RT}{AFi_n}$$

　　　　　　　　　　　電荷移動抵抗　(10・14)

で変化することがわかる[1017]．これはオームの単位をもち，反応抵抗あるいは**電荷移動抵抗** (charge-transfer resistance) R_{ct} とよばれる量である．

(10・8) 式から (10・14) 式のすべては，1 段階で進行する単純な反応 $R(soln) \rightleftarrows e^- + O(soln)$ または $O(soln) + e^- \rightleftarrows R(soln)$ に適用されたバトラー–ボルマー式に基づいたものである．もっと複雑な反応機構の場合にも同様な式が得られるが，それは複合移動係数を含み，また異なった濃度項をもつ．7・3 節にある方法に従って，反応機構ごとに個別に取扱わなければならない．

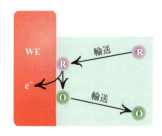

酸化反応では電極表面付近にある R を消費するので，バルク溶液からの輸送により補給しなければならない．しかし輸送はゆっくり行われるので，バルクと表面の間には濃度差

$$c_R^s < c_R^b \qquad (10\cdot 15)$$

が生じる．ここで上付きの s と b はそれぞれ表面とバルクを表す．一方，O は電極表面で生成されるが，これが溶液内部へと運ばれていくためには濃度勾配

$$c_O^s > c_O^b \qquad (10\cdot 16)$$

が，その駆動力として必要である．つまり，(10・15) 式とは逆の大小関係になっている．

ここでは**ネルンスト的な条件** (nernstian condition) の場合だけを考えよう．非可逆な電子移動過程については前章ですでに述べた．ネルンストの法則

$$E = E^{\infty} + \frac{RT}{F}\ln\left\{\frac{c_O^s}{c_R^s}\right\} \quad \text{ネルンストの法則}$$

$$(10\cdot 17)$$

1014) 双曲線正弦関数とその逆関数については巻末付録の用語集に定義をのせてある．
1015) 過電圧が 77 mV 以上の場合に，(10・9) 式の代わりに近似式 (10・12) や (10・13) 式を用いると，α の値によらず誤差が 5 % 以内となることを示せ．答えは Web #1015．
1016) 以下の条件を満たす電極反応について，分極曲線を描け．ただし，抵抗分極および濃度分極は無視するものとする．$c_R^b = 1.50$ mM，$c_O^b = 0.50$ mM，$E^{\infty} = -0.0500$ V，$k^{\circ} = 4.0 \times 10^{-6}$ m s^{-1}，$\alpha = 0.60$，$T = 280$ K．答えは Web #1016．
1017) 脚注 727) に示されている実験について電荷移動抵抗を計算せよ．答えは Web #1017．

は，電極電位と二つの表面濃度とを関係付ける式である．自然浸漬状態においては，電位を決めるのはバルク濃度である．したがって，ゼロ電位は，

$$E_n = E^\infty + \frac{RT}{F}\ln\left\{\frac{c_O^b}{c_R^b}\right\} \quad \text{ゼロ電位} \quad (10\cdot 18)$$

で与えられる．(10·17)式から(10·18)式を差し引くと，輸送過電圧に対する式[1018]がただちに得られる．

$$\eta_{trans} = E - E_n = \frac{RT}{F}\ln\left\{\frac{c_O^s c_R^b}{c_O^b c_R^s}\right\} \quad \text{輸送過電圧}$$
$$(10\cdot 19)$$

(10·15)式および(10·16)式の不等式は，いま考えている酸化過程では濃度比[1019] c_O^s/c_O^b および c_R^b/c_R^s が1よりも大きいことを示しており，よって，正の過電圧が生じる．

この節ではこれまで，輸送分極が電極表面での濃度に影響を及ぼすという考えでのみ議論してきた．そして，図10·8の右側へ向かうように，ネルンストの法則を用いて過電圧を決定した．しかし，電流密度がファラデーの法則を通して，濃度比の値を決めるのにどのようにかかわっているかはまだ説明していない．図10·8に全体像が明らかにされている．図には，系の挙動を支配するさまざまな法則がどのように協同して，輸送過電圧の電流密度依存性をひき起こしているかが示されている．

8章において，輸送の法則は電極表面での反応物や生成物の濃度と，そこでの流束とをつなぐものであることを述べた．その関係は，しばしばつぎのように簡単なものである．

$$j_i^s = m_i(c_i^s - c_i^b) \quad i = R, O \quad (10\cdot 20)$$

ここで，m_i は輸送係数であり，時間に依存する場合もあれば，依存しない場合もある．さらに，反応 $R(soln) \rightleftarrows e^- + O(soln)$ の単純な化学量論的関係より，電極にRが到達するごとに電極に電子を1個放出し，同時にOを生成することがわかる．したがって，ファラデーの法則より[1020]

$$\frac{i}{F} = -j_R^s = j_O^s \quad \text{ファラデーの法則} \quad (10\cdot 21)$$

が成り立つ．いまは酸化反応 $R(soln) \rightleftarrows e^- + O(soln)$ に注目しているが，ここで出てきている数式（そしてこの章を通して出てくる数式）は還元反応 $O(soln) + e^- \rightleftarrows R(soln)$ についても同様に成り立つ．

(10·19)，(10·20)，(10·21)式を合わせると次式が得られる[1021]．

$$\frac{F\eta_{trans}}{RT} = \ln\left\{1 + \frac{i}{Fm_O c_O^b}\right\} - \ln\left\{1 - \frac{i}{Fm_R c_R^b}\right\}$$
輸送過電圧 $(10\cdot 22)$

輸送の法則が(10·20)式ほど単純でない場合や，電極反応の化学量論数が異なる場合には，(10·22)式には改変が必要である．しかし，過電圧が輸送分極のみからなる場合には，図10·8に示される原理は常に成立する．

対数の真数は負であってはならないので，(10·22)式より，電流密度は $Fm_R c_R^b$ を超えてはならず，また $-Fm_O c_O^b$ より小さくはならない．つまり，

$$-Fm_O c_O^b \leq i \leq Fm_R c_R^b \quad \text{電流値の制限} \quad (10\cdot 23)$$

である．よって，電流密度はこれら二つの間の値をとる．この制限された値は**限界電流密度**(limiting current density) として知られ，図10·9に示した電流-電位曲線上の平坦部に相当する．この平坦部が物理的に意味するところは，電極表面での濃度はゼロを下回ることはないので，電位をいかに正に大きくしても，もうそれ以上，電極への物質の供給速度を上げられない限界が存在するということである．酸化限界電流密度

$$i_{lim}^{an} = Fm_R c_R^b \quad \text{酸化限界電流密度} \quad (10\cdot 24)$$

は，最も正の電位で達成される最大の正の電流密度であり，還元限界電流密度

$$i_{lim}^{cath} = -Fm_O c_O^b \quad \text{還元限界電流密度} \quad (10\cdot 25)$$

は，最も負の電位で達成される最大の負の電流密度である[1022]．

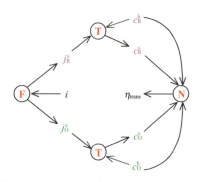

図 10·8 各電気化学活性種の表面濃度と表面流束密度とを結び付ける輸送則 **T** がどのように電流密度 i と輸送過電圧 η_{trans} とを関係付けているかを示す図．記号 **N** および **F** は，それぞれネルンストおよびファラデーの法則が演じる役割を示す．

1018) (10·8)式中の式量速度定数が無限大のとき，(10·19)式が得られることを示せ．答えは Web#1018．
1019) 25℃における酸化反応について，RおよびOの表面濃度とバルク濃度の比がそれぞれ1％，50％，99％の各場合について，輸送過電圧を計算せよ．
1020) (a) 反応(9·15) および (b) 反応(9·14) について，(10·21)式に相当するファラデーの法則の式を書き下せ．答えは Web#1020．
1021) (10·21)式を導け．答えは Web#1021．
1022) もし溶液中に生成物Oがなかったら，ゼロ電位が存在しないので過電圧の概念は成り立たない．しかし，その場合でも電流-電位曲線は図10·9の形状をとる．ただし，還元限界電流はゼロとなる．

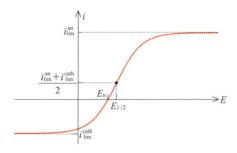

図 10・9 輸送分極によって生じる電流-電位曲線．ほかにも分極が存在する場合，曲線はより緩やかになるが限界電流値は変化しない．

(10・22)式は限界電流密度を用いると，

$$E = E_{1/2} + \frac{RT}{F}\ln\left\{\frac{i - i_{\lim}^{\text{cath}}}{i_{\lim}^{\text{an}} - i}\right\} \quad (10\cdot 26)$$

のように書ける．ここで，

$$\begin{aligned}E_{1/2} &= E_n - \frac{RT}{F}\ln\left\{\frac{i_{\lim}^{\text{cath}}}{i_{\lim}^{\text{an}}}\right\}\\ &= E_n - \frac{RT}{F}\ln\left\{\frac{m_O c_O^b}{m_R c_R^b}\right\} \quad (10\cdot 27)\end{aligned}$$

半波電位

は**半波電位**（half-wave potential）であり，"波"の中点である．

10・5 複数の分極がある場合：概要

ここまでの三つの節では，抵抗分極，反応分極，輸送分極のそれぞれについて，他の二つの影響がない場合について見てきた．図 10・10 は，それぞれの分極が単独で作用する場合の i-η 曲線の形を示している．図からもわかるように，それぞれの分極の効果ははっきりと異なる．しかし，それらのいくつかが同時に起こったら一体どうなるだろうか？

3 種類の分極が区別できて，それら三つの過電圧が足し算で表されるとしよう．二つの過電圧のうちの一方が抵抗過電圧であるとき，この加成性は厳密に成り立つ．

$$\eta = \eta_{\text{ohm}} + \eta_{\text{kin}} \quad \text{ただし } \eta_{\text{trans}} = 0 \text{ の場合} \quad (10\cdot 28)$$
$$\eta = \eta_{\text{ohm}} + \eta_{\text{trans}} \quad \text{ただし } \eta_{\text{kin}} = 0 \text{ の場合} \quad (10\cdot 29)$$

しかし，もし反応過電圧と輸送過電圧が共存する場合には，それぞれに濃度の項が含まれているので，バトラー-ボルマー式を介してそれらが相互に影響を及ぼし合う．図 10・11 は，3 種類の分極が組合わさって電極の分極を支配する場合，電流密度が込み入った経路を通じて過電圧を決めている様子を示している．

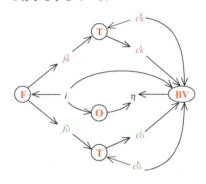

図 10・11 抵抗分極，反応分極，輸送分極が同時に作用する場合には，全過電圧に対する電流密度 i の影響の及ぼし方には何通りもの経路がある．ここにはオームの法則 **O**，ファラデーの法則 **F**，輸送則 **T**，バトラー-ボルマー式 **BV** のすべてが含まれている．

図 10・11 は複雑であるが，電流密度 i と三つの成分からなる過電圧 η の関係を以下の式で書き下すことができる[1023]．

$$\frac{F[\exp\{F(\eta - AR_{\text{cell}}i)/RT\} - 1]}{i} = \frac{\exp\{\alpha F(\eta - AR_{\text{cell}}i)/RT\}}{k^\circ (c_R^b)^\alpha (c_O^b)^{1-\alpha}}$$
$$+ \frac{1}{m_O c_O^b} + \frac{\exp\{F(\eta - AR_{\text{cell}}i)/RT\}}{m_R c_R^b}$$
$$(10\cdot 30)$$

この式は見た目にごちゃごちゃしていて，陽関数[1024]として

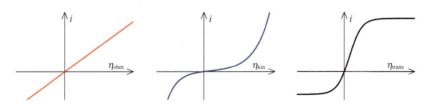

図 10・10 それぞれの曲線は，作用電極での反応 R(soln) ⇌ e⁻ + O(soln) または O(soln) + e⁻ ⇌ R(soln) についての単独の分極に対応している．

1023) (a) 反応分極および輸送分極が無視できる場合（k° および m がそれぞれ無限大），(b) 抵抗分極および輸送分極が無視できる場合（R_{cell} がゼロ，m が無限大），(c) 抵抗分極および反応分極が無視できる場合（R_{cell} がゼロ，k° が無限大）の各場合について，(10・30)式がそれぞれ(10・4)式，(10・9)式，(10・22)式となることを示せ．答えは Web #1023．

1024) "陽関数"というのは，$i = f(\eta)$ あるいは $\eta = f(i)$ のような形に書ける関数のことである．$\alpha = 1/2$ であるとき，(10・30)式は後者の形に書くことができる．

書くことができない．図10・12は，純粋な輸送過電圧に反応過電圧あるいは抵抗過電圧を付加していった場合の分極曲線を示す[1025]．どちらの場合でも，曲線は次第に伸びて寝てくる．二組の曲線は似た形状をしているので，混ざっているのが反応過電圧なのか，抵抗過電圧なのかを実験的に区別できないということにもなる．

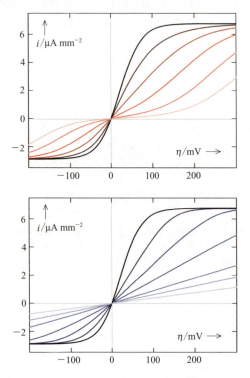

極の界面で生じる．輸送分極は，電極に接した輸送層内で生じる．抵抗分極は，イオン伝導体[1026]の全体で生じる．そして，参照電極のことも忘れてはならない．これもまた，分極の影響を受けやすいからである．事実，2電極セルでは全部で五つの分極に影響される．

分極 { 作用電極表面での反応分極
作用電極への輸送に関する輸送分極
イオン伝導体全体を通じての抵抗分極
参照電極への輸送に関する輸送分極
参照電極表面での反応分極

ただし，最後の二つは，うまく設計された参照電極では小さい．図10・13は，五つの分極が生じる場所を示している．

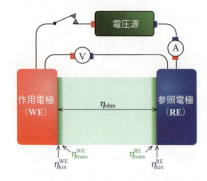

図 10・13 2電極セルにおける五つの分極．反応分極は接合部で生じ，輸送分極は電極に接する狭い輸送層において生じる．抵抗分極はイオン伝導体全体にわたって生じる．

図 10・12 黒で示した分極曲線は輸送分極のみに起因する過電圧によるものであり，限界電流値はそれぞれ 6.75 および $-2.89\,A\,m^{-2}$ である．他の曲線はこれに反応分極が加わったもの（上の図）あるいは抵抗分極が加わったもの（下の図）である．以下の諸条件を (10・30) 式に適用して得られたもの．$c_R^b = 0.7\,mM$；$c_O^b = 0.3\,mM$；$\alpha = 0.6$；$T = T°$；$m_R = m_O = 10^{-4}\,m\,s^{-1}$；（上の図）$R_{cell} = 0$；$k^\infty = \infty,\ 100,\ 31,\ 10,\ 3,\ 1\,\mu m\,s^{-1}$；（下の図）$k^\infty = \infty$；$A = 10^{-9}\,m^2$；$R_{cell} = 0,\ 10,\ 25,\ 50,\ 100,\ 150,\ 250\,M\Omega$．

10・6 2電極および3電極セルでの分極：ポテンショスタット

3種類の分極は，それぞれ異なった場所で起こる現象に由来することを知っていなければならない．反応分極は電

この2電極セルでは，参照電極は二つの役割を担っている．つまり，(a) 作用電極の電位を測るための基準であり，(b) 作用電極で酸化/還元が起こるとき，電流の出口/入口となる．図10・14では，これらの役割を分けて描かれている．小さな部分が (a) の役割を，そして大きな部分が (b) の役割を果たしている．大きな部分は**対極** (counter electrode, CE)[1027] とよばれる．こうすることにより，上に示した五つの成分のうち，最後の二つが実質的に消滅する．なぜなら，過電圧は電流が流れることにより発生するからである．確かに，CE ではまだ電流が流れているが，RE に電流を流さないように計測を行う電圧計には，その影響は現れない．

こうした性能の改善により逆に犠牲となるのは，定電圧

1025) m の値として $10^{-4}\,m\,s^{-1}$ を用いているのは，この値が面積 $10^{-9}\,m^2$ の微小ディスク電極を用いて典型的な拡散係数（$1.4 \times 10^{-9}\,m^2\,s^{-1}$）をもつ反応種の定常状態ボルタンメトリーを実施する場合に対応するからである．
1026) 導電率の低い電極材料では，電子伝導体自身も抵抗過電圧に寄与することがある．
1027) **補助電極**という呼び名も用いられる．

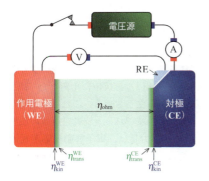

図 10・14　参照電極を二つの部分に分ける．これは 3 電極セルの原理である．この場合，大きなほうは対極とよばれる．

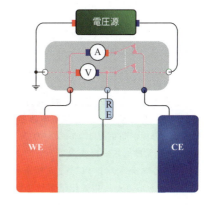

図 10・15　ルギン管を用いた 3 電極セルの図．灰色の箱で示したポテンショスタットでセルは制御されている．箱の中はポテンショスタットの内部回路ではなく，その働きを示している．桃色の破線は仮想的な接続状態を表しており，破線がつないでいる部分の電位は等しいが，電流は流れない．

源ではもはや作用電極の印加電位を一定に保てなくなることである．しかし，技術がわれわれの要望を満たしてくれる．それが**ポテンショスタット**（potentiostat）[1028] である．これは，別記[1029] したように複雑な装置であり，実験者が命じた通りの電位差 $E_{WE} - E_{RE}$ を保つよう，CE を流れる電流を制御してくれる．

現在では，上で述べた以外の多くの機能を備えたポテンショスタットが市販されており，コンピュータ制御により動作もデジタル化されている．ユーザーが単純な，あるいは複雑な電位波形を印加し，電極電位およびセル電流の時間変化を測定できる機能も備わっている．したがって，伝統的な測定機器である電圧計や電流計の機能は，ポテンショスタットに組込まれているといってよい．電流-電位曲線やその他のプロットが自動的に描かれ，データを扱いやすいように時系列で数値を提供するものもある．多くのポテンショスタットはまた，電位ではなく電流を規制する**ガルバノスタット**（galvanostat）としても機能する．

いまや 3 電極セルとポテンショスタットを用いることが，電気化学計測を行う際の標準となっており，本書の残りの部分でも，これらを用いることを前提とする．実験者の目から見たポテンショスタットの主な特徴は，(a) 電圧源との入力接続[1030]，(b) 3 電極への外部接続，(c) 作用電極と参照電極との間の電位を測定できること，(d) 作用電極を流れる電流を測れること，そして (e) 作用電極をポテンショスタットから切り離すスイッチがあること，である．図 10・15 に記号で表したポテンショスタットにこれらの特徴を示した．

電流が流れないので，参照電極はずっと小さくでき，

58 ページで述べた"参照電極での反応に関与するすべての化学種の豊富な供給"も必要なくなる．小さいおかげで，作用電極のすぐ近くまでもってこれる．あるいは，図 10・15 に示すように，参照電極を外部に設置して，細い**ルギン管**（Luggin capillary）[1031] でセルと接続する．キャピラリーの外径および内径はとても細くできる．というのも，内部の溶液には電流が流れないからである．キャピラリーの開口部を作用電極表面に近づけることによって抵抗過電圧をほとんど無視しうるまでに小さくできる．残存する抵抗はいわゆる**非補償抵抗**（uncompensated resistance）R_u であるが，これは，ポテンショスタットがセル抵抗[1026] のほとんどをすでに"補償"しているからである．R_u は WE と RE との間の抵抗ではないことに注意しよう．ルギン管が検知している電位は，その開口部を横切る等電位面である[1032]．たとえば，図 10・5 に示したトラフセルにおける等電位面は，ただ単に作用電極に平行な面である．ルギン管の開口部が電極表面から距離 x_{RE} 離れた位置にあれば，非補償抵抗は，

$$R_u = \frac{x_{RE}}{\kappa A} \qquad \text{トラフセル} \qquad (10\cdot 31)$$

となる．ここで A は作用電極の面積である．トラフはめったに使用されることはないが，一般的なセルとは異なり，WE とルギン管の先端との配置が単純になるため，導電率から計算により R_u を推定することが可能である．た

1028) アーチー・ヒックリング（1908-1975，イギリスの電気化学者）によって 1942 年に発明された．
1029) 詳細については Web #1029 を参照．
1030) **関数発生器**（ファンクションジェネレーター）ともよばれる．市販の装置では，電圧源とポテンショスタットの両方の機能が組込まれているものも多いが，両者は別々の働きをもつものである．
1031) **ルギンプローブ**とも，あるいは単に"ルギン"という．ハンス・ルギン（1863-1899）はオーストリアの物理化学者．
1032) 毛細管の存在により，等電位面がいくぶん歪んでしまう．しかも，その開口部を WE 表面に近づけすぎると，その部分の表面がルギン管により遮蔽されてしまう．そこで実際には，WE の動作を邪魔しない程度に毛細管を近づけるよう努力する．

だし，ルギン管が太すぎたり，電極に近づけすぎたりすると，本来はイオン伝導体のあるはずの場所を占有することとなり，電極近傍の電場を乱すことに留意しなければならない．

2電極から3電極に移行することにより，参照電極に求められる負担を軽減できるとともに，REを注意深く配置することによって抵抗分極を大きく減らすことができる．一方で，対極では分極が問題とはならないので，負担は小さくてすむ[1033]．通常は，短い白金線で十分である[1034]．4章や5章で述べたシステムのように，2電極を利用しなければならない場合もあるが，電気化学者は2電極で実験目的を十分に達成できる場合でさえ，余計な装置を必要とする3電極方式を利用することを好む．

2電極から3電極に移行することにより，作用電極はイマジナリー・アース（仮想接地）となる以外，影響を受けない[1029]．作用電極には従前どおり反応分極または輸送分極，あるいはその両方が作用するが，うまく設計された3電極セルを用いれば，抵抗分極の寄与を大きく減らすことができる．これによって，測定された電極電位の信頼性が向上し，いくつかのボルタンメトリーにおいては$R_u C$時定数（149ページ）を小さくできる利点も得られる．3電極配置により軽減される抵抗分極のみならず，非補償抵抗がイオン伝導体の導電率や作用電極と参照電極との距離から計算できるようになる（150ページ）．

ポテンショスタットにより制御された3電極セルを導入することで，水以外の多くの溶媒をイオン伝導体として用いることが容易となる．この進歩が[224]，それまで踏み込むことのできなかった領域にまで電気化学の適用範囲を広げるなど，大きな影響をもたらしてきた．

まとめ

電流が流れる場合，三つの異なる分極により電極電位が変化する．抵抗分極は，抵抗値に比例した"IRドロップ"とよばれる過電圧を生じさせる．これは，支持電解質を加えることによって軽減される（支持電解質の添加は他の利点も有する）．反応分極は，電子移動反応速度の遅さに起因する．単純な反応 $R(\text{soln}) \rightleftarrows e^- + O(\text{soln})$ に対して，バトラー–ボルマー式で速度が表される場合，つぎの関係が得られる．

$$\frac{i}{Fk°(c_R^b)^\alpha (c_O^b)^{1-\alpha}} = \exp\left\{\frac{(1-\alpha)F}{RT}\eta_{\text{kin}}\right\} - \exp\left\{\frac{-\alpha F}{RT}\eta_{\text{kin}}\right\} \quad (10\cdot32)$$

同じ反応に対する輸送分極は，

$$\frac{F\eta_{\text{conc}}}{RT} = \ln\left\{\frac{c_O^s c_R^b}{c_O^b c_R^s}\right\} = \ln\left\{\frac{i_{\text{lim}}^{\text{an}}}{i_{\text{lim}}^{\text{cath}}} \times \frac{i - i_{\text{lim}}^{\text{cath}}}{i_{\text{lim}}^{\text{an}} - i}\right\} \quad (10\cdot33)$$

で与えられる．これは，電極から，あるいは特に電極への反応物質の輸送の遅さによって生じるバルク濃度と表面濃度の差に起因する．しばしば見られるように，これらの分極が協同して作用する場合，分極曲線はより複雑な形状をとるようになる．ポテンショスタットで制御された3電極セルを用いると，2電極セルにおける第二の電極がこうむる分極を除外でき，作用電極における抵抗分極もほぼ除かれる．

[1033] しかしながら，そこでは何らかの電気化学過程が進行していることに注意しなければならない．測定が長時間に及ぶと，その過程によって生じた物質がWEにおける反応に害を及ぼす場合もある．

[1034] あまりに小さなCEを用いると，必要な電圧がポテンショスタットの制御能力を超えてしまう．

11 腐 食

"腐食"という言葉はしばしば他の状況において用いられることもあるが，主としてさまざまな環境下で起こる望まざる金属の酸化のことをいう．公共設備を徐々に崩壊させることによって，腐食は金属を基盤とする私たちの文明に対して非常に重大な経済的損失をひき起こす．通常，酸化剤は，大気中の酸素と水である．これらの酸化剤が金属を腐食する機構は，一般的に電気化学反応に関係する．

11・1 もろい金属：腐食性の環境

八つの金属に関して表に示したように[1101]，金を除けば，すべての金属の酸素による酸化反応は熱力学的に起こり得る．

$$M(s) + \frac{b}{2a}O_2(air) \rightarrow \frac{1}{a}M_aO_b(s) \quad (11 \cdot 1)$$

M	a, b	$\dfrac{\Delta G_{11 \cdot 1}}{\text{kJ mol}^{-1}}$
Au	2, 3	83
Ag	2, 1	−5
Pt	1, 1	−46
Cu	1, 1	−129
Zn	1, 1	−319
Fe	2, 3	−368
Mg	1, 1	−568
Al	2, 3	−790

しかし，実際にはアルカリ金属およびアルカリ土類金属（Na，K，Caなど）のみが，乾燥空気と素早く反応する．他の金属においてあまり腐食が起こらない理由は，不均一系酸化反応が遅いことに起因している．Al，Cr，Tiのような金属の場合，酸素が透過しにくい付着性の酸化物層の生成によって腐食が妨げられる．

熱力学的な駆動力の増加のために，硫黄化合物のような空気中の汚染物質は腐食を増大させる．

$$Ag(s) + \frac{1}{4}O_2(air) + \frac{1}{2}H_2S(1\text{ ppm}) \rightarrow$$
$$\frac{1}{2}Ag_2S(s) + \frac{1}{2}H_2O(g)$$
$$\Delta G = -121 \text{ kJ mol}^{-1} \quad (11 \cdot 2)$$

$$Cu(s) + O_2(air) + SO_2(1\text{ ppm}) \rightarrow CuSO_4(s)$$
$$\Delta G = -409 \text{ kJ mol}^{-1} \quad (11 \cdot 3)$$

(11・2)式と (11・3)式の反応に対するギブズエネルギー変化を先の表と比較すると，ppmレベルにおいてもこれらの気体の著しい効果がわかる．

水による腐食は，酸素が存在しなくても起こる．

$$M(s) + nH_3O^+(aq) \rightarrow M^{n+}(aq) + \frac{n}{2}H_2(g) + nH_2O(l)$$
$$(11 \cdot 4)$$

しかし，どきどき酸素が関与する場合がある[1102]．

$$M(s) + \frac{n}{4}O_2(air) + nH_3O^+(aq) \rightarrow$$
$$M^{n+}(aq) + \frac{3n}{2}H_2O(l) \quad (11 \cdot 5)$$

下記の表[1103]をよく見るとわかるように，反応(11・5)

M	n	$\dfrac{\Delta G_{11 \cdot 5}}{\text{kJ mol}^{-1}}$
Au	3	81 + 17.1 pH
Ag	1	−40 + 5.7 pH
Pt	2	19 + 11.4 pH
Cu	2	−169 + 11.4 pH
Zn	2	−382 + 11.4 pH
Fe	3	−357 + 17.1 pH
Mg	2	−930 + 11.4 pH
Al	3	−838 + 17.1 pH

1101) それぞれの金属の最も安定な酸化物を決めるために，データでは空気内の酸素（この場合，活量は1ではない）を用いている．なぜなら，酸素の分圧が0.21 barであるからである．巻末の付録表の$G°$を用いて，これらのデータの一つを確認せよ．あるいはWeb #1101参照．

1102) われわれは水溶液がpH 7 以下である適切な条件において，(11・4)式と (11・5)式を書くことを選択した．しかし，腐食反応はpHを上昇させることに注意せよ．pHが7を超えた場合の (11・4)式と (11・5)式から導き出される反応を書け．Web #1102参照．

1103) 巻末の付録表の$E°$を用いて，この表の$\Delta G_{11 \cdot 5}$の一つを確認せよ．Web #1103参照．

に伴うギブズエネルギーの減少は，一般に反応(11・1)に関するギブズエネルギーの減少と同じ大きさである．

熱力学的な駆動力がほとんど同じであるにもかかわらず，水溶液中での酸素による腐食は一般的に乾燥空気の場合より速く，特に酸の存在により pH が低い場合はより速く起こる．腐食を促進させるためには，水中に金属を浸漬する必要はなく，薄い水の膜，あるいは湿気の多い環境があれば十分である．海のような環境，あるいは冬に氷や雪をとかすために道路にまく塩において[1104]，塩化物イオンは金属イオンとの錯体の形成によって腐食を促進する．

$$Fe(s) + \frac{3}{4}O_2(air) + 3H_3O^+(aq) + 2Cl^-(aq) \rightarrow$$
$$FeCl_2^+(aq) + \frac{9}{2}H_2O(l) \quad (11\cdot6)$$

また，保護酸化物層を攻撃することによって (11・7) 式の反応が起こり，腐食が促進される．

$$Al_2O_3(s) + 8Cl^-(aq) + 6H_3O^+(aq) \rightarrow$$
$$2AlCl_4^-(aq) + 9H_2O(l) \quad (11\cdot7)$$

錯体を形成するアニオンの濃度の効果は，非常に劇的である[1105]．

貴金属（noble metal）という言葉は，酸化することが本来難しく，耐食性のある金属のことを示している．前ページの表では上にいくほど，より"貴な (noble)"金属となっている．その調理器具が長い間使用できることからわかるように，アルミニウム[1106]は腐食に対して非常に耐性がある．その理由は，酸化物皮膜が完全な保護膜になっているためである．酸化物層は新しい表面が空気にさらされた瞬間に形成される．しかし，その酸化反応は酸化物層への透過性がないため，すぐに停止する．

11・2 腐食電池：同じ界面にある二つの電極

先に示した個々の式は，腐食がどのように起こるかを正確には述べていない．ほとんどの腐食の場合，水が存在する状況での金属の酸化反応は二つの電気化学反応を通して起こる．それらは，同じ金属｜水溶液界面で起こる．図 11・1 に示すように，腐食は電子伝導体とイオン伝導体が接触した部分に，二つの電極，つまりアノードとカソードが生じることによって起こる．これは基本的には 2 電極で構成される電池であり，**腐食電池**（corrosion cell）あるいは**局部電池**（local cell）などとよばれる．

この模式図からは，一つのアノードと一つのカソードがそれぞれ独立して存在するものと誤解するかもしれない．実際には多くのアノードとカソードがあり，また，特定の

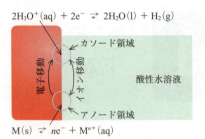

図 11・1 水溶液に接する腐食が進行する金属表面には，アノードとカソードの領域が共存する．

場所が常にアノードやカソードであったりするわけではない．アノード部分では，つぎのネルンスト式が成り立つ．

$$E = E° + \frac{RT}{nF}\ln\{a_{M^{n+}}\} \quad \text{アノード部分} \quad (11\cdot8)$$

このネルンスト式から，金属イオンが生成すると，その部分の電位がより正になり，アノードとして働かなくなることがわかる．

一方，カソード部分では，つぎのネルンスト式が成り立つ．

$$E = E° + \frac{RT}{2F}\ln\left\{\frac{a_{H_3O^+}^2}{p_{H_2}}\right\} \quad \text{カソード部分} \quad (11\cdot9)$$

このネルンスト式から，pH が少しだけ増加すると，カソード部分がより負の電位になり，カソードとして働かなくなることがわかる．このような金属の局所的な電位の小さな変化に対応して，金属のそれぞれの部分は逆の役割を果たすようになる．つまり，アノードはカソードになり，カソードはアノードになる．その様子は，アノードとカソードの領域がモザイク状に常に変化しているようなものである．

上記のような一般的な腐食，つまり**全面腐食**（generalized corrosion）においては，常に一部分が電極となることはなく，腐食は金属表面全体にわたってほぼ一様に起こる．しかし，アノード領域がずっとアノードのままで，腐食が継続的に起こる**局所腐食**（localized corrosion）についても非常に多くの例がある．この場合，金属の残りの部分の多くが，あるいはすべてがカソードとして働く．金属の一部の表面領域がアノードとなり，別の表面領域がカソードとなるかは，どのように"決まる"のだろうか？ それには，いくつかの理由がある．

(a) 物体が二つの金属，たとえば銅管と鉄管がつながってできている場合，より腐食しにくい金属がカソードとなり，より腐食しやすい金属がアノードとなる．このよ

[1104] 塩はまた水溶液層（図 11・1）の電気伝導率を劇的に向上させる．

[1105] (a) 5 µM と (b) 5 mM の酸素飽和塩酸水溶液（H_3O^+ イオンと Cl^- イオンを含む）が 20 ℃ において，白金の腐食を起こすかどうかを，巻末付録のデータを用いて確認せよ．腐食すると，塩化白金酸イオン $PtCl_4^{2-}$ が生成する．Web#1105 を参照．

[1106] アルミニウムの本来もつ腐食性の顕著な例について，Web#1106 を参照．

うな腐食は一般的に起こるので，配管の交換が必要になる．

(b) 頻繁でないが，金属にはより腐食しにくい（すなわち，より貴な）"不純物"が含まれる．この場合，不純物はカソードになる．

(c) 同様に，合金は完全に一様でない．より腐食しにくい領域はカソードになる．

(d) 電場は電極電位のわずかな違いを生み出す．構造体は高い電位力線に近いところでより速く腐食する．

(e) 金属表面の一部が異なる処理を受けた場合，たとえば，鉄鋼の爪の先は柄の部分よりも作製時により高い圧力を受けた場合には，その先端の表面の鉄は少し大きなギブズエネルギーを有し，爪が腐食するとき，爪の先がアノードとして作用する．

(f) 金属表面は小さな結晶面の寄せ集めである．これらのすべてが結晶学的に同じ原子配置をしているわけではない．高い表面エネルギーを有する面がアノードとなる．下の模式図は，金属表面において二つの異なる原子配置のパターンが隣合って存在していることを示している．これらの一方は，他方よりも高いギブズエネルギーをもつ．エネルギーの高いところは，二つの結晶が接触する不規則な境界，つまり"粒界"であり，一般的に腐食の起点となる．

(g) 酸素濃度の違う二つの場所が金属表面に存在すると，濃淡電池（35ページ）をつくり出す．このような酸素濃度の差は，**通気差腐食**（differential aeration corrosion）の一般的な原因となる．たとえば，防波堤を補助するために川に打ち込まれた鋼鉄の杭は水面においては酸素活量の高い状態にさらされるが，川底の無酸素状態の泥の中では酸化能ははるかに低い．

(h) 腐食自身も異なる通気性をもたらす．ゆえに，酸素はすき間に拡散することが困難であるので，すき間がアノードとなる．腐食が進むと空洞が大きくなり，同時に酸素活量の違いは維持される．同様に，鉄さびの成長はその下の金属への酸素の供給を妨げる．

(i) 金属表面の上あるいはその近くに生息する生物は，酸素量を増加あるいは減少させる．その結果，酸素濃度の違いをつくり出し，腐食電池を形成する．

(j) 同様に，生物相は近傍のpHを攪乱し，その結果

生じる酸性度の違いはpHの高い場所がアノードとなる濃淡電池をつくり出す．溶解した二酸化炭素によって，酸性度の勾配が生じる．

(k) 鉄とその合金の腐食の場合，特定の表面領域において腐食生成物のより大きな蓄積が起こり，触媒機構を通じて腐食をより速く促進する．鉄の直接的なアノード酸化反応

$$Fe(s) \rightarrow 2e^- + Fe^{2+}(aq) \quad (11 \cdot 10)$$

は，+2の酸化状態をつくり出すゆっくりとした過程である．しかし，これらのFe^{2+}イオンは蓄積され，そのいくらかは均一反応[1107]によってより高い酸化状態のイオンに空気酸化される．

$$4Fe^{2+}(aq) + O_2(aq) + 4H_3O^+(aq) \rightarrow$$
$$4Fe^{3+}(aq) + 6H_2O(l) \quad (11 \cdot 11)$$

生成したFe^{3+}イオンは鉄の強力な酸化剤であり，(11・12)式の不均一反応がひき続き起こる．

$$2Fe^{3+}(aq) + Fe(s) \rightarrow 3Fe^{2+}(aq) \quad (11 \cdot 12)$$

よって，(11・13)式の全腐食反応において，Fe^{2+}イオンは電気化学的に生成される触媒として働いている[1108]．

$$4Fe(s) + 3O_2(aq) + 12H_3O^+(aq) \rightarrow$$
$$4Fe^{3+}(aq) + 18H_2O(l) \quad (11 \cdot 13)$$

しかし，驚くべきことに，液をかき混ぜるとこの触媒は除去され，その結果，腐食は遅くなる．

11・3 電気化学的な研究：腐食電位と腐食電流

腐食電池のアノードとカソードは近接しているので，電流の直接な測定は困難である．しかし，**腐食電位**（corrosion potential）E_{cor}の測定は簡単であり，図11・2に示した装

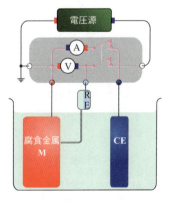

図11・2 ポテンショスタットにつながれた3電極セルは，金属の腐食を研究するために使われる．スイッチを開けると，腐食電位E_{cor}が測定される．腐食電位に近い電位を印加すると，図11・3に示した緑色の**分極曲線**を与える．

1107) 反応(11・11)と反応(11・12)はいくつかの反応機構から構成される複合的な過程である．
1108) Fe^{3+}イオンはつぎに非常に一般的なさびを形成する．そのさびは水和したFe_2O_3である．

置によって，腐食した金属片を用いて測定されたゼロ電位に相当する．腐食電位は**混成電位**（mixed potential）の一種であり，混成電位は二つ（あるいはそれ以上）の電極反応によって決められる電位である．水溶液中で酸によって腐食される金属の場合，アノード腐食反応は，

$$M(s) \rightleftarrows ne^- + M^{n+}(aq)$$
アノード領域 (11・14)

となる．一方，酸素が存在しない場合の還元反応は，

$$2H_3O^+(aq) + 2e^- \rightleftarrows 2H_2O(l) + H_2(g)$$
カソード領域 (11・15)

となる．腐食の分極試験において測定される正味の電流は，（11・14）式の金属が溶解する正電流と（11・5）式のオキソニウムイオンの還元反応から得られる負電流を合計したものである．これら二つの電流の合計は，腐食電位においてゼロとなる．腐食は元来，非常に遅いため，反応分極（速度論的な分極）は重要であるが，抵抗分極と輸送分極（10章）は重要ではない．図11・3は（11・14）式と（11・15）式の反応に関する速度論的な分極曲線と腐食電位を示している．この状況は74, 75ページで議論されたものと同様である．ゼロ電位は腐食電位 E_{cor} に置き換えられる．しかし，重要な違いが二つある．一つは，電流が電流密度に置き換えられていることであるが，アノード反応とカソード反応が起こる金属表面の面積が不明であるので，電流密度は適切でない．もう一つは図7・4における上部と下部の曲線は，同じ反応の酸化あるいは還元の部分電流を示すのに対して，図11・3の黄緑色と紫色の曲線は二つの異なる反応のそれぞれの正味の電流を示している．

図11・4は同様な情報を含んでいるが，図11・3とは

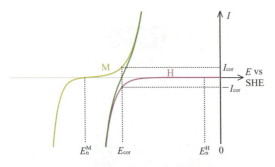

図 11・3 Mで示した曲線は，金属の溶解に関する正味の電流が電極電位に依存することを示す金属の分極曲線である．Hで示した曲線は（11・15）式の反応を示す分極曲線を示している．緑色の線は直接測定でき，MとHの合計である全電流を示している．腐食電位 E_{cor} においてその値はゼロとなる．腐食電流 I_{cor} は分極を起こしていない金属の腐食速度を示している．

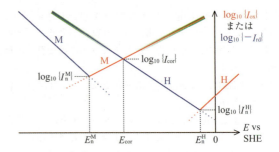

図 11・4 腐食反応に関与する二つの反応の部分電流の電極電位依存性の対数表示．Mで示した二つの線は図11・3のM分極曲線の総和に寄与する部分電流の対数的な大きさを示している．同様に，Hで示した二つの線は図11・3のH分極曲線に相当する．線が緑色の太線になっているところでは，全電流は青と赤の部分電流に等しくなる．四つの線の勾配は $-1/b_{rd}^M$, $1/b_{ox}^M$, $-1/b_{rd}^H$, $1/b_{ox}^H$ である．

異なり，電流自身の代わりに，電位に対して電流の絶対値の常用対数をとっている[1109]．さらに，図11・3のように正味の電流ではなく，部分電流がプロットされている．バトラー－ボルマーモデルに従って，これらの部分電流が電位に対して指数関数的に変化し，図11・4では直線として示されている．反応（11・4）を例として取上げると，部分酸化電流と部分還元電流は（11・16）式のようになる．

$$I_{ox} = A_a i_n \exp\left\{\frac{\alpha_{ox}F}{RT}[E - E_n]\right\}$$

および

$$I_{rd} = -A_a i_n \exp\left\{\frac{\alpha_{rd}F}{RT}[E - E_n]\right\} \quad (11・16)$$

ここで A_a はアノードとして働いている腐食した金属片の面積である．7章で見たように，i_n と E_n はそれぞれ交換電流密度と金属の溶解に関するゼロ電位である．α は複合移動係数（77ページ）であり，（11・17）式が導かれる．

$$\log_{10}|I_{ox}| = \log_{10}|A_a i_n| + \frac{\alpha_{ox}F[E - E_n]}{RT \ln\{10\}}$$

および

$$\log_{10}|-I_{rd}| = \log_{10}|A_a i_n| + \frac{\alpha_{rd}F[E - E_n]}{RT \ln\{10\}}$$
ターフェル式 (11・17)

移動係数は，腐食の分野ではめったに使われない．代わりに，それぞれの移動係数を（11・18）式のように関係付けて，パラメータ b（しばしば β）を用いて表すことが慣習的である．

$$b = \frac{RT \ln\{10\}}{|\alpha|F} \xrightarrow{25℃} \frac{59.16 \text{ mV}}{|\alpha|}$$
ターフェル勾配 (11・18)

[1109] 腐食の文献において，電位軸はしばしば垂直にプロットされている．これは後で議論するパラメータ b が"勾配"として表記されるからである．

b は**ターフェル勾配**（Tafel slope）として知られている．これらは図11・4中の勾配の逆数に相当する．一般的に，この勾配の符号はbの値を用いるときは無視される．ターフェル勾配を用いて，（11・17）式を表すと（11・19）式のようになる．

$$\log_{10}|I_{ox}^{M}| = \log_{10}|A_a i_n^M| + \frac{E - E_n^M}{b_{ox}^M}$$

および

$$\log_{10}|-I_{rd}^{M}| = \log_{10}|A_a i_{rd}^M| - \frac{E - E_n^M}{b_{rd}^M}$$

(11・19)

ここで，上付きのMは金属Mの溶解反応(11・14)に関係することを示している．

水素発生反応(11・15)に対応する (11・20)式は，上付きのHによって区別した．

$$\log_{10}|I_{ox}^{H}| = \log_{10}|A_c i_n^H| + \frac{E - E_n^H}{b_{ox}^H}$$

および

$$\log_{10}|-I_{rd}^{H}| = \log_{10}|A_c i_n^H| - \frac{E - E_n^H}{b_{rd}^H}$$

(11・20)

(11・20)式の面積の項はカソードとして働いている腐食金属の面積 A_c に関係付けられる．図11・4中の四つの直線は (11・19)式と (11・20)式の四つの式に従う．

図11・4のような分極ダイヤグラムは，腐食が起こる原理を理解するのに非常に有用である．ここでは，電流が供給されたときに起こる二つの別々な反応の分極特性を重ねて示している．外部から電流が供給されない腐食反応のような場合，電気化学反応は $\log_{10}|I_{ox}^M|$ と $\log_{10}|-I_{rd}^H|$ の線が交わる点においてのみ起こる．なぜなら，この点は金属が溶解する酸化の部分電流と水素が発生する還元（負の）の部分電流が等しいところであるからである．他の二つの部分電流は，交差する点において値が小さく，無視することができる．この交差する点から**腐食電位** E_{cor}（本節の冒頭参照）と，この点において流れる**腐食電流**（corrosion current）I_{cor} の両方が求められる[1110]．腐食電流は，正味の電流が流れず，二つの部分電流の大きさが同じで，符号が反対である交換電流（73ページ）と似ている．もちろん，腐食電流を知ることは，腐食についての定量的測定を可能にするので技術的に非常に有用である．

部分電流はその大きさが別の部分電流より非常に大きな場合においてのみ，実験的に測定することができる．この場合の部分電流は正味の電流値の大きさに近い．このため，腐食電流 I_{cor} は，図11・4のダイヤグラムにおける緑色の太線で示した大きな電流領域から外挿することによって見積もることができる．この方法はいつも適用できるわけではない．さらに，高電流下での腐食機構が，腐食電位でのそれと同じであるという保証もない．

ほかに，I_{cor} を測定するいくつかの方法がある．**線形分極法**（linear polarization technique）[1111] においては，（11・21)式に従う分極曲線[1112]（図11・3の緑色の曲線）を決めるために腐食電位の両側に一連の小さな電位を印加して行う．

$$I = I_{cor}\left[\exp\left\{\frac{E - E_{cor}}{0.434 b_{ox}^M}\right\} - \exp\left\{\frac{-(E - E_{cor})}{0.434 b_{rd}^H}\right\}\right]$$

分極曲線　(11・21)

ここで E_{cor} は曲線を調べれば容易にわかるので，この式には三つの未知の値 I_{cor}, b_{ox}^M, b_{rd}^H が残ることになる．これらの値は非線形領域を検討することで得られる．荒っぽくいえば，腐食電位における分極曲線の傾きを決めることができる．その傾きの逆数はいわゆる**分極抵抗**（polarization resistance）と等しい．

$$\frac{1}{\text{slope at } E_{cor}} = \frac{1}{(dI/dE)_{E_{cor}}} = \frac{0.434 b_{ox}^M b_{rd}^H}{(b_{ox}^M + b_{rd}^H) I_{cor}} = R_{pol}$$

分極抵抗　(11・22)

もしターフェル勾配がわかっている，あるいは見積もることができるなら，腐食電流は分極抵抗から求めることができる．ほかに，腐食電流はインピーダンス法（15章）あるいは腐食環境に置かれたサンプルの重量の減少から見積もることができる[1113]．

11・4　集中した腐食：孔とすき間

腐食が局所的に集中すると，腐食する金属の量が少なくても，孔を形成する腐食，つまり**孔食**（pitting corrosion）は金属の薄板を貫通する．孔の大きさはミリメートルサイズあるいはそれより小さく，外見上無害な腐食生成物によって隠されて見えない．その結果，ひき続いて腐食が進んでいることを知らずに，薄板を貫通してしまうことがある．水道用の銅管における孔食はときどき"硬"水の場合に問題となる．しかし，ここでは鉄や鋼の腐食について議論する．塩化物イオンはステンレス鋼の孔食のほとんどの場合において関係している．そのため，これらの腐食は塩水環境においてよく見られる．この場合の塩化物イオンのもとは，道路にまく塩であり，化学プラントで用いられる

1110) Web#1110では腐食電位と腐食電流に関する式を導いている．
1111) その名前は分極曲線が腐食電位において直線関係を示すという誤解から生じている．分極曲線は $b_{ox}^M = b_{rd}^H$ の場合においてのみ直線を示す．
1112) Web#1112を参照．
1113) 酸性水溶液に浸された亜鉛の薄い 5.0 cm の長さの正四角形の箔は24時間の浸漬によって 12.4 mg の質量を損失した．腐食電流密度はいくらになるか．Web#1113参照．

塩素系化合物である．

図11・2と類似の実験装置を用いて，酸素存在下で塩化物イオンを含む中性水溶液中におけるステンレス鋼の腐食を検討する．正の方向に電位を徐々に変化させると穏やかな腐食が進行する．しかし，臨界電位を超えると，孔が形成されはじめる．この電位を**孔食電位**（pitting potential）という．多くの鋼において，その電位は SHE に対して約 0.24 V である．ステンレス鋼のクロム含有量が高くなるとその電位が正方向に移動し，その結果，孔食の開始が遅れる．

孔の形成の始まりやその広がりについては化学で完全に解明されていない．ステンレス鋼やほかの鋼の上に形成する保護皮膜は FeOOH と考えられており，この FeOOH は普段はなんの害も与えずにゆっくり溶けていく．しかし，塩化物イオンが存在すると，塩化物イオンと結合して，表面の特定の場所に蓄積し[1114]，孔の形成が起こる．このような場所では，鉄の溶解はより速く起こり，下式に示したように高濃度の塩化物イオンを含んだ"被覆物"を生成する．

$$FeOOH(s) + Cl^-(ads) \rightarrow FeOCl(s) + OH^-(aq) \quad (11\cdot23)$$

被覆物の下では，保護皮膜が破壊され，孔の形成が起こる．

孔の形成が継続するには，腐食生成物であるゼラチン状の $Fe(OH)_3$ の被覆が必要である．$Fe(OH)_3$ は成長する孔の上に覆うように形成され，ゆっくり溶解する．この現象は外側の溶液と孔の中の溶液が混ざり合って，濃度が薄くなるのを防いでいる．この被覆物を通してイオンの泳動が起こることは可能であり，この場合は塩化物イオンの効果によって孔が大きくなる．保護皮膜の下ではつぎの二つの式の反応により，鉄は溶解して，水酸化物になる．

$$Fe(s) + Cl^-(aq) \rightarrow 2e^- + FeCl^+(aq) \quad (11\cdot24)$$
$$FeCl^-(aq) + 2H_2O(l) \rightarrow$$
$$FeOH^-(aq) + H_3O^+(aq) + Cl^-(aq) \quad (11\cdot25)$$

孔の形成が始まると，(11・23)式の反応によって pH は増加するが，孔の中は (11・25)式の反応の結果，酸性が増加する．溶解した Fe^{2+} イオンは酸化されて，酸性の孔から離れ，そのうちのいくつかは沈殿を生成し，さびのもとである Fe^{3+} の水酸化物による被覆を増加させる．

$$FeOH^-(aq) + 2H_2O(l) + O_2(aq) \rightarrow$$
$$Fe(OH)_3(s) + 2OH^-(aq) \quad (11\cdot26)$$

反応(11・24) によって放出された電子は，金属表面の離れた場所で起こる反応(11・27) によって消費される．

$$\frac{1}{2}O_2(aq) + H_2O(l) + 2e^- \rightarrow 2OH^-(aq) \quad (11\cdot27)$$

図11・5 は孔の形成が起こる過程をまとめたものである．本来成長する孔は塩酸を含んでおり，外部の溶液から被覆物で保護されている．塩酸は，被覆物を通した塩化物イオンの侵入および孔の中での腐食生成物の加水分解によって保持される．最終的には，成長した孔が反対側の表面へ貫通する．

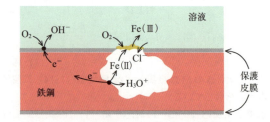

図 11・5 孔食の推定機構

図11・6に示した**すき間腐食**（crevice corrosion）の化学反応は，孔食の場合と同様である．すき間腐食はワッシャーやガスケットなどの絶縁体の形態が原因となって促進される．ワッシャーやガスケットは金属表面の一部を覆い，腐食形成の起点をつくり出す．腐食は保護された部分から酸素を除去し，その結果，通気性の違いによる保護皮膜の崩壊を促進する．いったん開始されると，すき間腐食は孔食と同様な原理で，塩化物イオンが重要な役割を果たして，反応が進む．

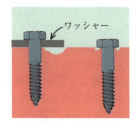

図 11・6 すきま腐食の形成部分

その他の機構もすき間腐食の開始に重要である．たとえば，雨水は棚のような場所やネジの近傍に長い間とどまり，すき間腐食の起点となるアノード領域とカソード領域をはっきりと区別することを促す．同様に，ひっかき，くほみなどの機械的損傷はすき間腐食やその他の形態の腐食を導く場所となる．

11・5 腐食との戦い：防食と不動態化

傷つきやすい金属の腐食への明らかな対策は油や樹脂で覆うこと，あるいはより腐食しにくい金属でめっきするこ

1114) 硫化物が存在する場所で優先的に孔の形成が起こるといういくつかの証拠がある．

とである．これらの方法は一般的に行われており，効果的である．粉末状のプラスチック塗料で被覆することは半永久的な手段である．このような方法を**粉体塗装**（powder coating）という．スズをめっきした鉄鋼板は腐食に対して耐性を有する．しかし，その板が傷つけられた場合，アノード（陽極）腐食が起こる場所として露出し，残りの表面部分が腐食電池のカソード（陰極）として働くことになる．その結果，激しい腐食がその損傷を受けた場所で起こり，めっきしない場合に比べて腐食が速く進む．

車の車体のような鉄鋼製品に対する耐食性の付与は，金属産業において頻繁に用いられている．**電着塗装**（electropainting）[1115]は非常に有効な電気化学的方法である．電着塗装では，塗料としてカルボキシ基（$-COO^-$）を有する高分子のコロイド粒子と顔料を含む懸濁水溶液を用いる．この懸濁液を含む大きなタンクの側壁がセルの陰極になり，塗布される鉄鋼物がアノードとなる．負に帯電した高分子粒子は浸漬された鉄鋼物に泳動し，付着する．つぎの二つの過程は，この電着析出に関与していると考えられている．アノード表面での水の酸化は，カルボキシ基を中和し鉄鋼上への高分子粒子の析出に関与するオキソニウムイオンを生成する．鉄鋼のアノード酸化も腐食を少しだけ起こし，生じた Fe^{2+}(aq) イオンはカルボキシ基と不溶性の塩を生成する．電着塗装よる被覆では，析出が起こりやすい表面は被覆が進むにつれ絶縁化して電流が流れなくなり，被覆が薄い表面に優先的に起こるようになるので，きわめて均一に被覆される[1116]．

電気めっき（electroplating）は，水溶液から電子伝導体（カソード）上に，通常，種類の異なる金属を析出させる電解析出のことをさす．電気めっきは金属層による耐食性の向上に用いられるが，そのほかにもさまざまな目的で使われている．たとえばエレクトロニクス産業では多層構造による固体状態のデバイスを構築する，機械における摩耗量を減少させる，熱的および電気的接触の抵抗を減少させる，磁気記録媒体を析出させる，魅力的な光沢を装飾品に与えるなどである．被めっき物は入念に表面を綺麗にして，被覆物の析出が可能となる前処理が必要である．電気めっきでは，アノードには被めっき金属と同一の金属，あるいは酸素発生が起こる不活性な電極が使用される．前者の場合，アノードからの金属の溶解によって，めっき液に金属塩が補給されるが，後者の場合，めっき液は徐々に消耗するので補給する必要がある．めっき液には，めっきする金属の塩（合金をめっきする場合は，それぞれの成分の金属の塩）とともに，以下のいくつか，あるいは全部を含んでいる．つまり，酸あるいは緩衝剤（pHの制御），増粘剤（粘性を増加させる），錯化剤（遊離の金属イオンの割合を減少させる），光沢剤（めっき物の光沢に影響を与える），潤滑剤（金属をより親水性にする界面活性剤），応力減少剤（めっき膜が剥がれ落ちないようにする），結晶粒微細化剤（結晶構造を改善する）である．目的のめっきを実現するためには，これらを用いて，めっき条件（温度，塩濃度，電流密度）などを十分に制御する必要がある．電気めっきはまだ芸術の領域にあり，十分に科学的とはいえないため，これらの因子の正確な役割は明らかでない．**結晶電析**（electrocrystallization）（152ページ）と同様に，電気めっきの反応過程には二つの段階がある．ナノメートルサイズの核が最初に生成し，つぎにこれらの核が増大し，結晶になっていく．核の生成速度とその成長速度はめっきされる金属の性質に影響を与える．めっきに関するさまざまな因子がこれらの速度に明らかに影響を与える．やっかいな形（壺や管）にめっきを施すとき，隔てられた場所（たとえば，内側）よりも，金属イオンがより近づきやすい場所（たとえば，角）はめっきがより厚くなる．しかし，この傾向はめっき条件[1116]を注意深く調節することで改善できる．もし改善できなければ，電気めっきの代わりに，**無電解めっき**（electroless plating）が用いられる．この電気を使わない方法は，金属の還元が化学的に行われ，めっき液には金属塩に加え，ホルムアルデヒドやグルコースのような穏やかな還元剤が含まれる．

腐食防止剤（corrosion inhibitor）は，腐食に対する有効な手段となる．アミンや他の窒素を含む有機化合物は金属表面に吸着し，アノードおよびカソード腐食反応の両方あるいはいずれかを阻止する．重要なのは，それらの化合物は腐食反応の有効な起点となる粒界，介在物などの"活性部位"に特によく吸着することである．その他の防止法として，金属との化学反応によって，リン酸塩，クロム酸塩などの付着層を形成させる方法がある．75℃，pH 2.5 の熱リン酸液に浸漬する"リン酸処理"は，鉄鋼に耐食性を付与するための前処理として一般的に用いられている．濃硝酸のような酸化剤は，鉄の上にあらかじめ存在する酸化物層をより厚くするために使われる．あるいは，アルミニウムの"アノード酸化"による電気化学的な酸化物層の厚膜化も可能である．

そのほか，耐食性を向上するために合金成分を加える試みがある．例としては，鉄から鉄鋼の製造そしてアルミニウムの腐食抵抗を上げるためのマンガンやマグネシウムの添加などがある．もちろん，冶金の分野においては，特別な用途のための合金を作製する際に，耐食性以外にも満たすべき条件（強度，可動性，価格など）がある．

[1115] あるいは"電気泳動電着"という．この技術は電気泳動現象（83ページ）に類似したものである．
[1116] 均一な被覆を形成するためのめっき浴の性能は**スローイングパワー**（throwing power）とよばれ，電着塗装と電気めっきの両方に重要である．

腐食を防止する電気化学的な方法の一つは，**カソード防食**（cathodic protection）である．この方法は防食の対象となる金属をより腐食しやすい金属に接触させ，前者の代わりに後者を腐食させるものである．鉄の代わりに，亜鉛を犠牲として鉄の腐食を防止する場合を考えよう．そのために，図 11・4 のようなダイヤグラムを描く．図 11・7 は酸化剤として酸が存在し，二つの金属（鉄と亜鉛）が腐食するときの部分電流の絶対値を電位に対してプロットしたものである．亜鉛は鉄に比べて腐食しやすいので，亜鉛

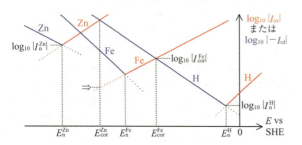

図 11・7　三つの反応に関する部分電流の絶対値の対数と電位との関係： $2H_3O^+(aq)+2e^-\rightleftarrows H_2(aq)+2H_2O(l)$，　$Fe(s)\rightleftarrows 2e^-+Fe^{2+}(aq)$，　$Zn(s)\rightleftarrows 2e^-+Zn^{2+}(aq)$．それぞれの場合，部分酸化電流は赤色で，部分還元電流は青色で示した．それぞれの金属に関する $\log_{10}|I_{cor}|$ と E_{cor} における腐食電流と腐食電位は他の金属がない場合の値である．両方の金属が存在し，電気的に接触しているとき，腐食電位は亜鉛自身のときの値に近く，結果として鉄の腐食電流は非常に小さくなる．

のゼロ電位 E_n^{Zn} は鉄のゼロ電位 E_n^{Fe} より負電位である．その結果，亜鉛の腐食電流は大きくなる．鉄と亜鉛が電気化学的に接触しているとき，混成電位が生じ，(11・28) 式が成り立つ．

$$I_{ox}^{Zn}+I_{ox}^{Fe}+I_{rd}^{H}=0 \quad (11・28)$$

混成電位はそれぞれの金属の腐食電位の間にあるが，腐食電流が大きいので，亜鉛の腐食電位に非常に近い．実際，混成電位は鉄がない状態で亜鉛が示す腐食電位 E_{cor}^{Zn} からほとんど変化していない．ゆえに，亜鉛の存在によって起こる混成電位の負電位方向へのシフトの結果として，鉄は図 11・7 の ⇒ によって示される速度に近い速さで腐食を起こす．一方，亜鉛は鉄自身が起こす腐食よりも非常に速い速度で腐食する．この結果，鉄の腐食は非常に遅くなる．このことが亜鉛を使う理由である．亜鉛自身が腐食することで，鉄を防食する．これは**犠牲アノード**（sacrificial anode）として知られている．スズによるめっきと違って，亜鉛によるめっきでは，めっき膜が摩耗してもその保護性が維持

される．鉄鋼の船の外装と橋の金属加工物はマグネシウム，アルミニウム，亜鉛の犠牲アノードによって保護されている．適切な環境においては，犠牲アノードの代わりに，腐食しやすい金属に負の電位を印加することによるカソード防食も可能である．

前に見たように，丈夫で透過性のない酸化物皮膜[1117]は，特にアルミニウム，チタン，クロム，ニッケルにおける腐食を防いでおり，このような皮膜がなければ，これらの金属は素早く腐食してしまう．このような金属の状態を，**不動態**（passive state）とよぶ．不動態化は他の金属上でも少なくとも一時的には起こる．前に述べたように，鉄鋼を濃硝酸で処理することにより不動態酸化物が得られる．また，鉄はアノード酸化によっても不動態化される．図 11・8 は鉄の正方向への分極の間，ある特定の電位，つまり**フラーデ電位**（Flade potential）[1118] あるいは**不動態化電位**（passivation potential）において，どのように不動態化が劇的に起こるかを示している．不動態化は，フラーデ電位に変化がなければ保持される．これは**アノード防食**（anode protection）を背景とする考え方である．アノード防食は化学的あるいは電気化学的に正の電位を印加することで，不動態化によって金属を保護する方法である．ただし，過大な正の電位は不動態皮膜を破壊するため，腐食が再び始まる．

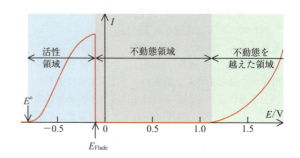

図 11・8　鉄の電極により正の電位を印加していくと，腐食が突然終わり，そして金属は不動態化する．

不動態酸化皮膜が空気中の酸素の下地の金属までの透過を防ぐことができる．酸化物層が金属の格子表面に密に形成すれば，より透過しにくくなる．酸化物のモル体積が下地の金属のそれと同じか，あるいは多少大きければ，そのような密な格子が形成すると期待される．このことは，1923 年に，ピリングとベドワースによる酸化物 M_aO_b の保護能の定量的な測定から，(11・29) 式に示した比[1119] を導くことによって証明された．

[1117] 驚くべきことに，これらの層は電子伝導体であることが多い．
[1118] フレデリック・フラーデ（1880-1916），ドイツの化学者，第一次世界大戦で死亡．
[1119] 面積が体積よりも妥当であるので，その比は $(b/a)(M_{oxide}\rho_{metal}/M_{metal}\rho_{oxide})^{2/3}$ のほうがより適切である．これはピリングとベドワースによって用いられた比である．

$$\frac{M_\text{oxide}\rho_\text{metal}}{aM_\text{metal}\rho_\text{oxide}} \quad \text{ピリングーベドワース比} \quad (11・29)$$

ここで M は分子量，ρ は密度である．ピリング-ベドワース比が 1.0 以下では層にすき間があり，保護作用がないことを示し，1.0 と 2.0 の間では保護が可能であり，密な層ができていることを示す．さらに 2.0 を超える場合は，層は曲がり，基板から離れる．この予想は Mg/MgO(0.8), Cd/CdO(1.2), Zn/ZnO(1.6), Ti/TiO$_2$(1.6), Al/Al$_2$O$_3$ (1.7), Cu/CuO(1.8), Fe/Fe$_2$O$_3$(2.1), V/V$_2$O$_5$(3.2) の値が示すように，実験結果とよく一致している．しかし，仮定に用いているモデルが単純であるので，どきどきこの規則から外れるものもある．

不動態化は pH に依存する．銅の場合，この点は明確である．銅は酸性溶液とアルカリ性溶液の両方で酸化される．図 11・9 は銅のプールベイ図[1120]（63 ページ）を示している．たとえば，pH 5 において正方向に分極を行った場合，腐食は 0.17 V において起こりはじめ，約 1.7 V で不動態化が起こる．他の pH において不動態化は一つの電位において起こり，他の電位において不動態化が停止する[1121]．このような図では速度論的要因を無視し，錯体をつくる配位子が共存しないことを仮定しているために限界がある．塩化物イオンが存在すると，銅に関するプールベイ図はまったく違った様相を呈する．

11・6 極端な腐食：応力割れ，脆化，疲労

応力割れ，脆化，疲労の三つの現象は互いに関連しており，引張り応力と電気化学的腐食の共同作用によりもたらされ，金属構造の崩壊を起こす．これらが誘発するき裂（クラック）が急速に成長し，大きな損害（橋の倒壊，飛行機の墜落など）をもたらす原因となる．極端な腐食の三つの形態すべてにおいて，き裂は応力が負荷される方向に対して垂直に成長する．その結果，き裂のない部分は定常的に増加した応力を感じるため，き裂がさらに進行する．

応力腐食割れ（stress corrosion cracking）によるき裂は，腐食環境と定常的な引張り応力の共同作用により起こる．

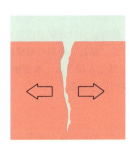

この現象はアンモニアの存在下，真鍮構造体において初めて報告されている．しかし，これらはさまざまな化学的条件下で，各種の合金で起こることが見いだされている．興味深いことに，純粋な金属はめったにこの影響を受けない．**水素脆化**（hydrogen embrittlement）は水素の存在によって，き裂が誘発されることから名付けられた．水素ガス H$_2$ の解離により生じた水素原子は，多くの金属に溶解し，結晶格子中に入り込んで，結晶構造を脆弱にする．水素はしばしば電気めっき，あるいはカソード防食の副生成物であるが，皮肉にも金属を脆化させる．**腐食疲労**（corrosion fatigue）によるき裂は，引張り応力が繰返し負荷されることでひき起こされる．腐食疲労では，非常に大きな応力を負荷しても影響はなく，応力の振幅（大きさの幅）よりも，繰返される回数が主要な要因となる．

き裂を誘発するこれら三つの現象の間には，類似性があるが，著しい違いもまた見られる．応力腐食割れにおいて化学的な環境は非常に重要であるが，他の腐食形態ではそれほど重要ではなく，疲労によるき裂は真空においても起こる．き裂の形態もそれぞれの現象で違っている．枝状のき裂は，応力腐食割れのみに一般的である．水素脆化された金属においては，き裂の先端は鋭くなる（鋭角）傾向にあるが，疲労が原因のときは先端は鈍角になる．すでに述べたように純粋な金属は応力腐食割れを受けにくいが，他

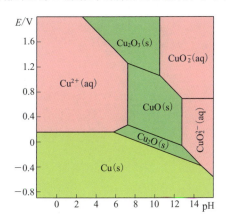

図 11・9 銅に関するプールベイ図．銅が熱力学的に腐食を起こさない領域，不動態領域，腐食を起こす領域を示している．

1120) プールベイ図はすべての活量が 1 の場合の電位と pH の関係を表す．乱雑になるのをさけるため，他の活量の場合の線は記していない．

1121) そのような pH を見つけだせ．プールベイ図を用いて，銅がどの電位でも腐食しない pH を求めよ．あるいは Web#1121 参照．

の腐食形態にはあてはまらない．さらなる情報が他書で得られる[1122]．

き裂の伝播の機構については，すべての例に適用できる説明はいまのところない．間違いなく，き裂先端の金属原子は非常に高い活性を有しており，このことはいくつかの方法で確認されている．これらの原子は酸化的に溶解し，応力負荷のない原子では見られないような化学反応をひき起こす．原子はより負荷が少ない場所を求めるように，き裂の周囲を通り，外部に出ていく．き裂の先端の金属格子は変形しており，可塑性をもち，局所的な原子の流れが生じる．その結果，粒界における原子は負荷がない状態においても泳動しやすく，新しい粒界の形成によるき裂の成長に伴い粒子の再結晶化も起こる．水素脆化がより広がり，応力腐食割れの要因にもなる．

まとめ

腐食電池は，金属の酸化反応が酸素や近傍の水の還元反応によってひき起される，望まざるガルバニックセルである．ほとんどすべての金属は腐食しやすい．しかし，いくつかの金属は透過性のない酸化物皮膜による耐食性を有する．異なる酸素濃度の雰囲気，より"貴な"金属との接触，粒界，錯体形成陰イオン，介在物，硫黄を含む環境，機械的負荷，水素脆化が，腐食を進行させる要因である．金属を腐食から保護する方法には，合金化，めっき，電着，腐食防止剤による処理，カソード防食およびアノード防食などがある．カソード防食は金属の電位を腐食電位からより負の値に移動させることによってなされる．つまり，$M(s) \to ne^- + M^{n+}(aq)$ の速度を減少させる．負電位への移動は電気的に実現できる．あるいはより腐食しやすい金属を接触させて混成電位をつくり出し，犠牲アノードとして働かせる場合もある．アノード防食は電気的に，あるいは強力な酸化剤によって，腐食を受けやすい金属の上に保護酸化物層を形成する方法である．

腐食がもたらす経済および環境への影響が著しいため，腐食のさまざまな実態に対するより深い理解とその影響を減らすことに多くの努力が払われている．

[1122] R. N. Parkins, Predictive approach to stress corrosion cracking, R. P. Gangloff, M. B. Ives (Eds.), "Environment Induced Cracking of Metals", National Association of Corrosion Engineers, Houston, TX (1990).

12 定常状態ボルタンメトリー

平衡状態と定常状態の違いについては，すでに 87 ページで述べた．電気化学測定の時間依存性に基づいて，それらを広く分類すると，以下のようになる．

状態	濃度	流束密度
平衡状態	一定	なし
定常状態	一定	一定
周期的状態	周期的変化	周期的変化
過渡状態	非周期的変化	非周期的変化

平衡状態（equilibrium state）：平衡状態において，濃度は時間とともに変化しない．いかなる流束も存在しない．平衡状態にある電気化学セルについては，3 章で議論した．

定常状態（steady state）：定常状態において，関連する濃度は時間とともに変化しない．流束は生じるが，流束密度は注目する空間内において時間とともに変化しない．この章では，定常状態にある電気化学セルについて述べる．

周期的状態（periodic state）：電気化学セルが周期的状態にあるときには，流束と同様に濃度は時間とともに変化する．しかしながら，濃度や流束はある時間間隔すなわち周期の整数倍の後に最初の値に戻る．周期的な電気化学測定[1201]については，15 章で議論する．

過渡状態（transient state）：過渡状態において，濃度と流束は非周期的に変化する．過渡的な電気化学測定は 16 章で議論する．すでに 8 章において，一例として平面電極における電位ジャンプ実験を紹介した．

定常状態は，瞬時ではなく徐々に達成される．すなわち，定常状態は常に過渡的な準定常状態を経て達成される．実際，定常状態は極限として近づくだけであり，厳密には決して到達することはない．にもかかわらず，十分に洗練された測定では，定常状態に至るまで，準定常状態の時間間隔を非常に短くすることができる．

定常状態測定の大きな利点は，時間変数のないことである．電極電位が変わらないので，懸念されるような非ファラデー電流（68 ページ参照）は存在しない．さらに，電気的な変数は一定であるので，過渡的な変数に比べ，より確実に測定できる．時間変数がないため，偏微分方程式を解く必要がなく，電気化学現象をより単純なモデルで説明することが可能になる．

定常状態ボルタンメトリーについて考察する前に，まずボルタンメトリーに関する一般的な特徴について述べることにする．

12・1 ボルタンメトリーとは：その目的と分類

4, 5, 9 および 11 章では，電気化学の目的がきわめて明確に，かつ実用的な観点から議論された．**ボルタンメトリー**（voltammetry）という言葉は，電気化学のさまざまな分野で広く使われている．ボルタンメトリーの主な目的は，実際的な応用に直接結び付くわけではないが[1202]，物質がどのようにふるまい，電気化学的に相互作用するのかを理解することである．これらの挙動や相互作用を厳密に探るために実験が行われるが，ボルタンメトリーにおいては，測定結果を定量的に理解することが重要となる．こうして，ボルタンメトリーの大部分は，測定結果を説明するため，あるいは，さらなる測定の指針を得るために，電気化学現象を**モデル化**（modeling）することにかかわっている．このモデル化は数学的解析あるいはコンピュータシミュレーション，ときにはこれらの組合わせによって行われる．

さまざまな種類のボルタンメトリーがあるが，ほとんどのボルタンメトリーに共通する特徴を以下にあげる．しかしながら，例外もあることを忘れてはならない．

(a) ボルタンメトリーはポテンショスタット（あるいはガルバノスタット）に接続した 3 電極式電気化学セルを用いて行われる．

(b) 作用電極の大きさ，形状および材料は，注意して選ぶ必要がある．

(c) イオン伝導体は液体，すなわちイオン液体あるいは適当な支持電解質を高濃度で含む分子性溶媒（水または非水溶媒）である．

[1201] 周期的な測定を定常状態に分類している例もある．
[1202] たとえば，ストリッピングボルタンメトリーは例外である．9 章で学習したように，その目的はまったく実際的な応用にある．

(d) 単一の電気化学活性種を，一般的には mM の範囲の既知の濃度でイオン伝導体に均一に前もって溶解させる．

(e) 他の電気化学活性種を除くように注意を払う．このため，高純度の試薬を使用する，酸素を除去する，また支持電解質，電極材料あるいは溶媒が酸化あるいは還元されないように，印加電圧の範囲を注意して選定する．

(f) 回転ディスク電極（あるいは，他の対流ボルタンメトリー用の電極）が使われる場合は例外として，電解質溶液は測定前に静止状態にし，自然対流の影響を受けないように注意する．

(g) 作用電極の電位は，通常の参照電極（58～60 ページ）あるいは**内部標準**（internal reference）（188 ページ）の電位に対して決定される[1203]．

(h) 薄層ボルタンメトリーにおける場合を除いて，対極は作用電極から少なくとも 1 mm 離して設置し，両者の間には妨害するものがなく，物質輸送が半無限[1204]になるようにする．

(i) 電気化学セルは，電気化学活性種が不足しないように十分大きなものにする．この条件の下で撹拌を行い，少し時間が経ってから，繰返し行った測定の結果が，最初の結果と同じになるようにする[1205]．

(j) 調べようとする電極反応の生成物は通常，測定溶液中に存在しないので，作用電極の初期電位は十分に制御されていない．しばしば，電気化学セルは実験の前には開回路状態にある．

(k) 生成物が最初に存在しないため，"ゼロ電位"や"過電圧"といった他の場合ならば有用な概念は意味をもたず，ボルタンメトリーの議論において用いられることはめったにない．

(l) 正確に規制された電位プログラム，すなわち 1 ステップ，多重ステップ，傾斜あるいはもっと複雑な波形が，参照電極に対する作用電極の電位として印加される．このとき観察された電流は正確に記録される．また，それほど頻繁ではないが，逆の方法が使われる．すなわち，電流プログラムが適用され，セル電圧が記録される．

(m) 実験は自然対流の影響を受ける前に終了する．しばしば，100 秒という時間が自然対流の影響を受けないボルタンメトリー測定の上限であると考えられる．

(n) 13 章で議論するボルタンメトリーに共通な二つの障害，すなわち非補償抵抗および容量電流に対して十分に注意を払うべきである．これらを可能な限り小さくし，残っている影響を考慮する，あるいは無視できるようにする．

(o) 他の図示が好ましい場合もあるが，測定結果は**ボルタモグラム**（voltammogram），すなわち電流-電位曲線として表される．

(p) 実験で得られたボルタモグラムは，解析，半解析あるいはシミュレーションで得られるモデルと比較される．測定結果とモデルが一致すれば，定量的あるいは定性的な結論をひき出すことができる．

(q) 結論を得るために，わずかに条件を変えて測定したボルタモグラムを比較することが必要となる場合もある．

ボルタンメトリーのおおまかな分類を，以下に示す．独

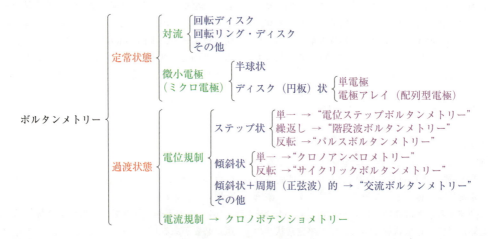

[1203] ときどき困難な状況において，小さな白金線のような**擬似参照電極**が使用される．この電極における電気化学は明確ではないが，その電位は一定に保たれると考えられている．

[1204] **半無限物質輸送**は，イオン伝導体が無限に広がっているように扱われる状態である．"半（semi）"は，イオン相が（電極から外に向かって）一方向へ無限に広がっている（決して反対側へは広がっていない）ことを意味する．1 mm という長さは，無限として扱っても差し支えない．なぜなら，この長さはボルタンメトリーにおける $\sqrt{Dt}$ の値をはるかに超えているからである．

[1205] しかしながら，最初は何も存在しなかったのに，いまはごく微量の生成物が存在する．このことはしばしば，特に生成物が吸着するときに重要である．

12・2 ミクロな電極とマクロな電極：サイズによる特徴

特な名称が与えられているボルタンメトリーもある．これらは必ずしも的確に，その内容を表現しているわけではない．

12・2 ミクロな電極とマクロな電極：サイズによる特徴

ボルタンメトリーにおける定常状態は，対流によって達成される．しかし，この物質輸送（対流）がない場合には，定常状態はサイズがきわめて小さな電極表面においてのみ達成される．"小さな"という意味は，図 12・1 に示した半球状の作用電極におけるボルタンメトリーの詳細な挙動からわかる．

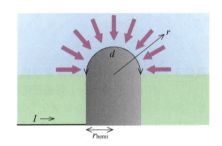

図 12・1 半球状作用電極の断面図．長さ d は，電極の"表面直径"（133 ページ参照）であり，πr_{hemi} に等しい．紫色の矢印は，電極へ向かう途中の反応物の物質輸送の方向を示す．電極の面積は $A = 2\pi r_{\text{hemi}}^2$ である．

平面拡散において起こる反応 R(soln) ⇌ e⁻ + O(soln) に対して，電位変化に応答した濃度プロフィールおよび電流を表す式は，

$$\begin{cases} c_R(x, t) = c_R^b \, \text{erf}\left\{\dfrac{x}{\sqrt{4D_R t}}\right\} & (12 \cdot 1) \\ I(t) = FAc_R^b \sqrt{\dfrac{D_R}{\pi t}} & (12 \cdot 2) \end{cases}$$

平面電極，電位ジャンプ実験，一般解

であり，すでに 8 章で示されている．ここで，以下のことを思い起こそう．電位ジャンプ実験において，作用電極に十分に正の電位が突然印加される．このような電位では，電極表面での R の濃度がただちにゼロへ減少し，その後もゼロに保たれる．

図 12・1 のように電極が半球である場合，(12・1)式および (12・2)式はどのように修正されるか？ この場合，(8・23)式よりフィックの第二法則はつぎのような拡張形で表される．

$$\dfrac{\partial}{\partial t} c_R(r, t) = D_R \dfrac{\partial^2}{\partial r^2} c_R(r, t) + \dfrac{2D_R}{r} \dfrac{\partial}{\partial r} c_R(r, t)$$

フィックの第二法則 (12・3)

このとき，拡散は球対称で起こるとする．この式は以下の三つの境界条件，

$$\begin{cases} c_R(r > r_{\text{hemi}}, 0) = c_R^b & (12 \cdot 4) \\ c_R(r_{\text{hemi}}, t > 0) = 0 \quad \text{境界条件} & (12 \cdot 5) \\ c_R(r \to \infty, t) = c_R^b & (12 \cdot 6) \end{cases}$$

のもとで解くことができる．これらは，電極が平面の場合に対する (8・24)式，(8・25)式および (8・27)式に相当する．濃度プロフィールおよび電流に対する解はそれぞれ，

$$\begin{cases} c_R(r, t) = c_R^b \left[1 - \dfrac{r_{\text{hemi}}}{r} \text{erfc}\left\{\dfrac{r - r_{\text{hemi}}}{\sqrt{4D_R t}}\right\}\right] & (12 \cdot 7) \\ I(t) = FAc_R^b \left[\sqrt{\dfrac{D_R}{\pi t}} + \dfrac{D_R}{r_{\text{hemi}}}\right] & (12 \cdot 8) \end{cases}$$

電位ジャンプ実験，半球電極，一般解

である[1206]．ここで，erfc は相補誤差関数であり[828]，erfc$\{y\} = 1 - \text{erf}\{y\}$ となる．erf は誤差関数である．これらの式[1207]は，電極のサイズにかかわらず，正確である．

十分に短い時間においては，(12・8)式における括弧内の第 1 項が支配的である．一方，長い時間においては，第 2 項のほうが第 1 項よりも優勢となる．その結果，

$$\begin{cases} I(\text{short } t) \approx FAc_R^b \sqrt{\dfrac{D_R}{\pi t}} & t \ll \dfrac{r_{\text{hemi}}^2}{\pi D_R} & (12 \cdot 9) \\ I(\text{long } t) \approx \dfrac{FAc_R^b D_R}{r_{\text{hemi}}} = 2\pi F c_R^b D_R r_{\text{hemi}} & t \gg \dfrac{r_{\text{hemi}}^2}{\pi D_R} & (12 \cdot 10) \end{cases}$$

電位ジャンプ実験，半球電極，短いまたは長い時間

が得られる．実験の初期には，(12・2)式と比較すると，半球電極における電流は同じ面積の平面電極の場合と正確に一致する．一方，最終的には，電流は時間に依存しなくなり，定常状態を示す．"初期に"や"最終的に"について，正確に何を意味するかは次ページに示す表を見るとわかる．**マクロ電極**（macroelectrode）は，大きな平面である電極，または大きな平面であるようにふるまう電極である．**微小電極**（**ミクロ電極**あるいは**マイクロ電極**, microelectrode）[1208]は，ボルタンメトリーにおける定常状態が拡散によってちょうど良い具合に達成されるような電極である．この表を作成するにあたって，R の拡散係数の典型的な値 $D_R = 8 \times 10^{-10} \, \text{m}^2\text{s}$ が仮定されている．さらに，(12・9)式，(12・10)式における "≪" および "≫" は，少なくとも 100 倍

1206) 解の詳細については Web #1206 を参照せよ．ラプラス変換を行うことで，(12・7)式および (12・8)式を得る．
1207) (12・2)式および (12・8)式を時間に関して積分せよ．こうして導かれた結果は電荷 $Q(t)$ がどのように増加するかを示している．長い時間においては，電荷が半球面に対しては時間 t に比例して増加し，一方，平面に対しては時間 $\sqrt{t}$ に比例して増加することを示せ．平面電極および同じ面積の半球電極に対する電位ジャンプ後の電荷の時間変化の曲線を示すグラフを描け．答えは Web #1207 を見よ．
1208) **ナノ電極**および**極微小電極**ともいわれる．

半球の半径	電極がマクロ電極としてふるまう時間の上限	電極が微小電極としてふるまい始める時間
0.1 μm	40 ns	0.4 ms
1 μm	4 μs	40 ms
10 μm	0.4 ms	4 s
100 μm	40 ms	400 s
1 mm	4 s	11 h

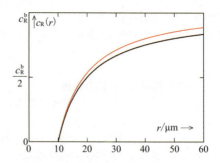

図 12・3 微小半球電極を用いた電位ジャンプボルタンメトリーにおける濃度プロフィール．電極表面近傍の濃度勾配は一定になっているが，表面近傍からバルクへと遠ざかると濃度は減少し続けることがわかる．グラフは (12・7)式に，以下の値 $r_{\text{hemi}} = 10.0\,\mu\text{m}$, $D_{\text{R}} = 8\times10^{-10}\,\text{m}^2\,\text{s}^{-1}$, $t = 10\,\text{s}$ または ∞ を代入して描かれている．

異なることを意味している．表に赤色で示した時間は典型的なボルタンメトリー測定において容易に達成できる時間である．表はある特定の時間内において，半球電極がマクロ電極あるいは微小電極のどちらか一方のみとして働くことを示している．半球の半径がおよそ 30 μm よりも大きいとき，電極の湾曲面は電位ジャンプ実験において考慮する必要はなく，電極は少なくとも実験の初期にはマクロ電極として機能する．半球の半径がおよそ 30 μm よりも小さいとき，定常電流はボルタンメトリーで利用される時間窓の間に達成される．表にあげた二つの時間の間は，電極は過渡状態にあるが，電流は単純なコットレル挙動からかけ離れてしまう．

図 12・2 は，電位ジャンプに対する典型的な微小電極の電流応答を示す．電流はすばやく定常値に達する．ここ

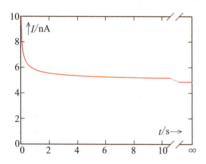

図 12・2 半径 10 μm の半球電極にジャンプ電位が印加されたとき，(12・8)式から予測される電流の経時変化を示す．電極電位の突然の正方向への変化により反応 R(soln)→e⁻ + O(soln) が完全な輸送分極で進行している．それゆえ，電極表面での化学種 R の濃度は "ゼロ" である．この化学種 R のバルク溶液濃度を 1.00 mM，拡散係数を $8\times10^{-10}\,\text{m}^2\,\text{s}^{-1}$ とする．

で，電流が定常値に達していてもセル全体が均一に真の定常状態にあるとは限らないことに注意しよう．化学種 R はセルから定常的に除かれるので，たとえ電極近くの濃度プロフィール（それゆえ，電流）が変化しなくなったとしても，R が枯渇した領域は明らかに拡大し続けるに違いない（図 12・3）．

12・3 電位ステップ法で得られる定常状態ボルタモグラム：電極反応の可逆性

定常状態の微小半球電極における電気化学的酸化反応 R(soln) ⇌ e⁻ + O(soln) について，電極反応が起こらない電位から，完全な輸送分極が起こるには不十分である電位 E へ，瞬時に正方向へ電位変化させたときの効果について調べよう．このような実験は**電位ステップ**（potential-step）実験とよばれる．前節の電位ジャンプ（potential-leap）実験に対しては，還元体 R の濃度プロフィールを調べれば十分であった．しかし今度は，酸化体 O の濃度も追跡しなければならない．この実験で得られる結果を予想するためには，多くの境界条件を用いて球面拡散に対するRとOに関するフィックの第二法則を解く必要がある．

$$\frac{\partial}{\partial t}c_i(r,t) = D_i\frac{\partial^2}{\partial r^2}c_i(r,t) + \frac{2D_i}{r}\frac{\partial}{\partial r}c_i(r,t)$$
$$i = \text{R, O} \quad (12\cdot11)$$

この節においては，定常状態の場合だけを考えることにする．したがって，(12・11)式の左辺はゼロとなり，フィックの第二法則は (12・12)式のように簡単になる．

$$\frac{d^2}{dr^2}c_i(r) + \frac{2}{r}\frac{d}{dr}c_i(r) = 0 \quad i = \text{R, O} \quad (12\cdot12)$$

この常微分方程式は簡単に積分できる[1209]．

$$c_i(r) = \frac{a_i}{r} + b_i \quad i = \text{R, O} \quad (12\cdot13)$$

ここで，a および b は定数である．境界条件 $c_R(\infty) = c_R^b$ および $c_R(r_{\text{hemi}}) = c_R^s$ から，a_R および b_R を決定することができ，R の濃度プロフィールは (12・14)式のようになる．

$$c_R(r) = c_R^b - (c_R^b - c_R^s)\frac{r_{\text{hemi}}}{r} \quad (12\cdot14)$$

同様にして，境界条件 $c_O(\infty) = 0$ および $c_O(r_{\text{hemi}}) = c_O^s$ から，

[1209] (12・12)式の2階積分を行い，(12・13)式を導け．Web#1209 参照．

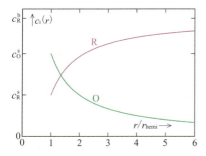

図 12・4 微小半球電極における電位ステップ後の反応物（R）および生成物（O）の定常状態における濃度プロフィール

(12・15)式を得る.

$$c_O(r) = c_O^s \frac{r_{hemi}}{r} \quad (12 \cdot 15)$$

これらの定常状態の濃度プロフィール[1210]は，図12・4に示すように非常に単純な形[1211]となる．(12・14)式から反応物Rの濃度勾配は $(c_R^b - c_R^s)r_{hemi}/r^2$ となり，それゆえ，電極表面では $(c_R^b - c_R^s)/r_{hemi}$ となる．同様に，(12・15)式からOの濃度勾配は電極表面では $-c_O^s/r_{hemi}$ となる．よって，一連の (12・16)式[1212]

$$\frac{I}{F} = \frac{Ai^s}{F} = \begin{cases} -Aj_R^s = AD_R(dc_R/dr)^s = AD_R(c_R^b - c_R^s)/r_{hemi} \\ \quad = 2\pi D_R r_{hemi}(c_R^b - c_R^s) \\ Aj_O^s = -AD_O(dc_O/dr)^s = AD_O c_O^s/r_{hemi} \\ \quad = 2\pi D_O r_{hemi} c_O^s \end{cases}$$

(12・16)

から電流に対するもう一つの式が導かれる．上の二つの式を等しいとおくと，還元体Rと酸化体Oの濃度を関係付ける簡単な(12・17)式が得られる[1213]．

$$D_R[c_R^b - c_R^s] = D_O c_O^s \quad (12 \cdot 17)$$

しかし，もう一つの関係式が存在する．なぜなら，この式が適用できるかは，反応分極の有無によるからである．

電極反応が十分に速いために，反応分極が起こらないならば，ネルンストの法則が(12・18)式の形で適用される．

$$\frac{c_O^s}{c_R^s} = \exp\left\{\frac{F}{RT}(E - E^\infty)\right\}$$

ネルンスト式 (12・18)

ボルタンメトリーにおいて，**ネルンスト的**（nernstian）という言葉は，ネルンスト式にほぼ従って起こる反応に対して適用される．(12・16)式〜(12・18)式を結び付けると，(12・19)式が得られる[1214]．

$$I = \frac{2\pi F D_O D_R c_R^b r_{hemi}}{D_O + D_R \exp\{-F(E - E^\infty)/RT\}}$$

微小半球電極におけるネルンスト的な定常状態ボルタンメトリー (12・19)

この式[1215]は電流とステップ電位Eとの関係を示している．さらに，(12・20)式のような別の形で表すことができる．

$$I = \frac{2\pi F D_R c_R^b r_{hemi}}{1 + \exp\{-F(E - E^h)/RT\}} \quad (12 \cdot 20)$$

ここで，E^h は**ネルンスト的な半波電位**[1216]（nernstian half-wave potential）または**可逆半波電位**であり，この場合(12・21)式で表される[1217]．

$$E^h = E^\infty - \frac{RT}{2F}\ln\left\{\frac{D_O}{D_R}\right\} \quad (12 \cdot 21)$$

(12・20)式から，異なる E に対してそれぞれ別の定常電流 I が得られることがわかる．131ページの図12・6において，黒丸で示した一連のデータは，電流がステップ電位にどのように依存するかを表している．ステップ電位が正になるにつれて定常電流が徐々に増加し，限界電流を示す一定値へ至る典型的な "波" 形を示している．この章の後の節で，ボルタンメトリーで得られる波形についてさらに言及する．

反応分極が存在する場合，すなわち，電極反応の速度が遅く，反応がゆっくりと進行するならば，ネルンスト式の代わりに，バトラー–ボルマー式（7・26式）を適用する．この式を(12・16)式および(12・17)式と結び付けることによって，かなりの計算が必要になるが(10・30)式と同

1210) フィックの第一法則を適用して，$j_R(r)$ と $j_O(r)$ の式を導け．そして，それらを用いて，(12・16)式および(12・17)式を確かめよ．Web#1210参照．
1211) これらは，異なる向きの直角双曲線の一部をなす．
1212) (12・16)式は91ページの表にある輸送係数を含んでいることに注意せよ．
1213) Web#1213における，定常状態が成り立っているときには，より一般的な関係 $D_R[c_R^b - c_R(r)] = D_O c_O(r)$ がいかなるイオン伝導体においても成り立つことを示せ．逆拡散関係として知られるこの種の関係式は，均一化学反応が存在しないボルタンメトリーにおいては一般的であるが，一方，過渡応答ボルタンメトリーにおいては，拡散係数はそれらの平方根で置き換えられる．また，回転ディスク電極に対しては，拡散係数はそれらの2/3乗で置き換えられる．
1214) (12・19)式を代数学的に導け．そして，(12・19)式を(12・20)式へ変換せよ．答えはWeb#1214を参照せよ．
1215) 電位 E が正に大きく，"ステップ"が"ジャンプ"となるときには，(12・19)式は(12・10)式へ簡略化されることに注意せよ．
1216) 本書では，実際の半波電位 $E_{1/2}$ とネルンスト的な半波電位（可逆半波電位）E^h を区別している．これら二つは可逆過程に対しては一致するが，そうでない場合は $E_{1/2}$ はより大きく（酸化反応に対してはより正に）なる．
1217) 二つの拡散係数の値が近ければ，E^h と E^∞ との違いはしばしば無視される．二つの拡散係数 D の値の4%の違いは，1 mV の差に相当する．

様の複雑な式を得る[1218].

$$I = \frac{2\pi F c_R^b r_{hemi} \exp\{F(E-E^\circ)/RT\}}{\dfrac{\exp\{\alpha F(E-E^\circ)/RT\}}{k^\circ r_{hemi}} + \dfrac{1}{D_O} + \dfrac{\exp\{F(E-E^\circ)/RT\}}{D_R}}$$

微小半球電極における電位ステップ　　(12・22)

この式は，(12・19)式よりも一般的であるが，$k^\circ \to \infty$ のとき，(12・19)式へ単純化される．(12・22)式は，全電流 I に対する三つの分極，すなわち反応分極，O および R の輸送分極の寄与を反映する電流項を含んでいる．この式をより明確にするために[1219]，逆数の和の式[1220] (reciprocal sum formula) を用いて書き換える．

$$\frac{1}{I} = \frac{1}{I_{kin}} + \frac{1}{I_{rem}} + \frac{1}{I_{lim}}$$

$$\begin{cases} I_{kin} = \dfrac{FAc_R^b k^\circ}{(D_O/D_R)^{1-\alpha}} \exp\left\{\dfrac{(1-\alpha)F}{RT}(E-E^h)\right\} \\ I_{rem} = 2Fc_R^b D_R d \exp\{F(E-E^h)/RT\} \\ I_{lim} = 2Fc_R^b D_R d \end{cases}$$

(12・23)

つぎの節の記述と合わせるために，I_{kin} に対する式において $2\pi r_{hemi}^2$ を A で置き換えた．また，I_{rem} および I_{lim} に対する式において πr_{hemi} を半球の表面直径 d（図12・1参照）で置き換えた．

このような逆数の和の式に従う全電流 I は，三つの成分のうち，その大きさが最小である電流によってほとんど支配される．ここで，I_{kin} は電極反応速度により支配される電流であり，物質輸送による制限がまったくない場合，I は I_{kin} に等しくなる．I_{rem} は（Oの電極からの）除去によって支配される電流，すなわち，電極表面から離れていくOの拡散が唯一電流を制限しているときに流れる電流である．I_{lim} は限界電流である．すなわち，最も正の電位においていつも達成される電流の最大値である．この限界電流は，R の電極表面への拡散によって支配される．電気化学反応は，三つの過程からなる．すなわち，電極表面への R の供給，R の O への変換，そして電極表面からの O の除去である．下付き文字を添えたそれぞれの電流 I は，これらの過程のうち，いずれか一つが十分に遅く，酸化過程の速度を圧倒的に制御するときに流れる電流を表している．

(12・23)式の右辺に対する三つの成分の寄与は，電位によって異なることに注意しなければならない．これは図12・5に示すように，電位に対して電流の対数をプロットすることにより明確になる．これらの三つの図では，I_{kin},

I_{rem} および I_{lim} の対数をとった直線のグラフとともに，全電流 I が示されている．全電流の曲線は，(12・23)式にもとづき，赤および青の直線に対する三つの緑の直線の位置によって決定される．全電流は，それらの成分のいずれも決して超えることはなく，逆数の和の式が示すように，常に3成分のうち最も小さい電流に近い．

三つの図は，重要な無次元パラメータ λ の大きさのみが異なる．

$$\lambda = \frac{I_{kin}}{I_{rem}} \exp\left\{\frac{\alpha F}{RT}(E-E^h)\right\} = \frac{k^\circ r_{hemi}}{D_R^\alpha D_O^{1-\alpha}}$$

微小半球電極におけるボルタンメトリー　　(12・24)

このようなパラメータを可逆性指標[1221] (reversibility index)

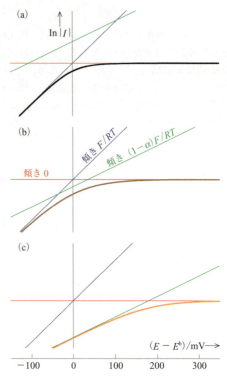

図 12・5　逆数の和の式（(12・23)式）の対数表現．それぞれのグラフにおいて，緑の直線は I_{kin} を，青の直線は I_{rem} を，そして赤の直線は I_{lim} を示している．また，各グラフの第四の曲線は他の三つの直線の逆数の和を対数表示したものである．それぞれのグラフは，$\alpha=1/2$ として異なる可逆性指標：(a) $\lambda=8$, (b) $\lambda=1/2$, (c) $\lambda=1/32$ に対して描かれている．

1218) (7・26)式を用いる(12・22)式の誘導については Web#1218 を参照せよ．
1219) (12・22)式を (12・23)式へ変換せよ．あるいは，Web#1219 を参照せよ．
1220) 数学者は (12・23)式を調和な関係にあるとみなす．すなわち，全電流 I は，I_{kin}, I_{rem} および I_{lim} からなる逆数の和の式で表される．
1221) $E_{1/2}-E^h$ の項を用いて，λ を表す式を導け．さらに Web#1221 にあるように $\alpha=1/2$ であるとき，$1/\lambda=2\sinh\{F(E_{1/2}-E^h)/2RT\}$ となることを示せ．

とよぶ．可逆性[1222]（reversibility）は，注目する電極反応において，他の分極に比べて反応分極の重要性を反映する．反応が十分に速く，反応分極の寄与が無視できるならば，そのような電極反応は可逆である．

図12・5(a)において，λは十分大きな値をもつ．I_{kin}は三つの成分のなかで最も小さくなることはなく，全電流Iにはほとんど影響を与えない．このとき，Iは$(1/I) \approx (1/I_{rem}) + (1/I_{lim})$となる．電気化学者はこのように電極反応自体が物質輸送に比べて十分速い場合を**可逆な**（reversible）という言葉で表す．結果として得られるボルタモグラムは，ネルンスト的な場合と同様になる．実際，"可逆な"と"ネルンスト的"という言葉は，しばしば同意語として扱われる．

図12・5(b)において，可逆性指標は中間的な値をもつ．なぜなら，I_{kin}，I_{rem}およびI_{lim}それぞれが異なる電位において最も小さくなり，いずれも無視できないからである．このような場合には，(12・23)式が適用され，**準可逆な**（quasireversible）と表現される．

最も負の電位（ここでは，電流がいずれにしろ非常に小さい）における場合を除いては，図12・5(c)において，I_{rem}は常に他の二つの電流よりも非常に大きい．それゆえ，全電流には寄与せず，このときの全電流は$(1/I) \approx (1/I_{kin}) + (1/I_{lim})$となる．このような挙動は**非可逆な**（irreversible）ボルタンメトリーと表現される．これは，可逆性指標が小さいときに観察される．

図12・6は，図12・5の(a)，(b)および(c)にそれぞれ相当するボルタモグラムを示しており，微小半球電極における"可逆な"，"準可逆な"，そして"非可逆な"定常状態ボルタモグラムの例である．この図では，それぞれのボルタモグラムは，曲線ではなく，不連続な点で示されている．このような電位ステップ実験で得られる点表示の定常状態ボルタモグラムから，通常のボルタモグラムと同様に，可逆性指標，拡散係数，移動係数および速度定数を計算することは可能である．その方法にはさまざまなものがあるが[1223]，(12・23)式に基づいた非線形回帰解析を行うのが最も洗練されたやり方である．

図12・6に示したボルタモグラムのそれぞれを描くには，20回の実験が必要になる．多くの実験を行うことは面倒なだけでなく，長い時間経過のために電極が汚れる危険性を伴う．では，定常状態ボルタモグラムはただ1回

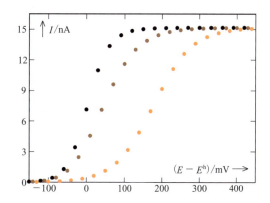

図12・6 可逆系，準可逆系および非可逆系の電極反応に対して，微小半球電極で得られた電位ステップ法による典型的な定常状態ボルタモグラム．図中のそれぞれの点は，異なる電位Eへステップして得られた点を表している．各点のデータは以下のパラメータの値に基づいて計算されている：$c_R^b = 5$ mM, $D_R = D_O = 1 \times 10^{-9}$ m^2 s^{-1}, $r_{hemi} = 5$ μm, $\alpha = 0.5$. 図12・5の各λ値に相当するk^oの値，(a) 1.60 mm s^{-1}, (b) 0.100 mm s^{-1} および (c) 6.25 μm s^{-1}

の実験で得ることはできるだろうか？この目的は**準定常状態ボルタンメトリー**（near-steady state voltammetry）によって達せられる．このボルタンメトリーでは，電流が絶えず定常状態に限りなく近くなるように印加電位を十分にゆっくりと変化させる．このとき先に議論した原理のほとんどが成り立ち，そして準定常状態ボルタモグラムは定常状態のものとほぼ一致する．もちろん，電位走査が非常にゆっくりであるならば，実験は対流のない条件が保てるよりも長くなるかもしれない．一方，電位走査が速いと16章で議論する過渡状態で得られる電流に近いものになってしまい，定常状態におけるボルタモグラムとはかなり違ってくる．それゆえ，実際には妥協せざるを得ない．

期待されるように，もし定常状態における酸化波が観察されはじめる電位から出発し，次第に電位を増加させていくと，図12・7の赤い曲線に示すように真の定常状態波よりもいくぶん小さい準定常状態ボルタモグラムを得る．しかし，このボルタモグラムはやがて正確な一定値に達する．つぎに，電位を逆方向へ変化させると[1224]，電流は青い曲線で示すように真の定常状態波よりもいくぶん大きな値を通って元へ戻る．赤と青の曲線がほとんど重なる場合，定常状態がほぼ達成できたこと，および二つの曲線の

[1222] 紛らわしいことに，電気化学を含めて化学のいくつかの分野においては"可逆性"は別のことを意味する．可逆性とは，測定の性質を表しており，反応の性質を表しているのではない．電気化学者がよく"可逆な電極反応"について言及するときは，彼らはある特別な測定において，可逆的にふるまう反応のことを指している．

[1223] 定常状態ボルタモグラムを解析するための図式法に関してはWeb#1223を参照せよ．解析は可逆な場合には単純であるが，もちろんk^oを見積もることはできない．また，解析は非可逆なボルタモグラムに対しても単純である．この場合，αを見積もることはできるが，k^oやE^hはやはり見積もることができない．一方，準可逆な場合は，含まれる情報は多いが，有意なものを取出すことはかなり難しい．

[1224] 電位プログラムは，ゆっくりとした走査速度での通常のサイクリックボルタンメトリー（16・4節）におけるものと同じである．

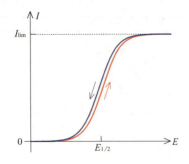

図 12・7 準定常状態ボルタンメトリーによる電流-電位曲線．赤の曲線は，電位をゆっくりと正方向へ変化させたとき得られるボルタモグラムである．一方，青の曲線は，電位を反転し，ゆっくりと初期電位方向へ変化させたとき得られるボルタモグラムである．

中間点を結んだ曲線は真の定常状態ボルタモグラムを与えることがわかる．

定常状態ボルタンメトリーの特徴の一つは，一定の電位を印加し，極限の電流を測定すること，またその逆（I を印加し，E を測定する）も全く問題にならないということである．こうして，$E_{1/2}$ を見いだす手っ取り早い方法は I_{lim} の半分の大きさの電流を印加することである．

12・4 微小ディスク電極：実験では扱いやすく，モデルとしては扱いにくい

これまで見てきたように，微小半球電極における電気化学のモデル化はあまり難しくはない．しかし，残念ながらそのような電極を作製することはとても難しい．さらにいえば，たとえ作製できたとしても，電極表面を清浄にするのは困難である．一方，**ディスク（円板）電極**[1008]（disk electrode）は，図 12・8 にその断面図を示してあるが，直径が小さいものでも，ガラスやプラスチックの中に線あるいは棒を埋込んだ後，端を平坦に削ることで容易につくることができる．電極表面が汚れたときには，実験ごとにその表面を磨くことで，電極を再生できる．この方法はほとんどの微小電極に適用され，電極表面の更新を可能にする．

小さなディスク電極への拡散は，微小半球電極への拡散とはまったく異なり，モデル化することはかなり難しい[1225]．短い時間においては，ディスクはあたかも二つの部分から構成されているようにふるまう．すなわち，二つの部分とは，図 12・8 に示したように拡散が平面的である中心領域と，拡散が一点に集中する端（エッジ）の領域をさす．この明確な区別は，（12・25）式によって示すことができる[1226]．

$$I(\text{short } t) \approx FAc_{\text{R}}^{\text{b}}\left[\sqrt{\frac{D_{\text{R}}}{\pi t}} + \frac{D_{\text{R}}}{r_{\text{disk}}}\right] \quad (12\cdot25)$$

短い時間での電位ジャンプ実験におけるディスク電極

この式では，大きな電位ステップに対するディスク電極での初期応答を記述している．ここで，この場合の結果が（12・8）式で得られる電流と類似することがわかる．しかしながら，半球電極の挙動とは違い，この初期に関する式ですべてを説明することはできない．代わって，電流は正確だが二つの部分からなる複雑な式で表される．

$$\begin{cases} \dfrac{I(t \leq 1.3)}{\pi F c_{\text{R}}^{\text{b}} D_{\text{R}} r_{\text{disk}}} = \dfrac{1}{\sqrt{\pi t}} + 1 + \sqrt{\dfrac{t}{4\pi}} \\ \qquad\qquad - \dfrac{3t}{25} + \dfrac{3t^{3/2}}{226} \\ \dfrac{I(t \geq 1.3)}{\pi F c_{\text{R}}^{\text{b}} D_{\text{R}} r_{\text{disk}}} = \dfrac{4}{\pi} + \dfrac{8}{\sqrt{\pi^5 t}} + \dfrac{25 t^{-3/2}}{2792} \\ \qquad\qquad - \dfrac{t^{-5/2}}{3880} - \dfrac{t^{-7/2}}{4500} \end{cases} \quad t = \dfrac{D_{\text{R}} t}{r_{\text{disk}}^2}$$

微小ディスク，すべての時間に対する電位ジャンプ

$$(12\cdot26)$$

長い時間に対して，つぎの式が得られる．

$$I(\text{long } t) \approx 4Fc_{\text{R}}^{\text{b}} D_{\text{R}} r_{\text{disk}}\left[1 + \dfrac{2r_{\text{disk}}}{\sqrt{\pi^3 D_{\text{R}} t}}\right]$$

長い時間での電位ジャンプ実験におけるディスク電極

$$(12\cdot27)$$

この式は，$4r_{\text{disk}}^2/\pi^3 D_{\text{R}}$ よりもかなり長い時間において達成される定常状態電流が（12・28）式になることを予測している．

$$I = 4Fc_{\text{R}}^{\text{b}} D_{\text{R}} r_{\text{disk}}$$

電位ジャンプで得られる定常状態電流 $(12\cdot28)$

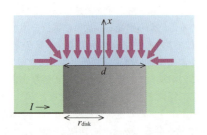

図 12・8 ディスク状作用電極の断面図．長さ d はディスク電極の"表面直径"を示しており，$2r_{\text{disk}}$ に等しい．矢印は，電極反応物が表面積 $A = \pi r_{\text{disk}}^2$ の電極表面へ向かって拡散する方向を示す．

1225) 可逆な条件におけるディスク平面への定常拡散の数学的解析は複雑ではあるが，Web #1225 で述べるように，その一方で扱いやすい面もある．この場合，電極表面への均一な接近（拡散）ではないが，それは困難とはならない．なぜならば，電極表面は等濃度面として扱えるからである．しかしながら，可逆ではない場合には，そのようにはいかない．微小ディスク電極における準可逆および非可逆な定常状態ボルタンメトリーを扱うことができるのは，数値計算法を使用する場合のみである．

1226) （12・25）式を $I(\text{short } t)/Fc_{\text{R}}^{\text{b}} D_{\text{R}} = (A/\sqrt{\pi D_{\text{R}} t}) + (P/2)$ の形に書き換えよ．ここで，P は電極の周囲（エッジの長さ）を表す．この式は，埋込まれた電極の形が円のみならず，いかなるサイズあるいは形状の電極の場合にも適用可能である．

この重要な結果は，**斉藤の式**[1227]（Saito equation）として知られている．

斉藤の結果は，以下の表の一部に示されている．この表では，電位ジャンプが適用されたときのディスクおよび半球の微小電極における電流の特徴が比較されている．2種類の微小電極の面積が同じならば，それらは同じ電流を示すことが期待される．このことは，初期（電解時間が短いとき）の電流では正しい．しかし，定常状態に達したときにはそうではない．等しい定常電流が得られるためには，二つの電極は，同じ表面直径をもつ必要がある．**表面直径**（superficial diameter）d は，図12・1および図12・8で示したように，電極に沿って測定された長さである．下の表は，たとえディスクが半球よりもおよそ23％大きな面積をもっていても，表面直径が同じであるならば，電位ジャンプ実験で得られる定常状態の応答が，ディスクおよび半球の微小電極に対して同じであることを示している．

	半球	ディスク	d 項
表面直径 d	πr_{hemi}	$2r_{disk}$	
面積 A	$2\pi r_{hemi}^2$	πr_{disk}^2	
初期電流	$FAc_R^b\sqrt{\dfrac{D_R}{\pi t}}$	$FAc_R^b\sqrt{\dfrac{D_R}{\pi t}}$	
電流が定常電流の2倍に相当する値まで減少するのに要する時間	$0.0507\dfrac{A}{D_R}$	$0.0479\dfrac{A}{D_R}$	
定常電流の1％に相当する電流へ到達するまでに要する時間	$3183\dfrac{r_{hemi}^2}{D_R}$	$1290\dfrac{r_{disk}^2}{D_R}$	$323\dfrac{d^2}{D_R}$
定常電流	$2\pi Fc_R^b D_R r_{hemi}$	$4Fc_R^b D_R r_{disk}$	$2Fc_R^b D_R d$

電気化学反応の挙動が可逆である場合を除いて，微小ディスク電極における定常状態ボルタンメトリーのモデル化はとても難しいので，逆数の和の式(12・23)を効果的に適用して，あたかも同じ表面直径をもつ半球状であるかのように電極を取扱うのが一般的である．これが正確ではないとわかっていても，この場合に生じる誤差はしばしば実験におけるその他の本質的な誤差よりも小さい．しかしながら，式が微小ディスク電極へ適用されるときには，逆数の和の式(12・23)における誤差が修正される[1228]．下付き文字の付いた I は，(12・23)式と同様の意味をもつ．可逆性の程度はすべて，(12・29)式に考慮されている．

$$\frac{1}{I} = \frac{4}{\pi I_{kin}}\left[\frac{\dfrac{12}{\pi I_{kin}}+\dfrac{1}{I_{rem}}+\dfrac{1}{I_{lim}}}{\dfrac{6}{I_{kin}}+\dfrac{1}{I_{rem}}+\dfrac{1}{I_{lim}}}\right]+\frac{1}{I_{rem}}+\frac{1}{I_{lim}}$$

定常状態，微小ディスク，電位ステップ　　(12・29)

小さな電極では，本質的に小さな電流を生じるので，ときに正確に測定することが難しい．この理由のために，そして再現性を向上させるために，**微小電極アレイ**（配列型微小電極，microelectrode array）が使用されることがある．個々の微小ディスクの間隔は，それぞれのディスクのまわりに生じる物質の枯渇領域の間の干渉を避けるために十分に広くとってある．その微小電極アレイは図12・10に一致する半波電位を示し，図12・9に似たボルタモグラムを与える．

12・5 回転電極を用いるボルタンメトリー：回転ディスク電極と回転リング・ディスク電極

回転ディスク電極については，65ページですでに述べた．また，8・6節でも詳細に扱っている．この電極は，過渡または周期的条件で使われることもあるが，主に経時変化のない定常状態のデータを得るために用いられる．回転ディスク電極を用いる方法は，微小電極を用いる方法に比べ，ボルタンメトリーにおいて定常状態を得るより強力な手法となる．この手法が微小電極を用いる場合より優れている点は，定常電流にすばやく到達し，それが無限に保たれることである．このことは，電位走査速度を十分遅くするならば，微小電極を用いて達成される準定常状態ボルタンメトリーでしばしば現れるヒステリシスの問題がなく，印加電位を走査できることを意味している．もう一つの利点は，ある限られた電位範囲ではあるが，電極回転速度を変えることで拡散層の厚さを制御できることである．電極回転速度の範囲は，水溶液中においておよそ(12・30)式に示すとおりである[1229]．

$$10\text{ Hz} < \omega < 1000\text{ Hz} \quad (12\cdot30)$$

上限を超えると乱流が生じ，その危険にさらされ，一方，下限より下がると，自然対流の影響を受ける．

われわれが標準としている反応，すなわち初期に酸化体が溶存しない場合の $R(\text{soln}) \rightleftarrows e^- + O(\text{soln})$ に対して，(8・49)式は，電流が(12・31)式で与えられることを示している．

1227) Y. Saito, *Review of Polarography* (Japan), **15**, 177 (1968).
1228) 式は経験的なものであり，数値計算による最適化によって得られたものである．式と計算データとの差は0.3％以下である．
1229) Hz（ヘルツ）の代わりに，ωの単位として"ラジアン毎秒"がしばしば使われる．研究室では，しばしば回転速度を1分間あたりの回転数（rpm）で表す．rpm は $\pi/30$ を掛けることで，Hzへ変換することができる．たとえば，1000 rpm は 104.7 Hz となる．

$$\frac{I}{F} = \frac{Ai^s}{F} = \begin{cases} -Aj_R^s = v_L A D_R^{2/3} \omega^{1/2} (\rho/\eta)^{1/6} (c_R^b - c_R^s) \\ Aj_O^s = v_L A D_O^{2/3} \omega^{1/2} (\rho/\eta)^{1/6} c_O^s \end{cases}$$

回転ディスク電極，レビッチ式　　　(12・31)

ここで，輸送係数は 91 ページの表に示したものと同じである．また，(12・16)式と明らかに類似している．実際，輸送係数の違いを除いては，回転ディスク電極におけるボルタモグラムは，定常状態の半球電極で得られるボルタモグラムを反映している．逆数の和の式が成り立ち，(12・32)式に示すように，電流は，(12・23)式と同様な形の式で表される．

$$\frac{1}{I} = \frac{1}{I_{kin}} + \frac{1}{I_{rem}} + \frac{1}{I_{lim}}$$

$$\begin{cases} I_{kin} = \frac{FAc_R^b k^\infty}{(D_O^{2/3}/D_R^{2/3})^{1-\alpha}} \exp\left\{\frac{(1-\alpha)F}{RT}(E-E^h)\right\} \\ I_{rem} = v_L FAc_R^b D_R^{2/3} \omega^{1/2} (\rho/\eta)^{1/6} \exp\left\{\frac{F}{RT}(E-E^h)\right\} \\ I_{lim} = v_L FAc_R^b D_R^{2/3} \omega^{1/2} (\rho/\eta)^{1/6} \end{cases}$$

(12・32)

しかしながら，可逆半波電位は，わずかに異なって (12・33)式のように定義される．

$$E^h = E^\infty - \frac{2RT}{3F}\ln\left\{\frac{D_O}{D_R}\right\}$$

回転ディスクボルタンメトリー　　　(12・33)

一方で (12・34)式に示すように，逆数の和の式は，輸送係数を用いて定常状態過程へ一般的に広く適用できる形に書き換えることができる．

$$\frac{FAc_R^b}{I} = \frac{1}{k^\infty \exp\{\alpha F(E-E^\infty)/RT\}} + \frac{1}{m_R \exp\{F(E-E^\infty)/RT\}} + \frac{1}{m_O}$$

(12・34)

回転ディスク電極の場合における可逆性指標は，(12・35)式のようになる．

$$\lambda = \frac{I_{kin}}{I_{rem}}\exp\left\{\frac{\alpha F}{RT}(E-E^h)\right\} = \frac{k^\infty (\eta/\rho)^{1/6}}{v_L (D_O^{1-\alpha} D_R^\alpha)^{2/3} \omega^{1/2}}$$

回転ディスクボルタンメトリー　　　(12・35)

12・3 節で示したように，このパラメータの大きさが可逆性の程度を決定する．もし λ が 1 に近ければ，反応は準可逆な挙動を示す．また，λ が 1 よりかなり大きな場合，反応は可逆な挙動を示し[1230]，一方，1 よりかなり小さな場合，反応は非可逆な挙動を示す．"かなり大きい"および"かなり小さい"は，正確には，実験データの質に依存するが，控えめに評価して，"16 倍程度大きい"および

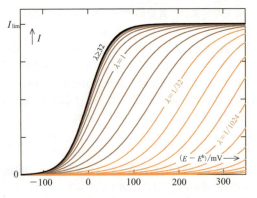

図 12・9　異なる可逆性を示す α=1/2 における定常状態ボルタモグラム．それぞれの曲線の λ 値は，隣のそれと 2 倍異なる．λ≥32 に対しては，可逆系で得られる曲線は完全に重なる．一方で，λ≤1/32 に対しては，曲線は非可逆な形を保ったまま，λ 値が減少するにつれてより正電位側へ移行していく．準可逆な曲線は中間の挙動を示す．この図は，図 12・10 と同様に，定常状態ボルタンメトリーと関係付けられ，微小半球電極および回転ディスク電極にも適用できる．詳細については述べないが，この原理は微小ディスク電極および微小電極アレイにも適用可能である．

"16 倍程度小さい"を意味する．

可逆性指標に ω が含まれているため，電極回転速度の調節によって，反応の挙動を"制御"できることがわかる．ただし，それは小さな範囲に限られる．なぜなら，(12・35)式からわかるように，ω は平方根として λ に寄与するためであり，(12・30)式の場合とは異なる．よって，λ の 10 倍未満の変化が可能である．図 12・9 は，λ の値がボルタモグラムの形にどのように影響するかを示している．ここで注意することは，まず，λ の値が減少するとボルタモグラムの立ち上がりが緩やかになることである．そして，いったん非可逆になると，波形は変わらずに，単純に正電位方向へ移動することがわかる．このことは，可逆性指標の対数値に対する半波電位の変化をプロットすることで[1231]，図 12・10 に定量的に示されている．

回転ディスク電極を用いる方法は，非可逆系の電極反応を調べるために有用である．このとき，I_{rem} は大きいので，その逆数は逆数の和の式において無視できる．よって，

$$\frac{1}{I} = \frac{1}{I_{kin}} + \frac{1}{I_{lim}}$$

$$= \frac{\exp\{(\alpha-1)F(E-E^\infty)/RT\}}{v_L FAc_R^b k^\infty} + \frac{\omega^{-1/2}(\rho/\eta)^{1/6}}{v_L FAc_R^b D_R^{2/3}}$$

(12・36)

[1230]　式量速度定数 10^{-4} m s^{-1} である電極反応が (a) 微小電極および (b) 回転ディスク電極において，そのふるまいは可逆，準可逆あるいは非可逆のいずれであるかを決定せよ．このとき，以下の典型的な値，$\omega \approx 100$ Hz, $D \approx 10^{-9}$ m^2 s^{-1}, $(\eta/\rho) \approx 10^{-6}$ m^2 s^{-1} そして $d \approx 10^{-5}$ m に基づくものとする．Web #1230 を参照せよ．

[1231]　Web #1231 は，α=1/2 のとき式 $E_{1/2} = E^h + (2RT/F)\text{arsinh}\{1/(2\lambda)\}$ が成り立つこと，および α=1/3 または 2/3 のときより複雑な解析式が存在することを示している．しかしながら，一般的には定式化されていない．

12・6 可逆系で得られるボルタモグラムの形状：可逆系の定常波，ピークおよびそれらの中間状態

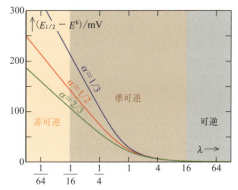

図 12・10 代表的な三つの移動係数 α の値に対して，可逆性指標 λ の値が減少するにつれて，半波電位 $E_{1/2}$ が可逆半波電位 E^h からどのようにずれていくかを示した対数プロット[1231]．可逆系，準可逆系，非可逆系におけるそれぞれの挙動は，その違いをグラフから明確に読み取ることができる．

これら二つの項を求めるためには，準可逆な系を解析する必要がある．

回転リング・ディスク電極（rotating ring-disk electrode）は回転ディスク電極によく似ているが，下記の図に示すように，ディスク電極の外側にもう一つ環状の電極がある．

二つの電極の間のギャップの幅 $r_2 - r_1$ は通常とても狭く，100 μm あるいはそれより小さい．使用に際しては，ディスクとリングは二つの異なる作用電極として働き，どちらも同じ参照電極と補助電極を用いる．ただし，電位はそれぞれ別々に制御される．特別に設計された**バイポテンショスタット**[1233]（bipotentiostat）が 4 電極セルを制御するのに必要である．典型的な応用では，ディスク電極での反応で生成物あるいは何か中間体が生成し，それらがリング電極を横切って流される．このとき，リング電極では生成物あるいは中間体が電気化学的に検出され，分析される．ここで，一つの疑問が出てくる．すなわち，ディスク電極で生成した還元可能な生成物 O の量（モル）のうちどれくらいが，十分負の電位が印加されたリング電極において"検出"（再還元）されるのか？ ということである．この検出割合は**捕捉率**（collection efficiency）N とよばれており，測定の途中で O に対してその他のいかなる反応も起こらないと仮定している．N は三つの半径 r_1, r_2 および r_3 のみの関数[1234]として表され，電極回転速度に依存しないことがわかっている．

となる．この式からは，以下のことがわかる．電極回転速度を変えて同様の実験を行い，$1/I$ 対 $\omega^{-1/2}$ のグラフ，いわゆる**クーテッキー–レビッチ**（Koutecký-Levich）**プロット**[1232],[849] をとると，図 12・11 のようになる．すべてのボルタンメトリーにおけるように，非可逆系での実験から α の値を求めることはできるが k° の値を求めることはできず，下記のような複合パラメータが得られるのみである．

$$(RT/F)\ln|k^\circ| - \alpha(E - E^\infty) \qquad (12 \cdot 37)$$

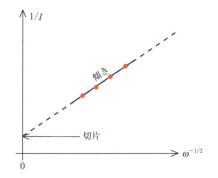

図 12・11 クーテッキー–レビッチプロット．電極回転速度は，限られた範囲のみで変えることができる．$1/I$ の $\omega^{-1/2}$ に対するプロットは，傾きが $(\rho/\eta)^{1/6}/v_L F A c_R D_R^{2/3}$ で，切片が $1/I_{kin}$ の直線を示す．さまざまな電位でクーテッキー–レビッチの実験を繰返し，プロットすれば，α の値や (12・37) 式に示した項の値を評価することができる．

12・6 可逆系で得られるボルタモグラムの形状：可逆系の定常波，ピークおよびそれらの中間状態

図 12・12 に示したような**可逆波**（reversible wave）は，ボルタンメトリーにおける三つの標準的な形状の一つである．この電流–電圧の関係は，双曲線正接関数（巻末付録を参照）によって最も簡潔に記述される．

1232) ヤロスロフ・クーテッキー（1922–2005），チェコの電気化学者．有名なポーラログラフィーのプラハ学派のひとりであった．
1233) 詳細については，A. J. Bard, L. R. Faulkner, "Electrochemical Methods", 2nd edn, p. 643, Wiley, New York (2001) を参照．
1234) 実際，とても複雑な関数 $N = 3[\Phi(a) + \Phi(b) - \Phi(c)]/2\pi b^2$ である．ここで，$a = (r_2^3 - r_1^3)^{1/3}/r_1$，$b = r_1 a/(r_3^3 - r_2^3)^{1/3}$，$c = r_3 b/r_1$，そして $\Phi(y) = y^2[\pi/2 - \arctan\{(2y-1)/\sqrt{3}\} - (1/\sqrt{12})\ln\{(1+y)^3/(1+y^3)\}]$ である．たとえば，$r_1 = 2.00$ mm, $r_2 = 2.01$ mm, $r_3 = 4.00$ mm のとき，捕捉率は 0.623 となる．

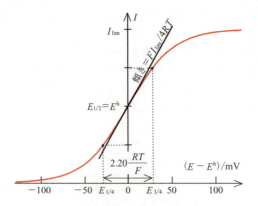

図 12・12 1電子可逆反応に対して得られるボルタモグラムの解析. 横軸の目盛は25℃における値である. 曲線はここで示したように酸化波のみか, 還元波のみか, あるいは図10・9で示したように酸化波と還元波の両方かである.

$$I(E) = \frac{I_{\text{lim}}}{2}\left[1 + \tanh\left\{\frac{F(E-E^{\text{h}})}{2RT}\right\}\right] \quad \text{可逆波}$$
(12・38)

しかし, この式をよく見られる指数関数型で表すと, 以下のようになる[1235].

$$I(E) = \frac{I_{\text{lim}}}{1 + \exp\{-F(E-E^{\text{h}})/RT\}} \quad \text{可逆波}$$
(12・39)

あるいは変換すると,

$$E = E^{\text{h}} - \frac{RT}{F}\ln\left\{\frac{I_{\text{lim}}-I}{I}\right\} \quad \text{可逆波}$$
(12・40)

となる. 曲線の形は統計学ではよく知られている. 統計学においては, 平均 E^{h} および分散 $\pi RT/\sqrt{3}F$ とする**ロジスティック分布**（logistic distribution）の累積関数として記述される. 波形は, 可逆半波電位 E^{h} に関して反転対称である[1236].

このような波形は, 定常状態ボルタンメトリーあるいは他のいくつかのボルタンメトリーから生じる. 可逆な場合の波形はネルンスト式に従うときに現れる. それは電極反応の速度が物質輸送過程の速度よりもきわめて速いことを意味する. それゆえ, 可逆波は電極反応速度に関する情報を与えない. しかしながら, 可逆波は特に波高が I_{lim} に等しい電位領域において, 物質輸送に関する情報を与える.

また, 可逆半波電位 E^{h} は電極反応過程の熱力学を反映している. このとき E^{h} は, 電極からおよび電極への輸送係数間の不均衡さの程度に依存して, 式量電位[1237] E^{∞} とはわずかに異なる.

$$E^{\text{h}} = E^{\infty} - \frac{RT}{F}\ln\left\{\frac{m_{\text{O}}}{m_{\text{R}}}\right\} \quad (12\cdot41)$$

ボルタモグラムの立ち上がりの鋭どさの程度は興味深く, 可逆であるかどうかの判断の決め手となる. これは, ボルタモグラムの傾きによって特定される. 可逆な場合, ボルタモグラムの中点での傾きは, (12・42)式で表される.

$$\frac{1}{I_{\text{lim}}}\left(\frac{dI}{dE}\right)_{E_{1/2}} = \frac{F}{4RT} = 9.73 \text{ V}^{-1} \quad (25℃)$$
可逆波 (12・42)

ボルタモグラムの可逆性を調べる別の方法に, **トメスの診断法**[1238]（Tomeš criterion）がある. これは3/4波電位と1/4波電位との間の差を測定することに基づいている. 可逆波に対して, (12・43)式のようになる.

$$E_{3/4} - E_{1/4} = \frac{RT}{F}\ln\{9\} = 56.5 \text{ mV} \quad (25℃)$$
可逆波 (12・43)

第三の方法として, (12・40)式から導かれる直線性を示す式を利用する方法がある. (12・40)式は, $(I_{\text{lim}}-I)/I$ の対数を電位に対してプロットすると, (12・44)式に示す勾配をもつ直線となることを示している.

$$\frac{d}{dE}\ln\left\{\frac{I_{\text{lim}}-I}{I}\right\} = \frac{-F}{RT} = -38.9 \text{ V}^{-1} \quad (25℃)$$
可逆波 (12・44)

非可逆波[1239]および準可逆波の場合は立ち上がりの傾きは険しくなく, それらは**準可逆的な勾配**（subnernstian slope）を示す.

すべてのボルタンメトリーから, S字形のボルタモグラムが得られるわけではない. ほかにも, 可逆なボルタモグラムが示す特徴的な二つの電流-電位曲線の形がある. これらの形を生じる手法は定常状態における測定ではないが, 正規のS字形の可逆波にきわめて関連が深いので, ここで言及することにしよう.

146, 172 および 183 ページで述べる非定常状態の測定からは, ピークを示すボルタモグラムが得られる. もし実験を可逆な条件で行うと, ボルタモグラムは (12・45)式

1235) この式が, 逆数の和の関係 (12・23) からどのように導かれるかを示せ. Web#1235 を参照せよ.
1236) 点 Q に関して曲線の反転対称（点対称）とは, 曲線上の任意の点 P と Q を結んだ線分に対し PQ に等しい長さだけ Q から外挿した点を P' とすれば, そのとき第三の点 P' もまた曲線上にあることを意味する.
1237) 電気化学者は必ずしも, 可逆半波電位 E^{h}, 式量電位 E^{∞} および標準電位 $E°$ の区別に注意を払っているわけではない.
1238) (12・43)式を確かめよ. Web#1238 参照.
1239) (12・42)式, (12・43)式および (12・44)式に相当する回転ディスク電極で得られる "非可逆な" 定常波に対する式を見いだせ. 答えは Web#1239 で得られる.

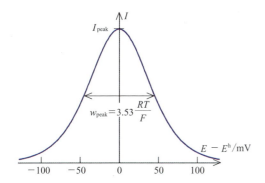

図 12・13 可逆なボルタンメトリーにおけるピーク波の解析．ピーク幅は，ピーク高さの半分のところで評価する．ピーク波は，ピーク電位に対して両側に対称に広がる．

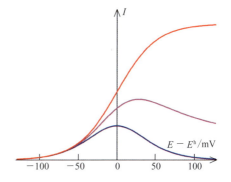

図 12・14 可逆定常波，可逆ピーク波およびそれらの中間的な挙動のボルタモグラム

あるいは (12・46) 式によって表される形になる．

$$I(E) = I_{peak} \mathrm{sech}^2 \left\{ \frac{F}{2RT}(E - E^h) \right\}$$
可逆ピーク　(12・45)

$$I(E) = \frac{4I_{peak} \exp\{-F(E-E^h)/RT\}}{[1 + \exp\{-F(E-E^h)/RT\}]^2}$$
可逆ピーク　(12・46)

先にも述べたが，この形は統計学的に重要である．すなわち，ロジスティック分布の確率関数を示す．図 12・13 に示すように，この**可逆なボルタンメトリーのピーク** (reversible voltammetric peak) は可逆半波電位 E^h に一致する．ボルタモグラムは y 軸に対して対称性を示し，逆関数 (12・47) へ変換できる．

$$E = E_{peak} \pm \frac{RT}{F} \ln\left\{ \frac{\sqrt{I_{peak}} + \sqrt{I_{peak} - I}}{\sqrt{I}} \right\}$$
可逆ピーク　(12・47)

ピーク幅による可逆性の特徴付けはトメスの診断法に似ている．ピーク幅とは二つの半ピーク電位の差であり，(12・48) 式で表される．

$$w_{peak} = \frac{4RT}{F} \ln\{1 + \sqrt{2}\} = 90.6\,\mathrm{mV} \quad (25\,°\mathrm{C})$$
可逆ピーク　(12・48)

同様の条件で，非可逆系あるいは準可逆系に対してボルタンメトリーで得られるピークの高さは，可逆系におけるよりも**低く**，また**幅の広い**ピークを示す．しかし，このときピークは**同じ面積**になる．

可逆なボルタンメトリーにおける第三の標準的な電流-電位曲線の形は，可逆な条件での線形電位走査の実験 (184 ページ) から得られる．この場合の電流-電位曲線の形は，対称性を欠き，"S 字波" あるいは "(対称) ピーク波" のような特定の名称をもたない．ここでは，この形を "混成形 (ハイブリッド形)" とよぶことにする．なぜならば，図 12・14 からわかるように，この形は "S 字波" と "(対称) ピーク波" との中間的な性質を示すからである．

可逆なボルタンメトリーにおける混成形 (reversible voltammetric hybrid) の電流-電位曲線は，(12・49) 式により表される[1240]．

$$\frac{I(E)}{I(E^h)} = \left(\frac{\sqrt{2}\pi}{\lambda|3/2|}\right)\sqrt{\pi}\chi|\varepsilon| = \frac{\sqrt{\pi}\chi|\varepsilon|}{0.38010}$$
可逆な混成形　(12・49)

ここで，$I(E^h)$ は可逆半波電位における電流を示している．また，$\varepsilon = F(E-E^h)/RT$ であり，$\sqrt{\pi}\chi|\ |$ は**ランドルス-シェビチク関数**[1630] (Randles-Ševčik function) である．この関数は解析的に表すことができないので，誤って記述されることがある．実際，いくつもの解析的に表された式が存在する[1241]．そのなかで最も有用なものは，(12・50) 式である．

$$\sqrt{\pi}\chi|\varepsilon| = \frac{149}{392} + \frac{54\varepsilon}{455} + \frac{13\varepsilon^2}{296}$$
$$+ \sqrt{\frac{\pi}{2}} \sum_{n=1,3}^{19} \left\{ \frac{(\varepsilon_n + 2\varepsilon)\sqrt{\varepsilon_n - \varepsilon}}{\varepsilon_n^3} - \frac{8n^2\pi^2 + 12n\pi\varepsilon - 15\varepsilon^2}{8(n\pi)^{7/2}} \right\}$$
(12・50)

ここで，$\varepsilon_n = \sqrt{\varepsilon^2 + n^2\pi^2}$ である．また，総和記号における n の値が奇数のみ有効であることに注意せよ．

図 12・15 に示すように，可逆な混成形は，それほど鋭いピークを示さないが，その位置と高さは E^h よりも正の電位 (1.11090 RT/F，すなわち 25 °C において 28.5 mV だけ) に，そして $I(E^h)$ よりも 1.1726 倍だけ高く観察される．ピークの高さは容易に測定できるが，そのときのピーク電位は容易に決められない．なぜならば，ピークはブロードで平坦であるからである．それゆえ，下記に示す**半ピーク電位** (half-peak potential) を用いて，可逆半波電位 E^h をより正確に求めることができる．

1240) $\lambda|3/2|$ の項は，3/2 のラムダ関数（巻末の付録参照）の値であり，1.6888 に等しい．
1241) これらについては注釈を加えて，Web#1241 に記載してある．

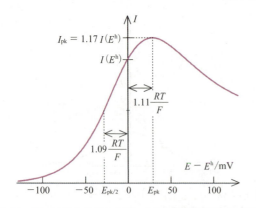
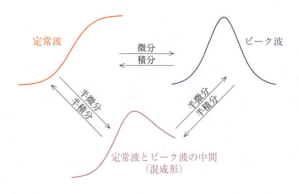

図 12・15 可逆な定常波とピーク波の中間的な挙動(可逆な混成形)のボルタモグラムの解析

$$E^h = E_{pk/2} + 1.0934\frac{RT}{F} = 28.1\,\mathrm{mV} \quad (25\,℃)$$
可逆な混成形 (12・51)

ピーク幅が大きくて使えない場合には,(12・43)式のトムスの診断法や(12・48)式のピーク幅による診断法に相当する混成形に対する可逆性は,以下のようなピーク電位 E_{pk} と半ピーク電位 $E_{pk/2}$ の差によって判断できる.

$$E_{pk} - E_{pk/2} = 2.2024\frac{RT}{F} = 56.6\,\mathrm{mV} \quad (25\,℃)$$
可逆な混成形 (12・52)

混成形のボルタモグラムに非可逆性の効果が現れると,ボルタモグラムの高さがより低く,その形がよりブロードになる.

　三つの曲線,つまり(定常)波,(対称)ピーク波および混成形の波は,つぎのチャートで説明されるように,計算によって互いに変換可能である.しかしながら,電気化学者はこれらの便利な変換をめったに使用しない.

　半積分や半微分の演算は,なじみがないかも知れない.しかし,概念的には,それらの名前が意味するように,通常の積分や微分の中間的なものである.電気化学では,演算は一般的に時間に関して行われるが,ときには電位に関しても行われる[1241].下記の演算記号

$$\frac{d^{1/2}}{dt^{1/2}}I(t) \quad \text{電流の半微分} \quad (12・53)$$

は,時間に依存した電流の半微分を表している.この演算は,たとえば可逆な混成形曲線を可逆な(対称)ピーク波の曲線へ変換できる.同様に,下記の演算記号

$$\frac{d^{-1/2}}{dt^{-1/2}}I(t) \quad \text{電流の半積分} \quad (12・54)$$

は,時間に依存した電流の半積分を表している.半演算はさまざまな技術,すなわちコンピュータを用いた計算によって,数学的[1242] あるいは電子工学的に実行される.等間隔の時間級数の形のデータに対して,半積分および半微分[1243] に対する便利なアルゴリズムがWebに示されている[1244].それらは,さまざまなボルタモグラム(可逆であるかないかにかかわらず)の形を相互変換するのに用いることができる[1245].

まとめ

　定常状態ボルタンメトリーは微小電極や回転ディスク電極で観察される.逆数の和の関係

$$\begin{aligned}\frac{1}{I} &= \frac{1}{I_{kin}} + \frac{1}{I_{rem}} + \frac{1}{I_{lim}} \\ &= \left(\frac{\exp\{\alpha F(E-E^h)/RT\}}{\lambda}+1\right)\frac{1}{I_{rem}} + \frac{1}{I_{lim}}\end{aligned}$$
(12・55)

は回転ディスク電極では近似的に,そして微小半球電極では正確に成り立つ.I_{lim} と I_{rem} の項は,それぞれ電極表面への反応物の物質輸送と電極表面からバルク溶液中への生成物の物質輸送を表している.一方,I_{kin} は反応速度を表す項である.ボルタンメトリーでは"可逆な","準可逆な"そして"非可逆な"という言葉は,"可逆である","部分的に可逆である"そして"可逆ではない"ということらの文字通りの意味と漠然としか一致しない.これらの言葉は,実際,可逆半波電位で測定される速度を反映し

1242) 数学的な定義およびさらなる情報についてはWeb#1242を参照せよ.
1243) 伝送路[173] は,それを通過する電流を半積分する.あるいは,それに印加する電圧を半微分する.実際の装置では,伝送路は抵抗と容量の有限個の集まりによって置き換えられる.
1244) いくつかのアルゴリズムについてはWeb#1244を参照せよ.
1245) このページに示された変換を調べるために,Web#1245に与えられた表計算アルゴリズムを利用せよ.これらに関する,そしてさらに一般化された変換に関する知識についてもWeb#1245にある.

ている．この電位では，電極反応の生成物が物質輸送によって電極から離れていく速度と競合しながら，生成物は反応物へ再変換する．可逆性は，パラメータ $\lambda = k°/\sqrt{m_R^\alpha m_O^{1-\alpha}}$ によって表される．可逆なボルタモグラムは，相互に関係する三つの標準的な電流-電位曲線の波形（定常波，ピーク波および両方の混成形の波）うちのいずれかになる．

13 電極｜溶液界面の構造

これまでは，電極を単に表面として扱ってきた．その表面の一方の側には均一な電子伝導体が存在し，もう一方の側には，通常，溶液であるイオン伝導体が存在する．溶液は必ずしも均一である必要はないが，濃度や電位の勾配が連続的にバルク溶液（溶液相内部）から電極表面へ外挿されるという暗黙の仮定がなされてきた．実際には，電極｜溶液界面は，二つの相が接した単なる受動的な（不活性な）接合部ではない．この章では，電極｜溶液界面の構造が電気化学反応に及ぼす影響について調べる．

13・1　電気二重層：容量の三つのモデル

1章の8, 9ページにおいて，完全分極した電極において形成される電気二重層の考え方を紹介した．そこで示したモデル，すなわちイオン伝導体（イオン[1301]を含む層）が反対符号の同量の電荷をもつ電子伝導体と接することによって形成される構造はヘルムホルツ[1302]のモデルといわれる．二つの電荷層はキャパシタを構成し，層の間隔，す

なわち(1・18)式の"L"に相当するが，この場合，原子レベルできわめて小さいので，電気二重層の容量（キャパシタンス）は[1303]，実際に非常に大きくなる．

$$\frac{C_H}{A} = \frac{dq}{dE} = \frac{\varepsilon_H}{x_H} \quad \text{ヘルムホルツのモデル} \quad (13・1)$$

(13・1)式は，この単純なヘルムホルツのモデルに従う容量を表している．ここで x_H はヘルムホルツ層（Helmholtz layer）とよばれる層の厚さであり，また，ε_H はヘルムホルツ層の誘電率である．しかし，これらの量が正確にどのような意味をもつのか，まだよくわかっていない．

電気二重層を理解するために試みられた最も多くの，そして最も成功を収めた実験的研究は[1304]，電解質水溶液と水銀が接触する界面に注目して行われてきた．水銀が研究対象として選択される三つの理由がある．これらはすべて水銀が液体であることに由来する．第一の理由は，ストリッピング分析（9・2節参照）や過渡応答ボルタンメトリー（16章参照）におけるように，この金属は表面をその場で更新することができ，表面を常に清浄に保つことが容易なためである．第二の理由は，表面積を容易に大きくできることである．たとえば，図13・1に示すように，水銀を流して滴にする[1305]ことによって可能となる．

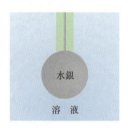

図 13・1　滴下水銀電極の水銀滴の断面図．キャピラリーチューブからゆっくりと流れ出た水銀が，その先端で滴として一定周期で成長する．

第三の理由は，金属固体は結晶性をもつが，液体の水銀は構造をもたない状態で存在することである．通常，金属固体は多結晶のモザイク構造をしており，不規則な構造の粒界領域をもつだけでなく（117ページ参照），それぞれ

1301) 典型的な電荷密度 0.10 C m⁻² を有する金属｜水溶液界面において，1価イオンはおよそ 15 個の水分子とともに表面に存在する．この見積りが正しいか確かめよ．あるいはWeb#1301を参照せよ．
1302) ヘルマン・ルードヴィヒ・フェルディナンド・フォン・ヘルムホルツ (1821-1894), 有名なドイツの物理学者．
1303) 水銀｜水溶液界面で測定された値は，典型的には 0.2～0.4 F m⁻² の範囲にあるが，この値は印加電圧，イオンの性質と濃度に依存する．
1304) 特に，グレアムの実験的研究によるもの．デビッド・グレアム (1912-1958) は器用で几帳面なアメリカ合衆国の物理化学者．さらなる詳細については，彼の著作あるいは実験結果を報告した多くの教科書のうちのいずれかを参照せよ．
1305) 図 13・1 に示した成長する水銀滴は，ボルタンメトリー以前から存在した**ポーラログラフィー**とよばれる手法において作用電極として使われている．ポーラログラフィーについては本書では扱わないが，その方法の要約はWeb#1305で見られる．

異なる単結晶面を電解質溶液にさらしている．このような金属固体上での測定では，通常，単に平均的な値を与え，その値は試料金属の調製における冶金的な処理に依存して異なる．きわめて正確な実験では，単結晶面のみが溶液に接するように注意深く調整された金属表面上で行われてきた．これらの実験では，実際に，電気化学的な性質が単結晶面ごとで異なる．

二相界面がもつエネルギーは**界面エネルギー**（interfacial energy）とよばれ，界面の面積 A に比例し，積 $\sigma \cdot A$ に等しい．ここで，σ は界面の**表面張力**（surface tension）である[1306]．界面の表面張力を最小にしようとする結果，液体はその体積を小さくしようとして球状になろうとする．荷電した水銀｜イオン溶液界面に対しては，この傾向は電荷間の横方向の反発によって反対になる．それゆえ，表面張力は**リップマン式**[1307]（Lippmann equation）に従って，電極上の電荷密度に依存する．

$$\frac{d\sigma}{dE} = -q \quad \text{リップマン式} \quad (13\cdot 2)$$

ここで，E は電極電位，q は電子伝導体の表面電荷密度を表す．このとき，電子伝導体とその表面近くには同量で反対の符号をもつ電荷が存在するという，いわゆる電気的中性の原理が支配している．リップマン式を微分すると(13・3)式となり，容量が得られる．

$$\frac{d^2\sigma}{dE^2} = -\frac{dq}{dE} = -\frac{C}{A} \quad (13\cdot 3)$$

もし容量が定数であるならば，電位対表面張力のグラフは，図 13・2 に示すような上に凸の放物線になる．この放物線は(13・4)式で表され[1308]，**ゼロ電荷電位**（potential of zero charge）E_{zc} においてピークを示す．

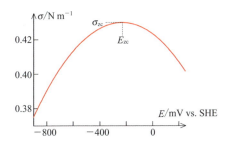

図 13・2 水銀電極で得られる単純な電気毛管曲線．この単純な曲線の形は，しばしば吸着種の存在により影響を受ける．

$$\sigma = \sigma_{zc} - \frac{C}{2A}(E_{zc} - E)^2$$

電気毛管現象を表す関係式 （13・4）

このようなグラフは**電気毛管曲線**[1309]（electrocapillary curve）とよばれ，水銀と 100 mM NaF 水溶液の界面など，多くの界面において放物線に近いことが実験的に見いだされている．図 13・2 において，電気毛管曲線の最大値を示す電位と表面張力の値は，(13・5)式に示すとおりである．

$$E_{zc} \approx -230 \text{ mV vs. SHE}, \quad \sigma_{zc} \approx 0.43 \text{ N m}^{-1}$$
$$(13\cdot 5)$$

以下に示すように，電極容量を測定する三つの異なる方法がある．すなわち，

(a) (13・3)式から明らかなように，電気毛管曲線を 2 階微分する．

(b) 電気的に，つまり 15 章で述べる交流法，あるいは精度は高くないが直流法を用いる．

(c) 電極電位 E を一定に保ったまま膨張する電極（滴が成長し，面積が増加する水銀電極）へ流れる電流を測定する．この方法では電荷密度 q は一定であるので，関係式(13・6)に従う[1310]．

$$I = \frac{d}{dt}Q = \frac{d}{dt}(qA) = q\frac{dA}{dt}$$
$$= \frac{C}{A}(E - E_{zc})\frac{dA}{dt} = C(E - E_{zc})\frac{d}{dt}\ln|A|$$
$$(13\cdot 6)$$

これら三つの方法から得られる結果は，ほぼ一致する．しかし，両方の伝導体，すなわち電子およびイオン伝導体が液体でない場合は，(b)のみが適用可能な方法である．

電気二重層容量は一般的に非理想的にふるまい，印加電圧依存性を示す．1 V の範囲で，2 倍あるいはそれ以上の変化は普通に見られる．このような場合には，容量の二つの尺度，すなわち，(13・7)式における**微分容量**（differential capacitance）と，(13・8)式における**積分容量**（integral capacitance）を区別する必要がある．

$$C(\text{微分}) = \frac{dQ}{dE} \quad (13\cdot 7)$$

$$C(\text{積分}) = \frac{Q(E)}{E - E_{zc}} = \frac{1}{E - E_{zc}}\int_{E_{zc}}^{E} C(\text{微分})\, dE$$
$$(13\cdot 8)$$

しかしながら，これまでの議論からすれば，より重要であるのは微分容量であり，以後，特に断わらない限り，容量

[1306] σ の代わりに，γ がしばしば使われる．空気｜水界面の表面張力は 0.07198 N m^{-1}（または J m^{-2}）である．
[1307] ガブリエル・ジョナス・リップマン（1845-1921），ルクセンブルグの物理学者で，フランスとドイツで研究を行った．1908 年，光干渉法の開発に対してノーベル賞が授与された．(13・2)式の誘導については，Web#1307 を参照せよ．
[1308] (13・4)式の 2 階微分を行うことで，(13・3)式が導かれることを確かめよ．Web#1308 参照せよ．
[1309] この名称は，毛細管内の液体のメニスカスの位置によって σ を測定する方法に由来する．
[1310] 水銀が一定速度で流れて図 13・1 の滴になるとすると $d(\ln|A|)/dt$ の項の値はどれくらいになるか？ Web#1310 参照．

といえば微分容量をさす.

おそらく最も高い電荷密度における場合を除いて，金属｜（電解質溶液）界面における電気二重層のヘルムホルツのモデルは，容量がバルク溶液中のイオン濃度や電極電位に依存しないことを意味する．ところが，実際には，これら二つの依存性が観察されており，別のモデル，すなわち**グイ-チャップマンのモデル**[1311]（Gouy-Chapmann model）によってこれらの影響を予測できる．このモデルでは，電気二重層を構成する電極上の電荷を中和する電解質溶液中の対イオンは界面と接しているのではなく，**拡散領域**[1312]（diffuse zone）全体にわたって分布することを前提としている．ポアソン式（4ページ参照）およびボルツマンの分布則（20ページ参照）による取扱いは，デバイ-ヒュッケルのモデル（2・5 節参照）にきわめて類似しているが，デバイ-ヒュッケルのモデルよりも以前に報告されている．これら二つのモデルでは，イオンの分布は，系のエネルギーがより低くなろうとする性質と，エントロピーの増大によって無秩序な方向へ進むという性質との兼ね合いによって決まることを示している．

正負の 1 価イオンからなる電解質に対して，(1・14)式の**ポアソン式**（Poisson's equation）によって，局所電位 ϕ の距離による 2 階微分量と局所電荷密度 ρ，すなわちカチオンとアニオンの濃度差を，以下のように関係付けることができる．

$$\frac{d^2\phi}{dx^2} = \frac{-\rho(x)}{\varepsilon} = \frac{-F}{\varepsilon}[c_C(x) - c_A(x)]$$

ポアソン式　(13・9)

電気的中性の原理によって，溶液中の正味の全電荷は，電子伝導体上の電荷に大きさが等しく反対の符号であり，次式で表される．

$$F\int_0^\infty [c_C(x) - c_A(x)]dx = -q \quad (13\cdot 10)$$

ここで，x は界面からバルク溶液内へ向う一次元の座標軸を示す．(13・9)式を積分した結果と(13・10)式を比較すると，溶液界面での電場は次式で示されることがわかる．

$$-\left(\frac{d\phi}{dx}\right)^s = \frac{q}{\varepsilon} \quad \text{溶液界面での電場} \quad (13\cdot 11)$$

電子伝導体表面上の電荷密度 q が正であるとき，拡散領域におけるアニオンの数はカチオンの数を上回ることになる．それゆえ，バルク溶液内での電位に比較して，界面電位はより正の電位になる．

(2・26)式のボルツマンの分布則は，溶液中の二つの場所におけるイオンの平衡濃度と，一方の場所から他方へイオンを運ぶのに要する仕事を結び付けている．出発点の位置を距離 x とし，ここから電位 ϕ がゼロと定義されている"無限遠"まで運ぶ．このとき，ボルツマンの分布則より，

$$\frac{c_i(\infty)}{c_i(x)} = \exp\left\{\frac{-N_A}{RT}w_i^{x\to\infty}\right\} = \exp\left\{\frac{-N_A}{RT}(-z_iQ_0\phi(x))\right\}$$

$$= \exp\left\{\frac{z_iF}{RT}\phi(x)\right\}$$

(13・12)

となる．(13・9)式，(13・11)式および(13・12)式から，グイ-チャップマンのモデルでは，電気二重層の容量が(13・13)式によって表されることを示している．

$$\frac{C_{GC}}{A} = \sqrt{\frac{2F^2\varepsilon c}{RT}}\cosh\left\{\frac{F}{2RT}(E - E_{zc})\right\}$$

グイ-チャップマンのモデル　(13・13)

この式の厳密な誘導は，ほかで示す[1313]．

グイ-チャップマンのモデルは，一般的現象として観察されるように，バルク溶液中のイオン濃度が高くなると，容量が増加することを示している．容量がゼロ電荷電位において最小値をとり，電位に対して懸垂線形[1314]に依存することを予測している．このことは図 13・3 の緑色の曲線で示すとおりであり，実験的にそのような最小値が観察されている．しかしながら，E_{zc} から離れた電位においては，(13・13)式から予測される容量の値は，実際に測定される値を大きく超える．

シュテルン[1315]（Stern）は，ヘルムホルツおよびグイ-チャップマンの二つのモデルを融合することで，実験で求めた容量の結果を説明できるとした．つまり，電極界面近傍にある**コンパクト層**[1316]（compact layer）には電極表面の電荷とは反対符号の対イオンが存在し，その外側の拡散領域にも対イオンが存在する．シュテルンのモデルでは，全体の容量[158]は二つの領域における容量が直列に結合し

1311) ルイス・ジョルジュ・グイ（1854-1924），フランスの物理化学者．デビッド・レオナルド・チャップマン（1869-1958），イギリスの物理化学者．グイはアニオンとカチオンのイオン濃度が等しい NaF や MgSO$_4$ などの溶液だけでなく，K$_2$CO$_3$ あるいは CaCl$_2$ のように比が 2：1 の場合における，より難しい問題にも取組んだ．チャップマンによる再考察は，前者の場合に限定された．

1312) "diffuse" という言葉は，"spread out（散らばる）" あるいは "dispersed（分散された）" を意味している．二つの言葉の語源は共通しているが，この形容詞（diffuse）は，ここでは，特定の分散（dispersion）機構を表す動詞の "diffuse" とはまったく関係ない．

1313) Web #1313 を参照せよ．その誘導は $z_C=1$，$z_A=-1$ の場合に限定されているが，他の場合も誘導は容易である．

1314) 重力で垂れ下がったロープや鎖は，懸垂線形をしており，これは双曲線余弦関数で表される．

1315) オットー・シュテルン（1889-1969），ドイツの物理学者．1933 年にアメリカ合衆国へ移住した．1943 年に分子線に関する研究に対してノーベル賞が授与された．

1316) **ヘルムホルツ層**あるいは**シュテルン層**としても知られている．

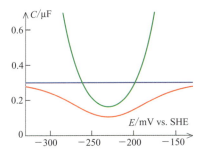

図 13・3 三つの二重層モデル, すなわち, ヘルムホルツ, グイ-チャップマンおよびシュテルンのモデルに基づいて描かれた電位に対する容量の関係を示す曲線. 計算に当たっては, 以下のパラメータを使用した. $T=T°$, $c=10$ mM, $x_H=0.2$ nm, $\varepsilon_H=6\times10^{-11}$ F m^{-1}, $\varepsilon=7\times10^{-10}$ F m^{-1}, $A=1$ mm^2, $E_{zc}=-230$ mV vs. SHE

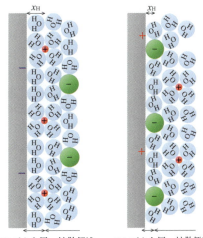

図 13・4 電子伝導体が負に(左図)および正に(右図)荷電したときの二重層界面領域の構造を示す模式図. 拡散領域はほんの一部が描かれている.

たものとみなされ, 次式から計算できる.

$$\frac{1}{C_S} = \frac{1}{C_H} + \frac{1}{C_{GC}} = \frac{x_H}{A\varepsilon_H} + \frac{\sqrt{RT/2F^2\varepsilon c}}{A\cosh\{F(E-E_{zc})/RT\}}$$

シュテルンのモデル (13・14)

図 13・3 の赤色の曲線はシュテルンのモデルによる予測を示している. 上式の二つの項における誘電率は, それぞれ異なる意味をもつ. 乱雑な拡散領域における誘電率 ε は, 純水の誘電率に近く, およそ $79\varepsilon_0$ である. 一方, ヘルムホルツ層における誘電率 ε_H は, 強い局所電場によって配向させられ, 狭い領域に閉じ込められた水とイオンの誘電率である. それゆえ, ここでの誘電率はとても低く, おそらく $5\varepsilon_0$ 程度になる. シュテルンのモデルによると, 図 13・4 に示すように, 容量が最小値を示すコンパクト層の厚さ x_H は, コンパクト層が水和されていないアニオンに占有された場合には, より狭くなり, 一方, 強く水和したカチオンによって占有された場合には, より広くなると考えられる.

つぎに, 電気二重層内で電気的パラメータがどのように変化するかを考えてみよう. つまり, 溶液中の電位 ϕ, 電場 X および電荷密度 ρ が電極からの距離に対してどのように依存するか. シュテルンのモデルに基づいて, これらの関係を明らかにするには, きわめて精巧な数学的手法が必要であるが, ここでは省略する[1317]. 図 13・5 にその結果の例を示した. この図から, 電位, 電場および電荷密度はいずれもバルク溶液内に向かって減衰し, やがてデバイの長さ (22 ページ参照) の約 2 倍以下で, それぞれバル

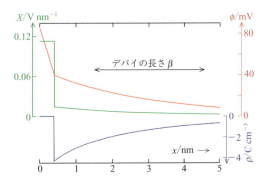

図 13・5 シュテルンのモデルに基づいて描かれた電位, 電場および電荷密度プロフィール. 電荷密度 10.0 mC m^{-2} で正に荷電した電子伝導体が 25.0 ℃ で 10.0 mM の 1 価イオンの水溶液に浸されている. 0.400 nm の厚さのコンパクト層において $\varepsilon_H=10.0\varepsilon_0$ であることを除いて, 溶液の誘電率を $\varepsilon=78.54\varepsilon_0$ と仮定している.

ク溶液内における値に近づくことがわかる.

後述する吸着によりひき起こされる効果を考慮するにはより入念な取扱いが必要になるが, 水銀と無機イオンの水溶液界面の容量測定や他の実験より, シュテルンのモデルは二重層構造の本質を捉えているといえる. このモデルは水銀 | 水溶液界面の理解には役立つが, 現状の理論は, 定量的な予測ができるレベルには程遠い. 電極界面の容量やその他の物理量は測定に頼らなければならず, 計算からは信頼するに足る値は得られない. 悲しいかな, 水溶液と固体金属の界面に関してはもっとよくわかっておらず, この

[1317] 詳しくは Web #1317 を参照せよ. ここでは, ϕ, X および ρ のプロフィールだけでなく c_A および c_C のプロフィールも導かれている. 図 13・5 に示されている条件下でのイオンの濃度プロフィールを示す図を描け.

ことは非水溶液やイオン液体中の電極についても同様である．

13・2　吸着：界面への影響

　吸着は，液体｜気体界面，固体｜気体界面あるいは液体｜液体界面でも起こるが，ここでは，電極として機能する固体｜イオン性溶液や，水銀｜イオン性溶液の界面に限定して注目する．分子性またはイオン性の溶質 i が，電極表面に存在するほうが溶液中に溶けているよりも低いエネルギーをもつとき，i はそうした場所を一時的に，あるいは恒久的に占有しやすくなる．この現象は **吸着**[1318] (adsorption) とよばれる．一方，溶質がかなり溶存しやすい状態では，溶質は表面領域へ多少近づきにくくなる．この場合は"負の吸着"とよばれる．

　吸着の研究は，前節で示した理由から，主に水銀電極で行われてきた．多くのイオン，特にアニオン[1319] は電極界面に吸着し，電気二重層のヘルムホルツ層を構成する．たとえば，臭化カリウム水溶液と水銀電極の界面において，臭化物イオンが吸着し，その結果，水銀電極のゼロ電荷電位においてさえもヘルムホルツ層内に臭化物イオンが存在する．これにより，対イオンであるカリウムカチオン K^+ は，余分な Br^- 臭化物アニオンとともに拡散領域へ押しやられる．電気毛管曲線の極大値は，下図に示すように負電位方向へ移動する．

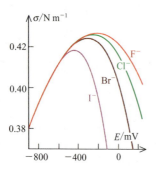

　中性分子，特に有機分子は，一般にゼロ電荷電位を含むある電位範囲において吸着する．そのような分子には，例として図 13・6 に示すように，二通りの効果がある．一つは，ある電位範囲にわたり微分容量[1320] を小さくする．なぜならば，ヘルムホルツ層の一部分がより低い誘電率をもたらす大きな分子によって置き換えられるからである．

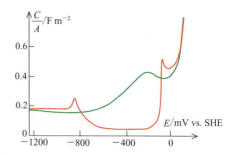

図 13・6　10 mM ペンタノールの 存在下 および 非存在下 における水銀｜1000 mM 塩化カリウム水溶液界面に対して交流法により得られた容量-電位のグラフ．この曲線から，−0.1 V から −0.7 V までの電位範囲でペンタノール分子 $CH_3(CH_2)_4OH$ の強い吸着が起こることがわかる．この測定（テンサメトリーという交流測定法）に用いる周波数において，より低い周波数の場合，観察された鋭いピークの高さがより高くなる．一方，高い周波数では，鋭いピークは消滅する．これは，電場の変化が吸着/脱着平衡の速さをしのぐためである．

もう一つは，吸着領域の両端の電位において，ときに劇的な容量の増加を示す．それは，電位の小さな変化が，このような境界領域における電気二重層の構造に大きな変化をもたらすからである．正負両極端の電位においては，吸着分子は脱着し，強いクーロン力によって界面へ誘導されるイオンのための空間を与える．

　二次元表面上では，三次元空間における自由な状態に比べ，より規則的な状態で存在する．それゆえ，溶質の吸着はエネルギー的には有利であっても，エントロピー的には有利ではない．一般に，溶けている溶質と吸着している溶質との間に平衡が成り立つ．

$$i(soln) \rightleftarrows i(ads) \qquad (13 \cdot 15)$$

このような平衡は，平衡定数（長さの単位をもつ）によって記述される．

$$\frac{\Gamma_i}{c_i} = K' \qquad (13 \cdot 16)$$

ここで，Γ_i は吸着種 i の表面濃度（mol cm^{-2}）を表す．しかしながら，吸着の程度は，一般的には i の占有する表面の分率 θ_i（被覆率という）によって示される．θ_i と c_i の間の関係は **吸着等温式**（adsorption isotherm）[1321] とよばれ，この関係を用いると，(13・16)式はつぎのようになる．

[1318] "特異吸着"という言葉がよく使われる．しかし，その形容詞は余分な（くどい）印象を与える．もし，電気的な力によって電極界面に運ばれたイオンを"吸着している"とみなさなければ，われわれはそうみるのだが，すべての吸着は特異的なものとなる．

[1319] OH^-(aq) や F^-(aq) を除くすべてのアニオンは水銀電極界面にある程度吸着する．一方，無機カチオンは Tl^+(aq) を除いて吸着しないことが知られている．

[1320] C/A の平均的な値はおよそ 0.3 F m^{-2} であることに注目せよ．半径 1.8 mm のディスク電極の界面容量はおよそ 3 μF となる．この値は，本書でさまざまな計算に使用する典型的な C の値である．

[1321] "isotherm"という語句は，吸着の度合いが温度や圧力の関数として測定される気体の吸着の研究に由来する．吸着実験は圧力だけを変え，一定温度で行われたので，θ_i と c_i の関係は"等温式"とよばれた．

13・2 吸着：界面への影響

$$\theta_i = Bc_i \quad \text{ヘンリーの吸着等温式}^{1322)} \quad (13 \cdot 17)$$

この式は θ_i が小さな値であれば，広く適用可能である．ここで，B は**吸着係数** (adsorption coefficient) として知られている．被覆率が増加すると，吸着種は互いに反発して相互作用し，被覆率は溶質の濃度に比例しなくなる．**単分子膜** (unimolecular film) が形成されるような一般的な場合，吸着の程度に限界がある場合，c_i の値が高ければ，θ_i は 1 に近づく．多くの吸着等温式が提唱され，この挙動を述べている．そのなかで最も単純なものは，ラングミュア (Langmuir) の吸着等温式である．

$$\frac{1}{\theta_i} = 1 + \frac{1}{Bc_i} \quad \text{ラングミュアの吸着等温式}^{1323)} \quad (13 \cdot 18)$$

ほかに，フルムキン (Frumukin) やテムキン (Temkim) など，他の吸着等温式

$$\frac{\theta_i}{1-\theta_i}\exp\{g\theta_i\} = Bc_i \quad \text{フルムキンの吸着等温式}^{1324)} \quad (13 \cdot 19)$$

$$\theta_i = \alpha \ln\{Bc_i\} \quad \text{テムキンの吸着等温式}^{1324)} \quad (13 \cdot 20)$$

では，溶質に対してさまざまな程度の親和性を有するサイトのある界面を扱うためのパラメータが加わっている．

一つの吸着種が存在すれば，そのつぎに吸着できるスペースが制限される．特に単純な場合として，電極上に単分子膜として強く吸着した化学種が，電極活性で電子交換反応を起こし，強く吸着する別の化学種が生じる場合を考えよう．

$$R^{z_R}(ads) \rightleftarrows e^- + O^{z_O}(ads) \quad (13 \cdot 21)$$

このような電極過程を**表面に固定された反応** (surface-confined reaction) とよぶ．R と O のどちらか一方がイオンの状態で存在するが，両方がイオンである場合もある．吸着サイトの表面濃度（mol m^{-2}）を表す量 Γ_{max} は，どのような単分子膜にも関連する．ここで示す単分子膜の実際の電荷密度は，(13・22)式で表される．

$$\begin{aligned} q &= \Gamma_{max}F[z_R\theta_R + z_O\theta_O] \\ &= \Gamma_{max}F[z_R\theta_R + (z_R+1)(1-\theta_R)] \\ &= \Gamma_{max}F[z_R + 1 - \theta_R] \end{aligned} \quad (13 \cdot 22)$$

単分子膜の組成は，ファラデー電流が流れると変わる．ファラデー電流は，(13・23)式で表される．

$$I = Ai = \frac{dq}{dt} = -\Gamma_{max}AF\frac{d\theta_R}{dt} \quad (13 \cdot 23)$$

静止した系のほとんどの場合に，そしておそらく過渡状態の場合にも，ネルンストの法則を適用できる．(6・20)式から，電極電位は (13・24)式で表される．

$$E = E^\circ + \frac{RT}{F}\ln\left\{\frac{a_O}{a_R}\right\} \quad \text{ネルンストの法則} \quad (13 \cdot 24)$$

さらに，(2・15)式に示した近似を適用して活量を被覆率 θ で表せば，(13・24)式は (13・25)式となる．

$$E = E^\circ + \frac{RT}{F}\ln\left\{\frac{\theta_O}{\theta_R}\right\} = E^\circ + \frac{RT}{F}\ln\left\{\frac{1-\theta_R}{\theta_R}\right\} \quad (13 \cdot 25)$$

(13・25)式の右辺第 2 項（対数項）は，電極表面全体が同じ大きさの還元体 (ads) および酸化体 (ads) からなる単分子膜で覆われていることを示している．(13・25)式を変形すると (13・26)式になる．

$$\begin{aligned} \theta_R &= \frac{1}{1+\exp\{F(E-E^\circ)/RT\}} \\ &= \frac{1}{2} - \frac{1}{2}\tanh\left\{\frac{F}{2RT}(E-E^\circ)\right\} \end{aligned} \quad \text{被覆率} \quad (13 \cdot 26)$$

このような酸化還元系からどのようなボルタモグラムが得られるだろうか？ ここでは，いずれの電極活性種も物質輸送$^{1325)}$ の必要がない場合のボルタンメトリーにおける特徴を見ていくことにする．すべての吸着種が還元状態にあるような十分に負の初期電極電位から正方向へ速度 v で電位走査される線形走査ボルタンメトリー（184 ページ）を考えよう．このとき，(13・26)式は (13・27)式として表される．

$$\theta_R = \frac{1}{2} - \frac{1}{2}\tanh\left\{\frac{F}{2RT}(E_{initial} + vt - E^\circ)\right\}$$
$$\text{可逆な線形走査} \quad (13 \cdot 27)$$

この式は吸着種 R による電極の被覆率を表しているが，(13・23)式から，その微分量はファラデー電流密度に比例することがわかる．よって，以下の式に展開される．

$$\begin{aligned} I &= -FA\Gamma_{max}\frac{d}{dt}\left[\frac{1}{2}-\frac{1}{2}\tanh\left\{\frac{F}{2RT}(E_{initial}+vt-E^\circ)\right\}\right] \\ &= \frac{F^2A\Gamma_{max}v}{4RT}\text{sech}^2\left\{\frac{F}{2RT}(E_{initial}+vt-E^\circ)\right\} \\ &= \frac{F^2A\Gamma_{max}v}{4RT}\text{sech}^2\left\{\frac{F}{2RT}(E-E^\circ)\right\} \end{aligned} \quad (13 \cdot 28)$$

ここで，(12・45)式から，sech$^2\{F(E-E^\circ)/2RT\}$ 項が，図 12・13 に示されている可逆なピーク状の電流-電位曲線を表していることを思い起こすだろう．こうして，ボルタモグラムは (13・29)式によって表される．

1322) 気体の溶解度に関するヘンリーの法則との類似によりそのようによばれている．ウィリアム・ヘンリー (1775-1836)，イギリスの物理学者で化学者．

1323) アーヴィング・ラングミュア (1881-1957)，多彩な才能を示したアメリカ合衆国の科学者．単分子膜に関する研究に対して 1932 年にノーベル賞が贈られた．

1324) アレクサンダー・ナウモヴィチ・フルムキン (1895-1976) 年，卓越したロシアの電気化学者．彼の同僚であるミハイル・イサコヴィチ・テムキン (1908-1991) は，ロシアの物理化学者．

1325) もちろん，対イオンの輸送は必要であるが，それらは一般に過剰に存在するので，分極は起こらない．

$$I = \frac{F^2 A v \Gamma_{\max}}{4RT} \operatorname{sech}^2\left\{\frac{F}{2RT}(E - E_{\text{peak}})\right\}$$

可逆系の表面吸着種に対する線形走査ボルタンメトリー　　　(13・29)

もちろん，この場合も電極反応の可逆性の程度によってボルタモグラムが変化する．実際のボルタモグラムの例を図13・7に示した．

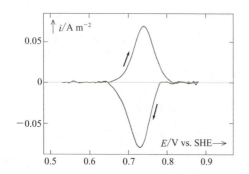

図 13・7 シトクロム c ペルオキシダーゼ[1326]の酸化反応，すなわち表面吸着種反応に対して得られた線形走査ボルタモグラム．データは電位走査速度 20 mV s^{-1} でリン酸緩衝液中におけるグラファイト電極上に単分子層相当量に吸着した酵素に対して得られた．図はファラデー電流のみのボルタモグラムである．大きな非ファラデー電流は差し引かれ，補正されている．

吸着は，多くの電極反応，たとえば 42 ページで議論した反応における重要な前駆体，あるいは構成成分となる．また，11 章で述べた防食膜のように，さまざまな反応が起こるのを阻止する役割もある．反応機構に関与する吸着種はボルタンメトリーに影響を与える．次節では，界面の性質がボルタンメトリーに影響するその他の例について議論する．

13・3 ボルタンメトリーに対する界面の影響：非ファラデー電流とフルムキン効果

前節における表面吸着種のボルタンメトリーの考察では，I は反応(13・21)から生じるファラデー電流を表していた．しかしながら，電極電位が変化しているので，電気二重層容量を充電するための電流も絶えず流れている．電位が線形走査される他の測定と同様に，この場合の**非ファラデー電流**（nonfaradaic current），すなわち**充電電流**（charging current）の大きさは，(13・30)式で与えられる．

$$I_{\text{nf}} = \frac{dQ}{dt} = \frac{dQ}{dE}\frac{dE}{dt} = Cv \quad \text{電位走査時の充電電流}$$
(13・30)

ここで，v は電位走査速度（単位 V s^{-1}）を，そして C は作用電極の（微分）容量を表す．この非ファラデー電流は単純にファラデー電流 I に加わり[1327]，実際に測定されるのは，(13・31)式に示す電流の和のみである．

$$I_{\text{meas}} = I + I_{\text{nf}}$$
(13・31)

これは，常に過渡応答ボルタンメトリーにおける大きな問題となっている．ボルタンメトリーにおける興味は，おもに電位変化に依存したファラデー電流の大きさにある．しかしながら，電位を変化させれば，必ず望まない非ファラデー電流が流れる．

残念ながら，電気二重層の微分容量は決して一定ではない．"理想的な挙動"を示す界面である水溶液｜水銀電極界面の場合について，図13・6中の緑色の曲線が示すとおりである．界面を横切って流れる容量電流に加え，ボルタンメトリーの興味の対象となる化学種の関与しない不均一化学反応による余分な電流がしばしば観察される．これらは，電位変化の際にちょっとした過渡電流を与えるので，容量のようにふるまうことになる．そのような反応は，実際に存在するが，一般には"ファラデー"反応に分類されない．これらは，いわゆる**バックグラウンド電流**（background current）の一部をなす．バックグラウンド電流とは，いかなる溶存反応種も存在しない場合に，電極を通じて流れる電流を意味する．下記に，電気二重層容量以外のバックグラウンド電流に寄与するその他の四つの要因を示す．

測定される電流 {
　電解質溶液に加えた酸化還元種によるファラデー電流
　バックグラウンド電流 {
　　容量（非ファラデー）電流
　　溶媒，電解質および/あるいは電極から生じる電流
　　膜の生成に関係する電流
　　吸着種から生じる電流
　　不純物（たとえば，O$_2$）から生じるファラデー電流
　}
}

図 13・6 では，"容量"に帰属しているが，電流-電位曲線における右端の急な立ち上がり電流は，Hg$_2$Cl$_2$ を生成するほんのわずかな酸化反応[1328]によると考えられる．バックグラウンド電流へのこのような寄与は，分極"窓"の両端に近いところで起こる（70, 71 ページ）．酸化膜の生成や吸着種による電流は，図 13・8 の場合には区別できる．この図は白金多結晶電極が 0.0 V から 1.5 V まで，そして逆方向に 0.0 V まで，ゆっくり分極したときに得られた電流-電位曲線を示している．正方向の電位走査において約 0.3 V から 0.7 V までの狭い範囲において，全体として電

1326) シトクロム c は，ミトコンドリア内で働く電子伝達タンパク質であり，ヘムグループ内に存在する鉄原子の酸化状態を変化させる．シトクロム c ペルオキシダーゼはシトクロム c の構造をもつ酵素で，過酸化水素を水へ還元することができる．
1327) 非ファラデー電流がファラデー反応によって変化しないとは必ずしもいえない．
1328) この反応の反応式を書け．または，Web #1328 を参照せよ．

気二重層の充電のための小さな電流が観察され，白金は完全分極性電極としてふるまう．この領域より正の電位では，(13・32)式に示す反応による電流が観察される．

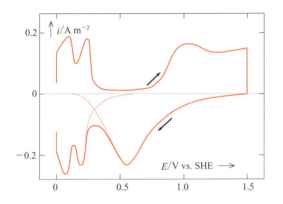

図 13・8 硫酸酸性溶液中の白金電極に対して 0.0 V から 1.5 V までの電位範囲においてゆっくりとした電位走査速度で線形三角波が印加された際に得られる電流-電位曲線．図は単に模式的に示したものであり，厳密には，曲線は，電位走査速度，溶液の酸の濃度，折り返し電位，また，特に白金の冶金学的および電気化学的前処理に依存する．

$$Pt(s) + 3H_2O(l) \rightarrow 2e^- + PtO(s) + 2H_3O^+(aq) \tag{13・32}$$

電位の走査方向を 1.5 V で反転した後[1329]，還元電流が徐々に観察される．これは，反応(13・32)の逆反応による酸化膜の還元による．0.6 V の還元ピークの出現は，電位が負になるにつれて酸化膜の還元速度が増加することと，酸化膜の量が減少することが拮抗していることを示す．ほとんどの PtO は 0.3 V までで失われるが，新たな還元反応

$$H_3O^+(aq) + e^- \rightarrow H(ads) + H_2O(l) \tag{13・33}$$

による水素原子の吸着が起こる．0.0 V での電位反転後，水素原子 H(ads) は再び酸化される．0.0 V～0.3 V の電位範囲に観察される酸化電流と還元電流がほぼ鏡像関係にあることに注意しよう．これは (13・33) 式の反応が可逆的にふるまうことを示している．対照的に，PtO ピークの大きな分離は，(13・32) 式の反応の非可逆性がかなり高いことを意味している．実験が単結晶の白金を用いて行われた場合には，一対の吸着ピーク[1330]のみが現れる．これは，多結晶の白金を用いた場合には，異なる結晶面ごとに由来する一対のピークが現れることを強く示唆している．

白金電極上での H(ads) や PtO(s) の生成は，ファラデー過程を起こす妨げとはならない．実際，そのような層の存在は，なぜある"不活性な"金属が，他の金属ではか

なりの電位を要する特別な電極反応を容易に起こせるのかを説明するのに大いに役に立つ．このような違いは，4章で述べた**電極触媒**（electrocatalysis）における現象と関連する．

過渡応答ボルタンメトリーを計画し，実行するうえで，邪魔な"バックグラウンド"によるファラデー"シグナル"の妨害を軽減すること，あるいは少なくとも妨害の大きさを認識することに，かなりの労力が注がれている．これには，電気二重層容量 C の一つあるいは複数の値を測定する場合もあれば，測定しない場合もある．この問題の解決を目指すなかで，さまざまな状況において進展してきた方策を以下にあげる．

(a) 測定された，あるいは見積もられた C の値から求めた定数 Cv を電流から単純に差し引く．これは，何もしないよりは良いが，電気二重層容量が電位に依存しないと仮定しており，それはまれである．

(b) "ブランク"測定を，それぞれのボルタンメトリーごとに，電極活性種が存在しない以外，まったく同様に行う．$I = I_{meas} - I_{blank}$ と仮定し，電流の一点一点を求める．これは一般的な方法で，かなり有用である．しかしながら，ブランク測定は完全分極性電極を用いて，実際の測定とはかなり異なる条件で行われる．それゆえ，異なる化学種がさまざまな濃度で存在するときには，これらが組成に，それゆえ電気二重層の容量におそらく影響を与えるだろう．

(c) しばしば，ボルタモグラムの中には，ファラデー過程が起こらないと考えられる少なくとも一つの領域がある．それゆえ，この領域でのわずかな電流は純粋に非ファラデー電流であり，ファラデー活性な領域へ外挿（または内挿）することができる．これによって電流を差し引くための基準が与えられる．バックグランド電流の寄与がかなりあるファラデー電流の例を図 13・9 に示す．驚くべきことに，図 13・7 に示したボルタモグラムは，ここで述べた方法で図 13・9 のボルタモグラムから抽出されたものである．もちろん，内挿法は表面吸着種の反応に限定されずに利用できる．

(d) (13・29) 式と (13・30) 式の比較から，表面吸着種のボルタンメトリーにおいて，I と I_{nf} がともに電位走査速度 v に比例することがわかる．しかしながら，より一般的には，ファラデー電流は電位走査速度の平方根に比例する（185ページ）．このとき，電位走査速度をより小さくすると充電電流による妨害を軽減することができる．しかしながら，どのくらい電位走査速度を小さくするかについては，他の条件によって限定される．かなり遅い走査速度の

1329) 初期電位および折り返し（反転）電位は，酸素ガスおよび水素ガスの発生を避けるため，"電位窓"内にあるように選ぶ．
1330) 実際，約 0.25 V に現れるピークは Pt(100) 面に相当し，一方，約 0.10 V に現れるピークは Pt(110) 面に由来する．"100" および "110" はミラー指数を表す（詳しくは，結晶学の教科書を参照せよ）．

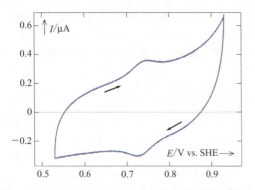

図 13・9 バックグランド電流の影響を強く受けた場合のファラデー電流を示すボルタモグラム

場合については，12 章の準定常状態ボルタンメトリーが思い起こされる．この場合は実際に，非ファラデー電流を無視することができる．

(e) 異なる電位走査速度で，2 回あるいはそれ以上のボルタモグラムを測定し，I と I_{nf} の電位走査速度に対する依存性の違いを利用する．異なる二つの電位走査速度に対して，(13・34) 式が成り立ち[1331]，それぞれの電流が求められる．

$$(I)_1 = \frac{v_2(I_{meas})_1 - v_1(I_{meas})_2}{v_2 - \sqrt{v_1 v_2}}$$

および (13・34)

$$(I_{nf})_1 = \frac{v_1(I_{meas})_2 - \sqrt{v_1 v_2}(I_{meas})_1}{v_2 - \sqrt{v_1 v_2}}$$

このような式の使用は，ボルタモグラムの形ではなく高さのみ，そして非ファラデー電流が電位走査速度に影響されるという仮定に基づいている．このような方法は，可逆なボルタモグラムに適用できるが，準可逆なボルタモグラムの電流立ち上がり部分へは適用できない．

(f) (e) と同様な方法および条件において，ファラデー電流は電極活性種のバルク溶液中の濃度に比例し，一方，充電電流は電極活性種の濃度に無関係であると期待できることから，電極活性種の異なる溶液濃度でのボルタモグラムを測定することで検討することができる．2 種類の濃度[1332]に対して補正すると，(13・35) 式となる．

$$(I)_1 = \frac{c_1^b[(I_{meas})_2 - (I_{meas})_1]}{c_2^b - c_1^b}$$

および (13・35)

$$(I_{nf})_1 = \frac{c_2^b(I_{meas})_1 - c_1^b(I_{meas})_2}{c_2^b - c_1^b}$$

(g) 交流ボルタンメトリー（15・4 節参照）により，ファラデー電流と非ファラデー電流に対する異なる位相変位が観察され，これが充電電流を除く手段となる．正味の交流電流は，下図に示すような等価回路によって解析される．この等価回路において，R_u は非補償抵抗を表す（113 ページ参照）．主な手法が直流法である場合にも，しばしば交流測定を補助的に用いて，C と R_u の値が見積もられている．

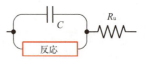

(h) 大きな振幅の交流ボルタンメトリー（15・5 節参照）において，容量は 2 次およびより高次の高調波へは寄与しない．

(i) サイクリックボルタンメトリー（16・4 節参照）において，順方向と逆方向への電位走査で得られた電流を一点一点ごと加算することで非ファラデー電流成分が正確に除かれる．結果として得られる正味のファラデー電流（図の，赤い曲線）を，珍しいやり方ではあるが，理論曲線を用いて同様に二つ足し合わせたものと比較する．

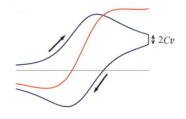

(j) サイクリックボルタンメトリーにおいてあまり抜本的ではないが，二重層容量を評価するために反転電位で起こる，$2Cv$ に相当する電流降下を用いる（例として図 13・8 参照）．非補償抵抗があると，しばしば，本来生じる鋭い電流降下が起こらなくなる．

(k) 傾斜電位を，多くの（急峻な）ステップ状に変化する階段波によって置き換える．さらに連続的ではなく，つぎの電位ステップまでの短い時間間隔において，すなわち先行ステップの後のほぼ Δt_{step} の後にすばやく電流を計測する．ここで，Δt_{step} と ΔE_{step} はそれぞれ階段波の"平坦"部分と"立ち上がり"部分（ちょうど階段の踏み板と蹴込み）にあたる．$\Delta E_{step}/\Delta t_{step}$ は電位走査の速度 v と等しいとみなせる．ここでの目的は電位が変化しない時間を得ることにある．そうすれば，その間に非ファラデー電流は無視できる値まで減衰する．導関数 dE/dt は，電位ステップがキャパシタへ印加されている間は理論的に無限で

1331) これらの方程式を誘導せよ．Web#1331 を参照．また，多くの異なる電位走査速度で測定が行われた場合どうすればよいか考察せよ．

1332) いくつかの濃度で測定が行われた場合，非ファラデー電流を除去するにはどうしたらよいだろうか？ Web#1332 を参照せよ．

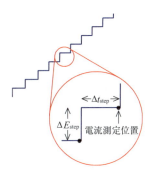

あり，それゆえ（13・30）式は，瞬間的で無限な充電電流を予測している．もちろん，セルには常にいくらかの非補償抵抗が存在するので，部分的にあるにしても，決して無限の電流が観察されるわけではない．前ページに示した回路で明らかなように，非ファラデー電流は1・5節で述べたように，キャパシタと抵抗の直列接続を通して流れる．過渡的測定での電流の非ファラデー成分は，（13・36）式のようになる[1333]．

$$I_{nf} = \frac{\Delta E_{step}}{R_u} \exp\left\{\frac{-\Delta t_{step}}{R_u C}\right\}$$

電位ステップに対する非ファラデー応答　　（13・36）

そして，この電流は，一般には等価な傾斜電位変化の実験で記録される非ファラデー電流よりもかなり小さくなる[1334]．非補償抵抗 R_u を減少させることは，電位ステップ直後の非ファラデー電流を増加させることになる．すなわち，より有効に**時定数**（time constant）$R_u C$ を減少させることになる．その結果，非ファラデー電流による妨害がすばやく消える．このことは，すでに113ページで述べられており，また，この節の後のほうで考察するように，R_u を可能な限り小さくすることが望ましい理由の一つである．もちろん，傾斜波を階段波で置き換えることは，ファラデー電流に間接的に影響する．しかし幸いにも，これらの影響はそれほど大きなものではない[1335]（181ページ参照）．

（l）　さまざまな種類のパルスボルタンメトリー（16・3節参照）が，階段状ボルタンメトリーに類似してファラデー電流と非ファラデー電流を区別するための方策を採用している．すなわち，電極電位は一定に保持され，非ファラデー電流がほとんどゼロに減衰するのに十分な時間が経過した後，わずかな時間に電流が測定される．

（m）　実験で得られるボルタモグラムは，本質的に非ファラデー電流成分を含んでいると考えるのが妥当である．見積もった容量の値[1336]，それに加えて見積もった非補償抵抗の値もボルタンメトリーの等価回路モデルへ組込む．こうすることで，ファラデー電流と非ファラデー電流からなるボルタモグラムの予測が可能となる．このような試みによる代償は，印加信号をあまりにも単純化しすぎるために，電流–電位曲線に対する理論的予測がもはや妥当でなくなることである．

（n）　未知の容量の値[1336]を等価回路モデルに組込む．すなわち，C は等価回路モデルのパラメータの一つとして扱われる．その他のパラメータには，速度定数，移動係数などがある．その後，多変量解析法を繰返し用いて，実験と等価回路モデルを比較することによって未知容量の値を見積もる．

ボルタンメトリーは，電位 E と電流 I との関係を探る手段である．しかしながら，二重層容量 C と非補償抵抗 R_u を無視して，電位と電流のいずれも直接測定することができないことを十分認識すべきである．ボルタンメトリーの測定電位は，図13・10に示した回路内のブラックボックス化された"反応"素子に印加される電位である．それは，（13・37）式によって実際の印加電圧に関係付けられる．実際の印加電圧はポテンショスタットの電圧計で測定される．

$$E = \Delta E_{appl} - E_{RE} - I_{meas} R_u$$

ボルタンメトリー測定時の電位　　（13・37）

ここで，I_{meas} は全電流で，ファラデー電流と非ファラデー電流の和であり，ポテンショスタットによって測定される．同様に，ボルタンメトリーで流れる電流は，ファラデー電流であり，ブラックボックス化された反応素子を通して流れる．測定される電流との関係は，（13・38）式となる．

$$I = I_{meas} - C\frac{dE}{dt} = I_{meas} - C\frac{d\Delta E_{appl}}{dt} + R_u C\frac{dI_{meas}}{dt}$$

ボルタンメトリー測定時の電流　　（13・38）

ボルタンメトリーにおいて，（13・37）式は非補償抵抗が確かな既知の値をもつ，あるいは無視できるならば，真の電極電位 E が安心して得られることを示している．同様に，（13・38）式は，非補償抵抗のためにファラデー電流を正確には決定できないこと示している．この問題は，非水

1333) この式は，ここでの目的に役立つ．しかし，複雑な因子である非補償抵抗を通じて流れるファラデー電流を無視しているので，正確ではない．

1334) Web #1334 にあるように，（13・36）式と（13・30）式を用いて，以下のパラメータ：$\Delta E_{step} = 3.0$ mV，$\Delta t_{step} = 30$ ms，$C = 3.0$ nF および $R_u = 10$ kΩ，5.0 kΩ，2.0 kΩ，1.0 kΩ，0.50 kΩ が与えられた実験における階段状電位変化と傾斜電位変化に対する非ファラデー電流を比較せよ．

1335) ΔE_{step} と Δt_{step} の比率を一定に保ちつつ，これらを減少させると，傾斜電位と階段状電位とのファラデー的な違いは次第に不明瞭になる．実際，傾斜電位を出力する多くの関数発生器では，非常に小さな電位増加（およそ0.1 mV）により階段状電位を発生させている．質の良くない装置ではより大きな ΔE_{step} 値を用いている．

1336) C がたった一つの値をとるとは限らない．モデルが電位依存性を示すような式を含む場合もある．

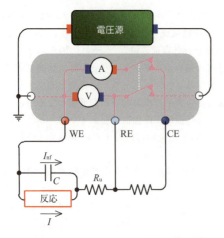
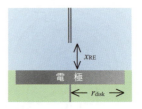

図 13・10 ファラデー素子を流れる電流 I およびその素子にかかる電圧 $E-E_{RE}$ はともに直接測ることはできない．ポテンショスタットの電流計は $I_{meas}=I+I_{nf}$ を測定し，一方，ポテンショスタットの電圧計は，印加電圧 $\Delta E_{appl}=E+E_{RE}+I_{meas}R_u$ を記録する．

溶媒を用いたときに特に切実であり，非水溶媒中では電気伝導率を水の場合のように容易には増加させることはできない．二重層容量の場合のように，**非補償抵抗**（uncompensated resistance）を測定する，あるいは減少させるいくつかの手法がある．

(a) 巧みに作製されたルギン管（113 ページ参照）を作用電極のごく近くに配置し，非補償抵抗を小さくするために使用する．

(b) R_u はセル溶液の電気伝導率 κ に反比例するので，実験の目的に合致した高い濃度の支持電解質を使用する．このとき，多くの有機溶媒において特有な問題が生じる．つまり，ほとんどの塩があまり大きな溶解度を示さないことである．

(c) 溶液の電気伝導率と作用電極に対する参照電極の位置関係を知ることで，R_u を計算できる[1337]．たとえば，(10・31) 式は大きな面積の作用電極に適用できる．一方 (13・39) 式はつぎの図に示した，ディスク状作用電極の中心の直上に配置した小さな参照電極 RE に対して適用できる[1338]．

$$R_u = \frac{\arctan |x_{RE}/r_{disk}|}{2\pi\kappa r_{disk}} \quad (13 \cdot 39)$$

(d) 作用電極の導線部分に抵抗を挿入すること，すなわち非補償抵抗へ既知抵抗を加えることが[1339]，有用な診断法となる．これは，問題への解を与えるわけではないが，得られるボルタモグラムに対してある抵抗がどれだけ深刻な影響を与えるかを知ることができる価値ある評価法となる．

(e) 交流法を用いて，直流電位を印加したセルのインピーダンスを測定する．周波数依存性の解析から R_u と C の両方を得ることができる（15 章）．この測定は，ボルタンメトリーとはまったく別の実験として行われるが，同じセルに対して静止条件で測定される．この実験では，非補償の溶液抵抗のみならず，電子伝導体に存在するその他すべての抵抗も測定することになる．

(f) **電流遮断法**（current-interruption）では，セルに流れる電流が突然遮断される．非補償抵抗に印加された電圧は瞬時にゼロへ降下する．しかし，その他の素子へ印加された電圧はすぐには変わらずそのままである[1340]．したがって，電圧における瞬時の降下の大きさ IR_u を見積もることができ，この値から非補償抵抗がわかる．しかしながら，吸着があると誤った値となりうる．

(g) フェロセンをサイクリックボルタンメトリーの内部標準（188 ページ参照）として使用するときには，R_u を測定する別の方法[1341]がある．

(h) R_u を知ることで，印加電位へ $I_{meas}R_u$ の値を加えるようにポテンショスタットの回路が調節され[1342]，結果としてオーム降下による損失を完全に補うことになる．しかしながら，このような**正のフィードバック**（positive feedback）手法は，概念的には実行可能であるが，必ずしもうまくいくわけではない．この方法で 100% の補正をしたとしても，補償電圧の加加と電流の測定との間に生じる非常に小さな時間の遅れが，ポテンショスタット回路を突然破壊的に発振させる．しかしながら，部分的な補償はむしろ効果的で，正のフィードバック手法はときに非補償抵抗を除くよりはむしろ改善するために使用される．しばしばこの手法は，試行錯誤的に使われる．すなわち，発振

1337) Web#1337 を参照せよ．
1338) 0.10 M KCl 水溶液中において，面積 1.0×10^{-5} m² のディスク電極の中心から 1.0 mm 離れた位置に参照電極が設置されたときの非補償抵抗が 34 Ω となることを示せ．Web#1338 参照．
1339) ポテンショスタットと作用電極をつなぐ導線に抵抗を接続する．
1340) その説明については，Web#1340 を参照せよ．
1341) 詳しくは Web#1341 を参照せよ．
1342) 用いた回路については，A.J.Bard, L.R.Faulkner, "Electrochemical Methods", 2nd edn, Wiley (2001), Section 15.6.3 を参照せよ．

が起こるまで抵抗の補償が加えられ，発振が起こったら回路の安定性が保てるまで加えた抵抗を戻すのである．

(i) 二重層容量（149 ページの (m) と (n) の手法）の場合のように，非補償抵抗が等価回路モデルの一つの構成成分として扱われ，多変量解析法によってそれらの値を見積もる．

界面構造がボルタンメトリーに関係するもう一つの事柄は，いわゆる**フルムキン効果**（Frumkin effect）である．この章の最初のほうでは，電気二重層に関する議論を完全分極した電極に基づいて行ったが，吸着がない場合，電極反応が起こっている間，電気二重層の構造は変化しないと信じる根拠はない．フルムキン[1324]は電気二重層の存在が電極反応速度論の伝統的な理論（7・2 節）を修正することになる二つの事柄を見いだした．これらの効果は，電子交換が起こる瞬間に，反応物が電気二重層内に存在するために生じる．良い目安がないため，反応サイトが電極表面から x_H の距離，すなわちヘルムホルツ層の幅だけ離れた位置にあると考える．

第一フルムキン効果は，反応サイトにおける反応物 R（還元体）の濃度への補正を意味する．これは平衡の効果であり，物質輸送とも反応速度論とも関係しない．ボルツマンの分布則から，反応サイトでの反応物の濃度は (13・40) 式となる．

$$c_R^H = c_R^b \exp\left\{\frac{-z_R F}{RT}\phi_H\right\}$$

第一フルムキン効果 (13・40)

ここでも，以前のようにバルク溶液における電位をゼロとする．反応物がアニオンならば，その濃度は高められる．なぜなら，ϕ_H は一般的に酸化反応において正であるからである．生成物 O（酸化体）の濃度[1343]も，(13・40) 式と同様な式に従う．

第二フルムキン効果は，電気二重層が電極反応速度論に影響することを扱っている．基本的なことであるが，電極電位を増加させると，つまり δE だけ電位を増加させると，なぜ 1 電子酸化反応を加速させるのかを思い起こそう．その理由は，ギブズエネルギーの障壁が $F\delta E$ だけ小さくなるためである．このことは，順方向の反応速度定数の対数項における $(1-\alpha)F\delta E/RT$ の増加とともに，逆方向の反応速度定数の対数項における $\alpha F\delta E/RT$ の減少となって現れる．これはバトラー–ボルマーのモデルからいえることである．しかしながら，フルムキンは反応物が x_H にあるとき，δE による増加分のほんの一部分が反応速度の増大に作用しており，残りは拡散二重層上で"浪費"

されることを明らかにした．たとえば，彼は (13・41) 式を仮定した．

$$\ln(k_{ox}) \propto \exp\left\{\frac{(1-\alpha)F}{RT}(E - \phi_H - E^\circ)\right\}$$

第二フルムキン効果 (13・41)

第二フルムキン効果の定量的影響については，他で述べる[1344]．

フルムキン効果の存在を支持する確かな証拠は，多価アニオンであるペルオキシ二硫酸イオンの非可逆な還元反応のボルタンメトリーによる研究から明らかである．

$$S_2O_8^{2-}(aq) + 2e^- \rightarrow 2SO_4^{2-}(aq) \quad (13・42)$$

支持電解質が低濃度で，E_{zc} の近傍から離れた電位範囲における条件では，電位がより負になるにつれて反応速度が実際に減少することが見いだされる．この驚くべき結果はフルムキン効果で説明できる．(13・40) 式によれば，x_H における 2 価アニオン[1345]の濃度は ϕ_H が 30 mV 負へ移動することで 10 倍減少する．このことは，増加する還元速度を打ち消すどころか減少させる．

フルムキン効果が真実であり，重要であることは疑う余地もない．にもかかわらず，電気化学者はバトラー–ボルマーの速度論に基づいて測定された速度論的パラメータ k° や α の"見かけ"の値から真の値を計算するために，適当な**電気二重層補正**（electric double-layer correction）を行うことはめったにない．この理由は，信頼ある補正を行うために必要なデータが水銀電極に対するもの以外に得られないことである．そして，水銀電極で速度論の実験が行われたときでさえも，その実験条件は電気二重層の研究に要求されるものとはめったに一致しない．高いイオン強度の溶液において，ϕ_H はより小さく，より一定になるので，以前述べたように（108 ページ参照），フルムキン効果は支持電解質の濃度を高くすることで小さくなる．

13・4 核生成と核成長：気泡と結晶

ほとんどの場合，電気化学過程は新しい相をつくりださない．例外は，(13・43) 式に示すように，析出する金属と異なる電子伝導体上で金属の結晶が生成する場合や，電極上で気泡が生成する場合である．

$$M^{z_M}(soln) + z_M e^- \rightarrow M(s) \quad (13・43)$$

この過程は二つの段階からなっている．すなわち，新しい相のもとになる微小な**核生成**（nucleation）過程と，ひき続き起こる巨視的な相への核の**成長**（growth）過程である．新しい相が結晶であり，(13・43) 式におけるように，電極表面において電気化学的に生成するとき，**結晶電析**

[1343] ヘルムホルツ面における電位が -5.9 mV であるとき，100 mM の塩化カルシウム溶液中でのヘルムホルツ面におけるイオン濃度を計算せよ．Web#1343 参照．
[1344] Web#1344 を参照せよ．
[1345] しかしながら，還元種が実際は $NaS_2O_8^-$(aq) のような 1 価に荷電したイオン対であるという証拠がある．

(electrocrystallization) という用語が使われる.

結晶電析は，過熱状態の液体の沸騰，過飽和状態の溶液からの沈殿，あるいは過冷却蒸気からの液滴生成といった現象と多くの共通点をもつ．これらすべての場合において，その過程は**準安定系**（metastable system）を含む．このような系では，かなり負のギブズエネルギー変化によって最終状態への進行は有利であるが，図 13・11 に示すように平衡に達する初期の段階でギブズエネルギー G の**増加**があるので，その過程の開始は困難である．最も一般的な例としては，炭酸飲料水における高圧状態からの開放によって生成する過飽和状態の二酸化炭素溶液があげられる．熱力学的には，$CO_2(soln) \rightarrow CO_2(g)$ の過程は容易に起こるはずであるが，この場合，溶液内でマイクロバブル（微小気泡）を形成する必要がある[1346]．気泡内の圧力は，

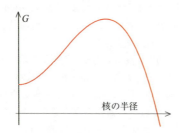

図 13・11 ギブズエネルギーの核の大きさへの依存性．実際にはこの図は過冷却された蒸気からの液体の生成を表しているが[1347]，同じ原理がすべての準安定系へ適用できる．

以下の式で議論できる．

$$\Delta p = \frac{2\sigma}{r_{\text{bubble}}} \quad \text{ラプラス[162] の気泡-圧力の関係式} \quad (13\cdot44)$$

ここで，σ は表面張力である．この式は気泡の半径が小さなときに[1348]，大きな圧力となることを予測する．このことは，小さな気泡は不安定で，その内部の気体は再溶解することを"欲している"．大きな気泡はいったん生成すれば安定であり，溶解している気体を取込んでどんどん大きくなる．一方，小さな気泡がそのまま存在し続けることがなければ，一体どのように成長するのだろうか？核生成を促進する欠陥や不純物が存在しない場合，ほとんど無制限に準安定性を維持する系もある[1349]．一方，炭酸飲料水の例では，ほとんどの場合，瓶の壁面上には十分な**核生成サイト**（nucleation site）が存在し，ほんの小さな気泡が自発的に成長できるサイズになることを促進する．これらの核生成サイトは適当な形をした欠陥であり，おそらく気体が飲料水との間に圧力によって誘起される曲がった境界をもたずに長く存在できる小さな穴のようなものである．

定量化するのは容易ではないが，同様な考察が結晶電析に対してもなされる．電極表面には，限られた数の核生成サイトが存在し，それらはしばしば電極材料における原子配列の欠陥（原子の充填状態が途切れた場所）である．さらには，期待どおりに，電極電位が負であるほど，核生成サイトはより有効に作用する．印加過電圧 η への核生成速度の依存性は，以下のような形の式に従うことが明らかとなっている．

$$(\text{核生成の速度}) \propto \exp\left\{\frac{-(\text{定数})}{\eta^2}\right\} \quad \text{核生成} \quad (13\cdot45)$$

そして，このような関係が成り立つことは，起こりにくい配置を自発的にとる統計的確率に関する考察から理論的に支持される．

電極上に面積 A の新しい相が生成し，二つの界面をつくるとしよう．そのうち一つは，電子伝導体と新しい結晶の間の界面（表面張力：σ_{ec}），そしてもう一つは，イオン伝導体と新しい結晶の間の界面（表面張力：σ_{ic}）である．一方で，新しい相の生成は，電子伝導体とイオン伝導体の間の既存の界面（表面張力：σ_{ei}）の一部分を破壊する．このような変化により生じる正味の表面ギブズエネルギーは，以下のように表される[1350]．

$$A(\sigma_{ec} + \sigma_{ic} - \sigma_{ei}) \quad (13\cdot46)$$

そして，このエネルギーは系のゼロポテンシャルを決定する通常の ΔG 項へ正または負の増加分を与える．

電解析出した結晶の核生成と成長に関する研究は，しばしば (13・43) 式のような反応の初期段階における電流の経時変化を解析することにより行われる．まず，一つの核が時間 $t=0$ で生成し，その後，物質輸送の障害がなく成長することを考えよう．成長が表面に沿って起こるならば，板状の析出物が生成し，円形の周辺の面積に比例した速度で堆積しながら成長するだろう．

$$I(t) = -z_M F c k (2\pi r h) \quad (13\cdot47)$$

ここで，c は $M^{z_M+}(soln)$ イオンの濃度，h は結晶層の厚さ，k は電位依存性の速度定数（単位：$m\,s^{-1}$）である．

1346) 勝利者が大喜びでシャンパンのビンを振り回すときのように，そうして核生成サイトとなるたくさんの小さな泡を生じさせる．

1347) 曲線は，0℃における水蒸気に対して，$G = 4\pi\sigma r^2 - (4\pi RT\rho/3M) r^3 \ln|p/p^\circ|$ に従う．ここで，M/ρ は液体の水のモル体積，p/p° はここでは 4.0 に等しいが，蒸気圧に対する一般的な圧力の比率である．G は液滴が形成されるその蒸気に対する滴のギブズエネルギーである．臨界核サイズに相当する曲線のピークにおいて，滴中にはおよそ 90 の水分子が存在する．

1348) **ラプラスの式および理想気体の法則 $pV = nRT$ に基づいて，気体分子 1000 個を含む水の気泡内の圧力を計算せよ．Web #1348 参照．**

1349) 超高純度の液体水は，−40℃まで凍らない！

1350) この式は二次元結晶面に対してのみ有効である．

半径 r の板状の析出物を生成するのに必要な全電荷量は，(13・48)式で表される．

$$Q(t) = \frac{-\pi r^2 h z_M F \rho_M}{M_M} \quad (13 \cdot 48)$$

ここで，M_M/ρ_M は結晶層のモル体積である．(13・48)式の時間微分は (13・47)式に等しいはずであり，(13・49)式が得られる．

$$\frac{dr}{dt} = \frac{c M_M k}{\rho_M} \quad (13 \cdot 49)$$

積分すると $r = c M_M k t/\rho_M$ が得られ，(13・47)式に代入すると (13・50)式となる．

$$I(t) = \frac{-2\pi z_M F k^2 M_M}{\rho_M} c^2 t \quad (13 \cdot 50)$$

単一の核，物質輸送に影響されない平面（二次元）成長

この式から，つぎの重要な結論が導かれる．それは，電流が時間に対して線形に増加し，イオン濃度の二乗に依存することである．一方，核の成長が三次元的に起こるならば，その速度は，成長する半球状の析出物の面積に比例して大きくなる．二次元の場合と同様な理由で，(13・51)式が導かれる[1351]．

$$I(t) = \frac{-2\pi z_M F k^3 M_M^2}{\rho_M^2} c^3 t^2 \quad (13 \cdot 51)$$

単一の核，物質輸送に影響されない三次元成長

これらの式では，金属イオンの供給による制限がないことを仮定している．しかし，結晶化反応の速度が成長する半球面への金属イオンの拡散によって支配される場合は，電流は (13・52)式に近似的に従う．

$$I(t) \approx \frac{-\pi z_M F}{3} \sqrt{\frac{8 D^3 M_M c^3 t}{\rho_M}} \quad (13 \cdot 52)$$

単一の核，拡散物質輸送律速の三次元成長

現実には，たった一つの孤立した核を見いだすことはまれである．にもかかわらず，**瞬間的な核生成**（instantaneous nucleation）を研究することが可能である．簡単な方法としては，電極へ核生成を促す大きな負の過電圧をパルス状に印加し，小さなそして一定の数の核を生成させ，新しい核の生成には十分でない過電圧において核の成長を調べるものがある．別の方法は，新しい核がゆっくりと，しかし一定の速度で生成する系を調べるものであり，**連続的な核生成**（progressive nucleation）とよばれる．測定される電流は，古いもの新しいものすべての核成長による電流の総和である．

$$I(t) = \sum_n I_n(t - t_n) \quad 0 \leq t_n \leq t \quad (13 \cdot 53)$$

ここで，t_n は n 番目の核生成の時間，I_n は核生成が寄与する電流を表す．もし，核が一定速度 v_{nuc} で頻繁に生成するならば，電流の総和は (13・54)式における積分によって置き換えられる．

$$I(t) = v_{nuc} \int_0^t I_{single}(t) \, dt \quad (13 \cdot 54)$$

たとえば，各々の核が (13・52)式に従うならば，正味の電流は (13・55)式となる．

$$I(t) \approx \frac{-4\pi z_M F r_{nuc}}{9} \sqrt{\frac{2 D^3 M_M c^3 t}{\rho_M}} \quad (13 \cdot 55)$$

連続的な核生成，拡散物質輸送律速の三次元成長

もちろん，成長している核は競合して空間を求め，ついには重なり合うようになる．これを数学的に[1352]考察することは可能であるが，ここでは省略する．

金属 M が自身と異なる基質上へ結晶電析するときは，(13・46)式のギブズエネルギー項を最小にしようとする性質が結晶に現れる．これは，M 原子のさらなる結晶化を誘導するような配置ではない．すなわち，M の単分子層がバルク金属の析出に対して，ネルンスト式によって予測される電位よりも正の電位で生成する．この**アンダーポテンシャル析出**（underpotential deposition, UPD）は，バルク金属とは異なる性質をもった金属層を与える．このような層はエレクトロニクスや触媒作用に応用されている．

塩の多層結晶化反応は，結局，イオンのうちの一つが枯渇することによる制限を受ける．枯渇しないイオンはしばしば結晶上に吸着し，図 13・12 に示すような部分的な層を形成する．余分なイオンが，すでに存在している格子に完全に適合し，かなり特異な効果になることが多く，特殊なセンサにおいてその利点が利用される．吸着したイオンは結晶塩内に"場"を形成し，この場は，結晶の薄い層に隠れている電界効果トランジスタ[1353]によって検出され

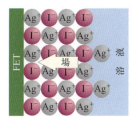
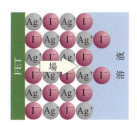

図 13・12 過剰なイオンの吸着が電界効果トランジスタに感応する"場"を生じさせる．

1351) (13・51)式を導け．あるいは，Web#1351 を参照せよ．
1352) コルマガロフおよびアブラミの名前に関係した統計学的理論を用いて数学的に考察できる．
1353) 二つの n 型領域間の電子の流れを制御するために p 型"ゲート"上の"場"の存在を利用する半導体デバイスである．

る．そのようなセンサは **isfet** あるいは **chemfet** とよばれる[1354]．

まとめ

電極界面の多くの現象が電気化学反応に影響を与える．イオン伝導体と電子伝導体の接合部に常に存在する電気二重層は，大きな容量をもち，電極電位が変化するときはいつでも非ファラデー電流の原因となる．フルムキン効果とは，電気二重層が電極近傍のイオン濃度および電子移動反応の速度に影響を与えることである．界面は，吸着の場でもある．吸着は，電気化学反応機構においてしばしば重要な役割を果たす．新しい相は電極界面で生成しにくい．なぜなら，核生成は統計学的にまれであり，小さな核が十分に成長することは難しいためである．

[1354] "ion-selective field-effect transistor（イオン選択性電界効果トランジスタ）"および"chemical sensing field-effect transistor（化学感応電界効果トランジスタ）"に対する略称である．

14 さまざまな界面

前章では，電極（すなわちイオン伝導体と電子伝導体の界面）で起こる現象について考えてきた．しかしながら，電気化学者にとって興味のある界面には別の種類のものもある．それらのうち，ここでは三つについて議論する．

イオン伝導体
電子伝導体

イオン伝導体
半導体

第一のイオン伝導体
第二のイオン伝導体

イオン伝導体
絶縁体

最初のものは，イオン伝導体と半導体の界面である．電子がこの界面を通過する限り，"電極"という呼び名はふさわしい．しかし，後で述べる他の二つの界面では，電子は主役にならない．そうした界面は電極とはいえない．こうした電子移動を対象としない界面の一つに，二つの異なるイオン伝導体の接合界面がある．最もよく知られた例としては，それぞれが電解質を含んでいる，二つの互いに混ざり合わない液体同士の界面がある．そして，この章で議論する最後の界面は，イオン伝導体と絶縁体の界面であり，特に水溶液とガラス，あるいはシリカとの界面である．

14・1　半導体電極：光化学反応で電磁波のエネルギーを捉える

前章において，分極した電極近傍のイオン伝導体内部で，電荷が空間的な広がりをもって分布しているということを議論していたとき，なぜ電子伝導体のほうにはそうした分布状態を考えないのか，不思議に思われたかもしれない．その答えは，金属は電気の良導体であるため，そうした層（いわゆる拡散層（diffusion layer）と区別するために拡散二重層（diffuse double layer）とよばれる）の厚みはたかだか1原子層分もないからである．しかし，電子伝導性が低い電極では，電極内の電荷の拡散二重層も二重層界面の一部を構成する．この現象は，電子伝導体とイオン伝導体の導電率がほぼ同じになる，半導体電極において特に重要である．しかし，拡散二重層という概念でこの効果を議論している文献はおそらく見つからないだろう．半導体[124]のバンド構造の立場では，これを**バンドの曲がり**（band bending）という．

固体物理における重要な概念に**フェルミ**[1401]**エネルギー**（Fermi energy）がある．これは，電子がフェルミ準位（Fermi level）にあるときにもつはずのエネルギーのことである．ここで"はず"といっているのは，実際にはフェルミ準位を占有しないからである．その代わり，伝導帯および価電子帯に存在する電子の重み平均として表す．符号のことはさておき，フェルミエネルギー$\Delta\varepsilon$は[1402]，基本的に固体の**仕事関数**（work function，電子をその相から無限遠[1403]にまで取去るのに必要なエネルギー）と等しい．これは外殻電子の平均エネルギーである．半導体のフェルミ準位は伝導帯および価電子帯の占有率に依存し，それらの間のどこかに位置している．真正半導体では，伝導帯にある電子の数と価電子帯にあるホール（正孔）の数とが同じであるため，フェルミ準位は二つのバンドのちょうど真ん中に位置する．n型半導体では電子がキャリアであるため，伝導帯のすぐ下に位置する．逆に，p型の不純物半導体のフェルミ準位は価電子帯のすぐ上に位置する．半導体におけるフェルミ準位は，ちょうど標準電位[1404]が金属中の電子の活量を反映するように，半導体中の電子の活量を反映する．

1401)　エンリコ・フェルミ（1901–1954）はイタリアの物理学者．1938年にノーベル賞を受賞後，アメリカ合衆国に移住して核変換の研究に従事した．
1402)　固体物理でもそうであるように，電子ボルト単位でエネルギーが測られる場合，電位差とエネルギー差の区別は主に単位の区別であり，電位とエネルギーの双方に記号Eを用いる．ここでは区別するために電位差にはΔEを用い，エネルギー差には$\Delta\varepsilon$を用いることにする．電子について，この二つの関係は$\Delta\varepsilon=Q_0\Delta E$となる．
1403)　真空中，無限遠にある電子は**真空準位**を占める．
1404)　電極電位をフェルミ準位と定量的に関係付けようとする試みは，カネフスキーのモデルなどによる**絶対電極電位**の概念に基づいている．

電気化学セルにおける電極が金属である場合，電気化学反応に利用される電子は常に豊富にある．しかし，半導体が電極の場合は必ずしもそうではない．たとえばn型半導体では，伝導帯の電子が豊富にあるので，還元反応は容易に起こる．しかし，価電子帯へ電子を受け入れるためのホールが欠乏しているため，酸化反応は起こりにくい．もちろんp型半導体では，逆のことが成り立つ．その場合，豊富にあるホールが酸化反応

$$R(aq) + h^+(sc) \rightleftarrows O(aq) \qquad (14\cdot1)$$

を促進する．事実，酸化反応速度は界面におけるRの濃度だけでなく，価電子帯のホール濃度に比例するとみなすことができる．ホールの欠乏を示す限界電流も観測される．さらに正の電位では，通常の反応

$$R(aq) \rightleftarrows e^-(sc) + O(aq) \qquad (14\cdot2)$$

が起こりはじめ，電子が伝導帯に入る．

半導体の文献では"二重層"という用語は使われないが，半導体を水溶液に接触させると，グイ–チャップマン拡散二重層に類似した構造をもつ空間電荷層[1405]が半導体の内部に形成される．通常，この層は数 nm の広がりをもっている．しかし，溶液中の二重層とは異なり，拡散領域はコンパクト層を伴っていない．図 14・1 に示すように，イオン伝導体側に生じる強い電場によって誘起される電荷キャリアの再分布によって空間電荷層が形成される．

その結果，伝導帯や価電子帯は"歪められ"，界面近傍のバンドのエネルギー準位は半導体内部とは異なるエネルギーをもつようになる．もし水溶液に酸化還元対が溶けていれば，電極電位は可変となり，半導体内のバンドもある程度は"調節"可能となる．特に，バンドの曲がりを抑制することができる．これを達成するのに必要な電位を**フラットバンド電位**(flat-band potential)とよんでいる．これは，通常の電極におけるゼロ電荷電位と同等のものである．

半導体｜イオン伝導体接合が，化学反応の促進において，ほかの種類の電極と同じように有効であることはめったにない．半導体電極に関心が寄せられる主な理由は，他の電極にはない特徴によるものである．つまり，半導体が光エネルギーを吸収できることである．半導体は，そのバンドギャップに一致するエネルギーをもつ光子を捉えることができる．光子のエネルギーはプランク定数[840]に光の振動数を掛け合わせたものであるから，以下の条件を満たす場合に吸収が起こる．

$$h\nu \geq \Delta\varepsilon_{gap} = \varepsilon_{CB} - \varepsilon_{VB} \qquad (14\cdot3)$$

幸いにも，多くの半導体のバンドギャップは太陽からくる光の振動数に一致している．それゆえに，太陽電池として機能するのである．たとえば硫化カドミウムのバンドギャップは 2.4 eV であるので，価電子帯から伝導帯へ電子を励起できる光の最低振動数は，

$$\nu = \frac{\Delta\varepsilon_{gap}}{h} = \frac{Q_0 \Delta E}{h} = \frac{(1.60 \times 10^{-19} \text{C})(2.4 \text{V})}{6.63 \times 10^{-34} \text{J s}}$$

$$= 5.8 \times 10^{14} \text{Hz} \qquad (14\cdot4)$$

で与えられる．これは，波長

$$\lambda = \frac{c}{\nu} = \frac{3.00 \times 10^8 \text{m s}^{-1}}{5.8 \times 10^{14} \text{Hz}} = 520 \text{nm} \qquad (14\cdot5)$$

の光（緑色）に対応する[1406]．n型半導体を作用電極とする**光電気化学電池**(photoelectrochemical cell)では，光照射により価電子帯のホール数が増加するため，本来必要な電圧よりも低いセル電圧で酸化反応が起こる．逆に，p型の作用電極に光を照射すると，伝導帯の電子数が増えて容易に還元が起こる．

光電気化学の実用化においては，構造がそれぞれに異なる 2 電極セルがいろいろと配置されるが，一方の電極だけが半導体である．光電池の分野では，光エネルギーを電気エネルギーへと変換するガルバニ電池をつくることが目的である．最も単純な構造をしているものの一つは n 型のフォトアノードを用いるもので，そこでは酸化反応

$$R(soln) + h^+(sc) \rightarrow O(soln)$$
$$\text{半導体フォトアノード} \qquad (14\cdot6)$$

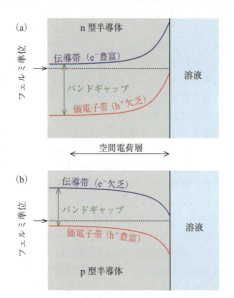

図 14・1 イオン伝導体への接触により分極した半導体のエネルギー準位．(a) このn型半導体では正の空間電荷が生じており，伝導帯および価電子帯が上向きに曲がる．正電荷は伝導帯における電子の欠乏，および価電子帯においてホールの補充が強化されることにより生じる．(b) p型半導体が負の空間電荷を帯びると，逆の状況が生じる．

[1405] 半導体用語では，これを**空乏層**（欠乏層）とよぶ．
[1406] ルチル型の TiO_2 の半導体は，420 nm より短い波長の光だけを吸収する．バンドギャップを計算せよ．答えは Web #1406.

が，通常のカソードにおける還元反応

$$O(soln) + e^-(metal) \rightarrow R(soln)$$
通常のカソード　　(14・7)

とともに進行するが，両方とも同じ酸化還元対を利用している．図 14・2 は，そうした電池におけるプロセスを示したものである．このような，ガルバニ型の光電池を直接

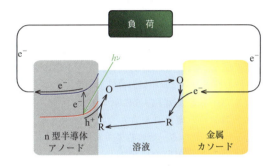

図 14・2　ガルバニ型の光電気化学電池の模式図

駆動する方法のほかに，ホールとより反応しやすい**メディエータ**（mediator）を用いる方法がある．これには，色素がよく用いられる．色素は半導体界面で光励起され，その後 O/R 対と反応する．電解合成を目的とした，他の構造もある．例としては，水の**光分解**（photosplitting）があげられる．そこでの反応は，つぎのようなものである．

$$6H_2O(soln) + 4h^+(sc) \rightarrow O_2(g) + 4H_3O^+(aq)$$
半導体フォトアノード　　(14・8)

$$4H_3O^+(aq) + 4e^-(metal) \rightarrow 2H_2(g) + 4H_2O(l)$$
通常のカソード　　(14・9)

このプロセスは自立動作はしないが，**光で助長される電解**（photoassisted electrolysis）では，暗所下で必要なセル電圧より低い電圧で電解を行うことができる．

14・2　液液界面における現象："ITIES"を横切る移動

水溶液 | イオン液体界面が研究されているが，二つのイオン伝導体が接する界面の電気化学的研究の多くは，それぞれに電解質を溶かした二つの互いに混ざり合わない液体同士が平面的に接している界面[1407]である．通常，一方の液体は水であり，これと混ざらないように，もう一方にはニトロベンゼン $C_6H_5NO_2$ や 1, 2-ジクロロエタン $(ClCH_2)_2$ のような疎水性の有機溶媒を用いる．塩化リチウムのような単純な塩は水に容易に溶けて $Li^+(aq)$ や $Cl^-(aq)$ のよ

うなイオンとなり，溶液に電気伝導性を付与する．一方，油相に対しては親油性基をもつかさ高いイオンを溶かせば，十分な電気伝導性をもたらすことができる．一例としてテトラブチルアンモニウムテトラフェニルホウ酸を溶かすと，$(C_4H_9)_4N^+(org)$ イオンおよび $(C_6H_5)_4B^-(org)$ イオンを生じる．

ITIES[1408] は interface between two immiscible electrolyte solutions（二つの混ざり合わない電解質溶液の界面）の略称で，図 14・3 に図解的に示したようなセルにおける界面を表すのによく用いられる．バイポテンショスタット[1233]を用いて 4 電極セルの界面の両側に既知の一定電圧，または傾斜電圧を印加し，界面を流れる電流を計測する．小さな一定電圧を ITIES 間に印加した場合にはセルは完全分極し，いかなる反応も移動（輸送）も起こらないため，電流は観測されない．もちろん，界面の両側にはそれぞれグイ–チャップマン二重層が形成されており，それらの接合面にはイオンや分子の吸着が起こる可能性もある．したがって，電位を走査すると，分極した電極の場合と同様に二重層の充電に相当する電流が観測される．

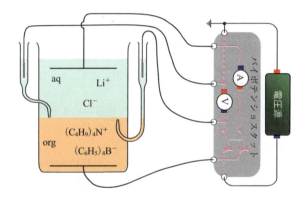

図 14・3　塩化リチウム水溶液とテトラブチルアンモニウムテトラフェニルホウ酸を疎水性有機溶媒に溶かした溶液の界面を電気化学的に調べるための装置図．両方の参照電極には通常の Ag | AgCl | Cl⁻(aq) などが使用できる．このうちの一方は有機相用で，塩化テトラブチルアンモニウムの溶液に浸されている．

もっと大きな直流電圧（約 200 mV）を水相側が正になるように印加すると，テトラフェニルホウ酸アニオンはそれまでの心地良い環境を捨てて水相側へいくらか移動する．

$$(C_6H_5)_4B^-(org) \rightleftarrows (C_6H_5)_4B^-(aq) \quad (14・10)$$

これにより**イオン移動電流**[1409]（ion transfer current）が流れる．さらに電位が正になると，今度はリチウムイオンが

1407) そうした接合部は巨視的には平面に見えるが，分子レベルでは非常に不規則である．
1408) エルンスト・ヘルマン・リーゼンフェルト（1877–1957，ドイツの物理化学者．ナチの台頭時代にはスウェーデンで研究を行った）によって先駆的研究がなされた．彼はネルンストの義兄弟である．ITIES の総説については，H.H. Girault, Electrochemistry at Liquid-Liquid Interfaces in "Electroanalytical Chemistry: A Series of Advances", Vol. 23, A.J. Bard, C.G. Zoski（Eds.）, CRC Press, Boca Raton, FL (2010) を見よ．
1409) そのような電流は"ファラデー電流"とみなされる．ただし，通常の意味のファラデー電流ではない．

居心地の良かった水環境から油相側へと入り込むことにより，電流がさらに増大する．

$$\text{Li}^+(\text{aq}) \rightleftarrows \text{Li}^+(\text{org}) \quad (14 \cdot 11)$$

極性を反転すると，油相から水相へのカチオンの移動および/あるいはアニオンの逆方向への移動が起こる．

$$(\text{C}_4\text{H}_9)_4\text{N}^+(\text{org}) \rightleftarrows (\text{C}_4\text{H}_9)_4\text{N}^+(\text{aq}) \quad (14 \cdot 12)$$
$$\text{Cl}^-(\text{aq}) \rightleftarrows \text{Cl}^-(\text{org}) \quad (14 \cdot 13)$$

これにより，逆向きの電流が流れる．

59ページで説明したように，水溶液系での電気化学測定では電位のゼロをSHEにとる．この尺度は図14・3に示すセルの水相には使えるが，ITIESを横切って測定される電位の解釈には，何らかの約束事が必要となる．フェロセン $(\text{C}_5\text{H}_5)_2\text{Fe}$（Fcと略記）は多くの液体溶媒に可溶であり，またそうした溶媒中でフェロセニウムカチオンとの間に電子移動平衡

$$\text{Fc}(\text{soln}) \rightleftarrows \text{e}^- + \text{Fc}^+(\text{soln}) \quad (14 \cdot 14)$$

が容易に達成されるので，多くの溶媒中で測られたこのレドックス対の電位の値を相互に比較することが認められている．したがって，これと同じ方法をITIESセルにおける溶媒間の電位を解釈する際に用いるのが適切であろう．つまり，二つのITIES溶媒のうちの一方における反応(14・14)の標準電位を，もう一方におけるそれと等しいものと考える．フェロセンの代わりにデカメチルフェロセン $((\text{CH}_3)_5)_2\text{Fe}$（dmFcと略記）を用いても，まったく同じ結果が得られるということからも，このアプローチの正しさが証明される．図14・4は，それらの尺度を並列表記したもので，いくつかの酸化還元対の電位がこの尺度のどの辺に位置しているかを示している．

平衡状態においてある特定のイオン i が ITIES の両側の相に含まれているならば，ネルンストの法則を以下のように表現することができる．

$$\Delta E = \phi^\text{W} - \phi^\text{O} = \frac{\Delta G_i^{\text{W}\to\text{O}}}{z_i F} + \frac{RT}{z_i F}\ln\left\{\frac{\alpha_i^\text{O}}{\alpha_i^\text{W}}\right\} \quad (14 \cdot 15)$$

ここで $\Delta G_i^{\text{W}\to\text{O}}$ は，イオンが水相（上付きW）から油相（上付きO）へ移行する[1410]のに伴う標準モルギブズエネルギー変化である．たとえば，塩化物イオン Cl^- が水からニトロベンゼンに移行する際の標準ギブズエネルギー変化が 43.9 kJ mol^{-1} であることをITIESの研究により知ることができる．さらに，ITIESの両側に電圧を印加することで，一方の相あるいは両相における界面濃度を変えることができる．たとえば図14・5に示すように，水相からプロトンを親油性の塩基Bを含んだ油相に"汲み上げて"受け渡すことができる．その結果，水相の局所pH値は増大し，油相ではB/BH$^+$のバッファー比が変化して，局所的な酸性度が増大する．

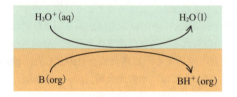

図 14・5 液液界面を横切るプロトンの移動

しかしながら，ITIESを横切る平衡が達成されるのは遅い．有機カチオンであるアセチルコリン[1411]がジクロロエタン相から水相へ，あるいはその逆へ移行する際の速度論的研究から，移行速度は $\exp\{\mp\alpha F\Delta E/RT\}$ に比例し，$\alpha = 0.5$ であることが示されている．この点では，イオン移動は電子移動反応の速度論と非常に類似しており，バトラー-ボルマーやマーカス-ハッシュの取扱い（7章）によって解釈できる．

イオン選択性電極（6章）の原理に深く関係するものは，ITIESを介しての**促進イオン移動**（facilitated ion-transfer）である．促進剤の例としては，イオノホアである**バリノマイシン**（valinomycin, 93ページ）があげられる．これは，水相中のカリウムイオン K$^+$ が ITIES を通って油相に移行するのを補助する．促進剤がない場合，以下の過程

$$\text{K}^+(\text{aq}) \rightleftarrows \text{K}^+(\text{org}) \quad (14 \cdot 16)$$

は遅い．しかし，バリノマイシン（以後Vmと表記する）

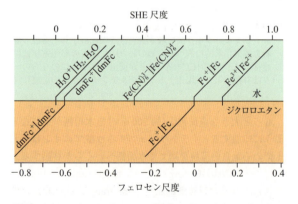

図 14・4 水｜ジクロロエタン界面における電位尺度の相関関係

1410) もちろん，必然的に二つのイオンの同時移動を扱わなければならない（そのうちの一つは参照電極を経由して）．他の場合と同様，水素イオンは基準物質とされ，すべての溶媒中で同じ標準ギブズエネルギーをもつものと仮定する．水｜ニトロベンゼン界面において，水相側に100倍の塩化物イオン Cl$^-$ が含まれているときの界面電位差を推定せよ．また，どちらの相が正になるか，極性を説明せよ．

1411) アセチルコリンの分子式およびその神経伝達物質としての役割については，104ページを参照．

が存在するときには，ずっと速く平衡が達成される．これには，以下に示すいくつかの過程が関与している[1412]．

$$Vm(org) \rightleftarrows Vm(aq) \quad (14 \cdot 17)$$
$$K^+(aq) + Vm(aq) \rightleftarrows KVm^+(aq) \quad (14 \cdot 18)$$
$$KVm^+(aq) \rightleftarrows KVm^+(org) \quad (14 \cdot 19)$$
$$K^+(org) + Vm(org) \rightleftarrows KVm^+(org) \quad (14 \cdot 20)$$

少なくともこの例では，K^+ イオンの錯形成反応は界面の油相側で起こっていること，そしてイオノホアは二重層の外へイオンを追出することを促進する役割も有していることが実験より示唆されている．したがって，反応(14・16)および(14・20)が重要である．もちろん，その機構は最終的に到達する平衡状態には無関係であり，種々の平衡を支配する法則を満足している必要がある．

図14・5はITIESにおけるプロトンの移動を示したものであるが，図14・6に示すように，電子も同じようにして移動するであろう．水相側においてヘキサシアノ鉄(III)酸イオンがヘキサシアノ鉄(II)酸イオンへ還元されることは明白であるが，これには油相におけるフェロセンからフェロセニウムカチオンへの酸化が伴って起こり，界面を電子が横切る．これを**両相電子移動反応**（biphasic electron-transfer reaction）とよぶ．この場合のITIESと電

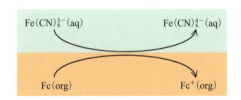

図 14・6 液液界面を横切る電子の移動

極との類似性は明らかである．ただし，電極では酸化あるいは還元の*いずれか一方*のみが起こるが，ITIESでは*両方*の過程が同時に起こる．しかも，この過程は必ずしも純粋な不均一経路をたどる必要性はない．事実，4種類の鉄の化合物がある特定の濃度条件にある場合，予想される反応は水｜ニトロベンゼン界面で起こる以下の三つの過程[1413]

$$Fc(org) \rightleftarrows Fc(aq) \quad (14 \cdot 21)$$
$$Fc(aq) + Fe(CN)_6^{3-}(aq) \rightleftarrows$$
$$Fc^+(aq) + Fe(CN)_6^{4-}(aq) \quad (14 \cdot 22)$$
$$Fc^+(aq) \rightleftarrows Fc^+(org) \quad (14 \cdot 23)$$

の組合わさったものとなる．

前節で議論したITIESセルの界面電位を，電流が流れなくなるように調節したならば，ゼロ状態が達成される．しかし，その状態は必ずしも平衡状態ではない．(14・21)式で表される移動は電流を発生させないので，たとえ起こっていたとしてもわからない．また，以下の条件

$$j_{Fc^+}^{O \to W} = j_{Fe(CN)_6^{3-}}^{W \to O} - j_{Fe(CN)_6^{4-}}^{W \to O} \quad (14 \cdot 24)$$

を満たすように3種のイオンの流束がITIESを横切って生じていれば，正味の電流は観測されないが，平衡ではない．すなわち，この状況は電気化学的"混成電位"（118ページ）に似ている．よって，平衡の存在を知るには注意が必要である．しかしながら，界面を横切って移動が生じていないとはっきりわかっている場合は，次式に示すようなネルンストの法則が成り立つ．

$$\Delta E_n = （定数）+ \frac{RT}{F} \ln \left\{ \frac{\alpha_{Fc^+}^O \alpha_{Fe(CN)_6^{4-}}^W}{\alpha_{Fc}^O \alpha_{Fe(CN)_6^{3-}}^W} \right\} \quad (14 \cdot 25)$$

この式の"定数"は，ITIESにおける標準電位とみなすことができる．

図14・7に示したような，プロトンと電子が一緒に移動する例も知られている．水相中の酸素は，油相中のヒドロキノンの酸化によって還元される[1414]．図14・3に示した装置を用いてITIESに電位差を印加することで，こうした過程は大きな変化を受ける．すなわち，図に示した移動において印加する電位が，酸素還元の生成物が水であるか，過酸化水素であるかを決定する．

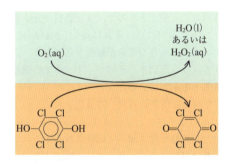

図 14・7 液液界面を横切るプロトンと電子の同時移動

ある種のイオンや分子がITIESに吸着するという予測も広く認識されている．吸着，なかでも界面活性剤の吸着は，ITIESの力学的な不安定性をひき起こす．二つの液体の密度差に基づく重力安定性は，表面がその接触面積を増やすために歪もうとする傾向に対して抗しきれなくなる．

1412) (14・16)から(14・20)の各過程に対する平衡定数を書き下せ．これら五つの定数は互いに独立ではない．それらの間の関係を見いだせ．答えはWeb#1412．
1413) これら三つの過程のうち，ITIESに印加する電圧を変えると影響を受けるものはどれか．電圧を正に変化させると，全反応にはどのような影響が現れるか？ 答えはWeb#1413．
1414) 図14・7に示した過程において，ITIESを横切ってプロトンと電子の両方が移動する様子を示す式を書き表せ．この移動は必ず電流の流れを伴うか？ 答えはWeb#1414．

101ページで議論した物質と関連した話をするならば，図14・8に示すリン脂質（生化学的に興味のあるpH領域では両性イオン[1415]である）はITIESに強く吸着し，生化学においてきわめて重要である二分子膜ではなく，単分子膜を形成する．単分子膜が生成するのは，リン脂質分子の一

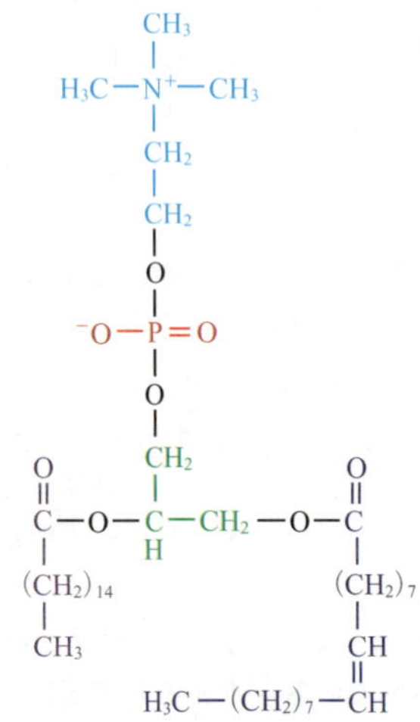

図 14・8 典型的なリン脂質の一例[1416]

方の端が親水的で，他方が親油的であるためである．リン脂質単分子膜の有無にかかわらず，テトラメチルアンモニウムカチオン $(H_3C)_4N^+$ のような小さなイオンはITIESを通り抜けることができるので，リン脂質単分子膜には孔が開いているに違いない．それに対し，Na^+ や K^+ イオンの輸送では非常に大きな電流が観測されており，このことは図らずも，リン脂質単分子膜がイオノホアの機能を模倣していることを示している．

ITIESで起こる現象は通常，電気化学者にとって汎用の測定法であるサイクリックボルタンメトリー（16章）の制御された三角波電位を用いて研究される．これにより定性的な結論は得られるが，サイクリックボルタンメトリーの理論を定量的に適用して解析することは困難である．その理由の一つとして，半無限平板拡散の必要条件を再現性良く実現することが難しいからである．このような状況を改善するために，マイクロピペット先端の開口部に液界面を形成する"マイクロITIES"の実験が行われてきた[1408]．

14・3　界面動電現象：ゼータ電位

これまでの節では，イオン伝導体ともう一方の伝導体との界面に形成される二重層の例を眺めてきた．しかしながら，二重層はイオン伝導体と絶縁体の界面にもできる．この種の界面に電流が流れないことは明白であるが，二重層が存在することは，ほかの特性を通して知ることができる．二重層の効果は界面の面積とともに変化するため，イオン伝導体｜絶縁体界面での二重層にかかわる現象は，細い口径をもつチューブや多孔性物質，懸濁液，ナノ粒子，ほこりと霧の雲，コロイドなどのような大きな面積対体積比をもつ系において顕著となる．電気二重層にはモノを動かす力があり，このことが，こうした現象を記述する際に用いられる**界面動電現象**（electrokinetic[1417] phenomena，つまり"電気的にひき起こされる運動"）という言葉のもととなっている．

電極以外で最も広く研究が行われているのが，ガラスやシリカと電解質イオン水溶液の界面であろう．焼結**シリカ**（silica）はケイ素と酸素の歪んだネットワークで構成されており，それぞれの酸素原子は二つのケイ素原子の間に存在している．図 14・9 は，表面の酸素原子が $>Si=O$ 基として存在している様子を示している．水溶液環境下ではこ

図 14・9　焼結シリカの構造は三次元的であり，ここに示した構造よりもっと大きく歪んでいる．

れらの基は水和して $>Si(OH)_2$ となっているが，これは弱い酸であり，以下のように解離する．

$$>Si(OH)_2(s) + H_2O(l) \rightleftarrows >Si(OH)O^-(s) + H_3O^+(aq)$$
$$K \approx 3 \times 10^{-6} \quad (14 \cdot 26)$$

ガラス（glass）はシリカと似た構造をしているが，酸素原子は乾燥状態ですでにいくらかイオン化しており，その電荷は金属カチオンによって補償されている．どちらの場合も，固体表面は二重層の負極側となり，これを補償するカチオンは絶縁体と接した水溶液側の拡散二重層領域に存在している．固体の表面電荷の大きさはpHを反映して変化し，高いpHでは最も負となる．ときどき高い価数をもつカチオンの吸着，たとえば，

$$>Si(OH)O^-(s) + H_2O(l) + Al^{3+}(aq) \rightleftarrows$$
$$>SiOAlO^+(s) + H_3O^+(aq) \quad (14 \cdot 27)$$

が二重層の極性を反転させることもあるが，絶縁体表面は一般に負に帯電している．

[1415] **両性イオン**は，正および負に帯電した基を併せもつ化学種のことである．
[1416] 図 14・8 に示すように，すべてのリン脂質はリン酸基を有しており，グリセロール基をもつものが多い．また，さまざまな種類の塩基をもち，図にはコリンの例を示した．長い炭素鎖を生じる二つの脂肪酸も多様であり，図 14・8 に示したものはパルミチン酸およびオレイン酸である．各ユニットはエステル結合によりつながっている．
[1417] 似たような名前ではあるが，"電極反応速度論(electrode kinetics)"とは直接関係ない．

14・3 界面動電現象：ゼータ電位

毛細管の面積/体積比は大きいので，ガラスやシリカの毛細管は動電現象の研究によく用いられる．図14・10は，界面動電現象を調べる装置図を示す．電極（多くの場合 Ag|AgCl）を備え，電解質溶液を満たした二つの容器が毛細管によりつながれている．溶液|固体界面には二重層が形成され，そのうち固体表面は負に帯電しているので，中空の円筒内や毛細管壁に接した"スリーブ（軸さや）"には，カチオンに富む溶液層が存在する．もちろん，この層の厚さは毛細管の口径よりもずっと薄い．

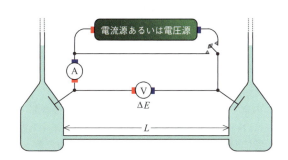

図 14・10 さまざまな界面動電現象を調べる装置図．3極スイッチでセルに電圧あるいは電流を印加したり，両方ともオフにしたりできる．

ここで，毛細管に沿って図14・11に示すような方向に電場がかかるように，電極に電位差を与えよう．この電場によって正に帯電したスリーブは右方向に動こうとする．この動きはスリーブだけでなく，スリーブの内側の毛細管内全体の内容物を右方向へ引っ張る．この現象は**電気浸透**（electroosmosis），あるいは**電気浸透流**（electroosmotic flow）として知られている．この流れが継続すれば，右側の容器のチューブの液面が上昇し（水圧差が生じ），これによって流れが抑制される．そして最終的に**電気浸透圧**（electroosmotic pressure）が達成されると，動きが停止する．

電気浸透流は層流であるが，87，88 ページに示したポ

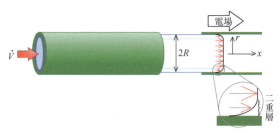

図 14・11 正の電荷を帯びた溶液のスリーブは，固体の管に沿って並ぶ．スリーブにかかる静電力は，管壁における静止した分子層以外の管の内容物の動きを誘発する．

ワズイユの流れの場合のように，半径に対して2次の依存性を示すわけではない．それは，電気浸透流は圧力によって駆動されるものではなく，電場によって駆動されたスリーブの動きの結果生じる摩擦によって誘発されるものだからである．したがって図 14・11 に示すように，狭い二重層領域を除けば速度プロフィールは均一である[1418]．他でも示したように[1419]，電気浸透流速（m³s⁻¹）は次式で与えられる．

$$\dot{V}_{\text{osm}} = \frac{-\pi R^2 \varepsilon X}{\eta} \zeta \quad (14 \cdot 28)$$

ここで，X は印加電場であり，これはセル電圧（左の電極から右を引く）を毛細管の長さ L で除したものである．ζ は拡散二重層内の"すべり面"における電位である．すべり面は，流動溶液と静止表面層との境目である．この量は**界面動電位**[1420]（electrokinetic potential），または，通常用いられる記号にちなんで**ゼータ電位**（zeta potential）として知られている．ζ が二重層理論における ϕ_H とほぼ同じものと考えてよい確実な根拠はあるものの，両者を測ることのできる実験方法はない．実際にゼータ電位を測定するには，(14・28)式を使うか，あるいはこれと同様のやり方を用いる．1価のイオンのみを含む希薄溶液中におけるガラス表面のゼータ電位は，25℃において約−150 mV であるが，濃度とともにわずかに減少する．一方，シリカ表面ではガラスの場合の約半分の値となる．

(14・28)式は，つぎのように書き換えられる．

$$\dot{V}_{\text{osm}} = \frac{A\varepsilon\zeta}{\eta L}\Delta E \quad \text{電圧により生じた電気浸透流} \quad (14 \cdot 29)$$

ここで，A は毛細管の断面積であり，ΔE は印加セル電圧である．もし電極が脱分極（消極）されていれば，印加電圧により電気浸透が生じるだけでなく，大きさ $\kappa A \Delta E/L$ の電流が流れるだろう．よって (14・29)式は，

$$\dot{V}_{\text{osm}} = \frac{\varepsilon\zeta}{\eta\kappa}I \quad \text{電流により生じた電気浸透流} \quad (14 \cdot 30)$$

と書ける．ここで κ は溶液の導電率である．この電流を電気浸透流の原因と考えることは，印加電圧が原因であるとみなすのと同じことである．事実，図 14・10 中の電圧源を電流源に置き換えてもセルに電流を流すことができ，(14・30)式で表されるのと同じ流れや (14・29)式で示される電位降下が観測される．同様にして，水圧の差が生じて流れが停止した場合には，電圧や電流によって電気浸透圧

$$\Delta p_{\text{osm}} = \frac{-8\pi\varepsilon\zeta}{A}\Delta E = \frac{-8\pi L\varepsilon\zeta}{A^2\kappa}I$$

電圧や電流により生じた電気浸透圧 (14・31)

が生じていると考えられる．

1418) うまく**電気泳動**を行うには，この均一性が不可欠である．電気泳動については 83 ページを参照．
1419) (14・28)式の導出法，および**電気浸透移動度**の定義については Web #1419 を参照．
1420) 実際は，同じ距離 x において，管の中心の溶液に対して測った電位差である．

もう一つの実験として，3極スイッチを用いて図14・10の電源を切り離し，（重力などを利用して）圧力をかけて毛細管に溶液を流す方法がある．前節では電気刺激（電圧や電流）により力学的効果（すなわち流れや圧力）を生み出したが，ここでは逆に，力学的な刺激により電気的な効果が生じるのである．つまり，電流計を開回路でつないで**流動電位**[1421]（streaming potential）を測るか，あるいは電圧計に電流計を並列につないで**流動電流**（streaming current）を測ることになる．圧力で駆動されるので，毛細管内の流れはポワズイユの法則[842]に従う．この法則は $\dot{V}_{Pois} = -A^2 \Delta p_{osm}/(8\pi L\eta)$ と表される．流動電位は溶液の強制流動によって，あるいは圧力差[1422]

$$\Delta E = \frac{-8\pi L \varepsilon \zeta}{A^2 \kappa}\dot{V} = \frac{\varepsilon \zeta}{\eta \kappa}\Delta p \quad \text{流れや圧力により生じた流動電位}$$
(14・32)

によってひき起こされると考えることができ，これらの要因は同様に流動電流を発生させると考えられる．

$$I = \frac{-8\pi \varepsilon \zeta}{A}\dot{V} = \frac{A\varepsilon \zeta}{L\eta}\Delta p \quad \text{流れや圧力により生じた流動電流}$$
(14・33)

ここまで，八つの実験について述べてきたが，それらは相互に関係の深いものである．実際，符号を適切に選ぶと，これらはすべて無次元の一般式

$$\left\{\frac{L}{\kappa \zeta A}I \text{ または } \frac{1}{\zeta}\Delta E\right\} = \pm\left\{\frac{8\pi L \varepsilon}{A^2 \kappa}\dot{V} \text{ または } \frac{\varepsilon}{\eta \kappa}\Delta p\right\}$$
(14・34)

に帰一する．こうした関係が示す注目すべき包括性は，オンサーガー[819]を祖とする**不可逆過程熱力学**（irreversible thermodynamics）として知られる物理の学派によって唱えられた．

流動電位に関するもう一つの重要な現象は，**沈降電位**（sedimentation potential）である．もしコロイド粒子の密度が，それらが分散された溶液の密度と異なる場合，重力あるいは遠心力を受けると，それらが動くことによって拡散二重層の一部が失われてしまう．その結果，電場（それゆえ電位差）が生じて動きを抑制する．このことは，粒子を媒体から分離することが目的である場合には障害となり，通常は媒体のイオン強度を大きくし，ゼータ電位を下げて**超遠心分離**（ultracentrifugation）することにより回避される．

ま と め

この章では，かなり広範にわたる3種類の接合部（界面）について述べてきた．これらはいずれも，イオン性溶液（特に電解質水溶液）が他の相と接する界面であった．どの場合にも二重層が形成される．絶縁体との界面では，二重層の存在により，表面に平行な方向に動きあるいは圧力を生じる．半導体との界面の場合には，電子あるいはホール濃度の勾配によって，イオン伝導体と半導体の双方に電荷の不つり合いな領域が生じている．電極反応も起こるが，光子を捉えることによって反応はさらに助長される．ITIESの場合には二重層は2組できて，分子やイオン，電子が界面を横切って移動する．ITIESの界面はまた，電流を伴ったり伴わなかったりする吸着の場となる．

1421) 通常このようによばれるが，実際には二つの電極の電位差である．
1422) （14・32）式の三つの辺がもつSI単位を比較して，これらが同じ次元をもつことを確かめよ．答えはWeb#1422.

15 周期的な信号を用いる電気化学

周期的な電位信号を電気化学セルに加えたとき，数サイクル後に，電流はある繰返しパターンに落ち着く．そして，セルは 125 ページにおいて定義されたような，周期的状態[1501]に到達する．周期的状態は，常に過渡状態[1502]の後に現れる．しかし，ここでは初期の過渡状態が無視できる大きさまで減衰した後に達成される状態のみに注目する．

周期 P をもつ電位信号とは，広い時間範囲 t にわたって，作用電極の電位が以下の要件に従い変化することを意味する．

$$E(t+P) = E(t) \quad \text{周期性} \quad (15 \cdot 1)$$

この章では，ほとんどの場合，正弦波の形で変化する電位あるいは電流について取扱う．

$$\Delta E(t) = |E|\sin\{\omega t + \varphi_E\} \quad (15 \cdot 2)$$
$$I(t) = |I|\sin\{\omega t + \varphi_I\} \quad (15 \cdot 3)$$

1 章で述べたように，$|E|$ と $|I|$ は電位と電流の振幅であり，ω は角周波数，φ は位相角である．この章では，これらの信号の電気化学的な効果と，これらの信号を用いる方法論について主に説明する．

この章では，周期的な信号にゆっくりと変化する直流電圧を重畳する**準交流ボルタンメトリー**＊（near-periodic voltammetry）とよばれる方法についても述べる．応答電流には直流成分と交流成分の両方が観察される．しかし，実験では一般に周期的な応答成分だけを解析する．交流成分の振幅が小さいとき，線形応答となる．すなわち，交流電流は交流電圧の振幅に比例し，等価回路を用いて挙動を表すことができる．一方，振幅が大きくなると，この線形性は成り立たなくなる．

15・1 交流における非ファラデー効果：コンダクタンスとキャパシタンスの測定

この章の主題，つまり周期的に変化する電気信号に対して電気化学反応がどのように応答するかについて述べるまえに，完全分極性セル（105 ページ）に対する交流の効果について見てみよう．そのようなセルにおいては，電極で電極反応が起こらないため，直流電流は流れない．しかし，すべての電子伝導体|イオン伝導体界面には電気二重層が存在し，それによって決まる静電容量（キャパシタンス）は，それぞれの分極した電極間に，電流の通り道を提供する．イオン伝導体のコンダクタンスは，セルを通る交流回路を形成する．

図 15・1 に示すような簡単な 2 電極セルが電解質水溶液と他のイオン伝導性液体のコンダクタンスの測定に用いられる．このような**伝導率セル**（conductivity cell）は，以下に示すような等価回路をもつ[1503]．

```
  C       R       C
─┤├──/\/\/\──┤├─
```

この等価回路は二つの電極における静電容量とその間にあるイオン伝導体に起因する抵抗によって表される．交流電流が流れるとき，三つの成分を通して電圧降下が起こる．電気伝導率の測定において，静電容量の効果を小さくするために，高周波数[1504]と大きな電極面積を用いることが要求される．"白金をめっきした" 白金電極が，通常用いら

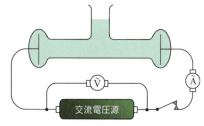

図 15・1 伝導率セル

1501) 誤解を生じやすい"**静止状態**"という用語も用いられている．
1502) Web #1502 で示すように，$|E|\sin\{\omega t\}$ の信号が容量 C と抵抗 R が直列回路に加えられたとき，電流が完全な正弦波になる前に減衰していき，$-|E|C\omega \exp\{-t/RC\}/[1+\omega^2R^2C^2]$ の大きさの過渡電流が観察される．他の負荷でも同様の過渡現象が観察される．
＊（訳注）原著では"near-periodic voltammetry"となっており，周期的信号を用いるという意味では矩形波ボルタンメトリーや階段波ボルタンメトリーなども含まれることになる．しかし，これらは一般にパルス法に分類される（16 章参照）．本章では，交流インピーダンス法，交流ボルタンメトリーなどの正弦波信号を用いる測定法を扱うので，準交流ボルタンメトリーと訳した．
1503) あるいは単純には大きさ $C/2$ の一つの静電容量と直列につながっている抵抗である．なぜ，そのようになるか？ Web #1503 を参照．
1504) 典型的にはキロヘルツ領域が用いられている．抵抗のインピーダンスは周波数に無関係であり，静電容量のインピーダンスは ω の逆数に比例することを思い出そう．

れている．電極面積を大きくするために，白金微粒子の層が被覆されている．このようにして，静電容量成分は完全に無視することができ，その結果，電気伝導率は（15·4）式から計算することができる．

$$\kappa = \frac{L}{AR} = \frac{L|I|}{A|E|} \quad (15·4)$$

ここで A はセルの断面積，L は電極間距離である[1505]．（15·4）式をそのまま適用する代わりに，いくつかの**電気伝導率計**（conductivity meter）では，印加電圧と同位相の電流成分のみを測定することで静電容量成分を分離する．

高い精度を得るために，試料溶液の伝導率は特別な装置を用いて測定され，その結果はすでに値がわかっている標準溶液の伝導率と比較することで求められる．たとえば，ちょうど 1 kg の水に KCl 7.43344 g を溶解してつくられる溶液のモル分率は 0.1 であり，25.00 ℃で 1.2886 S m^{-1} の伝導率を示す．この値はセルを補正するために用いられる．

交流電流は完全分極した電極の静電容量の測定にも用いられる．今度はやり方を逆にし，抵抗成分を小さくすることによって，静電容量の重要性を際立たせる．小さな "非補償"抵抗成分 R_u を減らすために，3 電極セルを用いたポテンショスタットが通常用いられる．等価回路は，以下のように簡単に表される．

$$-\!\!-\!|\!|\!-\!\!-\!\!\sim\!\!\sim\!\sim\!-\!\!-$$
$$\quad C \qquad R_u$$

この直列回路に流れる電流が $I(t) = |I|\sin\{\omega t + \varphi_I\}$ である場合，それぞれの成分によって生じる電圧は，以下のように表される．

$$E_R(t) = R_u I(t) = R_u|I|\sin\{\omega t + \varphi_I\} \quad (15·5)$$

$$E_C(t) = \frac{Q(t)}{C} = \frac{1}{C}\int |I|\sin\{\omega t + \varphi_I\}\,dt$$
$$= \frac{|I|}{\omega C}\cos\{\omega t + \varphi_I\} = \frac{|I|}{\omega C}\sin\left\{\omega t + \varphi_I + \frac{\pi}{2}\right\} \quad (15·6)$$

（15·5）式はオームの法則から，そして（15·6）式は（1·19）式から導かれる．

上記二つの電圧の位相は $\pi/2$ だけ違っていること，電流に対して位相が異なる[1506]電圧成分の振幅は $|I|/\omega C$ であることに注意しよう．この値からは，界面容量が計算できる．このような測定の結果は，後節でふれるようにしばしばインピーダンスで表示される．

15·2 交流のファラデー効果：インピーダンス，高調波，整流

作用電極における周期的な電位変化は，必ずしもファラデー過程の周期的な電流応答をもたらすわけでない．作用電極が不可逆的な挙動を示さないことと，酸化還元対のそれぞれの種が十分な濃度で存在することが電流を周期的にするために必要である．濃度に関する条件はバルク溶液中にそれぞれの種が存在すること，あるいは周期的な信号に加えて，バルク溶液中に存在しない化学種をつくり出すために一定の直流電圧が印加されること，のどちらかを満足すればよい．

インピーダンスの概念は 1 章で導入された．インピーダンスは，交流電圧を印加し，得られる電流を測定するか，あるいは交流電流を流し，電圧を測定することによって評価される．電圧と電流がそれぞれ $|E|\sin\{\omega t + \varphi_E\}$ と $|I|\sin\{\omega t + \varphi_I\}$ であるとき，**インピーダンス**（impedance）は（15·7）式のように定義される．

$$Z = \frac{|E|}{|I|} \quad \text{インピーダンスの定義} \quad (15·7)$$

直流の場合の抵抗と同様に，インピーダンスは Ω の単位を有する[1507]．しかしながら，インピーダンスに加えて，第二の量である位相差 $\varphi_I - \varphi_E$ が測定される．14 ページの表はいくつかの回路成分とその他の負荷に関するインピーダンスの値と位相差を示している．ある意味，電極界面で生じる "化学現象"がその他の "成分"になる．これらの成分は，電気化学的な反応がない場合にも存在する非ファラデー成分（電気二重層容量 C と非補償抵抗 R_u）に加わる．

この章の目的は，周波数 ω の正弦波を重畳することによるファラデー効果を解明することにある．

$$E(t) = |E|\sin\{\omega t + \varphi_E\} \quad \text{印加した交流信号}$$
$$(15·8)$$

以下の 1 電子反応

$$\text{R(soln)} \rightleftarrows \text{e}^- + \text{O(soln)} \quad (15·9)$$

が電極上で起こるとき，振幅 $|I|$ と位相角 φ_I をもつ電流が，印加された信号の特性とどのように関係付けられるかを理解しよう．

$$I(t) = |I|\sin\{\omega t + \varphi_I\} \quad \text{想定される交流応答}$$
$$(15·10)$$

もし，溶液内に存在する R と O の濃度が高い場合，この電流は電極表面での二つの化学種の濃度の正弦波応答をひ

[1505] 伝導率セルが完璧な円筒形であることはまれである．L/A の値は**セル定数**として知られている．上に述べた標準溶液で満たされた電気伝導率セルの抵抗は 35.73 Ω である．セル定数はいくらか．同じセルで測定した溶液の抵抗が 83.67 Ω の場合，この溶液の電気伝導率はいくらか．Web ＃1505 を参照．

[1506] 正弦波や余弦波の場合と同様に，"逆位相"は位相角が $\pi/2$ だけ異なることを意味する．

[1507] 同様に**アドミタンス**はコンダクタンスと類似しており，$|I|/|E|$ によって定義される．両者とも S（ジーメンス）の単位を有する．

き出すと予想できる．

$$c_i^s(t) = c_i^b + |c_i^s|\sin\{\omega t + \varphi_i^s\} \quad i = \text{R, O} \tag{15·11}$$

この予想が正しいのは，印加する信号の強度が十分に小さいときである．

ここで，典型的なボルタンメトリーの条件を想定してみよう．物質輸送は電極への半無限拡散のみであり，その電極は平面で，エッジ効果が無視できるほど十分な面積 A をもつ．この場合のモデル化にはラプラス変換法は適さない．代わりに，電極表面における R と O の濃度を電流に関係付ける**ファラデー–フィックの関係** (Faraday-Fick relation) を用いる．この関係は他で導出されており[1508]，(15·13)式に示されている．濃度と電流は，電流の半積分[1509] $M(t)$ によって関係付けられる．まず最初に(15·10)式を半積分すると，(15·12)式のようになる．

$$M(t) = \left.\frac{d^{-1/2}}{dt^{-1/2}}|I|\sin\{\omega t + \varphi_I\}\right|_{-\infty}$$
$$= \frac{|I|}{\sqrt{\omega}}\sin\left\{\omega t + \varphi_I - \frac{\pi}{4}\right\}$$

電流の半積分　(15·12)

次式で示すように，表面濃度と半積分は線形関係になっているので，

$$\frac{M(t)}{FA} = \sqrt{D_R}[c_R^b - c_R^s(t)] = \sqrt{D_O}[c_O^s(t) - c_O^b]$$

ファラデー–フィックの関係　(15·13)

以下の式が得られる．

$$c_R^s(t) = c_R^b - \frac{|I|\sin\{\omega t + \varphi_I - \pi/4\}}{FA\sqrt{D_R\omega}}$$
$$c_O^s(t) = c_O^b + \frac{|I|\sin\{\omega t + \varphi_I - \pi/4\}}{FA\sqrt{D_O\omega}} \tag{15·14}$$

これらの式は予想された (15·11) 式と一致し，濃度変動の大きさや位相角に関する表現を与える．O の濃度は電流より $\pi/4$ すなわち $45°$ だけ進み[1510]，R の濃度は電流より $3\pi/4$ だけ遅れる[1511]．さらなる便宜のために，(15·14) 式を以下のように簡略化する．

$$\frac{c_R^s(t)}{c_R^b} = 1 - \frac{|c_R^s|}{c_R^b}\sin\{\omega t + \varphi_I - \pi/4\}$$
$$\frac{c_O^s(t)}{c_O^b} = 1 + \frac{|c_O^s|}{c_O^b}\sin\{\omega t + \varphi_I - \pi/4\} \tag{15·15}$$

ここで，$|c_R^s|$ は $|I|/FA\sqrt{D_R\omega}$ と等しく，電極表面における R の濃度変動の大きさを表す．$|c_O^s|$ も同様に定義される．それぞれの濃度変動は対応する種のバルク濃度を超えられないことに注意しよう．なぜなら，そうでなければ，

上式において意味のない負の濃度をサイクル中のどこかの点に生じてしまうからである．しかし，この導出において，濃度変動が絶対値として小さいという非常に強い制限をわれわれは後で加えることになる．図 15·2 は濃度変動が互いに π すなわち $180°$ だけ位相がずれていることを示している．ここで，濃度 $c_R^s(t) + c_O^s(t)$ はほとんど一定である．

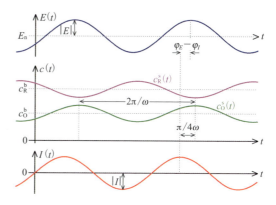

図 15·2 電流，電極表面における O の濃度と R の濃度，および電極電位に関する正弦波的な挙動

いま問われるべきは，(15·10) 式において想定された電流と，それによってひき起こされる (15·15) 式における濃度変動が，(15·8) 式で示した印加電位と矛盾しないかどうかである．この答えを得るために，バトラー–ボルマー式に注目する．電流–電位–濃度の関係は，(7·27) 式の形で書くと下式のようになる．

$$\frac{I(t)}{Ai_n} = \frac{c_R^s(t)}{c_R^b}\exp\left\{\frac{-\alpha F}{RT}[E(t) - E_n]\right\}$$
$$- \frac{c_O^s(t)}{c_O^b}\exp\left\{\frac{(1-\alpha)F}{RT}[E(t) - E_n]\right\}$$

バトラー–ボルマー式　(15·16)

ここで i_n は交換電流密度であり，$Fk^{o\prime}(c_R^b)^\alpha(c_O^b)^{1-\alpha}$ と等しい．交流摂動が十分に小さいという条件のため，電位 $E(t)$ はゼロ電位から少しだけずれている．ゆえに，(15·16) 式におけるそれぞれの指数関数をその展開式の最初の2項で置き換えても，それによる誤差は小さい．

$$\frac{|I|\sin\{\omega t + \varphi_I\}}{Ai_n} \approx \frac{c_R^s(t)}{c_R^b}\left[1 - \frac{\alpha F}{RT}[E(t) - E_n]\right]$$
$$- \frac{c_O^s(t)}{c_O^b}\left[1 + \frac{(1-\alpha)F}{RT}[E(t) - E_n]\right]$$

(15·17)

1508) Web#1508 を参照．この式には**逆拡散関係**が含まれている（Web#1213 参照）．
1509) Web#1242，特に表 2 の (206) を参照．
1510) 正弦的に変化する O の濃度の位相角が $\varphi_I - \pi/4$ と等しいので，O の濃度の最小値は，電流のそれより進む（図 15·2 参照）．
1511) なぜなら，$-\sin\{\omega t + \varphi_I - \pi/4\} = \sin\{\omega t + \varphi_I + 3\pi/4\}$ であるからである．

$I(t)$ には（15・10）式を代入していることに注意しよう。（15・17）式の二つの濃度の比を（15・15）式の表現で置きえると，いくつかの項がうまく消去され，整理してまとめると（15・18）式のようになる。

$$\frac{F}{RT}[E(t) - E_n] = \frac{|I|\sin\{\omega t + \varphi_I\}}{Ai_n}$$
$$+ \left(\frac{|c_R^s|}{c_R^b} + \frac{|c_O^s|}{c_O^b}\right)\sin\left\{\omega t + \varphi_I - \frac{\pi}{4}\right\}$$
$$+ \text{無視できる非常に小さい項}$$
(15・18)

電位変化 $E(t) - E_n$ は二つの正弦波項の和であり，ゆえにこれ自身が正弦波の形になる。予想されるように，$E(t) - E_n$ は $|E|\sin\{\omega t + \varphi_E\}$ と表すことができる。これによって，（15・18）式を次式のように再構成できる。

$$|E|\sin\{\omega t + \varphi_E\} = |I|\left[\frac{RT}{FAi_n}\right]\sin\{\omega t + \varphi_I\}$$
$$+ \frac{|I|}{\sqrt{\omega}}\left[\frac{RT\sqrt{\omega}}{F|I|}\left(\frac{|c_R^s|}{c_R^b} + \frac{|c_O^s|}{c_O^b}\right)\right]\sin\left\{\omega t + \varphi_I - \frac{\pi}{4}\right\}$$
(15・19)

ここで [ ] の中の項は一定であり，最初のものは 109 ページで述べた**電荷移動抵抗**（charge-transfer resistance）R_{ct} に相当する。

$$\frac{RT}{FAi_n} = \frac{RT}{F^2Ak^{o'}(c_R^b)^\alpha(c_O^b)^{1-\alpha}} = R_{ct}$$

電荷移動抵抗 (15・20)

この式は電極反応の速度論的パラメータを含んでいる[1512]。（15・19）式における 2 番目の [ ] の項は，W で表される[1513]。

$$\frac{RT\sqrt{\omega}}{F|I|}\left(\frac{|c_R^s|}{c_R^b} + \frac{|c_O^s|}{c_O^b}\right) = \frac{RT}{F^2A}\left(\frac{1}{c_R^b\sqrt{D_R}} + \frac{1}{c_O^b\sqrt{D_O}}\right)$$
$$= W$$

ワールブルグ成分 (15・21)

この項は電子移動過程を反映せず，電極からあるいは電極への物質輸送過程を反映する。R_{ct} と W を用いると，（15・19）式はつぎのようになる。

$$|E|\sin\{\omega t + \varphi_E\}$$
$$= |I|R_{ct}\sin\{\omega t + \varphi_I\} + \frac{|I|W}{\sqrt{\omega}}\sin\left\{\omega t + \varphi_I - \frac{\pi}{4}\right\}$$
(15・22)

電極電位は，電流の振幅に比例する二つの正弦波の項の和になる。これは，二つの"成分"の直列回路を通して流れ

る交流電流の挙動に対応する。したがって，振幅の十分小さい交流電流が流れている電極にかかっている電圧は，二つの成分が直列に接続されているものと考えればよく，一つは R_{ct} で表される反応速度に関する成分であり，もう一つは W で表される輸送項を含む成分である[1514]。

（15・22）式の右辺の最初の項は，振幅が周波数に依存せず，電流と同じ位相角を有する応答を示している。この応答は R_{ct} の記号が示すように，抵抗に相当する。（15・22）式の右辺の 2 番目の項は，周波数の平方根の逆数に比例する振幅と，$\pi/4$ だけ電流に先行する位相角を有する電位応答を示している。14 ページにおける表を参考にすると，これらは，まさに**ワールブルグ成分**[172]（Warburg element）の特性であることがわかる。別の言い方をすれば，2 番目の成分 W は伝送路のような挙動を示す。伝送路においては，抵抗と静電容量の比が $R/C = W^2$ のような形で与えられる。

反応が可逆的にふるまう場合，$k^{o'}$ は非常に大きく，その結果，電荷移動抵抗は無視できるほど小さい。そして電極はワールブルグ成分のみで表される[1515]。130 ページの定常状態ボルタンメトリーおよび 134 ページの回転ディスク電極ボルタンメトリーの場合と同様に，可逆性指標を導入することが有効である。この場合の指標は，（15・23）式のようになる。

$$\lambda = \frac{W}{R_{ct}\sqrt{\omega}}$$

交流インピーダンスに対する可逆性指標

$$= \frac{k^o}{\sqrt{\omega}}\left[\frac{1}{\sqrt{D_R}}\left(\frac{c_O^b}{c_R^b}\right)^{1-\alpha} + \frac{1}{\sqrt{D_O}}\left(\frac{c_R^b}{c_O^b}\right)^\alpha\right]$$
(15・23)

$\lambda \gg 1$ の場合，反応は可逆であり，以前に述べたようにワールブルグ成分がファラデーインピーダンスの主要な成分となる。λ が 1 に近い場合は，反応は準可逆であり，電荷移動抵抗とワールブルグ成分の大きさの両方が原理的に交流法によって測定できる。可逆性指標は周波数を含むので，実験を準可逆な状態に"調整"することが可能であり，さらにインピーダンスの二つの成分を区別するために周波数が利用できることに注意しよう。$\lambda \ll 1$ の場合，非可逆なために，測定されるインピーダンスを純粋な電荷移動抵抗とみなすことができるが，電極が非可逆的にふるま

1512) Web#1512 のように，R と O の濃度がそれぞれ 1.0 mM であり，式量速度定数 $k^{o'}$ が 1.0×10^{-4} m s^{-1} の場合，1.0×10^{-5} m^2 の電極面積における電荷移動抵抗が 270 Ω となることを示せ。

1513) ほかでは W の代わりに $\sqrt{2}\sigma$ や $\sqrt{2}\theta$ の記号が用いられる場合もある。半径 1.8 mm のディスク電極に対する典型的な値は，$W \approx 1.7$ kΩ s$^{-1/2}$ である。R と O のそれぞれの濃度が数 mM，拡散係数が 1.0×10^{-9} m^2 s^{-1} であるとき W の値を確かめよ。Web#1513 を参照。

1514) $|I|R_{ct}$ と $|I|W/\sqrt{\omega}$ は 10 章における反応過電圧と輸送過電圧に相当する。

1515) しばしば，ワールブルグ成分（素子）は抵抗と静電容量の直列回路とみなされる。しかし，そのような表現ではその成分（素子）の周波数特性を捉えることができない。

う場合には，ファラデー過程の周期性が保たれないことをもう一度思い出そう．

摂動が十分に小さい場合，(15・10)式の正弦波電流を印加して(15・18)式の電位応答を測定してもよく，これにより電圧を印加して電流を測定したときと全く同じ結果が得られる．その誘導はより簡単であるが，電圧を与えて電流を測定する方法はあまり一般的ではない．

実際にはファラデー応答だけではなく，並列につながった電気二重層の非ファラデー応答および直列につながった非補償抵抗も測定されることを理解しよう．図15・3に，すべての負荷を表す四つの成分を含む，交流を用いた電気化学反応に関する基本的な回路を示した．このような実験から得られる結果は，一般的にインピーダンスという言葉で表される．インピーダンスについては，次節で述べる．交流用に特別に設計され，広い周波数範囲[1516]にわたってデータを提供できるポテンショスタットは**インピーダンススペクトロメータ**（impedance spectrometer）あるいは**周波数応答アナライザ**（frequency-response analyzer）として知られ，これらの装置によっていろいろな形で図示されたデータが提供される．たとえば，次節で議論されるスルータスプロットなどである．

流電圧が与えられたとき，何が起こるだろうか？ それは，以下に示した三つのファラデー過程に影響が現れる．

振幅$|E|$が小さくない場合，作用電極への電圧$E(t)=E_n+|E|\sin\{\omega t+\varphi_E\}$の印加 $\Big\}$ がつくり出す $\Big\{$ 基本波応答 / 高調波応答 / ファラデー整流

(15・24)

基本波応答では，電流は$|I|\sin\{\omega t+\varphi_I\}$となる．ここで，$|I|$は小さな信号の理論によって予想される値と同じである（あるいは，多少小さい）．**高調波応答**では，電流の周波数が基本周波数ωの倍数となる．$n\omega$の周波数をもつ成分は，n倍の周波数をもつ**高調波**[174]（harmonics），つまり第n高調波とよばれる．高調波では一般に，印加電圧の振幅$|E|$に比例せず，高次になるほど小さくなる．電気技術において，交流から直流への変換は"整流作用"として知られる．(15・24)式中の**ファラデー整流**は，かなり大きな交流電位が電極に印加されるとき，いろいろな周波数の正弦波を有する交流電流に加え，直流電流もつくり出されることを意味している[1517]．

なぜファラデー整流が起こり，どのように高調波が発生するかについて考えよう．大まかにこの概念をとらえるには，過電圧（$\eta=E(t)-E_n$）の変化$\Delta\eta$が電流に正弦波的な変動（$I(t)=|I|\sin\{\omega t+\varphi_I\}$）をひき起こしている，電極の交流特性について考えるとよい．下図から，正弦波電圧が分極曲線の小さな部分を繰返しすべり上がったり，降りたりする結果，周期的な電流がつくり出されることがわかる．特に，分極曲線がほぼ線形とみなせる場合，図15・4の青色で示すように小さな正弦波電圧は正弦波電流をつくり出す．電圧の大きな振幅は分極曲線の曲線部分に

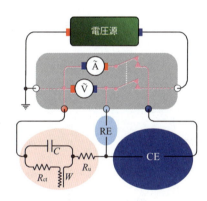

図15・3 3電極式ポテンショスタットによる電極のインピーダンス測定のための等価回路の成分．RE（参照電極）成分のインピーダンスは，電流がこの電極を通らないので重要ではない．CE（対極）成分（セルの電解液部分のほとんどが含まれる）もそのインピーダンスがポテンショスタットによって補償されるので，同様である．ファラデー過程の経路は，交流信号が非常に小さい場合には，伝送路と直列につながれた抵抗として表される．

(15・17)式で行われる近似（もし変数の値が小さいならば，指数関数項は展開によって最初の二つの項で置き換えられる）は，$|E|$がRT/F（室温では約26 mVである）に比べて小さいならば正しい．しかし，より大きな振幅の交

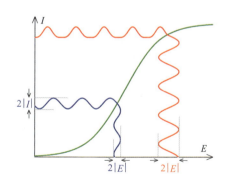

図15・4 高調波とファラデー整流の由来がこの図で理解できる．正弦波電圧の変位が分極曲線と出会ったところで，電圧の振動が電流の振動に変換される．つくり出された応答は青色の場合ほとんど正弦波である．しかし，赤色の場合は著しく歪んでいる．位相の変化は無視されている．

1516) 実際には，これらの機器の多くは連続的というよりむしろ，非常に多くの周波数を同時に印加する．全体の振幅が"小さな振幅"の限界を超えないように，複数の周波数の位相を調整することが必須である．
1517) 同様に，ファラデー整流電圧は，大きな振幅の交流電流を加えることによって生じる．

及ぶ可能性があり，その結果，正弦波に歪みが生じる．よって，図に赤色で示すように周期的な電流はもはや正弦波ではなくなる．このように歪んだ電流は，高調波と整流作用の発生源となる．

これらの効果がどのように生じるかをより定量的に見るために，(15・17)式に戻ろう．そして，それぞれの指数項の展開においてもう一つの項を加える効果について注目しよう．これは(15・18)式の右辺にいくつかの新しい項を導入することである．そのうち最も重要なものは，(15・25)式の左辺にある量である．三角関数の公式を用いると，右辺のように変換できる．

$$\frac{[\alpha^2 - (1-\alpha)^2]F^2|E|^2}{R^2T^2}\sin^2\{\omega t + \varphi_E\}$$
$$= \frac{(2\alpha-1)F^2|E|^2}{2R^2T^2}\left[1 + \sin\left\{2\omega t + 2\varphi_E - \frac{\pi}{2}\right\}\right] \quad (15\cdot25)$$

非周期的な電圧（(15・25)式中の右辺の "1" から）とともに，第2高調波（周波数2ω）が発生する[1518]．これら両方の大きさは電位の振幅の二乗に比例する．もちろん，二つの指数項の展開においてさらなる項を加えることにより，より高次の高調波および整流電圧への特別な寄与が導かれる．フーリエ変換（14，173ページ）は高調波の振幅と位相角を見積もるときに有用である．ファラデー整流作用についてのより詳細な情報は他で得られる[1519]．

15・3 等価回路：インピーダンスの解読

大きな振幅の交流信号を電極に印加すると，整流作用と高調波発生により非線形的な挙動が現れ，回路を構成する成分によって電気化学的なセルのインピーダンスを示すことができなくなる．ゆえに，この節では，小さな交流信号を用い，いかにインピーダンス測定[1520]が作用電極についての情報を得るために有用であるかを確認しよう．

(15・22)式より，小さな振幅の正弦波電圧に対するファラデー界面の応答は，抵抗R_{ct}とワールブルグ成分Wに等価であるとみなすことができる．ワールブルグ成分と抵抗の直列回路が，ここで議論する条件での電極におけるファラデー過程の**等価回路**（equivalent circuit）であるといえる．そのため，インピーダンスは"$R_{ct}+W/\sqrt{\omega}$"であると考えるかもしれない．しかし，これは間違いである．交流特性は位相角を含むので，インピーダンスはベクトルであり，これを明確に表すには二つの量を用いる必要がある．位相角のずれを考慮する有用な方法は，複素平面を使うことである．そして，以下のようにインピーダンスを二つの項の和として表す．

$$Z = Z' + jZ'' \quad \text{ここで} \quad j = \sqrt{-1}$$
複素表示 (15・26)

二つの成分にはさまざまな名前が付けられている．Z'は**実数成分**（real component），**抵抗成分**（resistive component），あるいは**同相成分**（in-phase component）とよばれている．Z''は**虚数成分**[1521]（imaginary component），あるいは**直交成分**（quadrature component），**反応成分**（reactive component），**異相成分**（out-of-phase component）などとよばれている．複素表示されたインピーダンスとその複素共役[1522]の積の平方根は，インピーダンスを与える．

$$\sqrt{(Z'+jZ'') \times (Z'-jZ'')} = \sqrt{(Z')^2 + (Z'')^2} = Z$$
インピーダンス (15・27)

一方，(15・28)式

$$\arctan\left\{\frac{Z''}{Z'}\right\} = \varphi_I - \varphi_E \quad \text{位相差} \quad (15\cdot28)$$

によって，インピーダンスを通して流れる電流の位相角をそのインピーダンスにかかる電圧の位相角と関係付けることができる．インピーダンスの四つの一般的な成分（素子）を下表に示した．電気化学ではめったに見かけないけれども，インダクターはコイル線において現れる**インダクタンス**（inductance）Lの特性をもち，ヘンリー[1523]（H）の単位で測定される．

成分（素子）	Z'	Z''
抵抗 R	R	0
インダクター L	0	ωL
静電容量 C	0	$\dfrac{-1}{\omega C}$
ワールブルグ成分 W	$\dfrac{W}{\sqrt{2\omega}}$	$\dfrac{-W}{\sqrt{2\omega}}$

二つの成分を直列に接続したときの全インピーダンスは，それぞれのインピーダンスを用いた非常に簡単な式で表される．

$$Z' = Z'_1 + Z'_2 \quad \text{および} \quad Z'' = Z''_1 + Z''_2$$
直列につながれた成分1と成分2 (15・29)

並列につながった成分のインピーダンスは，かなり複雑な

1518) $\alpha=1/2$でなければ，第2高調波（周波数2ω）が発生する．しかし，第3高調波と同時に起こる整流作用はαに関係なく発生する．
1519) Web#1519参照．
1520) 詳しくは，U. Retter, H.Lohse, "Electroanalytical Methods", F. Scholz Ed., 2nd edn, Springer, 2010, p.159-177参照．
1521) これは誤解を導く用語である．Z''は実数量であり，jZ''が虚数である．
1522) $x+jy$の**複素共役**は$x-jy$である．
1523) ジョセフ・ヘンリー（1797-1878），アメリカ合衆国の物理学者，ワシントンのスミソニアン博物館の創設責任者．

15・3 等価回路：インピーダンスの解読

式になる[1524]．

$$Z' = \frac{Z_1'Z_2'(Z_1' + Z_2') + Z_1'(Z_2'')^2 + Z_2'(Z_1'')^2}{(Z_1' + Z_2')^2 + (Z_1'' + Z_2'')^2}$$

$$Z'' = \frac{Z_1''Z_2''(Z_1'' + Z_2'') + Z_1''(Z_2')^2 + Z_2''(Z_1')^2}{(Z_1' + Z_2')^2 + (Z_1'' + Z_2'')^2}$$

並列につながった成分1と成分2　　(15・30)

図15・3に示した作用電極を表す四つの成分からなる等価回路は**ランドルス–エルスラー回路**[1630],[1525]（Randles–Ershler circuit）として知られている．このような複雑な回路の場合，それぞれのインピーダンスの大きさ Z に比例する長さで，かつ位相角のずれに相当する角度でそれぞれの成分を回路図に描くことが有用である．図15・5では小さな振幅の交流電圧を印加した作用電極の場合を示している．このような図では，三角法を用いることで回路の挙動を解析できる．

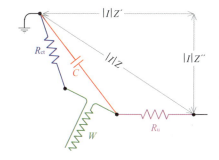

図 15・5 小さな振幅の交流電圧を印加した作用電極の等価回路ベクトル図．インピーダンスの大きさは四つの色で分けられた部分の長さに相当する．それぞれの成分が水平線に対してとる角度がその成分を流れる電流の位相角（全電圧の位相に対して）を示している．

それとは別に，(15・29)式と(15・30)式の関係から，ランドルス–エルスラー回路の全インピーダンス成分に関する式が組立てられる．最初に，(15・29)式を用いて，電荷移動抵抗とワールブルグ成分の直列回路についてのインピーダンスが導かれる．

$$Z' = R_{ct} + \frac{W}{\sqrt{2\omega}} \quad \text{および} \quad Z'' = \frac{-W}{\sqrt{2\omega}}$$
(15・31)

つぎに，(15・30)式を用いて，最初の回路（電荷移動抵抗とワールブルグインピーダンスの直列回路）に電気二重層容量が並列に加えられると，(15・32)式が得られる[1526]．

$$Z' = \frac{\sqrt{2\omega}(\sqrt{2\omega}R_{ct} + W)}{(\sqrt{2\omega} + \omega WC)^2 + \omega^2 C^2(\sqrt{2\omega}R_{ct} + W)^2}$$

$$Z'' = \frac{-W(\sqrt{2\omega} + \omega WC) - \omega C(\sqrt{2\omega}R_{ct} + W)^2}{(\sqrt{2\omega} + \omega WC)^2 + \omega^2 C^2(\sqrt{2\omega}R_{ct} + W)^2}$$
(15・32)

最後に，非補償抵抗がこれらの回路に直列で加えられるので，(15・29)式を用いて (15・33)式が導かれる．ここでは，Z' に R_u が加えられている．

$$Z' = R_u + \frac{\sqrt{2\omega}(\sqrt{2\omega}R_{ct} + W)}{(\sqrt{2\omega} + \omega WC)^2 + \omega^2 C^2(\sqrt{2\omega}R_{ct} + W)^2}$$

$$Z'' = \frac{-W(\sqrt{2\omega} + \omega WC) - \omega C(\sqrt{2\omega}R_{ct} + W)^2}{(\sqrt{2\omega} + \omega WC)^2 + \omega^2 C^2(\sqrt{2\omega}R_{ct} + W)^2}$$
(15・33)

こうして，ポテンショスタットを用いて"測定される"インピーダンスを解析することができる[1527]．

電極のインピーダンスを測定する目的は，もちろん四つの成分の大きさを決定することである．なかでも R_{ct} は，電極反応速度を測定する手法として，特に重要である．Z' と Z'' の二つだけの測定によって四つの量を計算することは非常に難しいことである．しかし，インピーダンス測定では，これらの四つの値を得るための多くの手段が存在する．一つは非常に広い範囲の周波数を測定に用いることである．一般の実験室の装置で可能な ω は 10^{-1} から 10^5 Hz の範囲である．電気二重層容量 C と非補償抵抗 R_u の値は，しばしば"既知"として取扱われる．これらの値

1524) Web#1524で見られるように，成分が並列でつながれているとき，(15・29)式と同様に簡単な和として**アドミタンス** ($Y=1/Z$) が加えられることを理解したうえで，(15・30)式を導け．
1525) ボリス・ウラジミロヴィチ・エルスラー (1908–1978)，ロシア人の電気化学者，放射線化学者．
1526) (15・32)式を導出せよ．あるいは Web#1526 を参照．
1527) ω=1.25 kHz の周波数に関して，つぎの成分を用いてランドルス–エルスラー回路の実数成分と虚数成分のインピーダンスを計算せよ．C=5.0 μF, W=2.0 kΩ s$^{-1/2}$, R_{ct}=200 Ω, R_u=50 Ω．5.00 mV の振幅の交流電圧を印加したとき，回路に流れる交流電流の振幅と位相角を見いだせ．Web#1527 参照．

は電極活物質を含んでいない溶液の実験から決定される[1528]．これらは，電極活物質が存在しないだけで，他は同じ測定条件にした実験から求められることもあるが，実験条件の違いが，二重層容量の値に大きな変化をもたらさないという保証はどこにもない．他の方法はバルク濃度を変化させることである．バルク濃度の変化は電荷移動抵抗 R_{ct} と拡散に関するワールブルグ成分の大きさ W の両方に対して，逆比例的な効果（(15・20)式と (15・21)式参照）を示す．しかし，バルク濃度は電気二重層容量や，ポテンショスタットによって非補償のままになっている抵抗 R_u には大きな影響を与えない．

周波数が十分に小さいとき，(15・33)式は単純化され[1529]，両方の成分が図 15・6 に示すように $1/\sqrt{\omega}$ の線形関数になる．二つの直線は同じ傾きになり，その傾きからワールブルグ成分の大きさが求められる．その他の有用な情報は切片から得られる．一般的に，広い周波数範囲にわたる一連のインピーダンス測定の結果は，**アルガン図**[1530]（Argand diagram）としてプロットされる．すなわち，インピーダンスの実数成分の関数として，虚成分を表したグラフである．このようなプロットにおいて，周波数はグラフの線に沿って順々に変化する．電気化学において，アルガン図は**スルータスプロット**[1531]（Sluyters plot）ともよばれている．電極反応が可逆的にふるまう，すなわち R_{ct} がゼロのとき，(15・33)式は非常に簡略化され，インピーダンスの実数成分と虚数成分は周波数項を消去することによって，つぎのようにまとめられる．

$$[-Z'' - (Z' - R_u)][(-Z'')^2 + (Z' - R_u)^2] = 2W^2C(Z' - R_u)^2 \quad \text{可逆} \quad (15 \cdot 34)$$

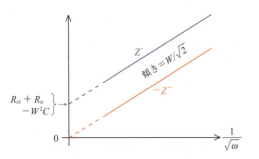

図 15・6 低周波数で，周波数の平方根の逆数に対して Z' および $-Z''$ 成分をプロットした場合，両者は平行な直線を示す．

この式は解くことが可能な三次方程式に変形される[1532]．また，電極が可逆的にふるまう場合，交流電流の大部分は，高い周波数のところでランドルス-エルスラー回路の静電容量成分を無視することができ，ファラデー成分を通って流れる．このような状況において，スルータスプロットは図 15・7 のようになる．

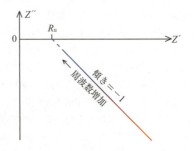

図 15・7 電極反応が可逆的にふるまうとき，ほとんどの周波数でスルータスプロットは直線を示す．

低周波数と高周波数におけるランドルス-エルスラー回路のインピーダンス解析は，(15・35)式の導出とともに他に与えられている[1533]．高周波数においては，電荷移動抵抗が非常に大きく，ワールブルグ成分が小さいために，その影響が見られなくなる．W を含むすべての項を (15・33)式から除外すれば，残りは (15・35)式のように変形される[1533]．

$$\left(Z' - R_u - \frac{1}{2}R_{ct}\right)^2 + (-Z'')^2 = \left(\frac{1}{2}R_{ct}\right)^2$$
W が無視できる $\quad (15 \cdot 35)$

この式は図 15・8 に示した座標軸上の半円で特徴付けられる．しかし，W が広い周波数範囲にわたって無視できるほど小さいことはめったになく，完全な半円を描けるわけではない．代わりに，低い周波数において (15・36)式の関係が適用される[1534]．

$$-Z'' = Z' + R_u + R_{ct} - W^2C$$
低い周波数 $\quad (15 \cdot 36)$

この式は図 15・9 の緑色の点線で示した直線に相当する．実際には，実験データはスプーンの形をしたスルータスグラフをしばしば示す．図 15・9 の赤色の実線は近似を行わずに，(15・33)式を用いて描かれた例である．

1528) 反応が起こらない直流電位での同様の実験から求めることもある．
1529) Web#1529 のように，(15・33)式を簡略化して成分 Z' と Z'' が $1/\sqrt{\omega}$ の線形関数になることを示せ．そして，図 15・9 の説明文に与えられた成分の値を用いて図 15・6 の直線の低周波数部分における傾きと切片を計算せよ．
1530) ジャン-ロベール・アルガン（1768–1822），フランスの書籍販売業者，アマチュア数学者．
1531) ヤン・H・スルータスとマルガリータ・スルータス-レーバッハ，オランダの創造的な電気化学研究グループ．データ表示のこの方法は**コール・コールプロット**，**ナイキストプロット**ともよばれている．
1532) $(Z' - R_u)/Z''$ の三次方程式に変形した後，標準的な方法によって解かれる．詳しくは，K. Oldham, J. Myland, J. Spanier, "An Atlas of Functions", 2nd edn, Springer, 2009, p.142 を参照．
1533) (15・35)式は Web#1533 で導出されている．
1534) (15・36)式の誘導については Web#1534 を参照．

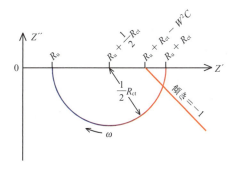

図 15・8　(15・35)式に従う半円はワールブルグ成分の大きさ W がすべての周波数において無視できるスルータスプロットに対して予想されるものである.

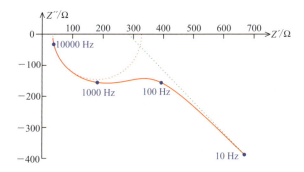

図 15・9　赤色の実線は，近似を行わずに (15・33)式に従ったスルータスプロットである．四つの成分についてはつぎの値を用いている．電気二重層容量[1320] $C = 3.0\,\mu\text{F}$，ワールブルグ成分の大きさ[1513] $W = 1.7\,\text{k}\Omega\,\text{s}^{-1/2}$，電荷移動抵抗[1512] $R_{ct} = 270\,\Omega$，非補償抵抗[1338] $R_u = 34\,\Omega$．点線で示した半円と直線（−1 の傾き）は目測によって引かれている．

15・4　交流ボルタンメトリー：充電電流の区別

酸化還元対の両方が十分な濃度で存在するときのみ，ファラデー過程による交流電流が電極界面を通って流れることができる．交流ボルタンメトリー[1535]においては，一方の種 R だけがバルク溶液中に存在し，その対であるもう一方の種 O は，交流信号に上乗せした直流電流によってつくり出される場合が多い．実験は典型的なボルタンメトリーの条件（125, 126 ページ）で行われる．直流と交流の両方を印加し，応答を分離し，そして位相角，基本波および高調波応答を測定するために，非常に精巧な装置を必要とする[1536]．

図 15・10 は交流ボルタンメトリーにおいて，作用電極に印加される電位波形を示している．ゆっくりとした傾斜電位に小さな（典型的に 10 mV）振幅の正弦波が重畳さ

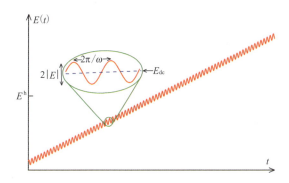

図 15・10　交流ボルタンメトリーにおける印加信号．実験において，典型的には，交流の周期は数千であるので，図はスケール通りには書かれていない．

れている．

$$E(t) = E_0 + vt + |E|\sin\{\omega t + \varphi_E\}$$
$$= E_{dc} + |E|\sin\{\omega t + \varphi_E\} \quad (15\cdot37)$$

1 電子酸化反応 R(soln) ⇌ e⁻ + O(soln) に関して，傾斜電位の印加は R/O 対の可逆半波電位（E^h）より約 150 mV だけ手前（より負電位側）から始まり，E^h より 150 mV ほど超えたところで終わる．測定されるパラメータは，印加電圧と同相の交流電流の振幅 $|I'|$ であり，その直流電位に対する依存性を調べる．直流電流は一定でなく，こちらはあまり重要ではない．直流を用いるのは，単に電極表面における R と O の濃度の比を調整するためである．

ゆっくりした電位走査の時間領域では反応は可逆的にふるまうが，高周波数の交流電位の速い変化に対しては可逆的に応答できない．交流ボルタンメトリーでは，まさにこのような状況をつくり出している．ネルンスト式は電極表面における平均濃度の比を決定する．

$$\frac{c_O^{av}}{c_R^{av}} = \exp\left\{\frac{F}{RT}(E_{dc} - E^{o\prime})\right\}$$
ネルンスト式　(15・38)

上式および，二つの表面濃度の間の関係[1508]

$$\sqrt{D_O}\,c_O^{av} = \sqrt{D_R}\,[c_R^b - c_R^{av}] \quad (15\cdot39)$$

から，R の平均濃度と直流電位と関係が得られる．

$$c_R^{av} = \frac{c_R^b}{1 + \sqrt{D_O/D_R}\exp\{F(E_{dc} - E^{o\prime})/RT\}}$$
$$= \frac{c_R^b}{1 + \exp\{F(E_{dc} - E^h)/RT\}}$$
(15・40)

この R の平均濃度は，R の濃度が正弦波的に振動しているときの中心点である．O についても同様にふるまう．この状況は，R/O の混合物の組成が実験中に徐々に変化

1535）　グレアムによって開発された[1304]．
1536）　**ロックインアンプ**，あるいは**位相感敏検波器**のようなもの．今日，入力と出力の両方がデジタル方式で取扱われている（13, 14 ページ）．

していく以外は，この章の最初に議論された状況に非常に似ている．

四つの成分をもつランドルス–エルスラー等価回路は，小さな振幅を用いる交流ボルタンメトリーにおいて使用できる．(15·21) 式によって与えられたワールブルグ成分の大きさは，バルク濃度を平均濃度によって置き換えると，(15·41) 式のようになる[1537]．

$$W = \frac{RT}{F^2 A} \left(\frac{1}{\sqrt{D_O} c_O^{av}} + \frac{1}{\sqrt{D_R} c_R^{av}} \right)$$
$$= \frac{4RT}{F^2 A c_R^b \sqrt{D_R}} \cosh^2 \left\{ \frac{F}{2RT} (E_{dc} - E^h) \right\} \quad (15·41)$$

これは，ワールブルグインピーダンスの直流電位に対する依存性，すなわち E^h 付近で深い極小を有することを示している．電荷移動抵抗も，それほど明確ではないが，同様に極小を示す．R_{ct} の一般的な公式化は大変手の込んだものとなるので[1538]，特別な，しかし典型的な場合として $α = 1/2$ のときを考える．この場合，R_{ct} は (15·42) 式で与えられる．

$$R_{ct} = \frac{RT}{F^2 A k^{o'} \sqrt{c_R^{av} c_O^{av}}}$$
$$= \frac{2RT}{F^2 A c_R^b k^{o'}} \cosh \left\{ \frac{F}{2RT} (E_{dc} - E^h) \right\}$$
$α = 1/2$ (15·42)

$W/\sqrt{ω}$ と R_{ct} の相対的な大きさが，反応分極と輸送分極との相対的な大きさ，したがって実験の可逆性を決める．他のタイプのボルタンメトリーの場合と同様に，可逆半波電位 E^h におけるこれらのインピーダンス（電子移動と拡散に関するインピーダンス）の比を可逆性指標とする．

$$λ = \left(\frac{W/\sqrt{ω}}{R_{ct}} \right)_{E^h} = \frac{2k^{o'}}{\sqrt{D_R ω}}$$

交流ボルタンメトリーにおける可逆性指標 (15·43)

可逆性指標 $λ$ が1より非常に大きな場合，交流ボルタンメトリーにおいてはワールブルグ成分が支配的なインピーダンスとなる．$λ \ll 1$ であるとき，電荷移動抵抗が支配的で，その反応は非可逆的にふるまう．インピーダンススペクトロスコピーでは，可逆性指標の式中に $ω$ があることからわかるように，速度定数の大きさに合わせて実験を "調整" することができる．

交流ボルタンメトリーにおいて測定されるのは，印加される交流電圧と同相の電流である．図 15·11 に示すように，この電流はファラデー成分と非ファラデー成分によって構成されている．この同相の電流は (15·44) 式によっ

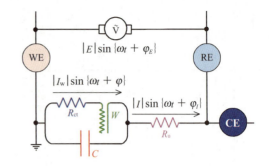

図 15·11 ランドルス–エルスラー回路が交流ボルタンメトリーに適用される．(しばしば非補償抵抗を無視できる)．

て与えられる．この式は，他で導出されている[1539]．

$$|I'| = \frac{|E|[ωR_{ct} + \sqrt{ω/2}\,W]}{\sqrt{ωR_{ct}^2 + \sqrt{2ω}R_{ct}W + W^2}\left[\sqrt{ω}R_u + \sqrt{ωR_{ct}^2 + \sqrt{2ω}R_{ct}W + W^2}\right]}$$

同相の電流 (15·44)

多くの場合，非補償抵抗は無視できる[1540]．系が可逆的にふるまう場合，(15·44) 式は (15·41) 式を組込むことにより，(15·45) 式に簡略化される．

$$|I'| = \sqrt{\frac{ωD_R}{2}} \frac{F^2 A c_R^b |E|}{4RT} \operatorname{sech}^2 \left\{ \frac{F}{2RT}(E_{dc} - E^h) \right\}$$

可逆 (15·45)

交流ボルタモグラムは 137 ページで議論したような "可

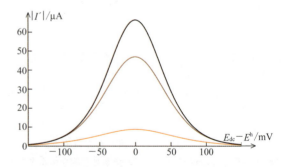

図 15·12 交流ボルタンメトリーにおいて，与えられた交流電圧と同相である交流電流成分の振幅が直流電圧に対してプロットされている．可逆半波電位の近傍でピークを示す．つぎの条件がすべての三つの交流ボルタモグラムの例に適用される．電極面積 $A = 1.0×10^{-5}$ m^2，周波数 $ω = 4000$ Hz，交流電圧の振幅 $|E| = 5.0$ mV，移動係数 $α = 0.5$，非補償抵抗 $R_u = 0$，バルク濃度 $c_R^b = 1.0$ mM，拡散係数 $D_1 = 1.0×10^{-9}$ m^2 s^{-1}，式量速度定数 $k^{o'} ≥ 10^{-1}$ m s^{-1} (可逆)，$k^{o'} = 1×10^{-3}$ m s^{-1} (準可逆)，$k^{o'} = 1×10^{-4}$ m s^{-1} (非可逆)．

1537) (15·41) 式における 2 番目の等式の説明については Web #1537 を参照．
1538) 一般的な場合，$(D_O/D_R)^{(2α-1)/4} \exp\{(2α-1)F(E_{dc}-E^h)/2RT\}$ の特別な因子が (15·42) 式の右側に現れる．
1539) Web #1539 を参照．
1540) $R_u = 0$ のときに単純な形となることを示せ．そして，Web #1540 のように，(15·45) 式を導出せよ．

"逆ピーク"の典型的な形をもつ．そのような曲線を図15・12に示した．ピークは E^{h} において生じ，その高さは (15・46) 式で表される．

$$|I'|_{\mathrm{peak}}^{\mathrm{rev}} = \sqrt{\frac{\omega D_{\mathrm{R}}}{2}} \frac{F^2 A c_{\mathrm{R}}^{\mathrm{b}} |E|}{4RT} \quad \text{可逆ピーク電流}$$

(15・46)

この図のもう一つの曲線は，非可逆過程のものである．その電流値は，(15・47) 式のようになる．

$$|I'| = \frac{|E|}{R_{\mathrm{ct}}} = \frac{F^2 A c_{\mathrm{R}}^{\mathrm{b}} k^{\circ\prime} |E|}{2RT} \operatorname{sech}\left\{\frac{F}{2RT}(E_{\mathrm{dc}} - E^{\mathrm{h}})\right\}$$

非可逆 (15・47)

さらに，これら二つの間にある曲線は準可逆過程のものである．非可逆の場合はそうではないが，可逆的な場合には双曲線正割関数の項は二乗になることに注意しよう．

水銀電極を用いて，特にスミス[1541]の熟練した腕によって，電気化学速度定数の最初期の正確な測定が交流ボルタンメトリーで行われた．

15・5 フーリエ変換ボルタンメトリー：交流信号に対する高調波応答

フーリエ[175]は，周期 P のいかなる信号も $\omega = 2\pi/P$ の倍数の周波数をもつ一連の正弦波と余弦波の足し合わせ（一般的には無限の足し合わせ）で表せることを示した．矩形波の場合を 14 ページに例として取上げた．周期的な信号を $\mathrm{per}(t)$ で表すと，**フーリエ級数**（Fourier series）の一般式は (15・48) 式のようになる[1542]．

$$\mathrm{per}(t) = \frac{c_0}{2} + \sum_{m=1}^{\infty} c_m \cos\{m\omega t\} + s_m \sin\{m\omega t\}$$

フーリエ級数 (15・48)

この式からわかるように，非周期的な項もときどき現れる．この定数は周波数ゼロの余弦波ともみなせる．フーリエ級数における係数は，(15・49) 式と (15・50) 式で示される．

$$c_m = \frac{\omega}{\pi} \int_0^{\frac{2\pi}{\omega}} \mathrm{per}(t) \cos\{m\omega t\}\, dt \quad m = 0, 1, 2\cdots$$

余弦係数 (15・49)

$$s_m = \frac{\omega}{\pi} \int_0^{\frac{2\pi}{\omega}} \mathrm{per}(t) \sin\{m\omega t\}\, dt \quad m = 1, 2, 3\cdots$$

正弦係数 (15・50)

周期関数のフーリエ級数を決定する過程は，**フーリエ解析**[1543]（Fourier analysis）として知られている．フーリエ解析の結果は図 1・21 に示したようなフーリエスペクトルの形，あるいは $\sqrt{(c_m^2 + s_m^2)}$ の値[1544]を m に対してプロットすることで得られるパワースペクトルで表される．

数学者はその操作を別に定義するけれども，**フーリエ変換**（Fourier transformation）として一般的に知られる方法は，フーリエ解析を応用したものであり，連続変数ではなく，時系列データを扱うために考案された．フーリエ変換によって，一定の時間間隔で測定された一連のデータを周波数領域のデジタルデータとして変換することができる．通常は，フーリエ変換の後に，特に興味のある周波数における時間領域を再現するために，**逆フーリエ変換**（inverse Fourier transformation）が行われる．フーリエ変換/逆変換は科学技術の多くの分野に対して有効に適用されている．電気化学的な応用を含むこれらのほとんどすべての場合で，この過程は三つの段階からなっている[1545]．

時系列データ → フーリエ変換 →
変換されたデータ（すべての周波数領域） → フィルタ処理 →
変換後の $m\omega$ に関する部分 → 逆フーリエ変換 →
もとのデータの周波数 $m\omega$ に関する時間成分

(15・51)

興味ある周波数 $m\omega$ のそれぞれに対して 2 番目，3 番目の操作が行われる．時系列データが完全に周期的である場合，変換されたデータは図 1・21 におけるような基本周波数の整数倍のところにおいてのみ，振幅がゼロでないピークを示す．一方，周期的なものに近い場合，変換されたデータは ω のすべてあるいは多くの整数倍のところにピークを示し，光学スペクトルに似たものとなる．

交流ボルタンメトリーと同様に，これを改変した**フーリエ変換ボルタンメトリー**（Fourier-transform voltammetry）では，図 15・10 に示したような一つ[1546]の正弦波の交流電圧によって変調された直流電圧を用いている．これら二つの方法の違いの一つは，交流ボルタンメトリーでは高次の高調波が複雑であるため用いられないが，フーリエ変換ボルタンメトリーでは，高次の高調波を解析できることである．周波数は 5～1000 Hz，振幅 $|E|$ は最大 100 mV くらいまでの，交流電位が通常用いられる．典型的な電位範囲 $E_{\mathrm{final}} - E_0$ は約 500 mV であり，電位走査速度は 50 mV s^{-1} である．電位範囲には対象となる反応の可逆半波電位が含まれている．結果として，非常に多くの高調波が含まれる．そして，6 次あるいはそれ以上の高調波まで，その振幅の大きさはノイズを十分に超えた大きさで発生する．し

[1541] ドナルド・E・スミス（1936–1985），アメリカ合衆国の電気化学者．
[1542] オイラー式とよばれる．レオンハルト・オイラー（1707–1783），スイスの卓越した数学者．
[1543] 図 1・22 と (1・42) 式で示した矩形波の係数 c_0，c_1，s_1，s_2，s_3 を見いだせ．その結果を (1・43) 式，および Web#1543 と比較せよ．
[1544] しばしばこの値の 2 倍，あるいはその対数が用いられる．
[1545] フーリエ解析に関する詳細は，Web#1545 を参照．
[1546] 複数の正弦波が用いられる．また矩形波や，あらゆる周波数領域の波が含まれる "ホワイトノイズ" などの信号が用いられる場合もある．

しばしば，サイクリックボルタンメトリー（185ページ）のように，直流電圧の掃引が反転される．

可逆的にふるまう反応 $R(soln) \rightleftarrows e^- + O(soln)$ への電位信号 $E(t) = E_0 + vt + |E|\sin\{\omega t\}$ の効果は，**可逆系の汎ボルタンメトリー関係**[1547] (reversible pan-voltammetric relation) によってモデル化される．

$$\frac{M(t)}{FA} = \frac{c_R^b \sqrt{D_R}}{2}\left[1 + \tanh\left\{\frac{F[E(t)-E^h]}{2RT}\right\}\right]$$

　　　　可逆系の汎ボルタンメトリー関係　　　（15・52）

125，126ページで詳しく述べた典型的なボルタンメトリー条件のほとんどの場合と同様に，この有用な関係はフーリエ変換ボルタンメトリーにおいても適用される．$M(t)$ は電流の半積分であり[1242]，ゆえに信号を半微分して代入すると，電流は（15・53）式のようになる．

$$\frac{I(t)}{FA} =$$
$$\frac{c_R^b \sqrt{D_R}}{2}\frac{d^{1/2}}{dt^{1/2}}\left[1 + \tanh\left\{\frac{E_0 + vt + |E|\sin\{\omega t\} - E^h}{2RT/F}\right\}\right]$$

　　　可逆交流ボルタンメトリーにおける電流　（15・53）

この式はフーリエ変換の変数を含むが，交流ボルタンメトリーに適用できる．(15・53)式は周期関数を表していない．しかし，直流成分に関連する時間領域（すなわち $(E_{final}-E_0)/v$）が交流成分の時間領域 $2\pi/\omega$ に対して非常に大きな場合，その式はほとんど周期的となる．実際に，フーリエ変換／逆変換が適切に行われているならば，この問題（周期関数でないこと）は，フーリエ変換ボルタンメトリーにおいても十分に満足できる．

可逆半波電位 E^h 以外では，数値解析法によるフーリエ変換は(15・53)式を検討するための唯一の実際的な方法である．その方法は過程(15・51)に従って行われる．デジタル化された電流がフーリエ変換され，対象とする周波数 $m\omega$ の付近以外，すべてのフーリエ変換をゼロにし，残りのものには逆フーリエ変換が行われる．図15・13はこの過程の第二，第三段階を示している．最終結果として，電流から直流成分（通常は無視されている），基本波およびより高次の高調波が取出され，図に示したように直流電位（あるいは時間）に対して正弦波電流の絶対値包絡線の振幅をプロットして表示される．高調波の次数 m により，それぞれのパターンの大きさと形がどのように違ってくるか注意しよう．

直流の傾斜電位が半波電位を通過する瞬間の $t=(E^h-E_0)/v$ では，フーリエ変換／逆変換を用いなくても，電流成分の解析的に予測できるさまざまな成分の振幅と位相角を次ページに示した．

図15・13は可逆フーリエ変換ボルタンメトリーのみに

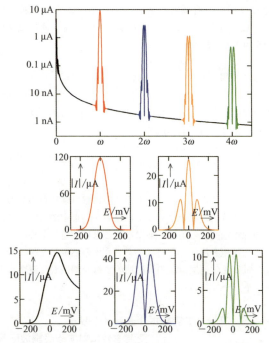

図 15・13 上の曲線はパワースペクトル（power spectrum）である．可逆的な電極反応のフーリエ変換ボルタンメトリーから測定された結果をフーリエ変換することによって得られた周波数領域の対数プロット．このプロットの色付けされた要素は，五つの小さな図において示された時間領域のデータをつくるために別々に逆フーリエ変換されている．五つのプロットの縦軸は，直流成分と同様に，基本波，第2，3，4高調波おける正弦波電流の大きさの包絡線の振幅である．データ：$A=10^{-5}$ m^2，$T=T^\circ$，$D_R=D_O=10^{-9}$ m^2 s^{-1}，$c_R^b=1$ mM，$E^h=0$ V，$v=50$ mV s^{-1}，$\omega=9$ Hz，$|E|=80$ mV

適用できるが，図15・14は三つの可逆性指標に関する基本波（基本周波数 ω）と第4高調波（周波数 4ω）のボルタモグラムの例を示している．基本周波数における電流の振幅は，より高次の高調波の場合と比べて速度定数による違いがあまり見られない．この現象は，電極反応速度が速い場合の測定において顕著になる．さらに，2次，3次，より高次の高調波は静電容量による干渉を完全に除去できる．非可逆性が増加するに従って，ボルタモグラムの形は対称性を失う．特に，このひずみは，α が 1/2 以外のときに見られる．

フーリエ変換ボルタモグラムを定量的に解析するための唯一の効果的な方法は，実験をデジタルシミュレーションして（178ページ），実験と理論を比較することである．特に求めようとしているパラメータにボルタモグラムが最も鋭敏である高調波において検討が行われる．シミュレー

[1547] 汎ボルタンメトリー関係，およびその特別な場合の可逆系の汎ボルタンメトリー関係が Web#1547 において導出されている．すべての式に関しては193ページを参照．

まとめ

高調波	可逆交流ボルタンメトリーにおける E^{b} での電流成分	
	振幅[1548]	位相角
直流成分	$0.38010 A c_{\mathrm{R}}^{\mathrm{b}} \sqrt{\dfrac{F^3 D_{\mathrm{R}} v}{RT}}$	—
周波数 ω の基本波成分	$\dfrac{4RTAc_{\mathrm{R}}^{\mathrm{b}}}{|E|}\sqrt{D_{\mathrm{R}}\omega}\sum_{j=1,3}^{\infty} 1-\dfrac{1}{\sqrt{1+(F|E|/j\pi RT)^2}}$	$\dfrac{\pi}{4}$ すなわち $45°$
第 2, 4, 6 … のすべての偶数高調波	0	—
基本波および第 3, 第 5 … の第 m 高調波	$\dfrac{4FAc_{\mathrm{R}}^{\mathrm{b}}}{\pi\beta^m}\sqrt{mD_{\mathrm{R}}\omega}\sum_{j=1,3}^{\infty}\dfrac{\left[\sqrt{j^2+\beta^2}-j\right]^m}{\sqrt{j^2+\beta^2}} \quad \beta=\dfrac{F|E|}{\pi RT}$	$+45°\ (m=1,5,9,\cdots)$ $-135°\ (m=3,7,\cdots)$

ションには，静電容量や他の効果による非補償抵抗とバックグラウンド電流のような干渉を含めることできる．1 段階，1 電子反応よりも複雑な電極反応の反応機構の解析にもフーリエ変換ボルタンメトリーは使われる．これはサイクリックボルタンメトリー（16・5, 16・6 節）による反応の解析と非常に似た方法である．

まとめ

交流法では振幅，周波数，位相角の三つのパラメータが存在するため，直流法に比べてより柔軟に，電極への周期的な電位の印加が可能となっている．結果として，観測される電流に非常に多くの情報が含まれている．さらに，電気化学は科学の他の分野から有効な手段（回路解析，複素数の代数学，フーリエ変換）を導入することで，電極の交流応答の解析を実現した．交流法は印加電圧の振幅の大小によって，二つに大別できる．小さな振幅の場合，線形的な応答を用いて，セルは構成される回路成分に基づいて解析が行われる．振幅が大きく，擬似周期的な場合はこのような解析は不可能である．この場合はフーリエ変換ボルタンメトリーが使われ，応答の解析には常にコンピューターが用いられる．次章のほとんどの場合で明らかなように，ここで議論される方法の大部分は電極として水銀が主に利用された時代に開発されたものである．これらの測定法はそのまま受け継がれ，固体金属電極，カーボン電極に適用されている．これらの電極は原子レベルでは平坦ではなく，化学的に不均一な多結晶表面をもつことが知られている．

矩形波ボルタンメトリーと階段状ボルタンメトリーは擬似周期法とみなすことができる．しかし，これらの電極反応の解析は，16 章において議論する過渡応答ボルタンメトリーとして取扱うことにする．

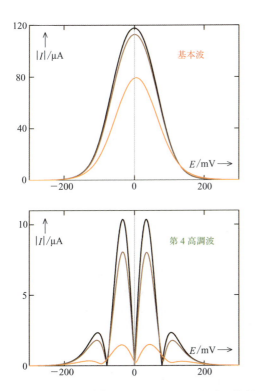

図 15・14　フーリエ変換ボルタンメトリーにおける基本波および第 4 高調波の成分．可逆，準可逆，非可逆酸化反応に関する直流電位に対する正弦波電流の包絡線の振幅のプロット．データ：$k^{0'}=0.10,\ 1.0\times10^{-3},\ 1.0\times10^{-4}\ \mathrm{m\,s^{-1}}$，$\alpha=0.5$，他の値は図 15・13 と同じ．

[1548] 奇数のみの j を含む総和が急速に収束することに注意しよう．偶数の高調波の列にある "0" は，これらの高調波がないことを意味するものではない．半波電位は高調波の節（振幅がゼロ）であることも理解しよう．詳細は Web#1548 参照．

16 過渡応答ボルタンメトリー

印加された信号に対して作用電極がどのように応答するかを調べることは,電極反応を研究するうえでもっとも有益な方法の一つである.印加する信号は電流の場合もあるが,通常は単純な時間依存性をもつ電位プログラムが用いられる.別名ポテンショダイナミック・ボルタンメトリー (potentiodynamic voltammetry) ともいうが,一定の電位から他の電位へ変化させる実験を他の実験と区別するためそのようによんでいる.ほとんどの場合,この実験はポテンショスタットにより電位が規制され,125, 126 ページに述べた標準的なボルタンメトリー条件に従う.12 章および 15 章においては,ボルタンメトリーの定常的な応答および周期的な(または周期的に近い)応答について述べた.この章では,定常でも周期的でもなく[1601],時間依存性の電流応答をもたらす実験ついて議論する.13 章で述べたように,容量電流と小さな非補償抵抗は過渡応答ボルタンメトリーにおいてやっかいな問題となっている.ここでは,これらの影響については議論しないが,146~148 ページで述べたのと同様な方法で対処できる.通常,用いられる電極は平板であり,エッジ効果が無視できるほど大きい.過渡応答ボルタンメトリーにはさまざまな手法が存在するが,これらは測定者が求める情報を最大限にひき出すために,あるいは有用な情報を無意味な効果と区別するために,どのような印加信号を選択するかということに由来している.人間の他の営みと同じく,慣習的なものも一つの要因といえる.

16・1 過渡応答ボルタンメトリーのモデル化: 数学, アルゴリズム, シミュレーション

応答の大きさや形を説明できなければ,過渡電流を発生させる実験を行う意味はない.ゆえに,過渡応答ボルタンメトリーの結果を理論的に予測することは不可欠であり,ときには実験よりも必要性が高くなる.**モデル化** (modeling) とは,電極反応の挙動を推測するために,さまざまなパラメータを用いて数学的なモデルを構築し,これに基づいて解析し,電流と時間との関係を予測することである.モデルが現実的で,適応性のあるものなら,適切なパラメータを選択することによってその予測結果は実験で得られる曲線に限りなく近づけられるはずである.もしそうでなければ,モデルのほうが間違っていることになる.信頼できるパラメータを用い,モデルが実験と非常によく一致した場合,モデルは正しく,パラメータは妥当なものであるといえる.過渡応答ボルタンメトリー実験の結果を予測するためには,異なる三つの方法がある.しかし,これらはいつもはっきりと区別できるわけではない.

$$\text{ボルタモグラムのモデル化} \begin{cases} \text{数学的解析法} \\ \text{半解析的方法} \\ \text{デジタルシミュレーション} \end{cases} \quad (16 \cdot 1)$$

より複雑な電気化学反応は後で議論することにして,ここでは 1 電子,1 段階の酸化反応 $R(\text{soln}) \rightleftarrows e^- + O(\text{soln})$ のみに注目する.最初に生成物は存在せず,バトラー–ボルマー式に従うものとする.この条件では,電流は九つのパラメータによって支配される.

$$\text{入力データ} \begin{cases} \text{温度 } T, \text{ 電極面積 } A, \text{ バルク濃度 } c_R^b, c_O^b \\ \text{拡散係数 } D_R \text{ および } D_O, \text{ 反応の式量電位 } E^{o\prime} \\ \text{式量不均一系速度定数 } k^{o\prime}, \text{ 移動係数 } \alpha \end{cases} \quad (16 \cdot 2)$$

電極反応が可逆な場合,オレンジ色で示した二つのパラメータは意味がなくなる.これらの九つのパラメータに加えて,電極電位 $E(t)$ の時間依存性を明示する必要がある.モデルをつくる際に,ボルタモグラムを定量的に予想するためには,三つのうちのどのアプローチを用いるにせよ,すべてのパラメータに対して既知あるいは想定される数値が入力されなければならない.

式量電位が (16・2) のリストに含まれているが,ボルタモグラムの理論においては,これとは異なる基準電位を用いることが多い.すなわち,**可逆半波電位**[1602] (nernstian half-wave potential) であり,以下のように定義される.

$$E^{\text{h}} = E^{o\prime} - \frac{RT}{2F} \ln\left\{\frac{D_O}{D_R}\right\} \quad \begin{matrix}\text{可逆}\\\text{半波電位}\end{matrix} \quad (16 \cdot 3)$$

[1601] ときどき,サイクリックボルタンメトリーの応答が"安定する"まで長い時間がかかる.図 13・9 のボルタモグラムは**極限的サイクリックボルタモグラム**と名付けられている.

[1602] 可逆半波電位については,Web#1547 における斜体で表示された部分も参照のこと.(16・3)式は,136 ページに与えられた定義と一致する.$D_O = D_R$ の場合,可逆半波電位と式量電位は一致する.拡散係数の違いが 10% であるとき,25 ℃において,これらの電位はどのくらい違うか.Web#1602 を参照.

以下に示すように，どちらの基準電位を用いてもネルンスト式を書くことができる．

$$\frac{\sqrt{D_O}\, c_O^s(t)}{\sqrt{D_R}\, c_R^s(t)} = \exp\left\{\frac{E(t) - E^h}{RT/F}\right\}$$

$$\frac{c_O^s(t)}{c_R^s(t)} = \exp\left\{\frac{E(t) - E^\approx}{RT/F}\right\}$$

ネルンスト式　　(16・4)

汎ボルタンメトリー関係と同様に[1547]，式量電位を用いたほうが，バトラー–ボルマー式はずっと簡単になる[1603]．

$$\frac{I(t)}{FA} = \frac{k^\approx}{\xi^\alpha(t)}[c_R^s(t)\xi(t) - c_O^s(t)]$$

ここで $\xi(t) = \exp\left\{\frac{E(t) - E^\approx}{RT/F}\right\}$

バトラー–ボルマー式　　(16・5)

この章ではほとんどの場合 $E^\approx$ を基準として用いるが，可逆なボルタモグラムの場合には E^h を用いたほうが良い場合もあるので，必要に応じて使い分けることにする．

数学的解析法（mathematical analysis）は，（16・1）における三つのモデル化の試みのうちで最も満足のいく方法である．しかし残念なことに，この方法は簡単な系以外に適用できない．この方法によって，（入力）信号，バトラー–ボルマー式，フィックの法則，ファラデーの法則など，さまざまな関係式についての数学的表現を，実験における測定結果（通常は電流）が時間とともにどのように変化するかを表現する単一の式にまとめることができる．数学的解析法は紙とペンによってできるので，コンピュータは必要としないが，実験結果と比較する際，これらの式を数値に変換する作業では役に立つ．

ボルタンメトリー実験を数学的にモデル化する場合に，電流の時間変化に関連するすべてのパラメータを用いて，一つの（あるいは一連の）式をうまく導き出すことができたとしても，それらを一つの陽関数としてまとめられないことがよく見られる．このような場合のつぎの選択肢として，**半解析的方法**（semianalytical method）がある．ここでは**数値解析アルゴリズム**（numerical algorithm）を用いて数式が解かれる．この手法は，ある瞬間での電流を計算するのに，その直前の電流値を用いるため"漸進的"である．このような半解析的方法は，すでに今日のコンピュータが登場する前にも行われていたが，現在ではすべてコンピュータが膨大な量の数値計算を実行してくれる．もっとも適用範囲の広い逐次数値計算法は，（16・6）式のような

込み入った形で与えられる[1604]．この有用なボルタンメトリーのアルゴリズムによれば，いかなる印加電位信号 $E(t)$ に対して生じるファラデー電流でも計算することができる．しかも，どのような可逆性をもつ1電子移動に対しても，また開始時の R や O が存在するかどうかに関係なく適用できる．（16・5）式で定義された $\xi(t)$ を用いると，このアルゴリズムは（16・6）式のようになる．

$$I(t) = \frac{\dfrac{FA}{\sqrt{\delta}}[c_R^b \xi(t) - c_O^b] - \left[\dfrac{\xi(t)}{\sqrt{D_R}} + \dfrac{1}{\sqrt{D_O}}\right]\displaystyle\sum_{n=1}^{N-1} w_{N-n} I(n\delta)}{\dfrac{\xi^\alpha(t)}{k^\approx \sqrt{\delta}} + \dfrac{\xi(t)}{\sqrt{D_R}} + \dfrac{1}{\sqrt{D_O}}}$$

(16・6)

ここで $N = t/\delta$, $w_0 = 1$, $w_n = (1 - 1/2n)w_{n-1}$ である．その加重値はあらかじめ計算されているが，n 番目の電流には w_n でなく，w_{N-n} が加重されることに注意しなければならない．（16・2）におけるすべての入力パラメータを，この**表計算アルゴリズム**[1604]（spreadsheet algorithm）に代入する．一方，非常に短い時間間隔 δ は慎重に選択しなければならない[1605]．このアルゴリズムおよびそれに類するものを実行するには，図 16・1 に示したフローシートにそって進めばよい．$E(\delta)$ と（16・6）式で $N=1$ としたとき，$I(\delta)$ のおおよその値を計算する（$N=1$ のとき，総和は"ゼロ"なので，$I(\delta)$ には影響しない）．つぎに $N=2$ とすると，電位を $E(2\delta)$ に改めて設定した後，$I(2\delta)$ を計算する（総和は $I(\delta)/2$ という項が含まれる）．つぎに $N=3$ とし，電位を $E(3\delta)$ に改めて設定したうえで，$I(3\delta)$ を計算する（総和には $\{I(2\delta)/2\} + \{I(3\delta)/8\}$ という二つの項が含まれる）．あとはこの繰返しである．初期の電流値は誤差は大きいが，すぐに無視できるほど小さくなる．この方法を有効に活用するための表が用意されている[1604]．

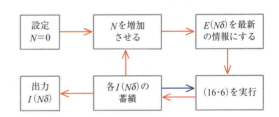

図 16・1　広く普及しているボルタンメトリーのアルゴリズム（16・6）に関するフローシート．青色の矢印は前に蓄積された電流値の再利用を示している．

1603) $\xi^h(t) = \exp\{F[E(t) - E^h]/RT\}$ を用いたバトラー–ボルマー式（(16・5)式）の類似式をつくることによって，この式を導いてみよ．あるいは Web#1603 を参照．

1604) Web#1547 において<u>汎ボルタンメトリー関係</u>が導出されている．汎ボルタンメトリー関係からアルゴリズム（16・6）が導かれる．Web#1604 には，半積分の方法およびアルゴリズム（16・6）に関する便利な<u>表計算アルゴリズム</u>の詳細も含まれている．

1605) 全実験時間の 1/1000，あるいはそれくらいが適当である．今日では，電位を連続的に変化する信号としてではなく，一連の短時間定電位セグメントとして印加する．その場合，δ はセグメントの周期，またはその倍数である．

ボルタンメトリーの問題に対する，数学的解析法および半解析的方法の適用において，特に有用である二つの手法がある．**ラプラス変換**[162] (Laplace transformation) と半微積分であるが，数学的には主流であるとはいえない．ボルタンメトリーにおける問題を解く際に，ラプラス変換を用いる最大の特徴は，フィックの第二法則のような偏微分方程式を常微分方程式に変換できることにあり，その解法が容易になる．一方，**半演算子**[1242] (semioperators) の大きな利点は，フィックの第二法則を解く必要がないことである．半微積分をボルタンメトリーへ適用するほとんどの場合，(16・7) 式のみが必要となる[1606]．

$$\frac{\sqrt{D_R}[c_R^b - c_R^s(t)]}{FA} = \frac{\sqrt{D_O}[c_O^s(t) - c_O^b]}{FA}$$

$$= M(t) = \frac{d^{-1/2}}{dt^{-1/2}} I(t)$$

ファラデー–フィックの関係 (16・7)

この式により，半積分 $M(t)$ を介して，ファラデー電流 $I(t)$ と電極表面における酸化還元対の濃度を直接関係付けることができる．ファラデー–フィックの関係は 15 章においてすでに導入され[1508]，この章で頻繁に使われる**汎ボルタンメトリー関係**[1604] を導出する際の鍵ともなる．

デジタルシミュレーション[1607] (digital simulation) にとってコンピュータは必須である．この方法は強力かつ万能であり，漸進的という点では多くの半解析的方法と共通しているが，他の二つのモデル化の方法とは概念的に異なる．しかも，デジタルシミュレーションは時間だけでなく，空間についても漸進的といえる．デジタルシミュレーションでは，拡散場中の特定の位置を表すために特定のメモリ番地が割り当てられる．それぞれのメモリには，関連する物質の濃度に相当する数値が格納されている．ある一つの場所における物質の濃度の履歴を記憶するため，複数のメモリが割り当てられる場合もある．それぞれの場所で隣接する場所との間で拡散的な物質輸送が起こり，ときには同じ場所で他の溶存種との化学反応が進行するため，時間の経過とともに，メモリに格納された数値がつぎつぎと変化する．電極表面では，電気化学反応も進行するのでこの場所を表示するメモリは特に重要である．電気化学セルの形状は三次元であるが，対称性を用いると一次元，あるいはせいぜい二次元空間でシミュレーションを行うことができる．

デジタルシミュレーションを適用する際，連続性を有するフィックの法則を，離散化して取扱う．この場合，空間や時間の微小間隔は必ずしも一定である必要はない．このようにして，微分方程式は一連の代数方程式に置き換えられ，解かれる．そして，適切な精度を保ちながら，コンピュータによる計算時間をできる限り短くするための工夫がなされている[1608]．このような作業は，現在，多くの専門家たちが携わっている，より洗練された仕事にまで発展している．シミュレーションの手順をつくりあげることは非常に面倒で，時間を費やす過程である．そのため，実際には，いまのところ電気化学者は市販のシミュレーションプログラム[1609] にほとんど頼っている．

"**離散化**" (discretization) とは，時間や空間のような本来連続的な変数を，あたかも個々の微小な不連続体の集まりからなっているものとして取扱うことをいう．(16・1) に示したモデル化の三つのアプローチにおける，時間および空間に対する離散化の有無について下表に示した．もちろん，離散化は誤差を含む近似であるが，もし各ステップが十分に小さく，そしてモデルを実施する際のアルゴリズムをうまく選べば，そのような誤差は無視できるようになる．

モデル化の方法	離散化？	
	空間	時間
数学的解析法	なし	なし
半解析的方法	なし	あり
デジタルシミュレーション	あり	あり

16・2 電位ステップクロノアンペロメトリー：1段階，2段階，多段階

ボルタンメトリーにおいて最も簡単な実験は，突然変化する電位を作用電極へ印加することである．ここで，(16・8) 式における電極反応が起こらないよう，標準電位より十分に負である初期電位 E_0 に保たれている電極を考えよう．

$$\mathrm{R(soln)} \rightleftarrows \mathrm{e^-} + \mathrm{O(soln)} \quad (16・8)$$

時間 $t=0$ において，電極電位を突然より正の電位 E_1 に変化させ，その値に一定に保つ．その結果，流れる電流 $I(t)$ は時間の関数として測定されるので，この実験は**クロノア**

1606) ファラデー–フィックの関係の簡単な応用として，コットレル式 (85 ページ) を導け (Web#1242 の表を用いよ)．コットレル式は，R(soln)→e⁻+O(soln) の反応が起こり，突然の大きな正電位 ("電位ジャンプ") を電極に与えた場合の電流の応答を表している．Web#1606 参照．
1607) ここでは，われわれの関心はデジタルシミュレーションの**有限差分法**に限定する．**有限要素法**のデジタルシミュレーションも使われており，特に複雑なセルの幾何学構造に対して有効である．
1608) D. Britz, "Digital Simulation in Electrochemistry", 3rd edn, Lecture Notes in Physics, Springer (2005) を参照．
1609) 1991 年以来，DigiSim® は最も初期に広く使われたソフトである．それは主にサイクリックボルタンメトリーをモデル化する．最近では，万能な DigiElch® がある．シミュレーションプログラムの動作に関する概略を理解するには，A. J. Bard, L. R. Faulkner, "Electrochemical Methods", 2nd edn, Wiley (2001) の付録 B を参照．

ンペロメトリー[1610] (chronoamperometry) とよばれる．数学的には，(16・9)式のようにまとめられる．

$$E(t) = \begin{cases} E_0 & t<0 \\ E_1 & t>0 \end{cases} \xrightarrow[\text{実験}]{\text{電位ステップ}} I(t) = \begin{cases} 0 & t<0 \\ ? & t>0 \end{cases}$$

電位ステップクロノアンペロメトリー　(16・9)

上式における"?"は得られる応答である．ここで，(16・5)式によって与えられるバトラー–ボルマー式が成り立つと仮定する．

$$\frac{I(t)}{FA} = \frac{k^\infty}{\xi_1^\alpha(t)}[c_R^s(t)\xi_1 - c_O^s(t)]$$

$$\text{ここで}\ \xi_1 = \exp\left\{\frac{E_1 - E^\infty}{RT/F}\right\}$$

バトラー–ボルマー式　(16・10)

ここで，変数 ξ は定数 ξ_1 に置き換えられている．過渡応答ボルタンメトリーのなかで数学的解析法[1611]によって簡単にモデル化できるものはほとんどないが，例外として**電位ステップクロノアンペロメトリー**（potential-step chronoamperometry）があげられ，その結果は (16・11) 式になる．

$$I(t) = FAc_R^b k^\infty \xi_1^{1-\alpha} \exp\{b^2 t\} \operatorname{erfc}\{b\sqrt{t}\}$$

$$\text{ここで}\ b = k^\infty\left(\frac{\xi_1^{1-\alpha}}{\sqrt{D_R}} + \frac{\xi_1^{-\alpha}}{\sqrt{D_O}}\right) \quad (16\cdot 11)$$

図 16・2 は可逆，準可逆，非可逆のそれぞれの場合に対する応答を示している．初めに電流の鋭い上昇が見られ，その後，単調に減少し続ける．可逆な場合は，大きな $b\sqrt{t}$ で特徴付けられ，理論的には無限の高さのスパイクを示

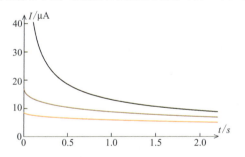

図 16・2　電位ステップクロノアンペロメトリー．可逆，準可逆，非可逆な電極反応における電位ステップに対する電流応答．データ：$E_1 = E^{\ominus} + 30\ \text{mV}$, $T=T^\circ$, $D_R = D_O = 1.0\times 10^{-9}\ \text{m}^2\ \text{s}^{-1}$, $A = 1.0\times 10^{-5}\ \text{m}^2$, $c_R^b = 1.0\ \text{mM}$, $\alpha = 0.5$, $k^\infty = 10^{-2}, 10^{-5}, 5\times 10^{-6}\ \text{m s}^{-1}$

し，電流はより簡単な形で表される[1611]．

$$I(t) = \frac{FAc_R^b k^\infty \xi_1^\alpha}{b\sqrt{\pi t}} = \frac{FAc_R^b}{\sqrt{\pi t}\left[\dfrac{1}{\sqrt{D_R}} + \dfrac{1}{\xi_1\sqrt{D_O}}\right]}$$

可逆な場合の電位ステップクロノアンペロメトリー

(16・12)

(16・11)式より，電位ステップ直後に観察される電流は (16・13) 式で表されることがわかる．

$$I(0) = FAk^\infty \xi_1^{1-\alpha} = FAk^\infty \exp\left\{\frac{(1-\alpha)F}{RT}[E_1 - E^\infty]\right\}$$

スパイクの高さ　(16・13)

これらの式から，この方法が電極反応の速度定数を測定するための良い方法であることがわかる．しかし，ステップ直後の電流を正確に記録することは難しい．加えて，ファラデー過程に関するスパイク状の電流は，電気二重層の充電による大きな非ファラデー電流に埋没している．スパイク状の電流により生じる不都合は，電流の半積分[1612]，あるいは電流の積分によって電気量 $Q(t)$ とすることで回避できる．

電位ステップ後の時間に対して電気量を測定する方法は，**クロノクーロメトリー**[1613] (chronocoulometry) として知られている．この方法は容量成分とファラデー成分を分離する有用な方法である．電気量に対する非ファラデー過程の寄与は瞬時に起こり，$t=0$ においてその大きさは $C(E_1-E_0)$ である．ここで，C は電気二重層容量である[1614]．ゆえに，大きな電位ステップあるいは"電位ジャンプ"に対する全電気量は，(16・14) 式によって与えられる．

$$Q_\text{total}(t) = C(E_1 - E_0) + \int_0^t I(t)\,\mathrm{d}t$$

$$= C(E_1 - E_0) + 2FAc_R^b\sqrt{\frac{D_R t}{\pi}}$$

電位ジャンプ[1615] クロノクーロメトリー　(16・14)

電気量と時間の平方根との関係のグラフは，図 16・3 の上図における青色の直線，いわゆる**アンソンプロット**[1616] (Anson plot) として示される．

ある時刻 $t=t_1$ において，再び E_1 から E_0 へ急激に電位を変化させたとき，何が起こるだろうか？ このような方法を**ダブルポテンシャルステップ・クロノアンペロメトリー**（double potential step chronoamperometry）とよぶ．

1610) クロノアンペロメトリーは時間 (chrono–) に対する電流 (–ampero–) を測定 (–metry) することに由来する．
1611) 解を得るための二つの経路については Web#1611 を参照．$b^2 t$ が大きい場合の簡略化された式も与えられている．
1612) 半積分 $M(t)$ により速度定数を測定する方法に関しては Web#1612 を参照．そのような条件における半積分を行うための手順も含まれている．
1613) さらなる情報と文献については，G. Inzelt, "Electrochemical Methods", 2nd edn, Springer (2010), p.147–158 を参照．
1614) 積分電気二重層容量については 141 ページ参照．
1615) 前に述べた通り，われわれはファラデー過程が拡散によってのみ支配されるような大きな電位変化を"ジャンプ (leap)"，任意の電位への変化を"ステップ (step)"として区別している．もちろん，(16・14) 式のファラデー成分は，ちょうどコットレル式 (85 ページ) の積分に相当する．
1616) フレッド・C・アンソン，アメリカ合衆国の電気化学者．

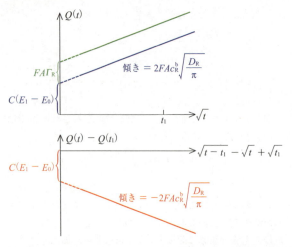

図 16・3 クロノクーロメトリー．アンソンプロットの上図において，電位ジャンプに対して流れる積分された電流は，時間の平方根に対してプロットした場合，青色の直線を示す．切片は電気二重層容量 $C(E_1-E_0)$ である．逆の電位ジャンプに対する下の赤色の直線は，最初の電位ジャンプに対するものと符号だけが異なる切片と傾きをもつ．緑色の直線は吸着が存在する場合を示す．

通常，この実験を行うとき，E_0 と E_1 は E^{th} から十分に離れており，電極が完全に分極しているため，電位"ステップ"は電位"ジャンプ"となる．(16・15)式は，この実験について示している．

$$E(t) = \begin{cases} E_0 & t < 0 \\ E_1 & 0 < t < t_1 \\ E_0 & t > t_1 \end{cases} \xrightarrow{\text{ダブルポテンシャルジャンプ実験}}$$

$$I(t) = \begin{cases} 0 & t < 0 \\ FAc_R^b \sqrt{\dfrac{D_R}{\pi t}} & 0 < t < t_1 \\ ? & t > t_1 \end{cases}$$

ダブルポテンシャルジャンプ・クロノアンペロメトリー (16・15)

2番目の電位ジャンプ（E_1 から E_0）後のファラデー電流（負電流）は，次式によって与えられる[1617]．

$$I(t > t_1) = -FAc_R^b \sqrt{\dfrac{D_R}{\pi}} \left(\dfrac{1}{\sqrt{t-t_1}} - \dfrac{1}{\sqrt{t}} \right)$$

2番目の電位ジャンプ後のファラデー電流 (16・16)

この式を積分すると，2番目の電位ジャンプ後の電気量を表す（16・17）式が得られ，次ページの図 16・4 の青色の曲線によって示されている．

$$Q(t > t_1) = Q(t_1) - 2FAc_R^b \sqrt{\dfrac{D_R}{\pi}} (\sqrt{t-t_1} - \sqrt{t} + \sqrt{t_1})$$

2番目の電位ジャンプ後のファラデー電気量 (16・17)

この式はファラデー電気量を与える．2番目の電位ジャンプでも最初の場合と同じ寄与が容量に対して見られる．しかし，符号は逆になる．$\sqrt{t-t_1}-\sqrt{t}+\sqrt{t_1}$ に対する $Q(t>t_1)-Q(t_1)$ のプロットは，図 16・3 の下図において示される赤色の直線を示す．

アンソンプロットの切片に影響を与える他の要因として，**反応物の吸着**（adsorption of the reactant）がある．

$$\begin{pmatrix} R(\text{soln}) \\ \updownarrow \\ R(\text{ads}) \end{pmatrix} \rightarrow e^- + O(\text{soln}) \quad \begin{array}{l} \text{溶液中の反応物と} \\ \text{吸着した反応物の} \\ \text{共酸化} \end{array}$$

(16・18)

吸着種は輸送を必要としないので，反応はすぐに起こり，ちょうど $t=0$ における $FA\Gamma_R$ の大きさの付加的な電荷を生じさせる．よって，その電荷を表す第3の項が式に加えられる．

$$Q_{\text{total}}(0 < t < t_1) = FA\Gamma_R + C(E_1 - E_0) + 2FAc_R^b\sqrt{\dfrac{D_R t}{\pi}}$$

電位ジャンプ中の電気量への三つの寄与[1618] (16・19)

ここで，Γ_R は吸着反応物の表面濃度である．

反応物の吸着が起こる場合，図 16・3 の緑色の直線の切片に寄与する容量性の電気量が加わる．最初の電位ジャンプで生成する余分な $O(\text{soln})$ のために，逆の電位ジャンプにおける $R(\text{ads})$ の効果は，より著しいものとなる．吸着が起こらない場合には，赤色のグラフの直線性は成り立たなくなる．にもかかわらず，この線の切片は $C(E_1-E_0)$ の近似的な値を与え，さらに上図の直線の切片と関係付けることによって，Γ_R が求められる．

2段階の電位ジャンプにおけるファラデー電流，ファラデー半積分，ファラデー電気量が図 16・4 に描かれている．ボルタンメトリーの場合と同様に，半積分は最も単純な応答を示す．ここでは，半積分は時間 t_1 まで $FAc_R^b\sqrt{D_R}$ で一定であり，その後ゼロに戻る．

連続的な電位ステップを与える実験は，**階段状ボルタンメトリー**（staircase voltammetry）として知られている．各ステップにおいてある程度時間が経って電流が測定された場合，容量電流（充電電流）を効果的に区別することができる．なぜなら，容量電流は各ステップにおいてファラデー電流よりかなり速く減衰するからである．148，149 ページに示した方法では，ほとんど純粋なファラデー電流

1617) (16・16)式と（16・17）式は Web#1617 において誘導されている．
1618) (16・19)式のすべての項を SI 単位で表し，次元が同じであることを示せ．Web#1618 を参照．電位ジャンプが 600 mV，容量が $0.276\ \mu\text{F m}^{-2}$ のとき，切片への吸着による寄与と容量による寄与が等しい場合，反応物の表面濃度を求めよ．さらに，それぞれの吸着種が電極の約 $1.0\ \mu\text{m}^2$ を占めることを示せ．

16・3 パルスボルタンメトリー：ノーマル，微分，矩形波

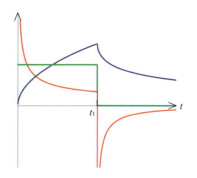

図 16・4 2段階の電位ジャンプにおけるファラデー電流，半積分，電気量の変化

正方向への電位ステップの後にすぐに負方向へのステップを行うこと，あるいはその逆を**パルス**（pluse）という．パルスを正方向（あるいは負方向）に連続的に発生させる多くの方法があり，電気化学者によってパルスボルタンメトリーのさまざまな可能性が拓かれた．しかしながら，ここでは図 16・6，16・8，16・10 に示した三つの場合だけについて述べる．後で議論する電位を傾斜状に変えていくボルタンメトリーの方法と比較して，パルス法の利点は，パルスを加えた後に電流は非ファラデー成分をほとんど含まなくなるということにある．このような妨害は，電位を傾斜状に変化させるボルタンメトリーでは多少なりとも常に存在する．一方，欠点としては，電流が連続的というよりむしろ，断続的に測定されることである．いつものように，125，126 ページにまとめた通常のボルタンメトリー条件下で起こる1段階，1電子酸化反応に注目しよう．

$$R(\text{soln}) \rightleftarrows e^- + O(\text{soln}) \quad (16 \cdot 21)$$

からなる値を得ることができる．階段状ボルタンメトリーの理論は，かなり複雑であり[1619]，この方法はあまり使われない．ΔE_{step} と Δt_{step} が非常に小さいとき，印加信号は時間に対してある速度で増加する傾斜電位とよく似てくる．

$$v = \frac{\Delta E_{\text{step}}}{\Delta t_{\text{step}}} \quad \text{階段状と傾斜状は等価} \quad (16 \cdot 20)$$

予想されるように，結果として得られる電流は，線形電位走査クロノアンペロメトリー（184，185 ページ）において見いだされる電流と区別がつかない．図 16・5 はこのことを示している．実際に，傾斜状の信号を発生する最新デジタル機器は小さなステップをもつ階段状の信号をつくり出す（望ましいステップの大きさはしばしばミリボルト以下ではないが）．

ノーマルパルスボルタンメトリー[1620]（normal pulse voltammetry）においては，測定中のほとんどの間，電位は（16・21）式の反応がほとんど起こらない電位 E_0 に保持される．そして，図 16・6 に示すように，正の電位にステップさせて，再び E_0 に戻し，つぎつぎと振幅を大きくしながら，この操作を繰返す．この手法によって，パルスとパルスとの間で，電極近傍の溶液濃度を初期濃度に再び戻すことができる．バルクからのRの拡散的な補給と，直前のパルスによって生成されたOの再還元により，もとの濃度に戻る[1621]．ゆえに，ノーマルパルスボルタンメトリーでは，待ち時間 t_{wait} はパルス時間 t_{pulse} よりはるか

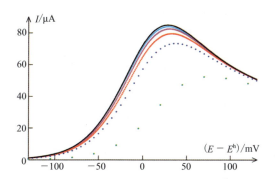

図 16・5 可逆階段状ボルタモグラム．E と I はそれぞれの電位一定部分の最後における電位と電流の関係を示す．$\Delta E_{\text{step}}/\Delta t_{\text{step}}$ はすべての点に関して 1.0 V s^{-1} の一定値となり，Δt = 25，5，1，0.2，0.04 ms である．T，A，D，c は図 16・2 と同様である．黒線は同様の条件における線形走査ボルタモグラムである．

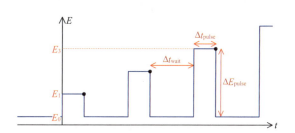

図 16・6 ノーマルパルスボルタンメトリーにおける初期の電位-時間プロフィール．ここでは，スケールを正しく示していない．なぜなら，実際には待ち時間 Δt_{wait} はパルス時間 Δt_{pulse} より典型的に 100 倍長く，それ以上のパルスも多く見られる．黒色の点は各パルスの最後の部分を示し，電流を測定する点である．

1619) 階段状ボルタンメトリーおよび可逆パルスボルタンメトリーの一般的な取扱いについては Web#1619 を参照．
1620) ノーマルパルスボルタンメトリーおよび微分パルスボルタンメトリーについてのさらなる情報は，Z. Stojek, "Electrochemical Methods", 2nd edn, F. Scholz Ed., Springer (2010), p.107–119 を参照．
1621) 反応が E_0 において非可逆的にふるまわない限り，もとの濃度状態に戻る．しばしばパルスボルタンメトリーは，もとの濃度状態に戻すことを促すために回転電極を用いて行われる．

に長い.電流は各パルスが終わる直前に測定され,そのときまでに容量電流はほとんどゼロに減衰する.148, 149ページの議論から明らかなように,非補償抵抗は非ファラデー成分の電流への寄与を素早く減衰させるほど小さくなければならない.

いかなるパルスも前のパルスの影響を全く受けないので,各パルスは個別のステップとして取扱われ,前節で取扱った電位ステップクロノアンペロメトリーと同じようにモデル化される.よって,(16・11)式と同様に,測定された電流は次式に従う.

$$I = FAc_R^b k^{o'} \xi^{1-\alpha} \exp\{b^2 \Delta t_{pulse}\} \text{erfc}\{b\sqrt{t_{pulse}}\}$$

$$\text{ここで } b = k^{o'}\left(\frac{\xi^{1-\alpha}}{\sqrt{D_R}} + \frac{\xi^{-\alpha}}{\sqrt{D_O}}\right)$$

ノーマルパルスボルタンメトリー (16・22)

あるパルスとつぎのパルスとの間で変化する唯一の項は,下式のようにパラメータξで表される.

$$\xi = \exp\left\{\frac{F}{RT}[E_0 + \Delta E_{pulse} - E^{o'}]\right\} \quad (16 \cdot 23)$$

そして,増大するパルスの高さΔE_{pulse}(連続するパルス間では典型的には25 mVずつ増大する)が,この値(ξ)に影響を与える.したがって,**ノーマルパルスボルタモグラム**(normal pulse voltammogram)は,電極電位$E=E_0 + \Delta E_{pulse}$に対する測定電流を点表示したプロットとなる.図16・7には,可逆,準可逆,非可逆の場合に予想される[1622]ボルタモグラムを示した.この場合の可逆性指標は(16・24)式で示される.

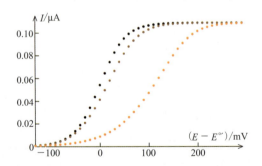

図 16・7 可逆,準可逆,非可逆な電気化学反応におけるノーマルパルスボルタモグラム.(16・22)式と(16・23)式に基づき,つぎのデータを使用:$T=T^\circ$, $A=1.0\times10^{-5}$ m², $c_R^b=0.0010$ mM, $D_R=D_O=1.0\times10^{-9}$ m² s⁻¹, $\alpha=0.5$, $\Delta t_{pulse}=25$ ms, $k^{o'}=1.0\times10^{-3}$, 1.0×10^{-4}, 1.0×10^{-5} ms⁻¹, $E_0=E^{o'}-130$ mV, $\Delta E_{pulse}=10, 20, 30, \cdots, 420$ mV

$$k^{o'}(\sqrt{D_R} + \sqrt{D_O})\sqrt{\frac{\Delta t_{pulse}}{D_R D_O}} = \lambda$$

ノーマルパルスボルタンメトリーに関する可逆性指標 (16・24)

可逆,準可逆,非可逆の場合の指標は,それぞれ10, 1, 0.1となる.

反応(16・21)が可逆な場合,(16・22)式は電位を可逆半波電位に対して表示することで,より多くの情報が得られる形に書き換えられる.

$$I = \frac{FAc_R^b/\sqrt{\pi \Delta t_{pulse}}}{\frac{1}{\sqrt{D_R}} + \frac{1}{\xi\sqrt{D_O}}}$$

$$= \frac{FAc_R^b\sqrt{D_R}}{2\sqrt{\pi \Delta t_{pulse}}}\left[1 + \tanh\left\{\frac{E_0 + \Delta E_{pulse} - E^h}{RT/F}\right\}\right]$$

可逆ノーマルパルスボルタンメトリー (16・25)

上式の後の表記は,135, 136ページで議論された**標準可逆波**(standard reversible wave)と正確に一致する.可逆的でない場合,波はひき延ばされ,その形は移動係数αの値によっていくぶん影響を受けるようになる.

波の高さは濃度c_R^bに比例するので,ノーマルパルスボルタンメトリーは化学的な分析においても有用である.この方法は容量電流に対してファラデー電流をうまく分離できるので,非常に低い濃度まで分析が可能である.さらに良い方法としては[1623],**微分パルスボルタンメトリー**(differential pulse voltammetry)[1620]がある.この方法は,一連の短いパルスの後に長い待ち時間を有するという点でノーマルパルスボルタンメトリーと同じ原理に基づく.しかし,図16・8に示したように,(16・21)式の酸化反応における場合,同じ大きさのパルスを加えるごとに,待ち時間とパルス時間での電位は定常的により正の電位に移っていく.その他の違いとして,得られる電流は,各パルスの終わりで測定されるものではなく,(16・26)式のように二

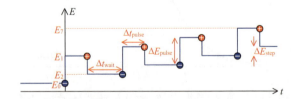

図 16・8 微分パルスボルタンメトリーにおける初期の電位-時間プロフィール.ここでは,スケールを正しく示していない.なぜなら,待ち時間Δt_{wait}はパルス時間Δt_{pulse}より典型的に50倍長い.各点は各パルスの前(⊖)と終わり(⊕)の部分を示し,電流を測定する点である.出力はこれらで測定された電流の差となる.

1622) その原理を理解するために,図16・7における一つの点を取上げて,電流値を計算せよ.Web#1622を参照.
1623) ナノモル以下のレベルでの分析については,A. M. Bond, "Modern Polarographic Methods in Analytical Chemistry", Dekker (1980) で報告されている.

16・3 パルスボルタンメトリー：ノーマル，微分，矩形波

つの点における電流の差として表される．

$$\Delta I = I_{\text{end}} - I_{\text{pre}}$$

微分パルスボルタンメトリーで出力される電流 (16・26)

ここで I_{pre} はパルスを加える直前の電流，I_{end} はパルスを終了する直前の電流，つまり電位がつぎの待ち時間に戻る直前の電流である．波形は待ち時間 Δt_{wait}，パルス時間 Δt_{pulse}，パルスの高さ ΔE_{pulse}，ステップの高さ ΔE_{step} によって特徴付けられる．これらはすべて正の値をとる．

通常，微分パルスボルタンメトリーにおいても，パルス間の長い待ち時間によって前のパルスの影響を効果的に除くことが可能となる．適切な仮定によって数学的なモデル[1624)]から得られた可逆反応のボルタモグラムは，図16・9に似ており，(16・27)式に従う．

$$\Delta I_N = \frac{F^2 A c_R^b \Delta E_{\text{pulse}}}{4RT} \sqrt{\frac{D_R}{\pi \Delta t_{\text{pulse}}}} \text{sech}^2 \left\{ \frac{F[E_N - E^{\text{h}}]}{2RT} \right\}$$

可逆微分パルスボルタモグラム (16・27)

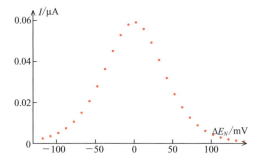

図 16・9 可逆微分パルスボルタモグラム．各点は (16・27) 式に基づき，つぎのデータを使用：$T=T°$，$A=1.0\times10^{-5}$ m^2，$c_R^b=0.0010$ mM，$D_R=1.0\times10^{-9}$ m^2 s^{-1}，$\Delta t_{\text{wait}}=250$ ms，$\Delta t_{\text{pulse}}=5$ ms，$E_N=E_0+\frac{1}{2}\Delta E_{\text{pulse}}+\frac{N-1}{2}E_{\text{step}}$，ここで $E_0=E^{\text{h}}-130$ mV，$\Delta E_{\text{pulse}}=25$ mV，$\Delta E_{\text{step}}=10$ mV，$N=1,3,5,\cdots,53$

ゆえにボルタモグラムは136，137ページにおいて議論した**標準ピークの形**となり，ピークの高さは $(F^2 A c_R^b \Delta E_{\text{pulse}}/4RT)\sqrt{(D_R/\pi\Delta t_{\text{pulse}})}$ で表される．しかし，パルスの高さが25 mVを超えると，ピークの鋭さがなくなり[1625)]，ピークの高さは $(FAc_R^b/RT)\sqrt{(D_R/\pi\Delta t_{\text{pulse}})} \tanh\{F\Delta E_{\text{pulse}}/4RT\}$ で表される．

矩形波ボルタンメトリー（square-wave voltammetry）における"矩形波"は，"待ち時間"と"パルス時間"が等しいことを意味する．ここでは，これら二つの言葉はもはや適切であるとはいえない*．この方法はBarker[1626)]によって開発された技術の一つであり，Osteryoung[1627)]らによって普及が図られた．矩形波ボルタンメトリー[1628)]における電位信号の一つの形を図16・10に示した．波形は階段波に矩形波を重畳したものになる．波形を示す座標は(16・28)式で表される．

$$E(t) = \begin{cases} E_0 & t \leq 0 \\ E_0 + \frac{N-1}{2}\Delta E_{\text{step}} + \Delta E_{\text{pulse}} & (N-1)\Delta t < t \leq N\Delta t \\ E_0 + \frac{N-2}{2}\Delta E_{\text{step}} - \Delta E_{\text{pulse}} & (N-1)\Delta t < t \leq N\Delta t \end{cases}$$

(16・28)

ここで，2番目の式は $N=1,3,5\cdots$ のとき，3番目の式は $N=2,4,6\cdots$ の場合に成り立つ．反応が可逆のときでも，この理論はきわめて手の込んだものである．なぜなら，前に議論したパルスボルタンメトリーと違って，電極近傍の濃度が回復するまでの時間が短いからである．代わりに，一つのパルスにおいて流れる電流がそれ以前のすべてのパルスから生じる寄与を含むことになる．

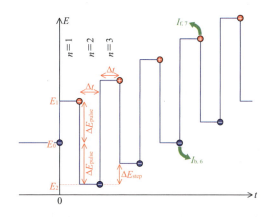

図 16・10 矩形波ボルタンメトリーにおける初期の電位–時間プロフィール．緑色の矢印で示した点，$N=7$ の正電流と $N=6$ の逆電流が測定されている．

矩形波ボルタンメトリーは三つの電流出力が存在することで，より有効性をもつようになるが，さらに複雑にもなる．"正方向"のモードでは，時間 Δt，$3\Delta t$，$5\Delta t$ において電流を測定する．すなわち，図16・10における"⊕"で表される点で測定が行われる．測定された電流は $I_{\text{f},N}$ で定義される．ここで N は奇数である．"逆方向"のモードにおける電流 $I_{\text{b},N}$（通常，必ずではないが，負）の測定は，

1624) Web#1619を参照．別の例も掲載されている．
1625) この場合，Web#1619の(27)式に従う．それぞれの ΔI_N の測定における電位は不明瞭である．このことは，ΔE_{pulse} が大きい場合に重要となる．
* （訳注）"方形波ボルタンメトリー"ともいわれる．"矩形波ボルタンメトリー"は広く認知されており，本書ではこの用語を用いる．
1626) ゲオフレ・セシル・ベーカー（1915-2000），電子工学をポーラログラフィーに導入したイギリスの電気化学者．
1627) ロバート・アレン・オスターヤング（1927-2004）と彼の妻ジャネット・グレッチェン・オスターヤングはアメリカ合衆国の電気分析化学者．
1628) 総説と文献に関しては，M. Lovrić, "Electrochemical Methods", 2nd edn, F. Scholz Ed., Springer (2010), p.121-145 参照．

N を偶数とした $N\Delta t$ において，つまり "●" で表される点において行われる．しばしば "正味のモード" とよばれる第三のモードにおいては，電流出力は電流差 $\Delta I_N = I_{f,N} - I_{b,N-1}$ として与えられる．(16・29)式は，N が偶数あるいは奇数であるかに関係なく，適用される[1629]．

$$\begin{align}I_{f,N} &= \\ I_{b,N} &= \end{align}\Bigg\}\frac{FAc_R^b}{2}\sqrt{\frac{D_R}{\pi\Delta t}}\left[\frac{1}{\sqrt{N}} + \gamma_N\right.$$
$$\left. + \sum_{n=1}^{N-1}\left(\frac{1}{\sqrt{N-n+1}} - \frac{1}{\sqrt{N-n}}\right)\gamma_n\right]\begin{cases}N=1,3,5,\cdots\\N=2,4,6,\cdots\end{cases}$$
(16・29)

しかし，パラメータ γ の値は N（あるいは n）が奇数であるか偶数であるかに依存する．(16・30)式は両方の場合に当てはまるように表したものである．

$$\gamma_N = \\ \tanh\left\{\frac{E_0 + \frac{2N-3}{4}\Delta E_{step} + \left[\frac{2N-1}{4} - \text{Int}\left\{\frac{N}{2}\right\}\right]\left[4\Delta E_{pulse} + \Delta E_{step}\right] - E^h}{2RT/F}\right\}$$
(16・30)

可逆反応によって得られるボルタモグラムの例を図 16・11 に示した．

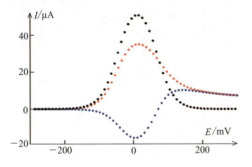

図 16・11 可逆電極反応に対する正方向，逆方向，正味の矩形波ボルタモグラム．つぎのデータを使用：$T=T°$，$A=1.0\times10^{-5}$ m^2，$c_R^b=1.0$ mM，$D_R=1.0\times10^{-9}$ m^2 s^{-1}，$E^h=0$ mV，$E(0)=-300$ mV，$\Delta E_{pulse}=50$ mV，$\Delta E_{step}=10$ mV，$\Delta t=10$ ms

矩形波ボルタンメトリーは，電気分析化学と電極反応機構の解析において有効な方法である．この方法の理論は，ここで述べた単純な可逆系だけでなく，準可逆反応，球拡散，反応物の吸着などの場合についても展開されている．理論と実験の比較は，機構の研究とパラメータの測定のためのすべての場合において用いられる．"サイクリック矩形波ボルタンメトリー"（cyclic square-wave voltammetry）とよばれる関連した測定方法では，最初にパルスの高さが増加し，その後は小さくなっていく．矩形波ボルタンメトリーは 95～98 ページで述べたようなストリッピング分析法の測定段階でも，電位を変化させる方法として普通に用いられている．現在，矩形波ボルタンメトリーはより広く普及しているボルタンメトリー手法の一つである．われわれがいま関心を向けている手法だけ考えると，たぶん 2 番手である．

16・4　傾斜電位：線形走査ボルタンメトリーとサイクリックボルタンメトリー

"走査（scan）"，"掃引（sweep）"，"傾斜変化（ramp，のこぎり波）" という言葉は，それらの前に "線形" という形容詞がついていてもいなくても，電位を時間に対して定常的に増加（または減少）させる場合に用いられる．

$$E(t) = E_0 \pm vt$$
酸化あるいは還元のための線形走査　(16・31)

(16・31)式は，**線形走査ボルタンメトリー**（linear-scan voltammetry）において電極に印加される信号を示している．最初に電極反応が起こらないように，初期電位 E_0 は十分に離れた電位（酸化反応の場合，十分に負）が選択される．図 16・12 には，可逆系で典型的に見られる線形走査ボルタモグラムを示している．これは，137，138 ページにおいて議論したような**標準混成形**（standard hybrid shape）をしている．他の二つの曲線は準可逆系と非可逆系についてのものであり，可逆系に比べて全体に電流が小さく，横に伸びている．

可逆系の線形走査ボルタンメトリーにおけるファラデー電流を規格化した表現は，**ランドルス-シェビチク関数**[1630]

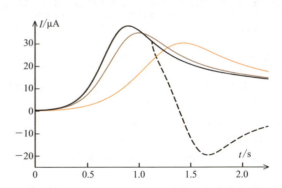

図 16・12 上の黒色の曲線は可逆な電極反応に対する線形走査ボルタモグラムを示す．下の曲線は準可逆，非可逆な反応に対するボルタモグラムである．破線は実際にサイクリックボルタンメトリーを行い，特定の点で電位走査方向を反転させたときのクロノアンペログラムである．つぎのデータを使用：$T=T°$，$A=1.0\times10^{-5}$ m^2，$c_R^b=1.0$ mM，$D_O=D_R=1.0\times10^{-9}$ m^2 s^{-1}，$\alpha=0.5$，$E^h=E_0+150$ mV，$v=200$ mV s^{-1}，$t_{rev}=1.1$ s，$k°=10^{-2}$，10^{-4}，10^{-5} m s^{-1}

[1629] 式の誘導は Web#1629 を参照．

[1630] ともに電気化学者であるイギリスのジョン・エドワード・ブラフ・ランドルス（1912-1998）とチェコのアウグスティン・シェビチク（1926-2006）は別々に関数の近似値を計算し，極大の値を立証した．完全なランドルス-シェビチク式の一つの解析式は (12・50) 式で与えられる．他の式は Web#1241 を参照．

（Randles-Ševčik function）として知られている．これは137ページで見たように複雑な関数であり，通常，無次元関数 χ に $\sqrt{\pi}$ を掛けた形で表される．1電子酸化反応に関して，(16·32)式のようになる．

$$\frac{I(t)}{Ac_R^b}\sqrt{\frac{RT}{F^3 D_R v}} = \sqrt{\pi}\chi|\varepsilon|$$ ランドルス－シェビチク関数

$$\varepsilon = \frac{E-E^h}{RT/F} = \frac{vt+E_0-E^h}{RT/F} \quad (16\cdot32)$$

可逆系のボルタモグラムには幅広いピークが現れ，その位置は (16·33) 式によって示される．

$$I_{peak} = 0.44629 Ac_R^b \sqrt{\frac{F^3 D_R v}{RT}}$$

$$E_{peak} = E^h + \frac{1.1090 RT}{F} = E^h + 28.5 \text{ mV at } T^\circ$$
$$(16\cdot33)$$

(16·33)式中のピーク電流値を表す式は**ランドルス－シェビチク式**として知られている．

可逆混成形のボルタモグラムのその他の特徴については 137，138 ページを参照されたい．そこからわかるように，可逆混成形のボルタモグラムを半積分すると標準可逆波が得られる．(16·32) 式と (12·50) 式の複雑さと対照的に，半積分された可逆線形走査波に対する式は，(16·34) 式のように簡略化される．

$$\frac{M(t)}{FAc_R^b\sqrt{D_R}} = \frac{1}{2} + \frac{1}{2}\tanh\left\{\frac{\varepsilon}{2}\right\} = \frac{1}{1+\exp|-\varepsilon|}$$

半積分された可逆線形走査ボルタモグラム (16·34)

線形走査ボルタンメトリーにおける電流は走査速度の平方根 $v^{1/2}$ に比例する．一方，この半積分されたボルタモグラムはこのパラメータに依存しない．

ボルタモグラムがピークを迎えた後，ある時間 t_{rev} において走査方向を反転した場合，このような測定法は，**サイクリックボルタンメトリー**（cyclic voltammetry）とよばれる．このときに得られる電流–時間曲線は，図 16·12 の破線によって示されている．しかし，サイクリックボルタンメトリーの結果は電流を時間ではなく電位に対して示した，図 16·13 に示したような二つに折り返したグラフが[1631] 慣習的に用いられている．時刻 $t=t_{rev}$ は**反転時間**（reversal time）として知られており，このときの電位 E_{rev} は**反転電位**（reversal potential）あるいは**スイッチ電位**（switching potential）とよばれる．"サイクリック"という言葉は，電位が反転して初期電位 E_0 まで戻されることに由来し，電流が繰返されるわけではない．三角波走査が何度も繰返された場合，最終的に電流はある定常的な値に落ち着くが，このようなサイクリックボルタンメトリーもときどき行われ

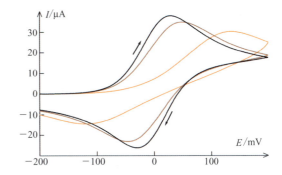

図 16·13 可逆，準可逆，非可逆系のサイクリックボルタモグラムの例．つぎのデータを使用：$T=T^\circ$, $A=1.0\times10^{-5}$ m^2, $c_R^b=1.0$ mM, $D_O=D_R=1.0\times10^{-9}$ m^2 s^{-1}, $\alpha=0.5$, $E^h=E_0+200$ mV $=E_{rev}-200$ mV, $v=200$ mV s^{-1}, $k^\circ=10^{-2}$, 10^{-4}, 10^{-5} m s^{-1}

る．この方法，すなわち**極限的サイクリックボルタンメトリー**（ultimate cyclic voltammetry）では，148 ページで示した例に類似したボルタモグラムを与える．

先に議論したパルスボルタンメトリーは低レベルでの化学分析を行ううえで非常にすぐれた方法であるが，線形走査およびサイクリックボルタンメトリーはこの用途に使われることはほとんどない．その理由は，分析対象物質が非常に高い濃度でなければ，容量電流による妨害を免れないからである．それでも，サイクリックボルタンメトリーは電極反応機構を解明するための方法としては優れている．これらの機構の研究においても容量電流は依然として存在する．しかし，反応物の濃度を分析化学者の測定対象とするレベルよりもかなり高くでき，結果として容量電流とその他のバックグラウンド電流が無視できる．

以下の二つの節では，反応機構に関する事項について述べる．ここでは，下式に示した簡単な 1 段階，1 電子酸化あるいは還元反応に対するサイクリックボルタモグラムに限定する．

$$\text{R(soln)} \rightleftarrows e^- + \text{O(soln)}$$
$$\text{O(soln)} + e^- \rightleftarrows \text{R(soln)} \quad (16\cdot35)$$

これらの反応は，125，126 ページにまとめた通常のボルタンメトリーの条件において起こる．サイクリックボルタンメトリー[1632]に用いられる電位–時間プログラムは，(16·36)式のような二等辺三角形の形状となる．

$$E(t) = E_{rev} \mp |-vt \pm (E_{rev}-E_0)| \quad (16\cdot36)$$

酸化的および還元的サイクリックボルタンメトリーにおける電位プログラム

ここで | | は絶対値を意味する．もちろん，最初の走査（正方向の波形）では，線形走査ボルタンメトリーと同じ

[1631] 3 回目の走査はときどき有用な情報を提供する．
[1632] サイクリックボルタンメトリーの詳細と関連事項については，R. F. Marken, A. Neudeck, A. M. Bond, "Electroanalytical Methodes", 2nd edn, Springer (2010), p.57–106 に掲載されている．

ものになる．このときのピークの位置は，可逆系の場合と同様で，(16·33)式によって与えられる．2回目の走査（逆方向の）におけるピークの位置を表す式は存在しない．なぜなら，これらは（そして逆方向走査の曲線全体もそうであるが）反転電位に依存して[1633]変化するためである．このことが，サイクリックボルタンメトリーを数学的にモデル化することを困難にし[1634]，理論と実験の比較においてデジタルシミュレーションに信頼を寄せることとなっている．

酸化反応に対するサイクリックボルタモグラムにおいて正方向走査時に現れるピークは二つの効果の競合によって生じる．電位がより正になるに従って，R→O反応の速度が大きくなり，電流が増加する．しかし，電極近傍ではRが消費され続けるので，電流が減少する．最終的に後者の効果が優るため，ピーク後の電流が減衰する．電極近傍では，Rの減少とともにOが増加してくるが，電位反転後しばらくすると，この生成物は再び還元されはじめる（R→O反応が完全な非可逆でない限り）．この再還元は最初はゆっくりと起こるが，電位がより負になるに従って，次第に速くなる．そして，もう一度競合が起こる．このときには，Oの還元反応の速度の増加と濃度減少の間で競合が起こり，逆方向走査における負のピークを出現させる．生成するOの大部分は拡散によって電極近傍からバルク溶液中へ逃げていくので，ボルタモグラム曲線によって囲まれた部分の符号は常に正である．

電極反応は (16·37)式に示した指標に従って，可逆，準可逆，非可逆としてふるまうかどうか判断される．

$$\lambda = k^\circ \sqrt{\frac{RT}{FD_R v}} \quad \text{サイクリックボルタンメトリーに関する可逆性指標} \tag{16·37}$$

図16·13 はそれぞれの可逆性指標における例を示したものである．デジタルシミュレーションの代わりとして，(16·6)式のアルゴリズムは，可逆性の程度によらず線形走査ボルタモグラムの形状を予測するのに優れた手段である．(16·6)式の半解析的なアルゴリズムに基づき，われわれはサイクリックボルタンメトリーに特化して適用できる表計算シートを提供している[1635]．これによって，1電子，1段階機構のいかなるサイクリックボルタモグラムも正確に予測できる．この表計算アルゴリズムは図16·13と図16·14をつくるのに用いられた．

電極反応が可逆的にふるまうかどうかの判断は，単に速度定数によるものではないことに気を付けよう．(16·37)式から明らかなように，**走査速度**（scan rate）もその要因となる．電極反応が可逆的になるように走査速度を"調節"することが可能であり，ボルタモグラムを単純にすることもできる．あるいは，準可逆的に"調節"することができ，k°も求めることができる．このことは，サイクリックボルタンメトリーの大きな利点の一つである．しかし，その調節にも限界がある．走査速度が増大するに従って，容量電流はvに比例するのに対し，ファラデー電流のほうは$\sqrt{v}$に比例するので，電気二重層容量による妨害も大きな問題となる．逆に，走査速度を非常に遅くすると，実験に長時間を要し，自然対流をひき起こす．さらに，可逆性指標は，走査速度の平方根に反比例する．そのため，指標を半分にするには，vを4倍にする必要がある．

かつて，サイクリックボルタモグラムの解析は主に正方向と逆方向のピークの位置に基づいて行われ，速度定数はピーク電位差から見積もられていた．あるいは，ボルタモグラムのシミュレーションからさまざまな診断法[1632]を導き出して，それを実験で得たサイクリックボルタモグラムの解析に用いていた．このような方法は大雑把であり，幸いにもデジタルシミュレーションに取って代わられつつある．不確かなパラメータを変化させて，実験で得られた結果と比較しながら最も良い一致が見られる点を探し当てる．走査速度，反応物の濃度，反転電位などをそれぞれ変化させて，一連のサイクリックボルタモグラムを得て，徹底的に解析する．一組のk°，α，E^h，Dを用いたシミュレーションでこれらすべてのボルタモグラムを再現する必要がある．このモデル化においては，非ファラデー電流や非補償抵抗などの本来無関係な因子も考慮することができる．

半積分は，サイクリックボルタンメトリーにおいて有用な手助けとなる．しかし，多くの市販装置に組込まれているにもかかわらず，ほとんど用いられていない．図16·

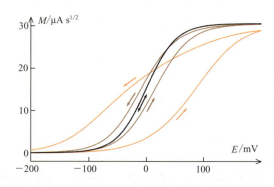

図 16·14 図16·13のボルタモグラムの半積分の結果

1633) たとえば，25℃での可逆系の反応において，二つのピークの間の差は69 mV（正方向走査のピークで反転したとき）と57 mV（無限に正の電位で反転したとき）の間で変化する．

1634) とはいえ，可逆系のサイクリックボルタモグラム全体を再現する厳密な解析式は存在する（Web#1634）．しかし，式が複雑すぎて常用には向かない．

1635) $I(t)$と同時に$M(t)$の値を提供する表計算アルゴリズムは，パラメータを入れ，ボタンを押すだけでよい．非補償抵抗や電気二重層容量に関する補正は必要に応じて行える．Web#1635を参照．

14 は，図 16・13 のボルタモグラムを半積分した結果を示している．図にはピークが見られないが，これは電流にピークをもたらす"消耗効果"が，半積分により正しく補償されているからである．代わりに，**限界半積分**（limiting semiintegral）とよばれる平らな部分が現れる．その高さは，電極反応の可逆性の程度によらず，(16・38)式で表される．

$$M_{\text{lim}} = FAc_R^b\sqrt{D_R}$$ 半積分されたサイクリックボルタモグラムの平らな部分 (16・38)

もちろん，還元反応におけるサイクリックボルタモグラムでは，半積分された平らな部分は負の値をとる．しかしながら，この章では酸化反応について示してある．電極反応が可逆的にふるまうとき，半積分されたボルタモグラムでは行きと帰りの波形は完全に重なる．このようなボルタモグラムを**標準ボルタンメトリー波**（standard voltammetric wave）とよぶ．反応が可逆的でないときヒステリシスが生じ，行きと帰りの曲線が互いに遠ざかる．そのずれの大きさは $k°$ に依存する．すべての場合，半積分は最終的にゼロに戻る．つまり，半積分されたボルタモグラムは真にサイクリックであるといえる！これらの波形と，12 章における定常波形が類似していることは明らかである．

半積分は，サイクリックボルタモグラムから正確な可逆半波電位を求めるのにも使える．完全な非可逆の場合を除いて，どのサイクリックボルタモグラムにも横軸を横切る電位，つまりゼロ電位 E_n が現れる．この部分では反応分極（あるいは抵抗分極）は起こらず，他の部分の可逆性によらずネルンスト式が成り立つ．ゆえに，この点における半積分値から (16・39)式によって E^h を求めることができる[1636]．

$$\frac{M_n}{M_{\text{lim}} - M_n} = \exp\left\{\frac{F(E_n - E^h)}{RT}\right\}$$

$$\text{よって} \quad E^h = E_n + \frac{RT}{F}\ln\left\{\frac{M_{\text{lim}}}{M_n} - 1\right\}$$
(16・39)

ここで M_n は図 16・15 に示されている．

半積分と電流値を一緒に用いれば，速度定数の電位依存性を仮定せずに，電極反応速度を解析することができる．7 章に戻ると，バトラー–ボルマー式を導入する前に，ファラデー電流は酸化反応と還元反応おける反応速度の差に比例することが，(7・16)式で示されていた．

$$\frac{I(E)}{FA} = k_{\text{ox}}(E)c_R^s(E) - k_{\text{rd}}(E)c_O^s(E) \quad (16・40)$$

この式には五つの変数があり，電位が走査されるのに合わせて変化する．このなかで二つの速度定数は，電位のみに依存するのに対し，二つの濃度および電流は実験の履歴

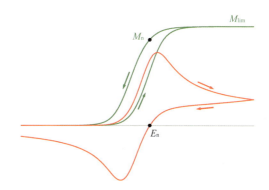

図 16・15 準可逆なサイクリックボルタモグラムとその半積分．M_n はサイクリックボルタモグラムで電流がゼロになる点において測定された半積分である．

も左右される．ゆえに，正方向への走査での電位 E，逆方向の走査での同じ電位において，後者三つの変数は異なる値をもつであろう．これらのことは，以下の式で表される．

$$\frac{\vec{I}(E)}{FA} = k_{\text{ox}}(E)\vec{c}_R^s(E) - k_{\text{rd}}(E)\vec{c}_O^s(E)$$

正方向への走査で電位 E になったとき (16・41)

$$\frac{\overleftarrow{I}(E)}{FA} = k_{\text{ox}}(E)\overleftarrow{c}_R^s - k_{\text{rd}}(E)\overleftarrow{c}_O^s(E)$$

逆方向への走査で電位 E になったとき (16・42)

図 16・16 に示したように，矢印によって走査方向を区別する．同様に，(16・7)式のファラデー–フィック式も，走査方向の違いによってそれぞれ異なる形に書ける．

$$\vec{M}(E) = FA\sqrt{D}[c_R^b - \vec{c}_R^s(E)] = FA\sqrt{D}\vec{c}_O^s(E)$$
正方向への走査 (16・43)

$$\overleftarrow{M}(E) = FA\sqrt{D}[c_R^b - \overleftarrow{c}_R^s(E)] = FA\sqrt{D}\overleftarrow{c}_O^s(E)$$
逆方向への走査 (16・44)

簡潔にするために，ここで二つの拡散係数は等しいとする．

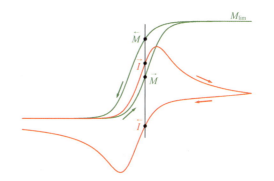

図 16・16 速度定数を測定するための包括法の図．四つの量が測定され，これらすべては，同じ電位 E における値である．この電位は，原理的にあらゆる値が可能である．

1636) 汎ボルタンメトリー関係において電流値をゼロとおくことによって，この式を導出せよ．あるいは Web#1636 を参照

$$M_{\text{lim}} = FA\sqrt{D}\,c_R^b \quad \text{限界半積分} \quad (16\cdot45)$$

(16·45)式および（16·41)式〜(16·44)式を連立させて解くと，以下の二つの式が得られる．

$$k_{\text{ox}}(E) = \frac{\sqrt{D}\,[\tilde{I}(E)\tilde{M}(E) - \tilde{I}(E)\tilde{M}(E)]}{M_{\text{lim}}[\tilde{M}(E) - \tilde{M}(E)]}$$

電位 E における酸化反応の速度定数 (16·46)

$$k_{\text{rd}}(E) = \frac{\sqrt{D}\,[\tilde{I}(E)(M_{\text{lim}} - \tilde{M}(E)) - \tilde{I}(E)(M_{\text{lim}} - \tilde{M}(E))]}{M_{\text{lim}}[\tilde{M}(E) - \tilde{M}(E)]}$$

電位 E における還元反応の速度定数 (16·47)

もちろん，これらの式はさまざまな電位に適用できる．これによって，一つのサイクリックボルタモグラムは，速度定数が電位に依存するという前提なしに，広い電位範囲で二つの速度定数を原理的に求めることができる．このような電気化学速度定数の解析法は，包括法 (global method) とよばれている．(16·46)式と (16·47)式は多くの引き算を含むので，誤差を避けるためには非常に質の高いデータを必要とする．信頼できる速度定数を得るために，データが十分に質の高いものであるかを確認するには，"ネルンストチェック"を行って，ネルンスト式に従うかどうかを調べればよい[1637]．

つぎの二つの節で述べるように，電極反応機構の解明には，さまざまな方面から関心が寄せられており，サイクリックボルタンメトリーはボルタンメトリーのなかで，今日最も頻繁に用いられている方法である．他の測定法を用いたほうが良い結果が得られる電気化学の研究でも，利用されているくらいもてはやされている．ほとんどの場合，125, 126 ページで規定した条件はサイクリックボルタンメトリーを行う際にも守られている．これらの機構の研究では，いろいろな溶媒が用いられてきた．ボルタンメトリーにおいて，あまりなじみのない液体が溶媒として用いられるとき，二つの問題が頻繁に生じる．一つは支持電解質として使用できる不活性で，十分に溶解できる塩を見つけるのが難しいことである．もう一つは従来用いられてきた参照電極が，それらの溶媒中でうまく作動するとは限らないことである．この場合，内部標準 (internal reference) がよく用いられている．最も一般的なものは，フェロセン/フェロセニウムイオン，コバルトセン/コバルトセニウムカチオン対（前者に対しては反応(7·12)を参照）である[1638]．図 14·4 で示したように，同様な方法が ITIES 研究においても用いられている（157 ページ）．

16·5　多段階電子移動：EE スキーム

これまで，化学的には複雑でない 1 電子移動による電極反応に限って注目してきた．しかしながら，実際には，多くの電極反応はいくつもの電子移動が必要であったり，電子移動に加えて化学反応が起こる場合もある．この節と次節において，簡単ではあるが，これらの機構の複雑さがサイクリックボルタモグラムにどのような影響を及ぼすかについて述べる．もちろん，他のボルタンメトリーでも同様な影響を受けるが，ここではサイクリックボルタンメトリーに議論を限定する．なぜなら，サイクリックボルタンメトリーは興味のある反応機構を明らかにし，定量的に取扱う際に，電気化学者が好んで用いる方法だからである．

まず，1 電子移動が連続して起こる逐次 2 電子反応について議論しよう．3 電子あるいはより多くの電子まで拡張するのは簡単である．その機構は，以下のスキームで表される．

$$\begin{array}{c} S^b \\ \Updownarrow \quad \Updownarrow \quad \Updownarrow \qquad \text{EE スキーム} \\ S \rightleftarrows I \rightleftarrows P \end{array} \quad (16\cdot48)$$

ここで中間体 I は反応物（基質）S からの，あるいは S への電子移動によって生成し，その後，第 2 段階の電子移動によって最終生成物 P に変わる．このスキームは二つの連続した電気化学過程 (Electrochemical step) が含まれるので，"EE" と表示される．スキーム (16·48) における赤色の矢印は，2 電子移動過程を示している．一般的な表記にするため，この電子移動が酸化的なものか還元的なものかを特定したくないので，電子は示していない．青色の両矢印は電極への，または電極からの拡散を示している．S^b はバルク溶液中に存在する反応物を示している（I と P はバルク中には存在しない）．以下では，酸化あるいは還元のサイクリックボルタモグラム[1639] を区別しないで取上げるが，上にある矢印はその向きによらず酸化を，下にある矢印は還元を表すとする．化学的均化反応 (proportionation reaction) $S + P \rightleftarrows 2I$ が起こると面倒なことになるので，ここでは考えないことにする．

EE 機構において，三つの化学種はそれぞれ個別に拡散するためファラデー−フィックの法則に従う．このことについては，(16·49)式のように表せる．

1637) ネルンストチェックをせよ．ただし，拡散係数が等しいという近似は用いないこと（すなわち，$D_R = D_O$ を仮定しない）．Web#1637 では，さらに詳しく述べている．

1638) フェロセンの非常に少量の試料をセル中の溶液に溶かして測定すると，小さなサイクリックボルタモグラムが得られ，興味の対象となる物質のそれに重ねられる．後者のボルタモグラムの特徴はフェロセン/フェロセニウムイオンの二つのピークの中点を読み取れば得られ，"正方向のピーク電位は −0.564 V vs. フェロセン" という形で表示される．

1639) もちろん，酸化と還元の両方がサイクリックボルタンメトリーの実験で起こる．酸化的なボルタンメトリーでは，正方向への電位走査は正電位方向への走査を意味する．他方，還元的なボルタンメトリーでは，正方向への電位走査は負電位方向への走査を意味する．したがって，"正方向への"という言葉はサイクリックボルタンメトリーにおいては，1 回目の走査に対して用いられる．

16・5 多段階電子移動：EE スキーム

$$c_S^b - c_S^s(t) = \frac{\pm M_1(t)}{FA\sqrt{D_S}}; \quad c_I^s(t) = \frac{\pm M_1(t) \mp M_2(t)}{FA\sqrt{D_I}}$$

$$c_P^s(t) = \frac{\pm M_2(t)}{FA\sqrt{D_P}} \qquad \text{ファラデーフィック} \quad (16 \cdot 49)$$

ここで $M_1(t)$ と $M_2(t)$ はそれぞれ第 1 段階，第 2 段階の電子移動過程における電流の半積分である．各電子移動過程にはそれぞれ可逆半波電位が存在し，両方の反応が可逆であれば，それぞれの反応がネルンスト式に従い，以下が成り立つ．

$$\frac{c_I^s(t)}{c_S^s(t)} = \exp\left\{\frac{E(t) - E_1^{\widetilde{\ }}}{\pm RT/F}\right\} = \xi_1$$

$$\frac{c_P^s(t)}{c_I^s(t)} = \exp\left\{\frac{E(t) - E_2^{\widetilde{\ }}}{\pm RT/F}\right\} = \xi_2$$

ネルンスト (16・50)

(16・49)式と(16・50)式の五つの式を連立させて解くと[1640]，次式が得られる．

$$M(t) = M_1(t) + M_2(t)$$
$$= \pm FAc_S^b\sqrt{D_S} \frac{\xi_1\sqrt{D_I} + 2\xi_1\xi_2\sqrt{D_P}}{\sqrt{D_S} + \xi_1\sqrt{D_I} + \xi_1\xi_2\sqrt{D_P}}$$

可逆 EE スキーム (16・51)

ここでξは (16・50) 式において，すでに定義されている．図 16・17 は (16・51) 式によって予想される半積分されたボルタモグラムの例を示している．ここで，二つの1電子反応の波から一つの2電子反応の波へ変化していく様子に注目しよう．両方向の半積分曲線が完全に重なり，その

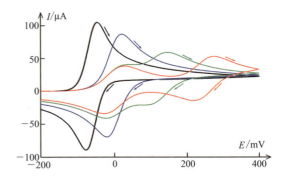

図 16・18 E_rE_r 機構に対する酸化のサイクリックボルタモグラム．二つの式量電位の差と他のパラメータは図 16・17 で用いたものと同じである．

形状は走査速度，反転電位に依存しない．これに対応するサイクリックボルタモグラム[1641]を図 16・18 に示したが，それらは半積分されたボルタモグラムよりも，ずっと不明瞭なものである．

ここで議論したようなスキームに対しては，2 段階の可逆電子移動過程を示す E_rE_r 表記が適用されることもある．また，二つの準可逆過程を示すより一般的な E_qE_q スキームは，サイクリックボルモグラムに影響を与える 16 個のパラメータがあるため，そのモデル化がより一層難しくなる．それらのパラメータは，電極面積 A，温度 T，反応物のバルク濃度 c_R^b，三つの拡散係数 D_S, D_I, D_P，第 1 段階の式量電位 $E_1^{\widetilde{\ }}$，式量速度定数 $k_1^{\widetilde{\ }}$，移動係数 α_1，第 2 段階の式量電位 $E_2^{\widetilde{\ }}$，式量速度定数 $k_2^{\widetilde{\ }}$，移動係数 α_2，初期電位 E_0，走査速度 v，反転電位 E_{rev}，アルゴリズムにおける時間間隔 δ である．半解析的方法を用いても，アルゴリズム[1642]を書くことができ，これらのパラメータを任意に選択することで，サイクリックボルタモグラムを予測できる．その一例を図 16・19 に示した．もちろん，代わりに市販のデジタルシミュレーションソフトを用いることもできる．

第 1 段階より後続の第 2 段階のほうが容易に起こるなら，図 16・17 と図 16・18 における黒色の曲線のように，あたかも二つの電子が同時に移動するような効果がもたらされる．この場合のすべてのボルタンメトリーに関する理論は，FA という項が $2FA$ に置き換えられることを除いて，1電子，1 段階反応のものとほぼ同じようになる．同様に，ネルンスト式の RT/F 項も $RT/2F$ 項に置き換わる．電位幅は狭まる一方，電流は 2 倍になる．

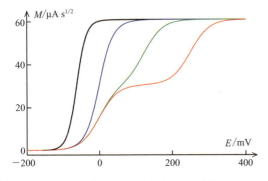

図 16・17 E_rE_r 機構に対する半積分された酸化のサイクリックボルタモグラム．この場合，二つの式量電位の差として四つの値が用いられている．つぎのデータを使用：$T=T^\circ$, $A=1\times 10^{-5}$ m², $c_R^b=1.0$ mM, $D_S=D_I=D_P=1\times 10^{-9}$ m² s⁻¹, $E_1^{\widetilde{\ }}=0$ mV, $E_2^{\widetilde{\ }}=-125, 0, 125, 250$ mV, $v=200$ mV s⁻¹

1640) 解いてみよ．あるいは Web #1640 を参照．
1641) Web #1604 におけるアルゴリズムを使って図 16・17 に関するデータを半微分することによってつくられる．詳細は Web #1641 を参照．
1642) その導出と実行に関しては Web #1642 を参照．

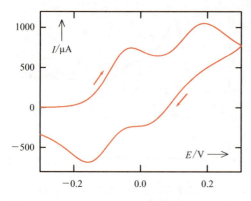

図 16・19 E_qE_q 機構に対する酸化のサイクリックボルモグラムの例．パラメータ：$T=T°$，$A=1\times10^{-4}$ m², $c_S^b=1$ mM，$D_S=D_I=D_P=1\times10^{-9}$ m² s⁻¹，$E_0=-0.3$ V，$E_{rev}=0.3$ V，$v=1$ V s⁻¹，$E_1^{o'}=-0.1$ V，$k_1^\infty=1\times10^{-4}$ m s⁻¹，$E_2^{o'}=0.1$ V，$k_2^\infty=5\times10^{-5}$ m s⁻¹，$\alpha_1=\alpha_2=0.5$，$\delta=1$ ms

16・6 電気化学反応と組合わさった化学反応：さまざまな機構の可能性

一つあるいはそれ以上の均一反応がサイクリックボルタンメトリーにおいてしばしば重要な影響を及ぼす．これらの反応は電極表面ではなく，表面近傍の溶液中で起こる．2章で述べたように，1次化学反応 A⇌B の速度は $\vec{k}c_A-\overleftarrow{k}c_B$ によって与えられることを思い出そう．この反応の速度定数の単位は s⁻¹ であって，電極反応速度の単位 m s⁻¹ ではない．

電気化学反応機構に関与する化学反応は溶存種に対して起こるが，それらは同時に拡散もする．したがって，これら二つの因子が濃度に影響を及ぼす場合は溶質のふるまいを調べることが必要となる．この場合，サイクリックボルタモグラムを理論的に予測する方法には，デジタルシミュレーションと半解析的方法の二つがある．デジタルシミュレーション[1609]はもっとも標準的な方法で，より適用範囲が広いけれども，両方とも満足できる方法である．ここで半解析的方法[1643]を利用するのは，市販品のように"ブラックボックス"になっておらず，明確でわかりやすいからである．

ある特定の電極反応に対して，ふさわしい機構を割り当てる作業をするときは，図7・6で示したチャートにおける"速度式"のところを"サイクリックボルタモグラム"に置き換えればよい．ありそうな機構を想定するには化学的な知識が必要になるが，それぞれの機構に対応したサイクリックボルタモグラムがそれなりにできあがる．パラメータは実験で得られたボルタモグラムと最もよく一致するように調節する．濃度，走査速度，反転電位などのパラメータを変化させても，実験とうまく一致するようなら，その機構は信頼できる．

おそらく，化学反応と電気化学反応の両方が関与する最も簡単で，一般的な機構は **EC機構** である．この機構では，電気化学（**E**lectrochemical）反応にひき続いて，化学（**C**hemical）反応が起こる．ここでは，電子移動反応の結果，反応物が不安定な中間体 I を生成し，これが分解して生成物 P になるとする．スキーム（16・48）にならって示すと，以下のようになる．

$$\begin{array}{ccc} & S^b & \\ & \Updownarrow \quad \Updownarrow\rightleftarrows\Updownarrow & \\ & S \rightleftarrows I \quad P & \text{ECスキーム} \end{array} \quad (16\cdot52)$$

逆の過程 P→I が重要となることも，ないこともある．緑色の矢印は均一化学反応が拡散と競合して起こっていることを示している．例として，速度定数 $\vec{k}$ と $\overleftarrow{k}$ をもつ単分子均一反応（25～27ページ）がある．

スキーム（16・52）における I と P が拡散と同時に化学変換する場合，二つの種が同じ拡散係数をもつという前提がない限り，競合する過程を記述する正確な解を得ることはできない．化学種 S にははっきりした拡散係数を割り当てることができるけれども，一律に扱うために，三つの化学種すべてが同じ拡散係数 D をもつと仮定する．ここでは，この **等拡散能近似**（equidiffusivity approximation）をしばしば用いることにする．この近似は，ほぼ厳密なものである．なぜなら，実際には，正しい拡散係数の値は一般的に不明であることが多く，推測に頼らなければならないからである．

EC機構が関与するサイクリックボルタモグラムの形状を予測するために，表計算アルゴリズムを作成し[1644]，その例を図16・20に示した．

EC機構の別の例としては，**触媒反応機構**（catalytic mechanism）があげられ，**EC′機構** とも表現される．このスキームは，有機化学における重要な合成ツールとして使われている．ここでは，（16・53）式のような均一反応を対象とする．

$$A(\text{soln}) \rightleftarrows Z(\text{soln}) \quad (16\cdot53)$$

この反応は熱力学的に有利であるが，速度論的には遅い反応である．溶液中には少量の電気化学的に活性なメディエータ（mediator）S が存在し，このメディエータによって活性種 P が電気化学的につくり出される．A は P と均一反応を起こし Z となり，P は S に戻る．

$$\begin{array}{c} S^b \\ Z + \Updownarrow \rightleftarrows \Updownarrow + A \quad \text{EC′スキーム} \\ S \rightleftarrows P \end{array} \quad (16\cdot54)$$

[1643] この方法の根底にある基礎的な拡散＋化学変換理論に関して Web#1643 を参照．
[1644] 図16・20と図16・21を作成するためのアルゴリズムは，Web#1644において導出され，実行されている．

16・6 電気化学反応と組合わさった化学反応: さまざまな機構の可能性

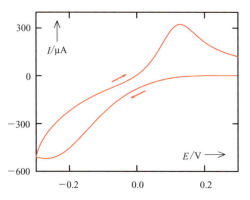

図 16・20 E_qC 機構に対する還元のサイクリックボルタモグラムの例. パラメータ: $T=T°$, $A=1\times10^{-4}$ m^2, $c_S^b=1$ mM, $D_S=D_I=D_P=1\times10^{-9}$ m^2 s^{-1}, $E_0=0.3$ V, $E_{rev}=-0.3$ V, $v=1$ V s^{-1}, $E^\infty=0$ V, $k^\infty=1\times10^{-5}$ m s^{-1}, $\alpha=0.3$, $\vec{k}'=1$ s^{-1}, $\overleftarrow{k}'=10$ s^{-1}, $\delta=1$ ms

均一反応 $A+P \xrightleftharpoons[\overleftarrow{k}]{\vec{k}} S+Z$ において, A が大過剰に存在すると, その濃度は一定とみなせるので, P に対する擬 1 次反応として取扱うことができる. この反応の速度定数 $\vec{k}$ は, A の濃度を組入れた形で表せる. 実験を通してこの機構を扱う多くの場合, 逆過程の均一反応の速度定数は無視できるが, ここでは一般性をもたせるために, 逆反応も速度定数 $\overleftarrow{k}$ をもつ擬 1 次反応と仮定する. 図 16・21 は触媒反応のボルタモグラムの例を示している. この反応機構は 94, 95 ページで述べたグルコースセンサのようなバイオセンサの分野でしばしば用いられる. もちろん, 化学種 P は十分にメディエータとして機能するが, その場合には

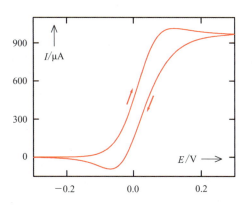

図 16・21 触媒スキーム(16・54)に対するサイクリックボルタモグラムの例. パラメータ: $T=T°$, $A=1\times10^{-4}$ m^2, $c_S^b=1$ mM, $c_A^b=c_Z^b=1000$ mM, $D_S=D_P=1\times10^{-9}$ m^2 s^{-1}, $E_0=-0.3$ V, $E_{rev}=0.3$ V, $v=1$ V s^{-1}, $E^\infty=0$ V, $k^\infty=1\times10^{-4}$ m s^{-1}, $\alpha=0.5$, $\vec{k}'=10$ s^{-1}, $\overleftarrow{k}'=0$ s^{-1}, $\delta=1$ ms

CE′ という表記がより適切である.

CE 機構[1645] において, 反応物は電気化学的に不活性であるが, 均一化学反応が起こり, 電気化学的に活性な異性体 I が生成する. そのスキームを以下に示す.

$$\begin{array}{ccc} S^b & & \\ \updownarrow & \updownarrow \rightleftarrows \updownarrow & \updownarrow \quad \text{CE スキーム} \\ S & I \rightleftarrows P & \end{array} \quad (16\cdot 55)$$

図 16・22 に CE 機構のサイクリックボルタモグラムの例を示した[1646].

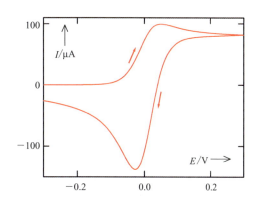

図 16・22 CE 機構に対する酸化のサイクリックボルタモグラムの例. パラメータ: $T=T°$, $A=1\times10^{-4}$ m^2, $c_S^b=1$ mM, $D_S=D_I=D_P=1\times10^{-9}$ m^2 s^{-1}, $E_0=-0.3$ V, $E_{rev}=0.3$ V, $v=1$ V s^{-1}, $E^\infty=0$ V, $k^\infty=1$ m s^{-1}, $\alpha=0.5$, $\vec{k}'=1$ s^{-1}, $\overleftarrow{k}'=10$ s^{-1}, $\delta=1$ ms

ECE 機構では 2 段階の電子移動が起こるが, 第 1 段階の電子移動によって生成する化学種 I は, 第 2 段階の電子移動が起こる前に異性化して J になる. そのスキームは以下のようになる.

$$\begin{array}{ccccc} S^b & & & & \\ \updownarrow & \updownarrow \rightleftarrows \updownarrow & & \updownarrow & \text{ECE スキーム} \\ S & I & \rightleftarrows J & \rightleftarrows P & \end{array} \quad (16\cdot 56)$$

この機構は多くのパラメータをもつため, ボルタモグラムの形状もさまざまに変化する. その一例を図 16・23 に示した[1647]. この図において, ほとんどの実験の場合と同様に, 二つの電子移動過程は同じ反応の極性をもたせてある. すなわち, S→I が酸化反応であれば, J→P も酸化反応である. しかし, フェルトベルグ[1648]が気付いたように, 必ずしもそうである必要はない. その後, 測定された電流が第 1 段階と第 2 段階で互いに逆の極性をもつ電子移動反応の差となっている例が, いくつか実験的に見いだされている.

1645) しばしば E の記号を E_r, E_q, E_i と表すのと同様に, 平衡, 両方向の, 一方向の化学反応を示すときに C_r, C_q, C_i と表す場合がある. 本書でのアルゴリズムもこのような分類にならっている.
1646) 図 16・22 を作成した表計算アルゴリズムは Web #1646 において導出され, 実行されている.
1647) このボルタモグラムを作成するために使われたアルゴリズムは Web #1647 において導出され, 実行されている.
1648) スティーブン・W・フェルトベルグ, アメリカ合衆国の電気分析化学者, Digisim® の共同開発者.

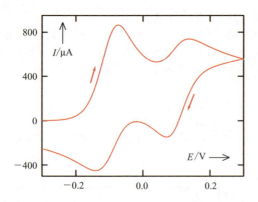

図 16・23 スキーム (16・56) に示した機構に対する酸化のサイクリックボルタモグラムの例. パラメータ: $T=T°$, $A=1\times10^{-4}\,\mathrm{m}^2$, $c_S^b=1\,\mathrm{mM}$, $D_S=D_I=D_J=D_P=1\times10^{-9}\,\mathrm{m}^2\,\mathrm{s}^{-1}$, $E_0=-0.3\,\mathrm{V}$, $E_{rev}=0.3\,\mathrm{V}$, $v=1\,\mathrm{V\,s^{-1}}$, $E_1^\circ=-0.1\,\mathrm{V}$, $E_2^\circ=0.1\,\mathrm{V}$, $k_1^\circ=k_2^\circ=1\,\mathrm{m\,s^{-1}}$, $\alpha_1=\alpha_2=0.5$, $\vec{k}'=\overleftarrow{k}'=10\,\mathrm{s}^{-1}$, $\delta=1\,\mathrm{ms}$

そのほかに，CEC 機構，ECEC 機構など，さまざまな機構がある．電気化学過程や化学過程の可逆性の程度に応じて，さらに分類がなされる．そうすると，だんだんと話が複雑になり，新しい理論も出てはこないので，これらの機構のスキームについて，ここではふれないでおく．しかし，よく見られる**箱型スキーム** (square scheme) について，何もふれずにこの節を終えることはできない．多くの化合物は溶液中に平衡混合物として存在している．最もよく知られている例は，水溶液中における酸についてである．その一つとして，(16・57) 式のような**プロトン移動反応** (proton-transfer reaction) がある．

$$\mathrm{H_2O(l) + HB(aq) \rightleftarrows B^-(aq) + H_3O^+(aq)} \quad \text{平衡} \quad (16\cdot57)$$

平衡状態にある二つの化学種それぞれが電気化学的に活性であるなら，それぞれの電子移動により電流が生じる．ここで，二つの生成物の間でも平衡が成り立つことがある．よって，一般的なスキームは以下のようになる．

$$\begin{array}{c}S_1^b \Leftrightarrow S_1 \rightleftarrows P_1 \Leftrightarrow \\ \updownarrow \qquad \updownarrow \qquad \text{箱型スキーム} \\ S_2^b \Leftrightarrow S_2 \rightleftarrows P_2 \Leftrightarrow\end{array} \quad (16\cdot58)$$

このスキームを見れば，"箱型スキーム"とよばれるわけがよくわかるだろう．化学平衡も電気化学反応も速く進む場合もあれば，速度論的に制約を受ける場合もある．さらに複雑な例として，以下に示すような 2 次の**交差反応** (cross-reaction) があげられる．

$$\mathrm{S_2 + P_1 \rightleftarrows S_1 + P_2} \quad \text{2分子交差反応} \quad (16\cdot59)$$

このような反応は，図 16・24 の例に対する半解析的な導出[1649]では考慮されていない．箱型スキームに対する理論は特に手が込んでいる．なぜなら，二組の同時に進行する拡散と化学変換を含むために，21 個もパラメータが必要となる．

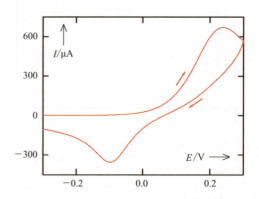

図 16・24 箱型スキーム (16・57) に対する酸化のサイクリックボルタモグラムの例. パラメータ: $T=T°$, $A=1\times10^{-4}\,\mathrm{m}^2$, $c_{S1}^b+c_{S2}^b=1\,\mathrm{mM}$, $D_{S1}=D_{S2}=D_{P1}=D_{P2}=1\times10^{-9}\,\mathrm{m}^2\,\mathrm{s}^{-1}$, $E_0=-0.3\,\mathrm{V}$, $E_{rev}=0.3\,\mathrm{V}$, $v=1\,\mathrm{V\,s^{-1}}$, $E_1^\circ=-0.1\,\mathrm{V}$, $E_2^\circ=0.1\,\mathrm{V}$, $k_1^\circ=1\,\mathrm{m\,s^{-1}}$, $k_2^\circ=2\times10^{-5}\,\mathrm{m\,s^{-1}}$, $\alpha_1=\alpha_2=0.5$, $\vec{k}_S=\vec{k}_P=100\,\mathrm{s}^{-1}$, $\overleftarrow{k}_S=0.204\,\mathrm{s}^{-1}$, $\overleftarrow{k}_P=490\,\mathrm{s}^{-1}$, $\delta=1\,\mathrm{ms}$

16・7 電位ではなく電流を制御する： クロノポテンショメトリー

ボルタンメトリーは，時間に依存する二つの変数，つまり作用電極の電位 $E(t)$ と流れる電流 $I(t)$ との関係を表す方法である．これまでこの章では，最も一般的な方法，つまり，電位プログラムが電極に印加され，結果として得られる電流（ときには積分や半積分も）を計測し，解析する方法についてだけ述べてきた．一方で，他の方法もあり，その一つとして，一定電流をセルに流し，電極電位がどのように変化するかを調べるものがある．このような実験は**クロノポテンショメトリー** (chronopotentiometry) とよばれている．

現在では，クロノポテンショメトリーはあまり用いられないが，この方法にはいくつかの利点があり，特に高温溶融塩電気化学のような挑戦的な分野において威力を発揮する．このような系では，非補償抵抗はほとんど問題にならないが，むしろ電極表面にできる膜の抵抗のほうが問題となる．このような抵抗は，オームの法則に従い，単に抵抗と電流に比例する分だけ測定される電位をシフトさせる効果をもつ．

定電流に対する可逆電極反応 $\mathrm{R \rightleftarrows e^- + O}$ の応答は，可逆系の汎ボルタンメトリー関係と定数の半積分[1650]に関する式を組合わせることで容易に導くことができる．すなわち，

1649) 詳しくは Web # 1649 参照.
1650) 適切な半積分については，汎ボルタンメトリー関係の式 (16・63) および Web # 1242 の項目 (103) を参照せよ.

$$\frac{FAc_R^b}{\dfrac{1}{\sqrt{D_R}}+\dfrac{1}{\xi(t)\sqrt{D_O}}} = M(t) = 2I\sqrt{\frac{t}{\pi}}$$

$$\xi(t) = \exp\left\{\frac{E(t)-E^\sim}{RT/F}\right\}$$

(16・60)

ここで，$E(t)$ はつぎのようになる[1651].

$$E(t) = E^\text{h} - \frac{RT}{F}\ln\left\{\frac{FAc_R^b}{2I}\sqrt{\frac{\pi D_R}{t}}-1\right\}$$

カラオグラノフ式　(16・61)

図 16・25 に，可逆的[1652]にふるまう電極に関するクロノポテンショメトリー応答を示した．カラオグラノフ式[1653]から，電位が**遷移時間**（transition time）t_trans として知られる時間[1654]において無限大となることが予想される．

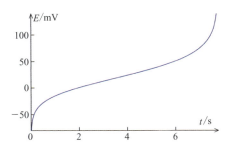

図 16・25　$t=0$ における突然の電流印加によって起こる，一定のアノード電流に対する電極（可逆的な挙動を示す）のファラデー応答．データ：$T=T^\circ$, $A=1.0\times10^{-5}\,\text{m}^2$, $c_R^b=1\,\text{mM}$, $c_O^b=0$, $D_R=D_O=1\times10^{-9}\,\text{m}^2\,\text{s}^{-1}$, $E^\sim=0$, $I=9.7\,\mu\text{A}$

$$t_\text{trans} = \frac{\pi D_R}{4}\left(\frac{FAc_R^b}{I}\right)^2 \quad \text{サンド式}[1655]$$

(16・62)

しかし実際には電気二重層容量のために，電位がただちに無限大になることはない．なぜなら，電極が全体としてファラデー的に完全分極した場合でさえも，並列する容量成分 C によって，I/C の速度で電位は変化するからである．

まとめ

過渡応答ボルタンメトリーは，主として化学分析あるいは反応機構の解析に用いられる．ほとんどの場合，ボルタンメトリーは対象とする物質の存在下で，電位プログラムを電極に印加することで行われる．パルスボルタンメトリーでは容量電流との区別が明瞭にできるので，微小なファラデー電流の計測が可能となり，ナノモルレベルでの分析ができる．一方，サイクリックボルタンメトリーは複雑な化学反応や電気化学的な過程が含まれる電極反応の機構を調べるために最もよく用いられる方法である．過渡応答ボルタンメトリーのモデル化はやりがいのある作業であるが，ほとんどの場合，デジタルシミュレーションソフトが利用されている．また，汎ボルタンメトリー関係は，

$$\left[\frac{\xi(t)}{\sqrt{D_R}}+\frac{1}{\sqrt{D_O}}\right]M(t)+\frac{\xi^\alpha(t)}{k^\circ}I(t) = FA[c_R^b\xi(t)-c_O^b]$$

汎ボルタンメトリー関係　(16・63)

バトラー–ボルマー式とファラデー–フィックの関係を組合わせたものであり，均一化学反応による妨害を受けない単1段階の電子移動過程における過渡応答ボルタンメトリーのほぼすべてに適用できる．

[1651] カラオグラノフ式を導け．そして，電位が可逆半波電位に到達するのに必要な時間に対する式を導け．この時間間隔と遷移時間との違いを説明せよ．Web#1651 参照．

[1652] しかし，反応が準可逆的にふるまう場合，$E(t)$ を陽関数として表すことは不可能である．つまり，$E=f(t)$ のような形の関数 f が見つからない．一方，$t=f(E)$ のような形の関数 f を見いだすことは可能であり，このような関数は有用である．汎ボルタンメトリー関係を使って，あるいは Web#1652 を参照してこの関数を見いだせ．遷移時間とはどのような時間であるか？

[1653] Z・カラオグラノフ（1878–1983），ブルガリアの分析化学者．

[1654] サンド式を用いて，図 16・25 で用いたデータに対する遷移時間を予想せよ．Web#1654 参照．

[1655] ヘンリー・J・S・サンド，イギリスの化学者，電気分析化学の最初の教科書の一つの著者．

付　録

用語集：記号，省略形，定数，定義，単位

参照箇所では，それぞれの記号が本文中に初めて現れるページを示している．また，数字の前に#が付いている場合は，脚注またはWebを参照されたい．*の付いた記号は，上付きあるいは下付き文字として表示されている．

記　号	名　称	単位，定義または値	参照箇所
A	アンペア，電流のSI単位	SI基本単位	7
A, B, ⋯	反応物		24
A	面積（多くの場合，WEの）	m^2	7
A_a	アノードの面積	m^2	118
A_c	カソードの面積	m^2	119
a.c.	交流（交番電流，交流電流）		12
an*	酸化（アノーディック）		110
arccos$\{y\}$	yの逆余弦関数	arccos$\{\cos\{y\}\} = y$	#1225
arccot$\{y\}$	yの逆余接関数	arccot$\{\cot\{y\}\} = y$	14
arcoth$\{y\}$	yの逆双曲線余接関数	$\frac{1}{2}\ln\{(y+1)/(y-1)\}$	#1317
arcsin$\{y\}$	yの逆正弦関数	arcsin$\{\sin\{y\}\} = y$	#1612
arsinh$\{y\}$	yの逆双曲線正弦関数	$\ln\{y+\sqrt{1+y^2}\}$	109
arctan$\{y\}$	yの逆正接関数	arctan$\{\tan\{y\}\} = y$	14
av*	平均値		171
a_i	化学種iの活量	（単位なし）	17
(ads)	表面での吸着		#205
(amal)	水銀中での溶解		86
(aq)	水溶液中の		#205
B	吸着係数	$m^3\,mol^{-1}$	145
b	特性体積	m^3	88
b	ターフェル勾配	V	119
C	クーロン，電荷のSI単位	= A s	1
C	化学過程		78
C_r, C_q, C_i	可逆，準可逆，非可逆な化学過程		#1645
CE	対　極		112
C	キャパシタンス（電気容量，静電容量）	F	7
cath*	還元（カソーディック）		110
cell*	セルの		107
conv*	対流による		87
cos$\{\theta\}$	θの余弦関数	$\sin\{\frac{\pi}{2}+\theta\}$	3
cosh$\{y\}$	yの双曲線余弦関数	$\frac{1}{2}\exp\{y\}+\frac{1}{2}\exp\{-y\}$	142
coth$\{y\}$	yの双曲線正接関数	$\dfrac{\exp\{y\}+\exp\{-y\}}{\exp\{y\}-\exp\{-y\}}$	#1317
csc$\{\theta\}$	θの余割関数	$1/\sin\{\theta\}$	#1225
csch$\{y\}$	yの双曲線余割関数	$1/\sinh\{y\}$	#1317
c_A, c_C	アニオン，カチオンの濃度	$mol\,m^{-3} = mM$	142
c	電荷担体の濃度	$mol\,m^{-3} = mM$	10
c_i	溶質（電荷担体）iの濃度	$mol\,m^{-3} = mM$	10
c_i^s	化学種iの電極（表面）での濃度	$mol\,m^{-3} = mM$	27
$\|c_i^s\|$	電極表面でのiの周期的濃度変動の大きさ	$mol\,m^{-3} = mM$	165
c_i^b	バルク溶液中でのiの濃度	$mol\,m^{-3} = mM$	84
c°	標準濃度	$1.0000 \times 10^3\,mol\,m^{-3}$	17
D	デバイ，双極子モーメントの非SI単位	3.3356 C m	#102
D_i	化学種iの拡散係数（拡散能）	$m^2\,s^{-1}$	84
d	（〜の）無限小変化		3
$d^{1/2}/dt^{1/2}$	半微分演算子	$s^{-1/2}$	86

用語集（つづき）

記　号	名　称	単位，定義または値	参照箇所
$d^{-1/2}/dt^{-1/2}$	半積分演算子	$s^{1/2}$	138
d.c.	直　流		12
dif*	（～の）拡散		84
dmFc	デカメチルフェロセン	$Fe[C_5(CH_3)_5]_2$	158
d	表面直径	m	127
∂	偏微分演算子		87
E	電気化学過程		78
E_r, E_q, E_i	可逆，準可逆，非可逆な電気化学過程		189
E	電位，電極電位	V	6
$|E|$	交流電圧振幅	V	12
E_{app}	印加電位	V	#1635
E_{cor}	腐食電位	V	117
E^h	可逆半波電位，ネルンスト的な半波電位	V	129
E_{int}	界面電位	V	#1635
E_n	ゼロ電圧（電位），開回路電位	V	33
E_{rev}	反転電位（スイッチ電位）	V	185
E_{zc}	ゼロ電荷電位	V	141
$E_{1/2}$	半波電位	V	#1216
$E°$	標準電極電位	V	60
$E°'$	式量電位（見かけ電位）	V	62
e^-	電　子		1
erf$\{y\}$	y の誤差関数	$\frac{2}{\sqrt{\pi}}\int_0^y \exp\{-x^2\}\,dx$	85
erfc$\{y\}$	y の相補誤差関数	$1 - \text{erf}\{y\}$	#828
eerfc$\{y\}$	y の"experfc"関数	$= \exp\{y^2\}\,\text{erfc}\{y\}$	#723
equil*	平衡における		19
eV	電子ボルト	1.6022×10^{-19} J	#124
exp$\{y\}$	y の指数関数	$= e^y$	12
e	自然対数の底	2.7183	#164
F	ファラド，キャパシタンスの SI 単位	$= C\,V^{-1}$	7
FAD	フラビンアデニンジヌクレオチド		94
Fc, Fcd	フェロセン，フェロセン誘導体	$Fc = (C_5H_5)_2Fe$	95, 158
FFT	高速フーリエ変換		#1545
F_n	時系列の n 番目	任　意	#1545
F	ファラデー定数	96485 C mol^{-1}	10
f	フェムト	10^{-15}	
f	静電気力	N	1
f	繰返し回数	Hz	#1545
(fus)	溶融（融解）状態における		#205
Glox	グルコースオキシダーゼ		94
GC*	グイ-チャップマンのモデルによる		142
G_i	化学種 i の（モル）ギブズエネルギー	J mol^{-1}	16
G_i	イオン i のゴールドマンの透過係数	m s^{-1}	102
$G_i°$	化学種 i の標準ギブズエネルギー	J mol^{-1}	16
g	グラム	$= 10^{-3}$ kg	
gd$\{y\}$	y のグーデルマン関数	$\arctan\{\sinh\{y\}\}$	#1225
g	重力加速度	9.8066 m s^{-2}	#813
g	増幅器のゲイン（増幅率）	（単位なし）	#1029
(g)	気体状態の		#205
H	ヘンリー，インダクタンスの SI 単位	$= V\,s\,A^{-1}$	168
HUP	リン酸水素ウラニル四水和物		36
Hz	ヘルツ，周波数の SI 単位	$= s^{-1}$	12
H*	水素発生反応の		118
H*	ヘルムホルツのモデルにおける		140
H	（モル）エンタルピー	J mol^{-1}	15
h	時　間	$= 3600$ s	47

付　　録

用語集（つづき）

記号	名称	単位，定義または値	参照箇所
h⁺	ホール（正孔）		155
h	結晶層の厚さ	m	152
h	プランク定数	6.6261×10^{-34} J s	156
I, J, …	中間体		76
I_n	n 番目の"仮想（虚）"変換	任意	#1545
Int$\{y\}$	y の整数化関数	y を超えない最大の整数値	#177
ISE	イオン選択性電極		65
ITIES	二つの混ざり合わない電解質溶液の界面		157
IUPAC	国際純正・応用化学連合		iii
I, II*	相I，相IIにおいて		18
I	電流	A	7
$\vec{I}, \overleftarrow{I}$	サイクリックボルタンメトリーの正方向あるいは逆方向走査時の電流	A	187
$|I|$	交流電流振幅	A	13
I_{cor}	腐食電流	A	119
I_{far}	ファラデー電流	A	#1635
I_{pre}, I_{end}	パルスを加える直前あるいは終了直前の電流	A	183
I_{meas}	測定された電流		#1635
I_{mod}	モデル化された電流	A	#1635
i	任意の化学種		10
ierfc$\{y\}$	y の相補誤差関数の積分	$\int_y^\infty \text{erfc}\{x\}\,dx$	#828
in*	細胞の内部		102
i	電流密度	A m^{-2}	7
i_{ox}, i_{rd}	酸化電流密度，還元電流密度	A m^{-2}	74
i_n	交換電流密度	A m^{-2}	73
J	ジュール，エネルギーや仕事のSI単位	= kg m^2 s^{-2}	3
j	虚数単位	$\sqrt{-1}$	168
J	全流束	mol s^{-1}	#802
j_i	化学種 i の流束密度	mol m^{-2} s^{-1}	79
K	ケルビン，温度のSI単位	SI基本単位	16
K	活量に基づく平衡定数	（単位なし）	16
K'	濃度に基づく平衡定数	(mol m^{-3})$^{\vec{\Omega}-\overleftarrow{\Omega}}$	#818
K_w	活量に基づく水のイオン積	1.005×10^{-14}	20
kg	キログラム，質量のSI単位	SI基本単位	#225
kin*	速度的に，あるいは反応速度論的に支配された		108
k	周波数単位	（単位なし）	#1545
k_B	ボルツマン定数	1.3807×10^{21} J K^{-1}	#124
$\vec{k}, \overleftarrow{k}$	活量に基づく速度定数	mol m^{-3} s^{-1}（均一反応） mol m^{-2} s^{-1}（不均一反応）	25
$\vec{k}', \overleftarrow{k}'$	濃度に基づく速度定数	m$^{3\Omega-3}$ mol$^{\Omega-1}$ s^{-1}（均一反応） m$^{3\Omega-2}$ mol$^{\Omega-1}$ s^{-1}（不均一反応）	27
$k'_{\#}, k'_{-\#}$	反応機構で#番目の素過程の正方向または逆方向の速度定数	m$^{3\Omega-3}$ mol$^{\Omega-1}$ s^{-1}（均一反応） m$^{3\Omega-2}$ mol$^{\Omega-1}$ s^{-1}（不均一反応）	27
$k_{ox}(E), k_{rd}(E)$	酸化還元反応の活量に基づく電位依存性の速度定数	mol m^{-2} s^{-1}	71
$k'_{ox}(E), k'_{rd}(E)$	酸化還元反応の濃度に基づく電位依存性の速度定数	m s^{-1}	71
$k^{o\prime}$	式量速度定数	m s^{-1}	72
k'_{ox}, k'_{rd}	酸化還元反応における複合速度定数	m$^{3\Omega-2}$ mol$^{\Omega-1}$ s^{-1}	77
L	リットル	$= 10^{-3}$ m^3	20
L, R*	左側（左辺）の，右側（右辺）の，		19
L, U*	下部，上部		83
L	距離（長さ）	m	2
L	インダクタンス	H	168
lim*	限界		110
log$_{10}\{y\}$	y の常用対数	ln$\{y\}/2.3026$	21
ln$\{y\}$	y の自然対数		16
l	距離（長さ）の座標	m	3

用語集（つづき）

記号	名称	単位，定義または値	参照箇所
(l)	液体状態の		# 205
M	モル濃度（モラー）	$mol_{solute}\,L_{solution}^{-1}$	20
M	メガ	10^6	
M*	金属溶解反応の		118
M*	金属の		152
M	電流の半積分	$A\,s^{1/2}$	# 1242
M	モル質量	$kg\,mol^{-1}$	# 916
$\vec{M}, \overleftarrow{M}$	サイクリックボルタンメトリーの正方向，逆方向走査時の電流の半積分	$A\,s^{1/2}$	187
M_n	ゼロ電位での半積分	$A\,s^{1/2}$	187
m	メートル，長さのSI単位	SI基本単位	8
m	ミリ	10^{-3}	
meas*	測定された		146
mig*	泳動による		87
mol	モル，物質量のSI単位	SI基本単位	10
m	基本周波数の整数（m）倍	（単位なし）	173
m_i	化学種iの輸送係数	$m\,s^{-1}$	91
N	ニュートン，力のSI単位	$=kg\,m\,s^{-2}$	1
NASA	アメリカ航空宇宙局		55
NHE	標準水素電極		# 605
Nℓ	ナフチル核	$C_{10}H_7$	77
N	捕捉率	（単位なし），$0 < N < 1$	135
N_A	アボガドロ定数	$6.0221 \times 10^{23}\,mol^{-1}$	10
N_i	イオンiに対するチャネル数	（単位なし）	# 932
n	ナノ	10^{-9}	
net*	正味の反応の	$v_{net} = v_{ox} - v_{rd}$	71
nf*	非ファラデー		146
nuc*	核または核生成の		153
n	電極反応に関与する電子の数	（単位なし）	31
n_i	化学種iの量（モル数）	mol	24
n*	n番目の		153
O	レドックス対のうちの酸化体		71
ohm*	抵抗による		107
osm*	電気浸透の		161
ox, rd*	酸化の，還元の		71
out*	細胞の外部		102
(org)	油相（有機溶媒）に溶解した		158
P	生成物		188
Pa	パスカル，圧力のSI単位	$=N\,m^{-2}$	17
PolyLog[,]	多重対数関数（Mathematica® の記号）	（単位なし）	# 1241
P_i	化学種iの透過性	$m^2\,s^{-1}$	43
P	周期	s	12
p	ピコ	10^{-12}	
per(t)	周期的な信号	（単位なし）	173
ppb	10億分の1	10^9 分の1	# 924
ppm	100万分の1	10^6 分の1	92
p	圧力	Pa	17
$p°$	標準圧力	$10^5\,Pa = 1\,bar$	17
p_i	気体iの分圧	Pa	17
pH	水素イオン指数	$-\log_{10}\{a_{H_3O^+}\}$	21
Q	電荷，電気量	C	1
Q_i	化学種（担体）iの電荷	C	10
Q_0	電気素量	$1.6022 \times 10^{-19}\,C$	1
Q_{test}	試験電荷（無限小電荷）	C	2
q	（表面）電荷密度	$C\,m^{-2}$	3
R	レドックス対のうちの還元体		71

付　　録

用語集（つづき）

記　号	名　　称	単位，定義または値	参照箇所
R	有機分子部位		40
RE	参照電極（基準電極）		58
R_k	k 番目の実変換	任　意	# 1545
R	距離，半径	m	3
R	抵　抗	Ω	8
R	気体定数	8.3145 J K^{-1} mol^{-1}	16
R_c	デバイ-ヒュッケルのモデルにおける中心イオンの半径	m	24
R_{ct}	電荷移動抵抗	Ω	109
R_{pol}	分極抵抗	Ω	119
R_u	非補償抵抗	Ω	113
$RT°$		2.4790 kJ mol^{-1}	16
$RT°/F$		25.693 mV	
$RT°/F \ln\{10\}$		59.159 mV	
rad	ラジアン，平面角の SI 単位		88
rem*	除去による支配の		130
rms*	二乗平均平方根		12
rpm	毎分回転数		# 1229
r	距離，動径方向の座標		2
r_{hemi}	半球電極の半径	m	107
S	ジーメンス，導電率（電気伝導率）の SI 単位	$=$ A V^{-1} $=$ Ω^{-1}	8
S	反応物（基質）		188
SCE	飽和カロメル電極		# 604
SHE	標準水素電極		59
s*	シュテルンのモデルにおける		143
S	(モル) エントロピー	J K^{-1} mol^{-1}	16
S	せん断面積	m^2	# 842
SI	国際単位系		
s	秒，時間の SI 単位	SI 基本単位	7
sech$\{y\}$	y の双曲線正割関数	$2/[\exp\{y\} + \exp\{-y\}]$	137
sin$\{y\}$	y の正弦関数	$y - y^3/3! + y^5/5! - \cdots$	12
sinh$\{y\}$	y の双曲線正弦関数	$\frac{1}{2}\exp\{y\} - \frac{1}{2}\exp\{-y\}$	109
s	ラプラス変換の変数	Hz	# 162
(s)	固体状態の		# 205
(sc)	半導体中の		156
(sep)	セパレータ中の		54
(soln)	溶液中の（水とは限らない）		28
soc	荷電状態	%	# 547
T	温　度	K	16
$T°$	標準温度	298.15 K $=$ 25.00 ℃	16
tan$\{\theta\}$	θ の正接関数	$\sin\{\theta\}/\cos\{\theta\}$	# 1225
tanh$\{y\}$	y の双曲線正接関数	$\dfrac{\exp\{y\} - \exp\{-y\}}{\exp\{y\} + \exp\{-y\}}$	136
trans*	輸送による		110
t	時　間	s	7
t_{trans}	遷移時間	s	193
t_∞	電流がほぼゼロになるまで時間	s	68
U(t_0)	ヘビサイド関数（単位ステップ関数）	$t < t_0$ のとき 0, $t > t_0$ のとき 1	# 1242
u	電荷担体の移動度	m^2 V^{-1} s^{-1}	10
u_i	化学種 i の移動度	m^2 V^{-1} s^{-1}	10
u_{os}	電気浸透移動度	m^2 V^{-1} s^{-1}	# 1419
V	ボルト，電位の SI 単位	J C^{-1}	3
Vm	バリノマイシン	(C$_{18}$H$_{30}$N$_2$O$_6$)$_3$	158
V	体　積	m^3	25
$\dot{V}$	流　束	m^3 s^{-1}	87
v	速　度	m s^{-1}	82
v	電位走査速度	V s^{-1}	146

用語集（つづき）

記号	名称	単位，定義または値	参照箇所
v	反応速度，正味の反応速度	mol m^{-3} s^{-1}（均一反応） mol m^{-2} s^{-1}（不均一反応）	25
$\vec{v}, \overleftarrow{v}$	正反応，逆反応の速度	mol m^{-3} s^{-1}（均一反応） mol m^{-2} s^{-1}（不均一反応）	25
v_{ox}, v_{rd}	酸化反応，還元反応の速度	mol m^{-2} s^{-1}	71
$\bar{v}$	平均速度	m s^{-1}	10
v_x, v_r, v_θ	軸方向，動径方向，円周方向の速度	m s^{-1}	88
W	ワット，電力のSI単位	J s	11
WE	作用電極		58
W	モル仕事	J mol^{-1}	17
W	ワールブルグ成分の大きさ	Ω s$^{-1/2}$	166
w	仕事	J	3
$w_i^{x \to \infty}$	1個のiイオンをxから無限遠まで運ぶのに必要な仕事	J	142
w_n	n番目の加重	（単位なし）	177
X	電場	V m^{-1}	2
x, y	直交座標に沿った距離	m	2
x_H	ヘルムホルツ層の厚さ	m	140
x_i	溶質中の物質iのモル分率	（単位なし）	18
Y	アドミタンス	S	#170
y	任意の変数		
$Z, Y, \cdots$	生成物		24
Z	インピーダンス	Ω	13
z_i	化学種iの電荷数	（単位なし）	10
α	比例係数（パラメータ）	m^2	102
$\alpha, 1-\alpha$	還元反応，酸化反応における移動係数	（単位なし），$0 < \alpha < 1$	72
α_{ox}, α_{rd}	複合移動係数	（単位なし）	75
β	デバイの長さ	m	22
Γ_i	吸着種iの表面濃度	mol m^{-2}	144
$\Gamma\{y\}$	yの（完全）ガンマ関数	$\int_0^\infty x^{y-1} \exp\{-x\} dx$	88
γ_i	溶質iの活量係数	（単位なし）	18
$\gamma_\pm$	平均イオン活量係数	（単位なし）	23
$\gamma\{1/3, y\}$	yの1/3次の不完全ガンマ関数	$\int_0^y x^{-2/3} \exp\{-x\} dx$	88
Δ	〜における変化，差	$\Delta y = y_{new} - y_{old}$	6
ΔE_n	ゼロ電圧（電位），平衡セル電圧	V	33
ΔE_{gap}	バンドギャップ	V	#124
$\Delta \phi^{mem}$	膜電位	V	102
$\Delta E_{step}, \Delta t_{step}$	ステップ高さ，ステップ幅	V, s	148
δ	ネルンスト拡散層の厚さ	m	#857
δ	微小な時間間隔	s	177
δ	（〜の）微小変化		3
ε	誘電率	F m^{-1}	1
ε	$F(E - E^h)/RT$の省略形	（単位なし）	137
$\varepsilon_{CB}, \varepsilon_{VB}$	伝導帯，価電子帯のエネルギー	J	156
ε_H	ヘルムホルツ層の誘電率	F m^{-1}	140
ε_0	真空の誘電率，電気的定数	8.8542×10^{-12} F m^{-1}	1
ζ	界面動電位，ゼータ電位	V	161
$\zeta(y)$	yのゼータ数	$1^{-y} + 2^{-y} + 3^{-y} + 4^{-y} + \cdots$	#1241
κ	導電率，電気伝導率	S m^{-1}	8
Λ	$\lambda/(RT)$の省略形	（単位なし）	#723
λ	電気二重層理論で用いられる変数	（単位なし）	#1317
λ	（モル）再配向エネルギー	J mol^{-1}	#723
λ	可逆性指標	（単位なし）	130
λ	波長	m	156
$\lambda\{y\}$	yのラムダ関数	$1^{-y} + 3^{-y} + 5^{-y} + 7^{-y} + \cdots$	#1240

用語集（つづき）

記号	名称	単位，定義または値	参照箇所
μ	イオン強度	mol m^{-3} = mM	22
μ	双極子モーメント	C m	# 102
μ	マイクロ	10^{-6}	
μ_{DH}	デバイ-ヒュッケルのイオン強度定数	mol m^{-3} = mM	23
μ_i	化学種 i の化学ポテンシャル	J mol^{-1}	# 836
$\tilde{\mu}_i$	化学種 i の電気化学ポテンシャル	J mol^{-1}	# 836
ν	光の振動数	Hz	156
ν	differintegration の次数	（単位なし）	# 1245
ν_i	化学種 i の化学量論係数	（単位なし）	24
ν_C	コクラン数	0.6159	# 844
ν_K	カルマン数	0.51023	88
ν_L	レビッチ数	0.62046	89
ξ	$\exp\{F(E-E^{\sim})/RT\}$ の省略形	（単位なし）	# 1547
ξ^h	$\exp\{F(E-E^h)/RT\}$ の省略形	（単位なし）	# 1603
ξ, ψ	楕円座標系	（単位なし）	# 1225
Ψ	Web の (17) 式で定義される省略形	（単位なし）	# 1619
π	円周率	3.1416	3
η	粘度（動粘度）	kg m^{-1} s^{-1}	82
η	過電圧	V	105
θ	角度	ラジアンあるいは度	3
θ_i	吸着種 i の被覆率	（単位なし），$0 < \theta_i < 1$	144
ρ	（体積）電荷密度	C m^{-3}	4
ρ	密度	kg m^{-3}	# 916
σ	$\exp\{F(E_{1/2}-E^h)/RT\}$ の省略形	（単位なし）	# 1231
σ	表面張力	N m^{-1}	141
γ	オンサーガー定数	m$^{7/2}$ s^{-1} V^{-1} mol$^{-1/2}$	82
γ	$\exp\{F(E-E^h)/2RT\}$ の省略形	（単位なし），$-1 < \gamma < 1$	184
ϕ	電位	V	3
φ	位相角	ラジアンあるいは度	13
$\chi\{y\}$	$\sqrt{\pi x}\{y\}$ は y のランドルス-シェビチク関数	（単位なし）	137
$\chi'\{y\}$	サイクリックボルタンメトリーで用いられる関数	（単位なし）	#1634
Ω	オーム，抵抗の SI 単位	= kg m^2 s^{-3} A^{-2}	8
Ω	速度式の次数	（単位なし）	75
Ω_i	化学種 i の次数	（単位なし）	75
$\Omega_{i,ox}, \Omega_{i,rd}$	酸化，還元過程における化学種 i の次数	（単位なし）	75
ω	角周波数	rad s^{-1}	12
ω	角速度	rad s^{-1}	88
$^{\circ *}$	標準状態における		16
$^{\circ *}$	無限希釈		205
$'^*$	（活量でなく）濃度基準の		27
$^{\circ\prime *}$	式量，見かけ		62
$^{\ddagger *}$	活性化の		# 232
$!^*$	階乗関数	$n! = (1)(2)(3)\cdots(n)$	# 1604
$\|y\|$	y の絶対値	$y(y \geq 0), y(-y \leq 0)$	185
$\|E\|, \|I\|$	交流電圧，交流電流の振幅	V, A	12, 13
$(\hat{n})$	n 番目の素過程が律速段階		26
$\begin{pmatrix} y \\ n \end{pmatrix}$	二項係数	$\dfrac{(y-n+1)(y-n+2)\cdots(y)}{(1)(2)\cdots(n)}$	# 1242

絶対誘電率と比誘電率：いくつかの双極子モーメントとともに

2列目は20℃または25℃において測定された（絶対）誘電率を表している．3列目はこれに対応する比誘電率であり，しばしばこちらが誘電率として引用される．最後の列は気体状分子についての双極子モーメントであり，単位はデバイである．

物質	$\varepsilon/\text{pF m}^{-1}$	$\varepsilon/\varepsilon_0$	μ/D
真空	8.8542	1	
窒素 $N_2(g)$	8.8590	1.005	0
テフロン® $(CF_2)_\infty(s)$	18	2.0	
1,4-ジオキサン $C_4H_8O_2(l)$	19	2.2	0.45
四塩化炭素 $CCl_4(l)$	19.7	2.22	0
ポリエチレン $(CH_2)_\infty(s)$	20	2.3	
マイラー $(CH_2 \cdot OOC \cdot C_6H_4 \cdot COO \cdot CH_2)_\infty(s)$	28	3.2	
シリカ $SiO_2(s)$	38.3	4.3	
典型的なガラス	44	5.0	
クロロベンゼン $C_6H_5Cl(l)$	49.8	5.62	1.69
ネオプレン $(CH_2{:}CCl{\cdot}CH{:}CH_2)_\infty(s)$	58	6.6	
テトラヒドロフラン $C_4H_4O(l)$	65	7.6	1.75
ジクロロメタン $CH_2Cl_2(l)$	76	8.9	1.6
1,2-ジクロロエタン $Cl(CH_2)_2Cl(l)$	91.7	10.4	
メタノール $CH_3OH(l)$	288	32.6	1.7
ニトロベンゼン $C_6H_5NO_2(l)$	308.3	34.82	4.22
アセトニトリル $CH_3CN(l)$	332	37.5	3.93
ジメチルスルホキシド $(CH_3)_2SO(l)$	400	47	3.96
水 $H_2O(l)$	695.4	78.54	1.86
ホルムアミド $HCO \cdot NH_2(l)$	970	109.5	3.73
二酸化チタン $TiO_2(s)$	1500	170	
N-メチルホルムアミド $HCO \cdot NH \cdot CH_3(l)$	1615	182.4	3.8

液体の水の性質：標準温度 $T°$ および標準圧力 $p°$ における値（SI単位）

モル質量 $M = 0.0180152 \text{ kg mol}^{-1}$
密度 $\rho = 997.07 \text{ kg m}^{-3}$
分子体積 $M/(N_A \rho) = 3.0003 \times 10^{-29} \text{ m}^3 = (310.73 \text{ pm})^3$
熱膨張率 $= 2.572 \times 10^{-4} \text{ K}^{-1}$
熱伝導率 $= 0.6069 \text{ W K}^{-1} \text{ m}^{-1}$
熱容量 $= 75.48 \text{ J K}^{-1} \text{ mol}^{-1}$
蒸気圧 $= 3167.2 \text{ Pa}$
表面張力 $\sigma = 0.07198 \text{ N m}^{-1}$
粘度 $\eta = 8.937 \times 10^{-4} \text{ kg m}^{-1} \text{ s}^{-1}$
動粘度 $\eta/\rho = 8.932 \times 10^{-7} \text{ m}^2 \text{ s}^{-1}$
自己拡散係数 $D = 2.44 \times 10^{-9} \text{ m}^2 \text{ s}^{-1}$
誘電率 $\varepsilon = 6.954 \times 10^{-10} \text{ F m}^{-1}$
比誘電率 $\varepsilon/\varepsilon_0 = 78.54$
デバイの長さ $\beta = 9.534 \times 10^{-7} \text{ m}$
導電率 $\kappa = 5.696 \times 10^{-6} \text{ S m}^{-1}$
イオン強度 $\mu = 1.003 \times 10^{-4} \text{ mol m}^{-3}$
イオン積 $K_w = 1.005 \times 10^{-14}$
pH $= 6.998$

導電率と抵抗率：さまざまな電荷担体

導電率（電気伝導率）κ と抵抗率 ρ のほとんどは 25 ℃ 付近での値である．この表には電子伝導体およびイオン伝導体の両方が含まれている．

物　質	κ/S m^{-1}	ρ/Ω m	電荷担体
真空およびほとんどの気体	0	∞	なし
テフロン® $(CF_2)_\infty$	10^{-15}	10^{15}	不純物？
典型的なガラス	3×10^{-9}	3×10^{-8}	1 価のカチオン
水 $H_2O(l)$	5.7×10^{-6}	1.75×10^5	$H_3O^+(aq)$ と $OH^-(aq)$
$[(CH_3)_2NH]_2CO_2(l)$（イオン液体）	2.8×10^{-3}	360	$(CH_3)_2NH_2^+$ と $(CH_3)_2NCO_2^-$
ケイ素 $Si(s)$	0.072	14	電子とホール
$Zr_{18}Y_2O_{39}(s)$（イットリア安定化ジルコニア，1000 K において）	0.3	3	$O_2^-(s)$
100 mM KCl 水溶液	1.3	0.77	$K^+(aq)$ と $Cl^-(aq)$
ゲルマニウム $Ge(s)$	2.2	0.45	電子とホール
0.500 M $CuSO_4$ 水溶液	4.2	0.24	$Cu^{2+}(aq)$ と $SO_4^{2-}(aq)$
海水	5.2	0.19	カチオン，アニオン，イオン対
1.00 M KCl 水溶液	10.2	9.5×10^{-2}	$K^+(aq)$ と $Cl^-(aq)$
$Na_6Al_{32}O_{51}$（β-アルミナ，350 ℃ において）	20	5×10^{-2}	$Na^+(s)$
$RbAg_4I_5(s)$	25	4×10^{-2}	$Ag^+(s)$
1.000 M HCl 水溶液	33.2	3.01×10^{-2}	$H_3O^+(aq)$ と $Cl^-(aq)$
5.2 M H_2SO_4 水溶液（バッテリー液）	82	1.2×10^{-2}	$H_3O^+(aq)$ と $HSO_4^-(aq)$
KCl 溶融塩（1043 ℃ において）	217	4.61×10^{-3}	$K^+(fus)$ と $Cl^-(fus)$
ドープされたポリピロール	6×10^3	1.7×10^{-4}	π 電子
グラファイト C	4×10^4	2.5×10^{-5}	π 電子
ビスマス $Bi(s)$	8.2×10^5	1.22×10^{-6}	電子
水銀 $Hg(l)$	1.040×10^6	9.62×10^{-7}	電子
鉄 $Fe(s)$	1.0×10^7	1.0×10^{-7}	電子
銅 $Cu(s)$	5.69×10^7	1.758×10^{-8}	電子
銀 $Ag(s)$	6.17×10^7	1.62×10^{-8}	電子
超伝導体（低温）	∞	0	電子対

電気化学において重要な元素：その性質

元素記号において，非金属は青色で示した．原子の1モルあたりの質量は原子量に単位（g mol^{-1}）を付けたものに等しいが，グラムはSI単位ではないので，SI単位系（kg mol^{-1}）に変換するには，1000で割ればよい．標準圧力および標準温度における密度は単位を kg L^{-1} または g cm^{-3} で示してある．SI単位系（kg m^{-3}）に変換するには，1000を乗ずればよい．すべての単体元素の酸化数はゼロである（表中では省略してある）．最後の列において，青色で示した値は，その酸化数がまれであるか，あるいは不安定であることを示す．そのような酸化状態は，電気化学でしばしば出現する．

原子番号	元素記号	原子量	標準状態と密度	酸化数	原子番号	元素記号	原子量	標準状態と密度	酸化数
1	H	1.0079	H$_2$(g) 0.00008132	$-1, +1$	26	Fe	55.847	Fe(s) 7.87	$-2, -1, +1, +2, +3, +4$
3	Li	6.941	Li(s) 0.534	$+1$	27	Co	58.9332	Co(s) 8.90	$+1, +2, +3, +4$
6	C	12.011	C(graphite) 2.250	$-4, +2, +4$	28	Ni	58.69	Ni(s) 8.902	$-2, -1, +2, +3, +4$
7	N	14.0067	N$_2$(g) 0.0011300	$-3, -2, -1, +1, +2, +3, +4, +5$	29	Cu	63.546	Cu(s) 8.96	$+1, +2, +3$
8	O	15.9994	O$_2$(g) 0.0012909	-2	30	Zn	65.38	Zn(s) 7.134	$+2$
9	F	18.998403	F$_2$(g) 0.0015328	-1	33	As	74.9216	As(grey) 5.73	$-3, +3, +5$
11	Na	22.98977	Na(s) 0.971	$+1$	35	Br	79.9904	Br$_2$(l) 3.12	$-1, +3, +5, +7$
12	Mg	24.305	Mg(s) 1.740	$+2$	42	Mo	95.94	Mo(s) 10.2	$-1, +1, +2, +3, +4, +5, +6$
13	Al	26.98154	Al(s) 2.702	$+1, +3$	46	Pd	106.4	Pd(s) 12.02	$+2, +4$
14	Si	28.0855	Si(s) 2.329	$-4, +4$	47	Ag	107.8682	Ag(s) 10.49	$+1$
15	P	30.97376	P$_4$(s) 1.82	$-3, +3, +5$	48	Cd	112.41	Cd(s) 8.65	$+2$
16	S	32.06	S$_8$(s) 2.070	$-2, +4, +6$	49	In	114.76	In(s) 7.31	$+1, +2, +3$
17	Cl	35.453	Cl$_2$(g) 0.0028604	$-1, +1, +3, +5, +7$	50	Sn	118.69	Sn(s) 7.31	$+2, +3, +4$
19	K	39.0983	K(s) 0.862	$+1$	53	I	126.9045	I$_2$(s) 4.93	$-1, +1, +3, +5, +7$
20	Ca	40.078	Ca(s) 1.54	$+2$	58	Ce	140.12	Ce(s) 6.770	$+3, +4$
22	Ti	47.88	Ti(s) 5.54	$+2, +3, +4$	74	W	183.85	W(s) 19.3	$-1, +1, +2, +3, +4, +5, +6$
23	V	50.9415	V(s) 6.11	$+1, +2, +3, +4, +5$	78	Pt	195.08	Pt(s) 21.45	$+1, +2, +3, +4$
24	Cr	51.996	Cr(s) 7.19	$-2, +1, +2, +3, +6$	79	Au	196.9665	Au(s) 19.32	$+1, +2, +3$
25	Mn	54.9380	Mn(s) 7.30	$+1, +2, +3, +4, +5, +6, +7$	80	Hg	200.59	Hg(l) 13.534	$+1, +2$
					81	Tl	204.383	Tl(s) 11.85	$+1, +3$
					82	Pb	207.2	Pb(s) 11.35	$+2, +4$
					92	U	238.0289	U(s) 18.95	$+3, +4, +5, +6$

輸送特性：水中のイオンを主として

25 ℃の水中における"無限希釈"状態のイオンについての導電率，移動度，拡散係数の値をここに示す．これら三つの性質では互いに比例関係を有し，$RT\mu_i^\circ = z_i F D_i^\circ$ および $\lambda_i^\circ = z_i F u_i^\circ$ によって関係付けられている．ほとんどの場合，3列目および4列目の値は，非常に希薄な水溶液中で測定されるイオン伝導率をゼロに外挿して得られた値から求められている．最後の列には，明記した溶媒中においてボルタンメトリーにより測定された拡散係数を示した．これらの値は，用いた支持電解質の種類や濃度に依存するため，無限希釈状態とは大きく異なる．最後の列で *1：100 mM KCl 中，*2：1000 mM KCl 中，*3：100 mM KNO₃ 中，*4：1000 mM KNO₃ 中，*5：100 mM NaOH 中での値を示す．

化学種 i	$10^3 \times \lambda_i^\circ$ / S m² mol⁻¹	$10^9 \times u_i^\circ$ / m² V⁻¹ s⁻¹	$10^9 \times D_i^\circ$ / m² s⁻¹	$10^9 \times D_i$ / m² s⁻¹	化学種 i	$10^3 \times \lambda_i^\circ$ / S m² mol⁻¹	$10^9 \times u_i^\circ$ / m² V⁻¹ s⁻¹	$10^9 \times D_i^\circ$ / m² s⁻¹	$10^9 \times D_i$ / m² s⁻¹
H_3O^+(aq)	34.96	362.3	9.31	(グロッタス機構)	IO_3^-(aq)	4.05	−42.0	1.078	1.015*¹
OH^-(aq)	19.8	−205.2	5.27	(グロッタス機構)	SO_4^{2-}(aq)	16.00	−82.91	1.065	
H_2O(l)	0	0	2.44	(自己拡散)	Li^+(aq)	3.866	40.07	1.029	
O_2(aq)	0	0	2.26		$Fe(CN)_6^{3-}$(aq)	32.07	−110.8	0.949	
Br^-(aq)	7.81	−80.9	2.080		Pb^{2+}(aq)	14.2	73.6	0.945	0.828*³
Rb^+(aq)	7.78	80.6	2.072						0.715*¹
Cs^+(aq)	7.72	80.0	2.056						0.681*²
I^-(aq)	7.68	−79.6	2.045		$C_6H_5COO^-$(aq)	3.24	−33.6	0.863	
Cl^-(aq)	7.631	−79.09	2.032		Ba^{2+}(aq)	12.72	65.92	0.847	
Tl^+(aq)	7.47	77.4	1.989		Ca^{2+}(aq)	11.89	61.62	0.792	
NH_4^+(aq)	7.35	76.2	1.96		$Fe(CN)_6^{4-}$(aq)	44.16	−114.4	0.735	0.650*¹
K^+(aq)	7.348	76.16	1.957		Fe^{2+}(aq)	10.8	56.0	0.719	
NO_3^-(aq)	7.142	−74.02	1.902		Cd^{2+}(aq)	10.8	56.0	0.719	0.715*¹
Zn(amal)	0	0	1.89	(水銀中の金属 Zn)	Cu^{2+}(aq)	10.72	55.55	0.714	
ClO_4^-(aq)	6.73	−69.8	1.792		Mg^{2+}(aq)	10.60	54.9	0.706	
Cd(amal)	0	0	1.66	(水銀中の金属 Cd)	Zn^{2+}(aq)	10.56	54.72	0.703	0.654*⁵
Ag^+(aq)	6.19	64.16	1.648						0.638*³
F^-(aq)	5.54	−57.4	1.475						0.620*⁴
Na^+(aq)	5.008	51.90	1.344		PO_4^{3-}(aq)	20.7	−71.5	0.613	
$(CH_3)_4N^+$(aq)	4.49	46.5	1.196		Fe^{3+}(aq)	20.4	70.5	0.604	
CH_3COO^-(aq)	4.09	−42.4	1.089		$(C_4H_9)_4N^+$(aq)	1.95	20.2	0.519	

標準ギブズエネルギー：$\Delta E°$ および $E°$ を算出するための鍵

さまざまな中性物質および水中のイオン種についての標準ギブズエネルギーを示す．より厳密にいうと，これらの $G°$ 値は標準状態における各元素から，標準状態（標準温度 $T° = 298.15$ K，標準圧力 $p° = 1$ bar $= 100$ kPa）において，各物質を1モル生成するのに必要なエネルギーである．水溶性イオンについては，オキソニウムイオン $H_3O^+(aq)$ および水分子 $H_2O(l)$ の標準ギブズエネルギーを同一とするという仮定を採用している．元素については，その標準状態における $G°$ はゼロであるので省略した．この表の値は，"Standard Thermodynamic Properties of Chemical Substances" および "Thermodynamic Properties of Aqueous Ions" という大部の（しかしかなり手が加えられた）書籍から採っている．平衡におけるすべての物理化学的性質（平衡定数，溶解度，蒸気圧，反応性，平衡組成など）や電気化学データは，$G°$ から計算できる．ただし，$G°$ は標準状態においてのみ適用可能であることに注意する．標準状態以外の場合には，モルギブズエネルギーは $G = G° + RT \ln\{a\}$ で与えられる．

下記の反応

$$\nu_A A + \nu_B B + \cdots \rightarrow \nu_Z Z + \nu_Y Y + \cdots \quad (A \cdot 1)$$

に伴う標準ギブズエネルギー変化は，

$$\Delta G° = \nu_Z G_Z° + \nu_Y G_Y° + \cdots - \nu_A G_A° - \nu_B G_B° - \cdots \quad (A \cdot 2)$$

である．標準ゼロ電位 $\Delta E°$ は $-\Delta G°/nF$ で与えられる．ここで，正の整数 n は31ページに書かれている方法で求められる．

水溶液中のみで動作している電極の標準電位を知るためには，電極反応を

$$\nu_A A + \nu_B B + \cdots + ne^- \rightarrow \nu_Z Z + \nu_Y Y + \cdots \quad (A \cdot 3)$$

のように書けば，$\Delta E° = -\Delta G°/nF$ から計算できる（ここで n は正である）．この $\Delta G°$ は，(A·2)式で電子を除いたものである．ここから計算される値は，必ずしも電極電位の表に掲載されているものとは一致せず，1 mV程度の相違はよく見られる．そうした不一致は，実験値の誤差や，さまざまな文献からとってきた熱力学データのばらつきに由来する．

中性物質		カチオン		アニオン	
化学種 i	$\dfrac{G_i°}{\text{kJ mol}^{-1}}$	化学種 i	$\dfrac{G_i°}{\text{kJ mol}^{-1}}$	化学種 i	$\dfrac{G_i°}{\text{kJ mol}^{-1}}$
$AgBr(s)$	-95.92	$Ag^+(aq)$	77.08	$Br^-(aq)$	-102.76
$AgCl(s)$	-109.59	$Al^{3+}(aq)$	-485.0	$Cl^-(aq)$	-131.2
$Ag_2O(s)$	-11.2	$Ca^{2+}(aq)$	-533.6	$ClO_3^-(aq)$	-8.0
$Ag_2S(s)$	-40.7	$CaOH^+(aq)$	-718.4	$ClO_4^-(aq)$	-8.5
$Al(OH)_3(s)$	-1140.7	$Cu^{2+}(aq)$	65.6	$CO_3^{2-}(aq)$	-527.82
$Al_2O_3(s)$	-1582.3	$Fe^{2+}(aq)$	-78.9	$Fe(CN)_6^{3-}(aq)$	729.4
$C(diamond)$	2.9	$Fe^{3+}(aq)$	-4.5	$Fe(CN)_6^{4-}(aq)$	695.1
$CO_2(g)$	-394.38	$FeOH^+(aq)$	-277.4	$HCO_3^-(aq)$	-586.8
$CO_2(aq)$	-186.2	$FeOH^{2+}(aq)$	-229.4	$HSO_4^-(aq)$	-755.9
$Fe_2O_3(s)$	-742.2	$Fe(OH)_2^+(aq)$	-437.0	$I^-(aq)$	-51.65
$HCl(g)$	-95.3	$H_3O^+(aq)$	-237.14	$I_3^-(aq)$	-51.48
$H_2O(l)$	-237.14	$In^{3+}(aq)$	-97.95	$IO_3^-(aq)$	-128.0
$H_2O(g)$	-228.58	$Mg^{2+}(aq)$	-454.8	$MnO_4^-(aq)$	-447.2
$Hg_2Br_2(s)$	-181.1	$Mn^{2+}(aq)$	-228.1	$MnO_4^{2-}(aq)$	-500.7
$Hg_2Cl_2(s)$	-210.7	$NH_4^+(aq)$	-79.3	$OH^-(aq)$	-157.2
$HgCl_2(s)$	-178.6	$Ni^{2+}(aq)$	-46.4	$PtCl_4^{2-}(aq)$	-384.5
$NH_3(g)$	-16.4	$Pb^{2+}(aq)$	-24.3	$S^{2-}(aq)$	$+85.8$
$PbCl_2(s)$	-313.94	$Tl^+(aq)$	-32.4	$SO_4^{2-}(aq)$	-744.5
$PbO_2(s)$	-217.3	$Tl^{3+}(aq)$	214.6	$VO_3^-(aq)$	-783.6
$PbSO_4(s)$	-813.0	$Zn^{2+}(aq)$	-147.2	$VO_4^{3-}(aq)$	-899.0
$ZnO(s)$	-320.5	$ZnOH^+(aq)$	-330.1	$ZnO_2^{2-}(aq)$	-384.4

標準電極電位: いくつかの例

電極反応やその標準電位の表記法は，その反応についての熱力学的情報を総括する一つの方法である．しかしこれは，その反応が実際に起こるということを述べているものではない．たとえば，以下にあげる最初と3番目の反応は，いかなる電極上でも観測されない．反応が逆に書かれてあっても，化学量論係数が異なって表記されていても，標準電極電位は不変である．

$$MnO_4^-(aq) + 8H_3O^+(aq) + 5e^- \rightleftarrows Mn^{2+}(aq) + 12H_2O(l) \qquad E° = +1.512 \text{ V}$$

$$Cl_2(g) + 2e^- \rightleftarrows 2Cl^-(aq) \qquad E° = +1.3578 \text{ V}$$

$$Cr_2O_7^{2-}(aq) + 14H_3O^+(aq) + 6e^- \rightleftarrows 2Cr^{3+}(aq) + 21H_2O(l) \qquad E° = +1.33 \text{ V}$$

$$O_2(g) + 4H_3O^+(aq) + 4e^- \rightleftarrows 6H_2O(l) \qquad E° = +1.2288 \text{ V}$$

$$Ag^+(aq) + e^- \rightleftarrows Ag(s) \qquad E° = +0.7989 \text{ V}$$

$$Hg_2^{2+}(aq) + 2e^- \rightleftarrows 2Hg(l) \qquad E° = +0.7958 \text{ V}$$

$$Fe^{3+}(aq) + e^- \rightleftarrows Fe^{2+}(aq) \qquad E° = +0.771 \text{ V}$$

$$O_2(g) + 2H_3O^+(aq) + 2e^- \rightleftarrows H_2O_2(aq) + 2H_2O(l) \qquad E° = +0.6946 \text{ V}$$

$$I_3^-(aq) + 2e^- \rightleftarrows 3I^-(aq) \qquad E° = +0.5362 \text{ V}$$

$$Fe(CN)_6^{3-}(aq) + e^- \rightleftarrows Fe(CN)_6^{4-}(aq) \qquad E° = +0.355 \text{ V}$$

$$Ag_2O(s) + H_2O(l) + 2e^- \rightleftarrows 2Ag(s) + 2OH^-(aq) \qquad E° = +0.3428 \text{ V}$$

$$Cu^{2+}(aq) + 2e^- \rightleftarrows Cu(s) \qquad E° = +0.340 \text{ V}$$

$$Hg_2Cl_2(s) + 2e^- \rightleftarrows 2Hg(l) + 2Cl^-(aq) \qquad E° = +0.2680 \text{ V}$$

$$AgCl(s) + 2e^- \rightleftarrows Ag(s) + Cl^-(l) \qquad E° = +0.22216 \text{ V}$$

$$2H_3O^+(aq) + 2e^- \rightleftarrows H_2(g) + 2H_2O(l) \qquad E° = 0 \text{ (定義)}$$

$$Pb^{2+}(aq) + 2e^- \rightleftarrows Pb(s) \qquad E° = -0.1207 \text{ V}$$

$$V^{3+}(aq) + e^- \rightleftarrows V^{2+}(aq) \qquad E° = -0.255 \text{ V}$$

$$Zn^{2+}(aq) + 2e^- \rightleftarrows Zn(s) \qquad E° = -0.7628 \text{ V}$$

$$2H_2O(l) + 2e^- \rightleftarrows H_2(g) + 2OH^-(aq) \qquad E° = -0.8280 \text{ V}$$

索　引

あ　行

IR ドロップ　107
ISE　65
isfet　93, 154
ITIES　157, 158, 159, 188
亜鉛-カーボン電池　48
アキュムレータ　46
アセチルコリン　104, 158
アドミタンス　13, 164, 169
アニオン　1, 9
アニオン透過膜　44
アノーディックストリッピング分析　97
アノーディックストリッピング
　　　　　　　ボルタンメトリー　96
アノード　32, 39, 46, 116
アノード酸化　117, 121
アノードスラッジ　39
アノード防食　122
アボガドロ定数　10
アマルガム化　86, 97
アマルガム金属　97
アルカリ形燃料電池　55
アルカリ電池　49
アルカリマンガン電池　49
アルガン図　170
アルゴリズム　138, 177, 186
アルミニウム
　——の電解採取　38
アレニウス式　21
アンソンプロット　179
アンダーポテンシャル析出（UPD）　153
アンペア（A）　7
アンペア-アワー（Ah）　47
アンペロメトリックセンサ　94
アンモニアセンサ　92

EE 機構　188
EE スキーム　188
イオノホア　93, 101, 158, 160
イオン　1, 22
イオン移動電流　157
イオン雲　23, 24
イオン液体　5, 20, 125
イオン強度　18, 22, 82, 89, 90, 108
イオン交換膜　39, 42
イオン積　20, 25
イオンセンサ　66
イオン選択性電界効果トランジスタ
　　　　　　　　　　　　93, 154
イオン選択性電極（ISE）　65, 93, 158

イオン選択性膜透過チャネル　93
イオンチャネル　101, 103
イオン対　22
イオン電極　65
イオン伝導体　5, 8, 29, 30, 125, 140, 155
イオン伝導率　10
イオン半径　82
イオン雰囲気　22, 23
ECE 機構　191
ECÊC 機構　78
EC 機構　190
EC´ 機構　190
異性体　191
位相角　13, 163, 164, 166, 168
位相差　13, 164, 168
異相成分　168
位相敏感検波器　13, 171
一次電池　46
イットリア安定化ジルコニア　56
移動境界法　83
移動係数　72, 73, 74, 108, 118
移動度　9, 10, 11, 81, 82, 83, 87
移動平衡　20
移動を伴う濃淡電池　36
移動を伴わない濃淡電池　35
陰　極　32, 39
インターカレーション　50, 53
インダクタンス　168
インピーダンス　13, 150, 164
インピーダンススペクトロメータ　167
埋込みディスク　64
埋込み電極　108
ウルトラキャパシタ　47
永久双極子　7
泳　動　11, 80, 86
泳動電流　90
泳動流束　87
液間電位差　34, 59
SHE　59, 106, 158
SCE　58
n 型半導体　5, 155, 156
エネルギー変換効率　54, 55
エネルギー密度　47, 48
塩化亜鉛電池　49
塩基性　21
塩基性度定数　21
塩　橋　34, 59
エンタルピー　15, 31
塩　度　10
エントロピー　16, 31, 80, 142, 144
塩分解　44

応力腐食割れ　123
オキソニウムイオン　9, 20, 21, 25, 29, 42,
　　　　　　　　　63, 67, 82, 101, 115
汚　染　92
オゾン　99, 100
オーバーポテンシャル　105
オーム（Ω）　8
オームの法則　8, 12, 13, 89, 107, 164, 192
オンサーガー, L.　82

か　行

開回路電位　33
改質反応　41, 55
海水電池　51
階段状ボルタンメトリー　149, 180, 181
回転ディスク電極　65, 88, 133, 134
回転リング・ディスク電極　135
界面エネルギー　141
界面動電位　161
界面動電現象　88, 160
回　路　7
化学エネルギー　16, 32, 46, 54
化学感応電界効果トランジスタ　154
化学仕事　4, 6
化学的酸素要求量（COD）　99
化学平衡の法則　19, 20, 25
化学方程式　15
化学量論　15
化学量論関係　89
化学量論係数　19, 24, 27, 60, 73, 77, 85
化学量論式　15, 24, 68, 77
化学量論速度式　27, 73
化学量論物質　5
可　逆　130, 131, 172, 182, 186
可逆系の汎ボルタンメトリー関係　174
可逆性指標　130, 131, 134, 166, 172, 174,
　　　　　　　　　　　　　182, 186
可逆的　61
可逆電位　33
可逆な混成形　137
可逆波　135, 136
可逆パルスボルタンメトリー　181
可逆半波電位　129, 134, 136, 171, 172, 176,
　　　　　　　　　　　　　182, 187
可逆ピーク　137
可逆ピーク電流　173
拡　散　11, 80, 84, 86, 127, 153
拡散係数　84, 87, 89, 104, 127, 187
拡散層　91
拡散電位差　34
拡散二重層　155

索引

拡散能　84
拡散流束　87
拡散領域　142
角周波数　12, 13, 163
核生成　151
核生成サイト　152
核成長　151
角速度　88
隔膜　33, 43
ガス拡散電極　99, 100
カソード　32, 39, 46, 116
カソード防食　122
カチオン　1, 9
カチオン透過膜　44
活性化ギブズエネルギー　21
活性化分極　105
活性電極　64
活動電位　103, 104
活物質　46
活　量　16, 17, 18, 21, 25, 27, 31, 61, 66, 69, 145
活量係数　17, 23, 27, 62, 108
活量に基づいた速度定数　25
過電圧　39, 105, 111, 126, 152, 153
価電子帯　155, 156
過渡応答ボルタンメトリー　140, 147, 176
過渡状態　125
カラオグラノフ式　193
ガラス　155, 160
ガラス電極　67, 92
カリウムイオンセンサ　67, 93
カリウムイオンチャネル　103
カルシウムイオンチャネル　104
カルシマイシン　93
カルノーの変換効率　54
ガルバニセル　32, 46
ガルバニックモード　33, 35, 106
ガルバニ電池　156
ガルバノスタット　113
カルマン数　88
還　元　29, 32, 71, 75, 94, 97, 118, 147, 151, 157, 185
還元限界電流密度　110
還元剤　62
還元電流密度　74
還元反応に関する移動係数　72
関数発生器　113
完全ガンマ関数　88
完全非分極　105
完全分極　8, 70, 105, 147, 163, 164
乾電池　48
ガンマ関数　88
緩和効果　83

貴金属　116
機　構
　反応の――　25, 75, 185, 188
擬似参照電極　126, 136
基　質　15
犠牲アノード　122
気体定数　16
ギブズエネルギー　15, 16, 18, 30, 31, 35, 38, 41, 46, 60, 115, 151, 152, 158
基本周波数　13, 167

逆拡散関係　129, 165
逆数の和の式　130, 133, 134, 136
逆二乗則　3
逆フーリエ変換　173
キャパシタ　7, 11, 12, 13, 47, 140
キャパシタンス　7, 47, 140, 163
キャピラリー電気泳動　84, 88
キャリブレーション　59, 65, 66, 67, 93
球対称　2, 4
吸　着　28, 42, 99, 144, 147, 153, 159, 160, 180
吸着カソーディックストリッピング
　　　　　　　　　　　ボルタンメトリー　96
吸着係数　145
吸着ストリッピングボルタンメトリー　97
吸着等温式　144
吸着物質　28
球面輸送　79
球面輸送の保存則　80
境界条件　84, 85, 88, 127, 128
凝縮系　19
強制対流　81
極限的サイクリックボルタモグラム　176
極限的サイクリックボルタンメトリー　185
局所電位　22, 107
局所電流密度　22
局所腐食　116
極　板　6
局部電池　116
虚数成分　168
均一反応　25, 27
銀-塩化銀電極　35, 58, 65, 95
均相反応　188
金　属　5

グイ-チャップマンのモデル　142
空間電荷層　156
空気カソード　100
空気電極　99
空乏層　156
矩形波　14
矩形波ボルタンメトリー　183
クーテッキー-レビッチプロット　135
クラウンエーテル　66
クラーク型酸素センサ　93
クラスター　21
クラスターイオン　11
グラファイト　11
グラミシジンA　101
クリオライト　38
グルコースオキシダーゼ　95
グルコースセンサ　64, 94, 191
グロッタス機構　82
クロノアンペロメトリー　178
クロノクーロメトリー　179
クロノポテンショメトリー　192
クーロメトリー　68, 99
クロロホルム　100
クーロン（C）　1
クーロンの法則　1, 2
クーロン力　2, 22

結晶化分極　105
結晶電析　121, 151, 152, 153

欠乏層　156
限界電流　109, 129, 130
限界電流密度　110
限界半積分　187, 188
原子価　15
減衰時間　12

交換電流密度　73, 74, 108, 109, 118, 165
交差反応　192
公称電圧　46
孔　食　119
孔食電位　120
高調波　13, 14, 167, 168, 173, 174
硬　度
　水の――　99
交番電流　12
交　流　12
交流電圧　13, 164
交流電圧振幅　12, 162, 163
交流電流　13, 164
交流電流振幅　162, 163
交流ボルタンメトリー　148, 171
枯渇層　89
極微小電極　127
誤差関数　127
固体イオン伝導体　5
固体高分子形燃料電池　55
固体酸化物形燃料電池　56
固体電解質　5
コットレル式　85
コネキシン　104
コバルトセン　188
コール・コールプロット　170
ゴールドマン式　102
コルベ電解反応　41
コールラウシュ, F. W. G.　82
コロナ放電　100
混合伝導　5
混成形　184
　可逆なボルタンメトリーにおける――　137
混成電位　118, 122, 159
コンダクタンス　163
コンダクトメトリー　10
コンディショナルポテンシャル　62
コンパクト層　142

さ　行

サイクリック矩形波ボルタンメトリー　184
サイクリックボルタモグラム　189, 190
サイクリックボルタンメトリー　148, 160, 185, 188
サイクル寿命　46
斉藤の式　133
殺　菌　100
作用電極（WE）　58, 59, 64, 71, 95, 106, 125
サルフェーション　52
酸　化　29, 32, 71, 77, 94, 99, 109, 115, 116, 117, 156, 185
酸解離定数　21
酸化還元対　62

索　引

酸化限界電流密度　110
酸化剤　46, 49, 54, 62, 99, 117
酸化状態　15
酸化数　15, 29
酸化電流　71, 96
酸化電流密度　74
酸化反応に関する移動係数　72
酸化物皮膜　116
参照電極（RE）　58, 95, 112
酸　性　21
酸性度定数　21
3 相接合部　25
酸素センサ　93
3 電極セル　113, 125, 164
サンド式　193

次亜塩素酸イオン　99
CE 機構　191
chemfet　154
式量速度定数　72, 77, 108
式量電位　62, 72, 77, 108, 136, 176, 177
1, 2-ジクロロエタン　157
試験電荷　2, 3
仕　事　3, 17, 23, 30, 31
仕事関数　155
自己プロトリシス　20
CCE̊ 機構　78
脂質二分子膜　101
支持電解質　70, 86, 90, 108, 125, 150
指示電極　58, 66
次　数
　　部分電流密度の――　75
自然対流　81, 108, 126, 133
自然電位　33
湿式電池　48
実数成分　168
質量モル濃度　20
時定数　12, 114, 149
シトクロム c　146
シトクロム c ペルオキシダーゼ　146
シナプス　104
ジメチルグリオキシム　97
ジーメンス　8
自由エネルギー　16
周　期　12
周期性　163
周期的状態　125, 163
重クロム酸滴定法　99
終止電圧　47
修飾電極　64
重　水　41
充　電　33, 46, 51
自由電子　5
集電体　48
充電電流　146, 149, 180
周波数　12, 164, 173
周波数応答アナライザ　167
重量エネルギー密度　47
重量出力密度　47
出力密度　47
シュテルン層　142
シュテルンのモデル　143
ジュール（J）　3
準安定系　152

準可逆　131, 182, 186
準可逆的な勾配　136
瞬間的な核生成　153
準交流ボルタンメトリー　163
準定常状態ボルタンメトリー　131
正味の反応速度　71
食塩電解セル　39
食塩電解　40
触媒毒　55
触媒反応機構　190
シリカ　155, 160
ジルコニア　5, 56, 93
ジルコニア形酸素濃淡電池　36
真空準位　155
真空の誘電率　1
神経細胞　102
神経伝達物質　104
真性半導体　155
振　幅
　　交流電圧の――　12, 162, 163
　　交流電流の――　13, 162, 163, 171

水銀滴電極　65
水銀電極　86, 97, 140, 144, 151
水銀被覆電極　97
水素-空気燃料電池　56
水素経済社会　41
水素脆化　123
スイッチ電位　185
水　和　21, 82
数学的解析法　176, 177
数値解析アルゴリズム　177
数値解析法　174
すき間腐食　120
ストークス-アインシュタインの法則　86
ストークスの法則　81, 82
ストークス半径　82
ストリッピング分析　86, 96, 140, 184
スーパーキャパシタ　9, 47
スルータスプロット　167, 170
スローイングパワー　121
寸法安定性アノード　39

正　極　32, 46
正　孔　5, 99
静止状態　163
生成物　15, 70
正電荷　1
静電気力　1
静電ポテンシャル　18
静電容量　7, 163, 166, 174
正のフィードバック　150
生物学的酸素要求量（BOD）　99
整流作用　167, 168
積分容量　141
ゼータ電位　161
絶縁体　155
絶対電極電位　155
セパレータ　43
ゼブラ電池　54
セル定数　164
セル電圧　31, 58, 67, 106
セル電流　106
セル反応　30

ゼロ電位（電圧）　33, 51, 60, 65, 69, 71, 75, 105, 110, 118, 126, 165, 187
ゼロ電荷電位　141, 144
遷移時間　193
線形回帰法　67
線形走査ボルタンメトリー　145, 184
線形電位走査クロノアンペロメトリー　181
線形分極法　119
線形輸送　79
センサ　92
選択透過性イオン交換膜　39, 42
前濃縮段階　96
全面腐食　116

相　2
双極子　1
双極子モーメント　1
双曲線正割関数　173
双曲線正接関数　135
走査速度　186
相補誤差関数　127
層　流　88
素過程　25, 42, 76
促進イオン移動　158
測定段階　96
速度定数　25, 27, 71, 72, 77, 108, 151

た　行

第一種の電極　65
大気イオン　11
対極（CE）　112
第三種の電極　65
対応因子　72
体積エネルギー密度　47
体積出力密度　47
体積電荷密度　4
第 2 高調波　13, 168
第二種の電極　65
対　流　11, 80, 87, 127
太陽電池　156
ダイレクトメタノール形燃料電池　55
多孔質隔膜　33, 34
多段階反応　26, 74
脱アマルガム化　97
ダニエル電池　33, 36, 48
ターフェル勾配　75, 119
ターフェル式　118
ターフェルプロット　74
ターフェル領域　109
ダブルポテンシャルステップ・
　　クロノアンペロメトリー　179
単位活量　16
単分子反応　25
単分子膜　18, 145

蓄電池　46
中間体　26, 76, 190
中心イオン　22
中　性　21
チューブ型バンド電極　65, 88
超遠心分離　162

索　引

調波分析　14
直　流　12
直　列　11, 166, 169
貯蔵寿命　46, 54
直交成分　168
沈降電位　162

通気差腐食　117

抵　抗　8, 11, 12, 166
抵抗過電圧　105, 107, 108, 112
抵抗成分　168
抵抗分極　105, 106, 108, 111, 112
抵抗率　8
定常状態　87, 91, 125
定常状態電流　132
定常状態ボルタンメトリー　125
ディスク電極　64, 88, 107, 132, 133, 134, 150
ディープサイクル電池　52
デカメチルフェロセン　158
滴下水銀電極　65, 140
デジタルシミュレーション　174, 176, 178, 186, 190
テトラブチルアンモニウム
　　　テトラフェニルホウ酸　157
テトラフルオロホウ素　100
デバイの長さ　22, 143
デバイ-ヒュッケルの拡張則　24
デバイ-ヒュッケルの極限則（限界則）
　　　23, 24
デバイ-ヒュッケルのモデル　22, 142
テムキンの吸着等温式　145
電　圧　4, 8
　過──　39, 105, 111, 126, 152, 153
　公称──　46
　交流──　13, 164
　終止──　47
　セル──　31, 58, 67, 106
　ゼロ──　33, 51, 60, 110
　電池──　31
　標準セル──　31
　平衡セル──　33
電圧計　6
電圧源　6
電圧に対するゴールドマン式　102
電　位　3, 4
　開回路──　33
　界面動──　161
　可逆──　33
　活動──　103, 104
　局所──　22, 107
　孔食──　120
　混成──　118, 122, 159
　作用電極の──　59
　式量──　62, 72, 77, 108, 136, 176, 177
　自然──　33
　スイッチ──　185
　ゼータ──　161
　絶対電極──　155
　ゼロ──　65, 69, 71, 75, 105, 118, 126, 165, 187
　ゼロ電荷──　141, 144
　沈降──　162

電極──　58, 73, 106
半電池──　58
反転──　185
半波──　111, 129, 134, 136, 171, 172, 176, 182, 187
半ピーク──　137, 138
標準還元──　60
標準電極──　48, 60, 62, 69, 96
腐食──　117, 118, 119
不動態化──　122
フラットバンド──　156
フラーデ──　122
見かけ──　62
流動──　162
電位依存の速度定数　71
電位差　3, 4, 6
電位ジャンプ　85, 86, 127, 128, 132, 179, 180
電位ジャンプクロノクーロメトリー　179
電位ステップ　91, 128, 148, 179
電位ステップクロノアンペロメトリー　179
電位走査速度　146, 147, 148, 185, 186
電位-pH図　63
電位窓　64, 70, 105
電　荷　1
電解加水分解　44
電解還元反応　40
電解キャパシタ　47
電解凝集　99
電界効果トランジスタ　93, 153
電解合成　17, 38, 100, 157
電解採取　38
電解酸化反応　40, 41
電解質　5, 20, 21, 30, 157
電解精製　39
電解析出　96, 152
電解セル　32
電荷移動化合物　5
電荷移動係数　72
電荷移動抵抗　109, 166, 169, 170, 172
電荷移動分極　105
電解浮上　99
電解めっき　39
電解モード　33, 46, 106
電荷数　10
電荷担体　4
電荷密度　3, 4, 22, 141, 142, 145
電気泳動　83
電気泳動効果　82
電気泳動電着　121
電気エネルギー　32, 46, 54
電気回路素子　11
電気化学過程　188
電気化学キャパシタ　47
電気化学グルコースセンサ　94
電気化学系列　48, 62
電気化学セル　29, 33, 125
電気化学対　62
電気化学的活量　20
電気化学反応　29
電気化学反応活性なイオン　70
電気化学ポテンシャル　86
電気刺激　162
電気浸透　84, 161

電気浸透圧　161
電気浸透流　161
電気浸透流速　161
電気素量　1, 10
電気的中性の原理　2, 4, 6, 20, 23, 34, 89, 141, 142
電気的定数　1
電気伝導率　8, 150, 164
電気伝導率計　164
電気伝導率検出器　92
電気伝導率セル　163
電気伝導率センサ　92
電気透析　43
電気二重層　108, 140, 151
電気二重層補正　151
電気二重層容量　9, 98, 140, 141, 146, 147, 149, 169, 179, 186
電気分解　38
　食塩水の──　39
　水酸化ナトリウム水溶液の──　101
　水の──　41
電気めっき　121
電気毛管曲線　141, 144
電気容量　7, 47
電　極　29
　──の分極　105
　イオン──　65
　イオン選択性──　65, 93, 158
　埋込み──　108
　回転ディスク──　65, 88, 133, 134
　回転リング・ディスク──　135
　ガス拡散──　99, 100
　活性──　64
　ガラス──　67, 92
　擬似参照──　126, 136
　銀-塩化銀──　35, 58, 65, 95
　極微小──　127
　作用──　58, 59, 64, 71, 95, 106, 125
　参照──　58, 95, 112
　指示──　58, 66
　修飾──　64
　水銀──　86, 97, 140, 144, 151
　水銀滴──　65
　第一種，第二種，第三種の──　65
　チューブ型バンド──　65, 88
　ディスク──　64, 88, 107, 132, 133, 134, 150
　滴下水銀──　65, 140
　ナノ──　127
　バイポーラ──　33, 35
　配列型微小──　133
　半球──　107, 127, 128
　微小──　127
　微小ディスク──　107, 132
　標準水素──　59
　不活性──　64
　複合──　65
　飽和カロメル──　58
　補助──　112
　マイクロ──　127
　マクロ──　127
電極回転速度　133, 134, 135
電極触媒　39, 42, 147
電極電位　58, 73, 106

索　引

電極反応　29
電極表面に固定された反応　74, 145
電気量　8, 47, 68, 179
電　子
　──の活量　18
電子移動反応　74, 188
電子伝導体　5, 29, 30, 140
電子ホッピング　64
電　池　46, 116
　亜鉛-カーボン──　48
　アルカリ──　49
　アルカリマンガン──　49
　一次──　46
　塩化亜鉛──　49
　海水──　51
　ガルバニ──　156
　乾──　48
　局部──　116
　湿式──　48
　ゼブラ──　54
　ダニエル──　33, 36, 48
　蓄──　46
　ディープサイクル──　52
　ナトリウム-硫黄二次──　54
　鉛蓄──　29, 30, 31, 33, 47, 51, 52
　二次──　46, 51
　ニッケル-カドミウム二次──　52
　ニッケル-金属水素化物二次──　52
　燃料──　46, 54
　濃淡──　35, 117
　半──　65
　光電気化学──　156
　腐食──　116
　フロー──　56
　ボタン──　50
　ボルタ──　48
　マンガン乾──　49
　リチウムイオン──　53
　リチウム一次──　50
　ルクランシェ──　48
　レドックス（フロー）──　56
電池電圧　31
電池電流　106
電池反応　30
電着塗装　121
伝導帯　155, 156
電　場　2, 3, 4, 8, 89, 142
電場強度　2, 3, 8, 10
電　流　7
　──の半積分　138, 165, 174, 178, 179, 186, 189, 192
　──の半微分　138, 174
　──の符号　106
　イオン移動──　157
　可逆ピーク──　173
　限界──　109, 129, 130
　交番──　12
　交流──　13, 164
　充電──　146, 149, 180
　セル──　106
　定常状態──　132
　バックグラウンド──　68, 146, 175
　非ファラデー──　68, 98, 125, 146, 148, 149, 179

　ファラデー──　68, 145, 146, 148, 149, 180
　腐食──　119, 122
　容量──　126, 146, 180, 185
　流動──　162
電流計　7
電流遮断法　150
電流-電位曲線　33, 70, 126, 137
電流に対するゴールドマン式　102
電流密度　7, 8, 74, 77, 79, 85, 89, 108, 110, 111
電量滴定法　68
電　力　11

等価回路　149, 163, 164, 168
等拡散能近似　89, 90, 190
透過係数　101
透過性　43
同相成分　168
導　体　4, 9
等電位面　107
導電性ポリマー　5
導電率　8, 10, 83, 107, 161
動粘度　88
等濃度面　80
特異吸着　144
特性体積　88
ドナン電位差　66
ドナン平衡　66
ドーパミン　104
ドーパント　5
トメスの診断法　136
トラフセル　107, 113

な　行

ナイキストプロット　170
内部標準　60, 126, 188
ナイロン　40
ナトリウム-硫黄二次電池　54
ナトリウムイオンチャネル　103
ナノ電極　127
ナフィオン　39, 43
鉛蓄電池　29, 30, 31, 33, 47, 51, 52
ニカド電池　52
二酸化炭素センサ　92, 94
二次電池　46, 51
二重層容量　148
二乗平均平方根　12
ニッケル-カドミウム二次電池　52
ニッケル-金属水素化物二次電池　52
2電極セル　112
ニトロベンゼン　157, 159
2分子反応　25
二分子膜　101
ニュートン（N）　1
ニューロン　102
熱力学的に可能　16
ネルンスト-アインシュタイン式　86

ネルンスト式　51, 61, 63, 69, 71, 116, 136, 171, 177, 187, 188, 189
ネルンスト的　61
ネルンスト的な条件　109
ネルンスト的な半波電位　129
ネルンストの法則　65, 109, 129, 145, 158, 159
ネルンストの輸送層　91
ネルンスト-プランク式　87, 89, 90, 102
粘　度　82, 87, 88
燃　料　46
燃料電池　46, 54

濃淡電池　35, 117
濃　度　20
能動輸送　102
濃度に基づく速度定数　27, 80
濃度プロフィール　127, 128, 129
濃度分極　105
ノナクチン　66
ノーマルパルスボルタモグラム　182
ノーマルパルスボルタンメトリー　181

は　行

配位子試薬　97
バイオセンサ　94, 191
配向双極子　7
π電子　5
バイポテンショスタット　135, 157
バイポーラ電極　33, 35
バイポーラ膜　44
配列型微小電極　133
薄層クーロメトリー　68
薄層セル　91
箱型スキーム　192
パスカル（Pa）　17
バックグラウンド　98
バックグラウンド電流　68, 146, 175
バトラー-ボルマー式　73, 74, 108, 111, 118, 129, 165, 176, 177, 179, 187
バトラー-ボルマーのモデル　151
バナジウムレドックスフロー電池　56
バリノマイシン　93, 158
バルク濃度　70, 71, 89, 108, 110, 170
パルス　181
パルスボルタンメトリー　149
パワースペクトル　14, 173, 174
半演算子　178
半解析的方法　176, 177, 190
半球電極　107, 127, 128
半積分　186
　電流の──　138, 165, 174, 178, 179, 186, 189, 192
反転時間　185
半電池　65
半電池電位　58
反転電位　185
半透過性　43
半透過性膜　36
半導体　5, 42, 101, 155
半導体電極　155

バンドギャップ 156
バンドの曲がり 155
反　応 15
反応過電圧 105, 108, 109, 112
反応機構 25, 42, 75, 185, 188
反応次数 25
反応成分 168
反応速度 25, 71, 151, 152, 166, 187
反応速度式 25, 74
反応抵抗 109
反応物 15, 70
　　——の吸着 180
反応分極 105, 108, 111, 112, 118, 129, 130, 172
半波電位 111, 129, 134, 174, 176
半ピーク電位 137, 138
半微分 86
　　電流の—— 138, 174
汎ボルタンメトリー関係 174, 177, 178, 192
半無限物質輸送 126

PEM燃料電池 55
pH 21, 116, 117
pHセンサ 92
pHメータ 67, 92
非化学量論固体 5
非可逆 131, 173, 182, 186
p型半導体 5, 155, 156
光エネルギー 42
光で助長される電解 157
光電気化学電池 156
光分解
　　水の—— 157
ピーク 173
　　可逆なボルタンメトリーの—— 137
ピーク電位 138
微視的な可逆性の原理 74
微小ディスク電極 107, 132
微小電極 127
微小電極アレイ 133
微小半球電極 107, 128
ヒドロキシルラジカル 99
2-ビニルピリジン 5, 51
ppm 95
非ファラデー成分 164
非ファラデー電流 68, 98, 125, 146, 148, 149, 179
被覆率 144, 145
微分パルスボルタンメトリー 181, 182
微分容量 141, 144, 146
非補償抵抗 113, 126, 148, 149, 150, 164, 169, 175, 182, 192
比誘電率 7
表計算アルゴリズム 177, 186
標準可逆法 182
標準化法 98
標準還元電位 60
標準ギブズエネルギー 16, 38, 60, 69, 158
標準混成形 184
標準状態 16
標準水素電極（SHE） 59
標準セル電圧 31
標準速度定数 72
標準添加法 98

標準電極電位 48, 60, 61, 62, 69, 96
標準ピークの形 183
標準ボルタンメトリー波 187
表面ギブズエネルギー 152
表面張力 141, 152
表面直径 127, 130, 132, 133
表面電荷密度 141
表面濃度 27, 70, 71, 73, 74, 108, 110, 144, 145, 165, 171, 180
ピリング-ベドワース比 123

ファラデー整流 167
ファラデー定数 10, 71
ファラデー電流 68, 145, 146, 148, 149, 180
ファラデーの法則 10, 68, 69, 110
ファラデー-フィック式 187
ファラデー-フィックの関係 165, 178
ファラデー-フィックの法則 188
ファラド（F） 7
ファンクションジェネレーター 113
フィックの第一法則 84, 89
フィックの第二法則 84, 85, 87, 88, 127, 128, 178
フェノール 97, 99
フェルミエネルギー 155
フェルミ準位 155
フェロセン 60, 71, 90, 95, 106, 150, 158, 159, 188
負　荷 11, 13, 31
不可逆過程熱力学 162
不活性電極 64
不完全ガンマ関数 88
負　極 32
不均一触媒作用 28
不均一速度式 27
不均一反応 25, 27, 71
複極式膜 44
複合移動係数 75, 77, 78, 109, 118
複合交換電流密度 75
複合電極 65
複素共役 168
符　号
　　電気化学における—— 106
腐　食 48, 51, 115
腐食電位 117, 118, 119
腐食電池 116
腐食電流 119, 122
腐食疲労 123
腐食防止剤 121
二つの混ざり合わない
　　電解質溶液の界面（ITIES） 157
1-ブチル-3-メチルイミダゾリウム
　　　　ヘキサフルオロリン酸塩 5
フッ化物イオンセンサ 5, 66
フッ化ランタン 5, 66
物質移動 79
物質移動係数 91
物質輸送 10, 28, 70, 79, 145, 166
物質輸送係数 91
負電荷 1
不導体 4, 9
不動態 122
不動態化電位 122
部分還元電流 118

部分酸化電流 118
ブラウン運動 80
フラックス 79
プラズマ 5
フラットバンド電位 156
フラーデ電位 122
ブランク測定 147
プランク定数 156
フーリエ解析 173
フーリエ級数 173
フーリエスペクトル 14
フーリエ変換 14, 168, 173, 174
フーリエ変換ボルタンメトリー 173
プールベイ図 63, 123
フルムキン効果 108, 151
フルムキンの吸着等温式 145
フロークーロメトリー 68, 88
フロー電池 56
プロトン移動反応 42, 192
プロトン交換反応 25
1-ブロモナフタレン 77
分　極 7, 32, 39, 42, 112
　　電極の—— 105
分極曲線 33, 119, 167
分極抵抗 119
粉体塗装 121
平均イオン活量 23
平均イオン活量係数 23, 62
平均速度 10, 81
平均濃度 171
平均流束密度 87
平　衡 17, 19
平衡状態 87, 125
平衡セル 29
平衡セル電圧 33
平衡定数 16, 20, 25, 31, 108, 144
平衡モード 33
ベイザー-モンサントプロセス 40
平板対称 2, 3, 4, 7, 8
平面輸送におけるフィックの第二法則 84, 85
平面輸送における保存則 79
並　列 11, 169
ヘルツ（Hz） 12
ヘルムホルツ層 140, 142, 144, 151
ヘルムホルツのモデル 140, 142
ヘンダーソン式 34
ヘンリー（H） 168
ヘンリーの吸着等温式 145

ポアズイユの法則 87
ポアソン式 4, 23, 142
包括法 188
方形波ボルタンメトリー 183
放　電 33, 51
飽和カロメル電極（SCE） 58
ボーキサイト 38
保護皮膜 120
補助電極 112
捕捉率 135
ボタン電池 50
ポテンショスタット 113, 125, 149, 150, 164, 169

ポテンショダイナミック・
　　　　　　ボルタンメトリー　176
ポテンショメトリー　65
ポーラログラフィー　86, 140
ポリ-2-ビニルピリジン　51
ポリピロール　5, 70
ホール　5, 99, 156
ホール-エルー電解法　38
ボルタ電池　48
ボルタモグラム　126
ボルタンメトリー　64, 69, 81, 98, 125
　階段状――　149, 180
　過渡応答――　140, 176
　矩形波――　183
　交流――　171
　サイクリック矩形波――　184
　サイクリック――　148, 185, 188
　準定常状態――　131
　線形走査――　145, 184
　定常状態――　125
　ノーマルパルス――　181
　フーリエ変換――　173
　方形波――　183
　ポテンショダイナミック・――　176
ボルツマン定数　20
ボルツマンの分布則　20, 22, 142, 151
ボルツマンの法則　20
ボルト（V）　3
ボルトメータ　6
ポワズイユの法則　162

ま 行

マイクロ ITIES　160
マイクロ電極　127
マーカス-ハッシュ理論　72
膜　43
膜電位　66, 102
膜透過チャネル　93
膜輸送チャネル　101
マクロ電極　127
マンガン乾電池　49
ミエリン　103
見かけ電位　62
ミクロ電極　127
水処理プラント　100
水のイオン積　20, 25

無機電解合成　42
無電解めっき　121

めっき　39, 121
メディエータ　95, 157, 190
面電荷密度　4

モデル化　125, 176
molar（モラー）　20
モル導電率　10
モル分率　18

や 行

有機金属　5
誘起双極子　7
有機電解合成　40
有限差分法　178
有限要素法　178
優占図　62
誘電体　7
誘電定数（係数）　7
誘電率　1, 7, 140, 143
輸　送　27, 70, 79, 109
輸送過電圧　105, 110, 112
輸送係数　91, 110, 129, 134
輸送定数　91
輸送分極　94, 105, 108, 109, 111, 112, 130, 172
輸　率　10
溶解度積　21, 108
陽関数　193
陽　極　32, 39
溶存酸素　70
溶媒和　21
溶融塩　5
溶融炭酸塩形燃料電池　55
容　量
　電池の――　47
容量電流　126, 146, 180, 185
四端子法　8
4電極セル　135, 157

ら 行

ラジカル　40, 76, 77, 99, 100

ラジカルアニオン　77
ラプラスの気泡-圧力の関係式　152
ラプラス変換　12, 85, 127, 178
ラングミュアの吸着等温式　145
ランドルス-エルスラー回路　169, 170, 172
ランドルス-シェビチク関数　137, 184
ランドルス-シェビチク式　185
乱　流　88, 133

離散化　178
リチウムイオン電池　53
リチウム一次電池　50
リチウム-塩化チオニル電池　50
リチウム-二酸化マンガン電池　50
リチウム-ヨウ素電池　51
リチャージャブル-バッテリー　46
律速段階　26, 42, 76, 77, 78
リップマン式　141
粒　界　117, 140
流束線　79
流束密度　79, 81, 85, 87～91, 102
流動電位　162
流動電流　162
両相電子移動反応　159
両性イオン　160
リン酸形燃料電池　55
リン酸水素ウラニル四水和物（HUP）　36
リン脂質　101, 160

ルギン管（プローブ）　113, 150
ルクランシェ電池　48

レドックス（フロー）電池　56
レビッチ式　88, 89, 134
レビッチ数　89
レメディエーション　98
連続的な核生成　153

ロジスティック分布　136
ロックインアンプ　13, 171

わ 行

ワット（W）　11
ワールブルグ成分　166, 169, 170, 172

おお さか たけ お
大 坂 武 男
   1950 年 山形県に生まれる
   1973 年 山形大学工学部 卒
   1981 年 東京工業大学大学院総合理工学研究科
           博士課程 修了
   現 東京工業大学大学院総合理工学研究科 教授
   専攻 電気化学, 電気分析化学, 生物電気化学
   工 学 博 士

まつ もと ふとし
松 本 太
   1968 年 栃木県に生まれる
   1991 年 東京理科大学理学部 卒
   1997 年 東京工業大学大学院総合理工学研究科
           博士課程 修了
   現 神奈川大学工学部 准教授
   専攻 電気化学
   博士(理学)

おか じま たけ よし
岡 島 武 義
   1962 年 長野県に生まれる
   1985 年 東京農工大学工学部 卒
   1987 年 東京農工大学大学院工学研究科
           修士課程 修了
   現 東京工業大学大学院総合理工学研究科 助教
   専攻 電気化学
   博士(工学)

きた むら ふさ お
北 村 房 男
   1962 年 大阪府に生まれる
   1985 年 慶應義塾大学理工学部 卒
   1989 年 慶應義塾大学大学院理工学研究科
           博士課程 修了
   現 東京工業大学大学院総合理工学研究科 准教授
   専攻 電気化学, 界面分光化学
   理 学 博 士

第1版 第1刷 2015年1月30日 発行

電 気 化 学 ―基礎と応用―

訳 者
   大 坂 武 男
   岡 島 武 義
   松 本 太
   北 村 房 男

発行者 小 澤 美 奈 子
発 行 株式会社東京化学同人
   東京都文京区千石3丁目36-7 (〒112-0011)
   電話 (03) 3946-5311・FAX (03) 3946-5316
   URL: http://www.tkd-pbl.com/

印 刷 株式会社シナノ
製 本 株式会社松岳社

ISBN 978-4-8079-0847-9 Printed in Japan
無断転載および複製物 (コピー, 電子データなど) の配布, 配信を禁じます.